PHYSIK und CHEMIE DER GRENZFLÄCHEN

VON

K. L. WOLF

ERSTER BAND

DIE PHÄNOMENE IM ALLGEMEINEN

MIT 105 ABBILDUNGEN

SPRINGER-VERLAG BERLIN HEIDELBERG GMBH

ISBN 978-3-642-53294-8   ISBN 978-3-642-53293-1 (eBook)
DOI 10.1007/978-3-642-53293-1

WILHELM TROLL

GEWIDMET ZUM 60. GEBURTSTAG

Vorwort

Der vorliegende Band will eine Darstellung der allgemeinen Phänomene an Oberflächen und Grenzflächen geben und damit zugleich die Grundlagen schaffen für die in einem weiteren Band durchzuführende, in Einzelheiten gehende Behandlung der speziellen physikalischen und chemischen Phänomene an Grenzflächen. Er weist damit in seiner allgemeinen Zielsetzung über FREUNDLICHS Kapillarchemie, in der systematischeren Art der Betrachtung über ADAMS Physics and Chemistry of Surfaces hinaus. Nichtsdestoweniger weiß der Verfasser sich gerade diesen beiden Büchern zu Dank verpflichtet.

Beim Zeichnen der Figuren, bei den Korrekturen und bei der Zusammenstellung des Registers halfen mir REINOLDE KURTZ und EDELBERT BISCHOFF.

Kirchheimbolanden, im April 1957
Laboratorium für Physik und Chemie
der Grenzflächen

K. L. Wolf

Inhaltsverzeichnis

A. Grundlagen und Definitionen

§ 1. Der Begriff der Grenzfläche

Körper von der Art eines Tropfens oder eines Kristalls erscheinen als stoffliche Gebilde endlicher Ausdehnung bei makroskopischer Betrachtung stets deutlich gegen ihre Umgebung abgegrenzt. Die solche Körper umschließenden einheitlichen oder durch Ecken und Kanten gegliederten Flächen bezeichnen wir als deren *Grenzflächen*. In physikalisch-chemischer Hinsicht sind diese dadurch ausgezeichnet, daß sie einen oder mehrere in sich jeweils gleichmäßig von Stoff erfüllte räumliche Bezirke scharf abgrenzen, so daß diesseits und jenseits, sei es wie etwa an der Grenze Metall–Wasser die physikalischen Eigenschaften und die chemische Beschaffenheit, sei es wie etwa an der Grenze einer chemisch-einheitlichen Flüssigkeit gegen ihren eigenen Dampf oder eines chemisch-einheitlichen Festkörpers gegen seine Schmelze nur die physikalischen Eigenschaften verschieden sind.

Die Aussage, die Grenzen seien scharf, meint zunächst nicht mehr, als daß Eigenschaften der genannten Art beim Durchgang durch die Grenzfläche sich diskontinuierlich ändern. Da stoffliche Gebilde in Betracht stehen, kann die Grenzfläche indes nicht beliebig dünn im Sinne einer mathematischen Fläche sein; sie erstreckt sich vielmehr, selbst wenn die durch Wärmebewegung verursachte Unschärfe außer Ansatz bleibt, in der Tiefe über einen Bereich von der Größenordnung einer oder mehrerer Molekülschichten. Nur in diesem Sinne trennen die Grenzen, die zwischen festen und festen, festen und flüssigen, flüssigen und flüssigen, festen und gasförmigen oder flüssigen und gasförmigen Bereichen bestehen, diese scharf, indem etwa die Dichte oder Zusammensetzung des Stoffes in Richtung senkrecht zur Grenzfläche bereits auf einer Strecke von der Größenordnung einer Moleküllänge die vollkommene Änderung erfahren.

Gase bilden echte Grenzflächen im genannten Sinne gegeneinander nicht aus. Freilich entwickelt ein frei im Weltraum schwebendes Gas, indem es unter dem Einfluß von Gravitation, thermischem Druck und Strahlungsdruck Kugelgestalt annimmt, so etwas wie eine Oberfläche. Doch klingt hier die räumliche Dichte des Stoffes nach außen so langsam ab, daß der Übergang zum stoffleeren oder besser stoffarmen Raum weitgehend als kontinuierlich aufgefaßt werden kann.

Der Zustand und das Verhalten der Moleküle in den (echten) Grenzflächen ist von eigener Art. Dieses Besondere ist in erster Linie darin begründet, daß die Moleküle in Grenz- oder Oberflächenschichten nicht mehr allseits gleichmäßig von ihresgleichen umgeben, sondern einseitig entweder von unmittelbaren Nachbarn entblößt sind oder mit andersartigen Partnern in Berührung stehen. Sie schließen damit nicht nur den arteigenen Bereich nach außen ab, sondern bilden zugleich, indem sie nach dem Artfremden hin offenliegen, die Brücke zu anderem. Sie prägen von der Grenze her den arteigenen Bereich, nehmen selbst, indem sie schon aus ihm herausreichen und ihn übergreifen, besondere Ordnungszustände ein und beeinflussen den Ordnungszustand der Moleküle im angrenzenden Stoff oder doch in dessen der gemeinsamen Grenze nahen Schichten. Sein und Verhalten der Stoffe an und in Grenzflächen erfordern deshalb eine eigene Betrachtung; sie bedürfen dieser um so mehr, als nicht nur viele physikalische Eigenschaften der Körper, wie etwa Rauheit, Glanz oder Farbe durch ihre Oberfläche bestimmt sind, sondern auch weil viele, wenn nicht die meisten, Vorgänge in der Stoffwelt sich an den die Körper zugleich trennenden und verbindenden Grenzflächen abspielen.

Wir umreißen, indem wir — dem Beginnen unseres Unternehmens gemäß noch ohne ein aus der Erkenntnis des Wesens bestimmtes System — eine Reihe dieser Erscheinungen und Vorgänge aufzählen, Umfang und Reichweite des Gegenstandes: An Grenzflächen bestehen oder spielen sich ab Erscheinungen und Vorgänge wie Gleiten, Reiben, Zerschleißen, Reißen, Ritzen, Spalten, Schleifen, Polieren, Bohren, Zerstäuben, Pulvern, Schäumen, Sieben, Mahlen, Filtrieren, Sintern, Sedimentieren, Mischen, Verdampfen, Kristallisieren, Benetzen, Haften, Kleben, Löten, Leimen, Drucken, Schreiben, Malen, Waschen, Färben, Adsorbieren, Suspendieren, Emulgieren, Diffundieren, Permeieren, Quellen, Trocknen, das Entstehen und Vergehen von Nebeln, Rauchen und Wolken, Regen, Schnee und Hagel, sowie eine Fülle elektrischer und vor allem katalytisch bestimmter chemischer Prozesse. Hinzu kommen die zahlreichen und mannigfaltigen Grenzflächenerscheinungen, welche dem pflanzlichen und tierischen Organismus sowohl wie dem Ackerboden und Gestein aller Art eigen sind. Im folgenden werden Vorgänge der genannten Art jeweils dort auftauchen, wo sie sich im Zusammenhang des systematischen Fortgangs einordnen. Einzelne von ihnen werden in der fortschreitenden Betrachtung der allgemeinen Phänomene nur gestreift, andere in Abschnitten, die den für Grenzflächen typischen Besonderheiten vorbehalten sind, in Teil II auf Grund der in der systematischen Betrachtung des Teiles I gewonnenen Erkenntnisse auch im Detail behandelt werden. Ihre Auswahl ist, da Vollständigkeit im Rahmen eines einfachen Buches nicht erstrebt werden kann oder soll, so getroffen, daß sie den Weg zu den übrigen öffnen. Das Gewicht der folgenden Betrachtungen liegt indes weniger auf diesen vorbereitenden Hinweisen, als vielmehr in der systematischen Darstellung der grundlegenden Phänomene und ihrer Theorie.

§ 2. Die Tropfbarkeit der Flüssigkeiten

Der einfachste Fall einer Grenzfläche ist gegeben in der freien geometrischen Begrenzung eines physikalisch und chemisch einheitlichen Körpers gegen den stoffleeren (oder stoffarmen) Raum. Indem wir in dieser Weise von der Existenz stofflicher Nachbarn außerhalb der oberflächlichen Begrenzung eines Körpers absehen, sprechen wir von der Gesamtheit der ihn begrenzenden Flächen als von seiner *Oberfläche*. Verwirklicht sind solche Oberflächen etwa an einem im (stoffarmen) Raum schwebenden oder fallenden Tropfen oder Kristall; freie gasförmige Körper bilden dagegen, da sie mit der in § 1 gegebenen Einschränkung definierte Begrenzungen nur in Berührung mit festen oder flüssigen Körpern, also etwa als Gasblasen, besitzen, Oberflächen nicht aus. Zwischen den im Verband der Flüssigkeit bzw. des kristallinfesten Körpers befindlichen Molekülen bestehen mit der Entfernung schnell abklingende Anziehungskräfte, deren Überwindung, wie die Existenz der Verdampfungs- und Sublimationswärmen zeigt, Energieaufwand erfordert. Doch nehmen in der Flüssigkeit die Moleküle bei vergleichbar dichter Packung wie im Festkörper anders als in diesem keine festen, einander über weite Bereiche zugeordneten Lagen ein und sind leicht gegeneinander verschiebbar. Im idealen Grenzfall böte die Flüssigkeit gegen innere Verschiebungen keinen, der kristallin-feste Körper einen unendlich großen Widerstand, entsprechend einer verschwindenden bzw. über alle Grenzen wachsenden inneren Reibung. Dieser Mangel an innerer Festigkeit (Formbeständigkeit) hat zur Folge, daß eine Flüssigkeit, der Einwirkung äußerer Kräfte, also etwa der Schwerkraft, ausgesetzt, unter Bewahrung dichter Packung der Moleküle anders als der formbeständige Kristall jede ihr angebotene äußere Form ausfüllt. Betrachten wir aber kleine Flüssigkeitsmengen wie frei fallende, schwebende oder hängende Tropfen, so erkennen wir das Bestreben auch der Flüssigkeit eine ihr eigentümliche Gestalt anzunehmen, die wir — von der Mannigfaltigkeit der Ausprägung im einzelnen zunächst noch absehend — als die Tropfengestalt bezeichnen. Mit zunehmender Annäherung an die völlige Freiheit von fremdstofflicher Begrenzung nähert sich die Form des Tropfens derjenigen der Kugel. Diese erweist sich als Urbild der Tropfengestalt; von ihr weicht der einzelne Tropfen, je nach dem Maße und den Bedingungen, wie er der Wirkung äußerer Kräfte ausgesetzt ist, ab. Die Flüssigkeit ist also fähig, unter der konkurrierenden Wirkung der ihr immanenten, die

Kugelgestalt bewirkenden und der von außen angreifenden Kräfte eine Fülle verschiedener äußerer Formen anzunehmen, die aber alle gleichsam auf die Kugel hinzielen. Demgegenüber bilden die kristallinfesten Körper ebene Begrenzungsflächen aus und diese nur in ganz bestimmten, in den 32 Kristallklassen umrissenen Kombinationen. Bei dieser Sachlage ist es für eine Betrachtung der mannigfaltigen Erscheinungsformen stofflicher Grenz- und Oberflächen von der Natur gleichsam vorgeschrieben, daß sie ihren Ausgang nehme von den Oberflächenphänomenen flüssiger Körper. Bevor wir uns diesen zuwenden, ist aber noch zu untersuchen, worauf das oben skizzierte unterschiedliche Verhalten der Oberflächengestaltung flüssiger und fester Körper beruht.

Ganz allgemein wird ein aus miteinander durch Anziehungskräfte verbundenen Teilchen molekularer Größe bestehender (flüssiger oder

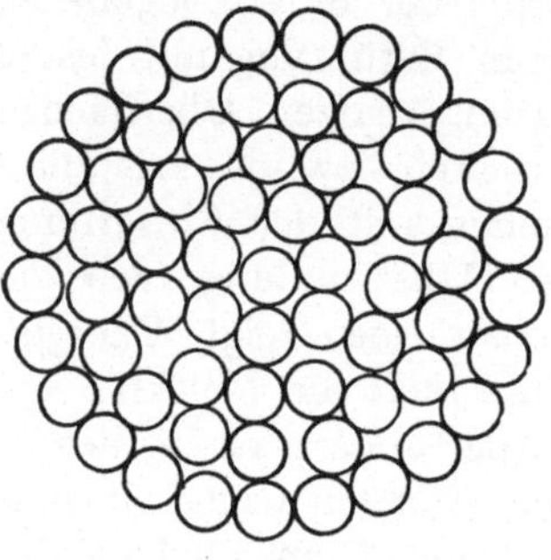

fester) Körper als Gleichgewichtszustand seiner äußeren Begrenzung diejenige Form der Oberfläche erstreben, welcher ein Minimum der gesamten, durch die Anziehungskräfte der Bausteine bedingten potentiellen Energie[1] (oder genauer freien Energie) entspricht. Gehen wir von kugelförmigen Bausteinen und zentralsymmetrischen Anziehungskräften aus, so bedeutet das, daß jeder Baustein sich mit seinesgleichen dicht, d. h. im Raum mit 12, in der Ebene mit 6 sich auch ihrerseits

Abb. 1

berührenden Nachbarn unmittelbar umgibt. Solche Zusammenfügung kugelförmiger Gebilde in dichter Packung führt zu ebenflächigen Körpern (Polyedern) bzw. in der Ebene, an der wir der Einfachheit halber das Wesentliche erörtern, zu geradlinig begrenzten Flächenstücken (Polygonen) (siehe Abb. 2). In die Gestalt einer Kugel bzw. in unserm exemplarischen Fall in die Gestalt einer kreisförmig begrenzten Fläche läßt sich eine solche Anordnung, wenn potentielle Energie und Fläche (bzw. Volumen) dabei nicht vergrößert werden sollen, nicht bringen. Wegnahme einzelner Bausteine von den Ecken und Aufbringen auf die Seiten ändert die potentielle Energie; Anordnungen der äußeren Partikelgruppe auf einem Kreis nach Art von Abb. 1 schafft Lücken im Innern und demzufolge Vergrößerung des Volumens und der potentiellen Energie. Daß Flüssigkeiten trotzdem Kugelgestalt annehmen, beruht offenbar darauf, daß innerhalb der — ja nur oberhalb bestimmter

---

[1] Es ist üblich, bei Aussagen dieser Art zu betonen, daß sie strenggenommen nur für den absoluten Nullpunkt gelten. Wir tun dies mit dieser Anm. ein für allemal für alles Folgende.

Temperaturen, der Schmelztemperaturen, bestehenden — Flüssigkeiten nur eine Nahordnung besteht und Fehler bzw. Löcher, die ja auch die leichte Verschiebbarkeit erst ermöglichen, in ihnen notwendig stets vorhanden sind. Sie erst geben bei Kugelpackungen von der Art der Abb. 1 und 2 die Potenz zur Kreis- bzw. Kugelgestalt. Indes könnte man bei Übertragung dieser nur an wenigen Moleküllagen durchgeführten Überlegung auf solche makroskopischen Körper, die aus außerordentlich vielen molekularen Bausteinen gebildet werden, mit einem Verschwinden des Unterschiedes flüssiger und kristallin-fester Anordnungen rechnen. Da nämlich nach dem kristallographischen Gesetz von den rationalen

Indices an einem Kristall im natürlichen Wachstum sämtliche Flächen ausgebildet werden können, für welche das Verhältnis der durch sie erzeugten Achsenabschnitte rational ist, könnten die Gleichgewichtsformen der Kristalle grundsätzlich von einer großen Anzahl verschieden indizierter Flächen gebildete, der Kugelgestalt sehr weitgehend angeglichene Polyeder sein. Daß das i. allg. tatsächlich nicht der Fall ist, die Zahl der einen Kristall begrenzenden Flächen vielmehr recht gering zu sein pflegt, wird bis zu einem gewissen Grad der ver-

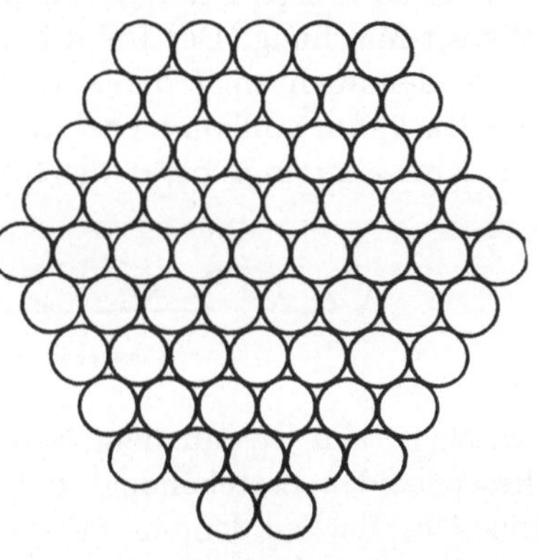

Abb. 2

schiedenen potentiellen Energie, die der Anlagerung molekularer Bausteine an den verschiedenen Kristallflächen zukommt, weiter unten abzuleiten sein. Hinzu kommen aber Fremdeinflüsse beim Wachstum, welche die Kristalltracht mitbestimmen, wie am klassischen Beispiel die bevorzugte Ausbildung der Oktaederflächen am NaCl bei dessen Wachstum in harnstoffhaltiger Lösung zeigt. Ist aber ein Kristall einmal unter Entwicklung bevorzugter Flächen gebildet, so kann er infolge der eingangs erwähnten inneren Festigkeit dem die Kugelgestalt erstrebenden Einfluß der zwischenmolekularen Kräfte nicht mehr ohne weiteres folgen. Daß dies durch Abstumpfen der Ecken und Kanten bis zu einem gewissen Grade aber doch noch geschieht, wird weiter unten im einzelnen zu zeigen sein.

Nach dieser vorbereitenden Klärung wenden wir uns den Phänomenen zu, die in der Bildung mannigfacher, von der Tendenz zur Kugelgestalt her zu verstehender Tropfenformen unmittelbar wahrgenommen werden. Ein frei im stoffarmen Raum *schwebender Tropfen* ist in irdischen Dimensionen nicht realisierbar. Dagegen hat der *fallende Tropfen* um so vollkommener die Kugelgestalt, je langsamer er fällt. Beim Fallen im gaserfüllten Raum, also etwa in Luft, treten hydrodynamisch bedingte Abweichungen auf, die um so größer sind, je stärker der Reibungswiderstand ist.

Weniger eindeutig, aber einfacher als die nur mit größerem apparativem Aufwand durchführbare Beobachtung am frei fallenden Tropfen läßt sich das Bestreben zur Ausbildung der Kugelgestalt an dem folgenden, von PLATEAU neben einer Reihe weiterer Versuche angegebenen Versuch zeigen: Man entzieht den Tropfen dadurch der Schwerkraft, daß man ihn in einer ihm gegenüber chemisch und physikalisch möglichst indifferenten Flüssigkeit gleichen spezifischen Gewichtes zum Schweben bringt. PLATEAU verwendet dazu Provenceöl in einer Alkohol-Wasser-Mischung. Der frei schwebende Tropfen nimmt bei diesem Versuch, der auch an Tropfen von mehreren cm Durchmesser ausgeführt werden kann, vollkommene Kugelgestalt an. Die Begrenzung der Kugel ist dann allerdings nicht die freie Oberfläche, sondern die Grenzfläche

Abb. 3. Liegende Tropfen verschiedener Größe

zwischen dem Öl und dem Wasser-Alkohol-Gemisch. Bei der zwischen diesen beiden bestehenden Indifferenz mag der Versuch aber auch für freie Oberflächen demonstrativ sein. Die mit dem Bestreben, die Kugelgestalt anzunehmen, konkurrierende Wirkung äußerer Kräfte kann an solchen frei schwebenden Tropfen auf vielerlei Weise gezeigt werden. Überlagert man z. B. dadurch eine Zentrifugalkraft, daß man den Öltropfen mit Hilfe einer durch ihn hindurchgesteckten Achse zur Rotation bringt, so nimmt er die Gestalt eines abgeplatteten Rotationsellipsoides an, dessen Abplattung mit steigender Drehgeschwindigkeit zunimmt, bis das Ellipsoid bei noch weitergesteigerter Drehgeschwindigkeit schließlich in einen Ring übergeht, in dem von dem Bestreben der Flüssigkeit, die Kugelgestalt anzunehmen, nur noch der (annähernd) kreisförmige Querschnitt senkrecht zur Ringebene zeugt.

Im *liegenden Tropfen* tritt der Tendenz zur Bewahrung der Kugelgestalt die abplattende Wirkung von Schwerkraft und fester Unterlage entgegen. Die Form des auf horizontaler Basis liegenden Tropfens wird, da die Rotationssymmetrie in bezug auf die senkrechte Mittelachse erhalten bleibt, hinreichend durch die Meridiankurve veranschaulicht. Abb. 3 gibt solche Kurven für Wassertropfen verschiedener Größe (auf nicht benetzter Unterlage) in natürlicher Größe wieder. Die Tropfenform nähert sich mit abnehmender Größe der Kugelgestalt. Das ist daraus zu verstehen, daß die Wirkung der Schwerkraft mit dem Volumen, also proportional r^3, diejenige der Oberflächenkraft aber, wie später besprochen wird, mit der Oberfläche, also nur proportional r^2 geht, so daß in der Konkurrenz beider die Schwerkraft mit abnehmendem Tropfenradius r immer mehr zurücktritt.

Sind freie Tropfen gekennzeichnet als Flüssigkeitsmassen, die in freier Oberfläche an den stoffleeren oder stoffarmen, also gaserfüllten, Raum grenzen, so stellen *Gasblasen*, in denen ein Gas in freier Oberfläche an eine umgebende Flüssigkeit grenzt, gleichsam umgekehrte Tropfen

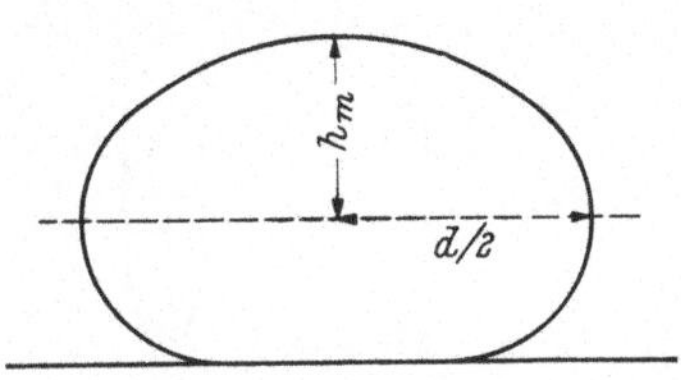

Abb. 4. Schnitt durch liegenden Tropfen

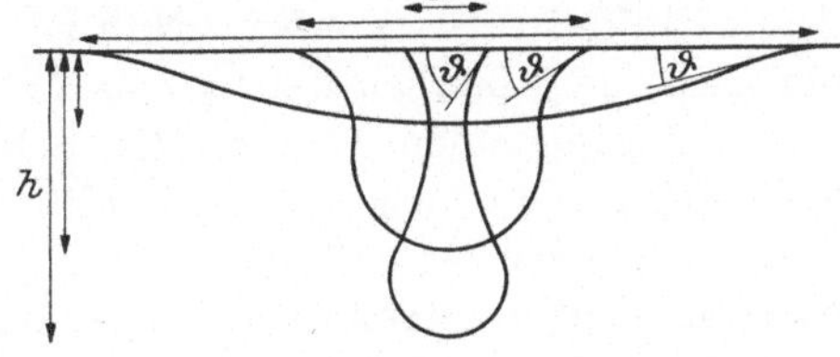

Abb. 5. Hängende Tropfen

vor. Dem entspricht es, daß Gasblasen, die sich unter einer die Flüssigkeitsoberfläche bedeckenden horizontalen Deckfläche befinden, unter der Wirkung der Auftriebkraft die gleichen Formen bilden wie liegende Tropfen unter dem unmittelbaren Einfluß der Schwerkraft. Man erhält ihr Bild durch Spiegelung der Tropfenformen an der die Unterlage kennzeichnenden Horizontalen in Abb. 4. Tropfen und Blase zugleich verkörpern die von einer geschlossenen Flüssigkeitslamelle begrenzten Gebilde von der Art der *Seifenblasen*, die von innen gesehen als Blasen, von außen als Tropfen erscheinen, also als Tropfen oder Blasen mit doppelter Oberfläche verstanden werden können. In der frei schwebenden (Seifen-)Blase ist die Kugelgestalt verwirklicht. Gebilde dieser Art eignen sich für Untersuchungen über Oberflächenerscheinungen in man-

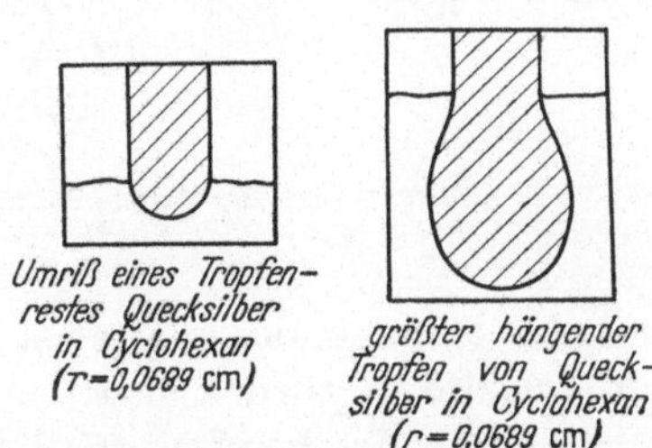

Abb. 6. Tropfenrest und größter hängender Tropfen unmittelbar nach bzw. vor dem Abreißen

cher Hinsicht besonders gut. Beim Übergang von dieser vorbereitenden phänomenologischen zur mathematisch-quantisierenden Behandlung werden wir dementsprechend u. a. auch auf Blasen dieser Art zurückkommen.

Vielgestaltig sind die Formen *hängender Tropfen*. Einige Gleichgewichtsformen des unter dem Druck der nachdrängenden Flüssigkeit an einer Röhre vom inneren Radius r sich ausbildenden Tropfens gibt Abb. 5. Sie alle lassen noch den Bezug auf die Kugel erkennen, nicht zuletzt auch der größte, unmittelbar vor dem Abfallen stehende, in

Richtung der Schwerkraft deutlich verlängerte Tropfen (siehe Abb. 6 und 7). Demgemäß hat auch der *fallende Tropfen* unmittelbar nach dem Abreißen noch die Form eines verlängerten Rotationskörpers (siehe Abb. 7). Der verbleibende Tropfenrest ist, wie in Abb. 7, halbkugelähnlich und nähert sich bei kleinem Röhrenradius der exakten Halbkugelform (siehe Abb. 6a).

Die bei allen Formen bewahrte Rotationssymmetrie ist, da quer zur Richtung des Schwerefeldes nur die Oberflächenkräfte wirken, wieder deren Einfluß zuzuschreiben. Nun ist aber der nach dem Abreißen frei *fallende Tropfen* dem deformierenden Einfluß der Schwerkraft nicht mehr ausgesetzt. Er sollte also, wenn die Oberflächenkräfte allein noch wirksam sind, nunmehr die exakte Kugelform annehmen. Tatsächlich erfolgt die dahingehende Umformung alsbald nach dem Abfallen. Indes schwingt die bei diesem Ausgleich in innere Bewegung gekommene Flüssigkeit infolge ihrer Trägheit über das

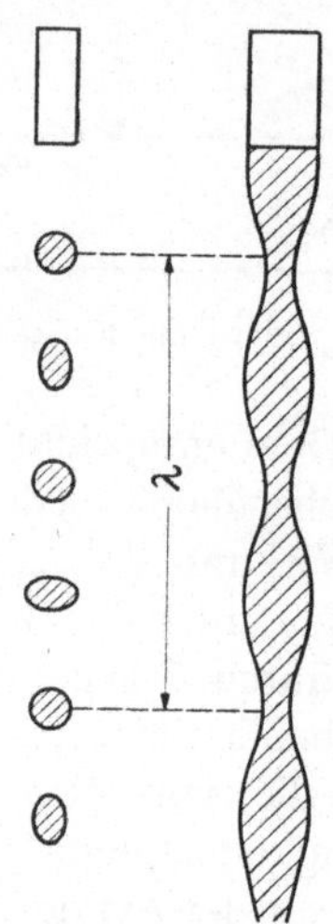

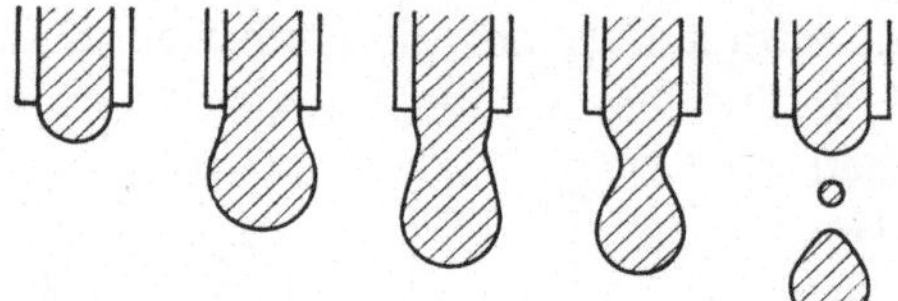

Abb. 7. Stufen der Tropfenbildung

Abb. 8. Schwingender Tropfen
und schwingender Strahl

erstrebte Ziel hinaus, plattet sich quer zur Senkrechten ab, schwingt zur Kugelform zurück usw. nach Art von Abb. 8[1].

An diese Erscheinung schließt, sie ergänzend, die folgende an: Ein aus einem kreisförmigen Rohr ausfließender Strahl behält die ihm mitgegebene Kreissymmetrie bei. Fließt die Flüssigkeit aber aus einem Rohr mit elliptischem Querschnitt, also etwa aus einem abgeplatteten Schlauch, so hat der Strahl zwar zunächst elliptischen Querschnitt, nimmt aber dann unter dem Einfluß der Oberflächenspannung kreisförmigen Querschnitt an, schwingt — in innere Bewegung gekommen — ähnlich wie der *schwingende Tropfen* über die damit erreichte Gleichgewichtslage hinaus, wird senkrecht zur ursprünglichen Streckung ab-

---

[1] Leichter als an dem im stoffleeren Raum oder in Luft (immerhin recht schnell) fallenden Tropfen ist die Erscheinung dann zu beobachten, wenn die Fallgeschwindigkeit klein und gleichbleibend ist. Das wird dadurch erreicht, daß man Wasser in Benzol austropfen und fallen läßt. Die Erscheinung ist dann Ausdruck analoger Grenzflächenkräfte.

geplattet, schwingt in den Kreisquerschnitt zurück usf. nach Art von Abb. 8.

So alltäglich das Auftreten von Tropfen etwa im Tau oder im Regen ist, so blieb doch die Problematik der Tropfengestalt offenbar lange unbeachtet, sei es, weil der alle Tropfenformen verbindende Bezug auf die Kugel nicht gesehen oder als Teilhabe an der vollkommensten Gestalt hingenommen wurde, sei es, weil das Phänomen unscheinbarer erschien als die Vielheit der unmittelbarer in die Augen springenden Kristallformen. Im heutigen Sinne vordergründig wurden die mit der Tropfbarkeit zusammenhängenden Erscheinungen im 17. Jahrhundert, und zwar vorzüglich bei Erörterungen über die in unserem Zusammenhange erst weiter unten zu behandelnden Erscheinungen des Aufsteigens von Flüssigkeiten in engen Röhren (*Capillarität*). Mit dieser Frage befaßten sich u. a. ROBERT BOYLE, BORELIUS, ROBERT HOOKE und ISAAK VOSSIUS. Systematisch ging dem Problem des Aufsteigens von Wasser in Capillaren als erster wohl der Leibarzt des Großherzogs von Toscana und Mitbegründer der Academia del Cimento in Florenz FRANZ AGGIUNTI nach. HONORIUS FABRY (1606—1688) stellte dann fest, daß das Wasser um so höher steigt, je enger die Capillare ist, daß es aber nie über den oberen Rand der Capillare hinaus- und von da zurückläuft. J. ZURIN (1684—1752) bemerkte, daß für die Steighöhe nur der obere Teil des Rohres bestimmend ist. Die capillare Depression hatte schon VOSS (1618—1689) entdeckt. BOYLE (1627—1691), HOOKE (1635—1703) und andere untersuchten, in der Annahme, zwischen Steighöhe und Luftdruck bestehe ein ursächlicher Zusammenhang, die capillaren Steighöhen im luftleeren Raum und brachten auch die Kugelgestalt von Flüssigkeitsteilchen mit dem Luftdruck in Verbindung. Erst Versuche in der Academia del Cimento zeigten dann, daß Steighöhe wie Kugelgestalt auch im luftleeren Raum erhalten bleiben. Jetzt sahen HAWKSBYE, s'GRAVESANDE (1688—1742) und MUSCHENBROEK (1692—1761) den Grund der capillaren Erscheinungen in der Kohäsion zwischen Wasser und Glas. In richtiger Schlußfolgerung wurden auch weitere Phänomene, wie z. B. die Anziehung und Abstoßung von Blechstückchen, die auf Wasser schwimmen, mit der Capillarität in Zusammenhang gebracht (BORELIUS, 1608—1679). Eine mathematische Theorie der Erscheinungen gaben, unter bestimmten Annahmen über die Reichweite der wirkenden Kräfte, CLAIRAULT[1] 1743 und LAPLACE[2] 1806, der, wie schon YOUNG, zu dem später von GAUSS bestätigten Schluß kam, daß der *Randwinkel* zwischen Flüssigkeit und Glas für jede Flüssigkeit einen ganz bestimmten Wert habe. Die Folgerung, daß Steighöhe bzw. Depressionstiefe

---

[1] Théorie de la figure de la terre. Paris 1743.

[2] Théorie de l'action capillaire, Paris 1806, und Supplément dazu, Paris 1807; siehe ferner BRANDES: Gilberts Ann. **33**, 1 u. 367 (1807).

dem Röhrendurchmesser proportional sein müssen, prüften auf LAPLACES Anregung HAUY und GAY-LUSSAC.

Wir werden alle die oben betrachteten Erscheinungen und Vorgänge später auf Grund einer quantitativen Behandlung zur Grundlage von Verfahren zur Messung der Oberflächenspannung nehmen. Zunächst ist aber der allgemeineren Frage nach Art und Definition der vorläufig als „Oberflächenkräfte" bezeichneten Ursachen des Strebens zur Kugelgestalt nachzugehen.

§ 3. Oberflächenspannung, Oberflächenarbeit, Oberflächenenergie

Das Phänomen der Tropfenbildung lehrt, daß die Körper bestrebt sind, ihre Oberfläche spontan zu kontrahieren, d. h. wenn sie sich selbst überlassen äußeren Kräften nicht ausgesetzt sind, die Form der Kugel als der bei gegebenem Volumen mit der kleinsten Oberfläche verbundenen Gestalt anzunehmen. Das bedeutet, daß Vergrößerung der Oberfläche Arbeitsaufwand erfordert oder m. a. W., daß der Oberflächenbildung freie Energie zuzuordnen ist. Wie die Kräfte, gegen welche diese Arbeit zu leisten ist, mit den eingangs genannten Anziehungskräften zwischen den konstituierenden Teilchen molekularer Größe zusammenhängen, mag dabei zunächst außer Betracht bleiben. Die Kenntnis der Größe der freien Oberflächenenergie allein reicht bereits aus, eine Reihe von Fragen zu behandeln, die hinsichtlich der Ausbildung freier Oberflächen zu stellen sind.

Die Einführung und Handhabung des Begriffs der Oberflächenspannung in der Mechanik der Flüssigkeiten — Jahrzehnte vor der Klärung des Begriffs der freien Energie in der Nomenklatur der Thermodynamik — entspricht diesem Verfahren. Ersetzt man nämlich analog der in der Statik üblichen Methode der virtuellen Arbeit die Energie durch die Arbeitsleistung einer parallel zur Oberfläche wirkenden hypothetischen Spannkraft, so wird, wenn unter *Oberflächenspannung* die bei Wirken dieser Spannkraft über die Flächeneinheit gespeicherte Energie, also eine Größe von der Dimension einer Arbeit je Flächeneinheit verstanden wird, die Oberflächenspannung dimensionsgleich der freien Oberflächenenergie. Da dieses Verfahren formal zulässig ist und der Begriff der Oberflächenspannung sich in der Statik der Oberflächen bewährt und im Sprachgebrauch auch der modernen Naturwissenschaft gehalten hat, werden auch wir in der folgenden Betrachtung uns seiner bedienen. Doch erscheint das nur zulässig, wenn zuvor einige durch die scheinbare Anschaulichkeit des Wortes Spannung hervorgerufene Unklarheiten beseitigt sind.

Die Annahme einer fiktiven, parallel zur Oberfläche wirkenden Spannung legt die Vorstellung eines Mechanismus von der Art einer gespannten Membran nahe. Die Erscheinungen sagen indes lediglich aus, daß ein mit Änderung der freien Energie verbundener Mechanismus besteht, der freie Oberflächen befähigt und veranlaßt, sich zusammenzuziehen, nicht aber daß dieser nach Art einer gespannten Membran mit tangential zur Oberfläche tätigen Kräften arbeitet. Daß eine solche Vorstellung tatsächlich falsch wäre, mögen die folgenden Überlegungen zeigen.

Die elastische Spannung einer Membran ändert sich bei Änderungen der Größe der Membranoberfläche gleichsinnig mit dieser. Demgegenüber behält die Oberflächenspannung und damit auch die hypothetische Spannkraft bei beliebigen[1] Vergrößerungen und Verkleinerungen der Körperoberfläche stets den gleichen Wert. Die Oberflächenspannung meint also ganz allgemein die Arbeit, die zur Vergrößerung der Oberfläche um die Flächeneinheit erforderlich ist. Sie ist als solche von der jeweils erreichten Größe der Oberfläche unabhängig und erweist sich bei gegebenen äußeren Bedingungen als Materialkonstante.

Aber nicht erst die bei Annahme tangentialer Spannkraft naheliegende Analogie mit der gespannten Membran, sondern schon die Annahme der Tangentialität überhaupt ist überflüssig und irrig. Das Vorhandensein einer Oberflächenspannung findet nämlich, ohne daß besondere, in der Oberfläche tätige Kräfte angenommen werden müßten, eine einfache und zwangslose Erklärung bereits auf Grund der auch an einer Reihe anderer Erscheinungen und Wirkungen nachweisbaren zwischenmolekularen Kräfte als derjenigen Kräfte kurzer Reichweite, welche von jedem Molekül ausgehend u. a. den Zusammenhalt der Moleküle im Verband der Flüssigkeit oder des Festkörpers erst ermöglichen. Im Innern der Körper gleichen diese zwischenmolekularen Kräfte sich aus, so daß das einzelne Molekül zwar allseitig einem Druck — es ist der dem äußeren Druck in Zustandsgleichungen von der Art der VAN DER WAALSschen überlagerte Binnendruck — nicht aber einer ponderomotorischen Kraft ausgesetzt ist. Demgegenüber sind oberflächennahe Moleküle der Wirkung der zwischenmolekularen Anziehungskräfte nicht mehr von allen Seiten in gleicher Stärke unterworfen; sie erfahren vielmehr, da sie nach außen hin von Nachbarn mehr oder weniger entblößt sind, einen einseitig in das Körperinnere gerichteten, auf der Oberfläche senkrecht stehenden Zug (siehe Abb. 9). Das aber hat zur Folge, daß eine Verkleinerung der Oberfläche, die ja stets damit verbunden ist, daß Moleküle aus der Oberfläche nach Innen treten, von Arbeitsgewinn begleitet ist. Allein das Bestehen dieser nach außen schnell abklingenden Kräfte — ihre Reichweite ist in Abb. 9 durch einen die Wirkungssphäre kennzeichnenden, das einzelne Molekül umgebenden Kreis charakterisiert — erklärt also, ohne speziellere Vor

---

[1] Abweichungen treten erst auf, wenn die betrachteten Gebilde sehr klein sind oder starke Krümmungen in der Oberfläche bestehen. Dazu siehe weiter unten.

aussetzungen über deren Art, das Bestreben der Flüssigkeiten (und Festkörper), die jeweils kleinstmögliche Oberfläche auszubilden. Tangential wirken diese Kräfte sich in der Oberfläche, da sie sich in ihr symmetrisch kompensieren, ponderomotorisch aber ebensowenig aus wie im Innern.

Besteht somit kein Grund, besondere, nur in der Oberfläche bestehende und zu ihr tangentiale Kräfte anzunehmen, so zeigt eine weitere Überlegung, daß eine solche Annahme auch noch zum Widerspruch mit den Erscheinungen führt. Wären nämlich die Moleküle in der Oberfläche zusätzlichen, sie dort fester als im Innern einander verbindenden

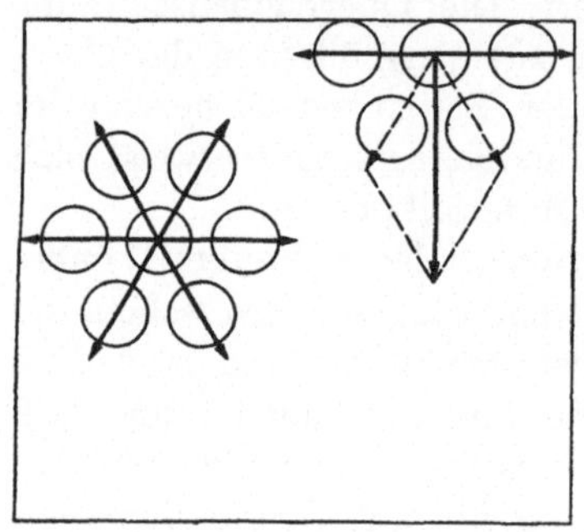

Abb. 9. Wirkung der zwischenmolekularen Kräfte im Innern und in der Oberfläche

bzw. bindenden Kräften ausgesetzt, so könnten sie aus ihr nur unter erhöhtem Arbeitsaufwand entfernt werden, und es wäre erst recht unverständlich, warum sie unter solchen Umständen ihre Plätze in der Oberfläche gegen solche im Inneren tauschen sollten[1].

Der Vorstellung tangential wirkender Spannkräfte kann also in gewissem Sinne wohl ein heuristischer, nicht aber echter Erkenntniswert zugeschrieben werden. An dem eine solche Vorstellung nicht notwendig einschließenden Begriff der Oberflächenspannung ist, ohne daß mit ihm Modellvorstellungen über den bewirkenden Mechanismus verbunden werden müßten, wesentlich nur, daß er erlaubt, den mit Änderungen der Größe stofflicher Oberflächen verbundenen Arbeitsaufwand quantitativer Betrachtung zugänglich zu machen und von da aus Verfahren zu seiner Messung zu entwickeln. Unter Oberflächenspannung verstehen wir also schlicht und einfach die mit der Änderung der freien Oberflächenenergie dem Betrag nach gleiche mechanische Arbeit, welche zur Vergrößerung der Oberfläche um die Flächeneinheit aufzuwenden ist[2]. Die im folgenden stets mit dem Symbol σ bezeichnete Oberflächen-

---

[1] Die Erscheinungen der sogenannten Barophorese [A. WRIGHT: Proc. Roy. Soc. Sér. B **92**, 118 (1921); SCHONEBOOM, ebenda Sér. A **101**, 531 (1932)], die gelegentlich auf tangentiale Kräfte zurückgeführt worden sind, dürften durch Diffusion und Druckunterschiede hervorgerufen sein und stehen in keinem Zusammenhang mit hypothetischen Oberflächenkräften.

Die Vorstellung einer tangential wirkenden Zugkraft ist am weitesten entwickelt worden in den Theorien von VAN DER WAALS, HULSHOF und BAKKER [s. z. B. Ann. Physik **4**, 657 (1901) und Z. physik. Chem. **107**, 97 (1923), Ann. Physik **65**, 507 (1921) sowie Handbuch der Experimentalphysik, Bd. 6, Leipzig 1928 (BAKKER)]. Siehe hierzu auch R. SHUTTLEWORTH: Proc. Phys. Soc. A **63**, 444, (1950).

[2] Eine von O. KÖNIG [Z. Elektrochem. angew. physik. Chem. **57**, 361 (1953)] vorgeschlagene Differenzierung der freien Oberflächenenergie scheint, ohne daß

spannung ist also nichts anderes als die spezifische freie Oberflächenenergie im Sinne der Thermodynamik. Sie hat im cgs-System die Dimension erg/cm² oder, was das gleiche ist, dyn/cm und ist eine von den äußeren Bedingungen der Temperatur und des Druckes abhängige, von Stoff zu Stoff verschiedene, d. h. stoffspezifische „Materialkonstante". Methoden zu ihrer Messung werden weiter unten in großer Zahl angegeben werden. Für die grundsätzliche Betrachtung möge, unbeschadet der Schwierigkeiten der experimentellen Durchführung im einzelnen, als unmittelbarste diejenige treten, bei welcher durch (schnelles)[1] Zerreißen eines Flüssigkeitsstrahles oder Zerbrechen eines Stabes 1 cm² neuer (atomar glatter) Oberfläche geschaffen und die dafür anzuwendende Arbeit gemessen wird. Zahlenmäßig fallen die Oberflächenspannungen der Stoffe bei Zimmertemperatur i. allg. in die Größenordnung von 100 erg/cm². Mit der Temperatur nimmt die Oberflächenspannung ab, die Temperaturkoeffizienten $d\sigma/dT$ haben die Größenordnung von 0,1 bis 0,01 erg je cm² und grad, die relativen, d. h. in Einheiten von σ gemessenen Koeffizienten $\frac{1}{\sigma} \cdot \frac{d\sigma}{dT}$ diejenige von 10^{-2} bis 10^{-4} je grad.

Änderungen der freien Energie und der Gesamtenergie u können nur dann einander gleich sein, wenn die erstere von der Temperatur unabhängig ist. Dementsprechend erfordert Oberflächenvergrößerung, wie zuerst W. Thomson (Kelvin)[2] zeigte, nicht nur Arbeitsaufwand, sondern, soll sie isotherm verlaufen, auch Zufuhr von Wärmeenergie. Die gesamte zur Vergrößerung einer Oberfläche erforderliche Energie, die wir bei Bezug auf eine Oberflächenänderung von 1 cm² als *spezifische gesamte Oberflächenenergie* Σ von der Oberflächenspannung σ unterscheiden, ist größer als die mechanische Oberflächenarbeit σ. Die neben dieser mechanischen Arbeit zugeführte Wärme dient dem Ausgleich derjenigen Abkühlung, welche bei mechanischer Vergrößerung einer Oberfläche dadurch entsteht, daß die — vorzugsweise schnelleren — Moleküle unter Störung der Maxwellschen Geschwindigkeitsverteilung und Verkleinerung des die Temperatur messenden mittleren Geschwindigkeitsquadrates v^2 in die Oberfläche gelangen. Die für den Ausgleich dieser Störung notwendig aufzubringende Wärmemenge q_σ berechnet man auf Grund eines Kreisprozesses: Die Oberfläche werde, nach Erwärmung um $dT°$, bei der Temperatur $T + dT°$ um die Flächeneinheit vergrößert. Dabei wird die mechanische Arbeit $\sigma + d\sigma$ und gleichzeitig die Wärmemenge $q_\sigma + dq_\sigma$ verbraucht. Anschließend werde, nach Ab-

---

sie sichtbaren Gewinn brächte, durch Bezug auf Unklarheiten der Gibbsschen Bezugsflächen [siehe Guggenheim: Trans. Faraday Soc. **36**, 408 (1940)] nur geeignet, die einfachen Phänomene gegen klares Verständnis abzuschirmen.

[1] Der Zerreißvorgang muß so schnell verlaufen, daß Fließen nicht stattfinden, die Viscosität den Vorgang also nicht bestimmen kann.

[2] Philos. Mag. J. Sci. **17**, 1961 (1859).

kühlen auf die Ausgangstemperatur T, die Oberfläche wieder um die Flächeneinheit verkleinert und die bei der Temperatur $T+dT$ (mit-) aufgenommene Wärmemenge freigegeben. Das ergibt dann gemäß der GIBBS-HELMHOLTZschen Gleichung die Beziehung

$$\sigma - \Sigma = T \cdot d\sigma/dT \tag{1a}$$

oder

$$\Sigma = \sigma - T \cdot d/dT = \sigma + q_\sigma. \tag{1b}$$

Da die Ableitung $d\sigma/dt$, wie oben gesagt, stets[1] negativ ist, wird die latente Wärme q_σ positiv; im Sinne unserer Vorzeichenwahl mißt sie also eine bei Oberflächenvergrößerung aufzuwendende Wärmemenge. Dem Betrag nach ist die latente Wärme q_σ, wie aus den obengenannten Zahlenangaben abzuschätzen ist, bei Zimmertemperatur i. allg. von der gleichen Größenordnung wie die Oberflächenspannung. Bei höheren Temperaturen überwiegt dann meist der Einfluß der latenten Wärme, bei tieferen die Oberflächenspannung; da die durch Differenzbildung aus Messungen der Oberflächenspannung zu gewinnende Ableitung $d\sigma/dT$ naturgemäß stets ungenauer zu bestimmen ist als diese selbst, bedeutet das, daß die so ermittelte gesamte Oberflächenenergie bei höheren Temperaturen mit größeren Fehlern behaftet ist als bei tieferen.

Die Energie, welche erforderlich ist, um ein Molekül aus dem Inneren an die Oberfläche zu bringen, sollte, wie man sich an Hand von Abb. 9 leicht überlegt, da es vom Innern bis zur Oberfläche etwa den halben Aufwand braucht wie bis zum Übertritt in den Dampfraum, etwa halb so groß sein wie diejenige, welche zu seiner Verdampfung oder Sublimation erforderlich ist[2]. Man hat also zu erwarten, daß die Oberflächenspannungen eines Festkörpers und seiner Schmelze sich in etwa dem Grade unterscheiden wie Sublimations- und Verdampfungswärme; das trifft, wie Tab. 1 zeigt, ungefähr zu.

Tabelle 1. *Oberflächenspannungen von Festkörpern und ihren Schmelzen*

Stoff	erg/cm²	
	fest	flüssig
Wasser	101	76
Benzol	125	31
Bromoforn . . .	73	51
Äthylenbromid . . .	63	39

Das Bestehen einer Oberflächenspannung bringt es mit sich, daß jede Art von Zerkleinerung homogener flüssiger oder fester Körper, wie Zerreißen, Spalten, Zerstäuben, Schäumen u. ä., Arbeitsaufwand erfordern. Dieser ist der Definition der Oberflächenspannung gemäß sowohl von der Art des zu zerteilenden Stoffes wie von der zu erzielenden Oberflächenvergrößerung abhängig.

---

[1] Über scheinbare Ausnahmen bei Metallen und anisotropen Flüssigkeiten siehe später.

[2] Genaueres hierzu gibt der § 6.

Unmittelbar einzusehen ist der Zusammenhang zwischen Oberflächenspannung und Zerreißarbeit. Verstehen wir, wie das üblich ist, unter der Zerreißarbeit ζ diejenige Arbeit, welche aufzuwenden ist, um eine Säule vom 1 cm² Querschnitt in glatter Fläche zu zerreißen, so ist, da dabei 2 cm² neuer Oberfläche geschaffen werden, die Zerreißarbeit einfach gegeben zu

$$\zeta = 2\sigma .\tag{2}$$

Man findet also für Flüssigkeiten Zerreißarbeiten von der Größenordnung von 100 erg/cm². Will man statt in Zerreißarbeiten in Zerreißfestigkeiten charakterisieren, so kann man diese auf Grund der Beziehung, daß Kraft gleich Arbeit durch Weg ist, aus den Zerreißarbeiten berechnen. Dabei kann man, da die Reichweite der zwischenmolekularen Kräfte, wie später im einzelnen belegt werden wird, sehr klein ist, den wirksamen Weg auf 1 AE abschätzen. Man erhält also für Flüssigkeiten Zerreißfestigkeiten von der Größenordnung von 10000 kg/cm². Daß diese durchaus in der Größenordnung der Zerreißfestigkeiten von Festkörpern liegen, für die z. B. an polykristallinem Kupfer 5000 kg/cm² oder an Steinsalz 26000 kg/cm² gemessen werden, überrascht nach dem gerade über das Verhältnis der Oberflächenspannung fester und flüssiger Körper Gesagten nicht[1]. In Hinsicht auf die Flüssigkeiten ist dabei im Auge zu behalten, daß das Zerreißen so schnell erfolgen muß, daß ein Fließen nicht stattfinden kann[2], in Hinsicht auf die festen Körper, daß die Werte beim Zerreißen am fehlerlosen Einkristall wesentlich höher liegen als die angegebenen[3].

Wie die Zerreißarbeit, so ist auch die zum Zerkleinern (Mahlen, Zerstäuben) eines festen oder flüssigen Körpers aufzuwendende Arbeit durch die Oberflächenspannung bestimmt. Die zur Herstellung feindisperser Verteilung aus einem Zustand gröberer Verteilung erforderliche Arbeit kann also bei gegebener Oberflächenspannung und gegebenem Zerkleinerungsverhältnis berechnet werden. Sei nämlich F_v die Oberfläche vor und F_n die Oberfläche nach der Zerteilung, so ist die aufzuwendende Arbeit A_m gegeben zu

$$A_m = (F_n - F_v) \cdot \sigma .$$

Die zur Zerteilung von 1 cm³ homogenen Stoffes in kugelförmige Teilchen gleicher Größe notwendige Arbeit A_m/V berechnen wir daraus

---

[1] So findet OBREIMOFF [Proc. Roy. Soc, Ser. B **127**, 290 (1930)] durch Spalten von Glimmer Zerreißarbeiten von 10000 erg/cm².

[2] WOLF, K. L.: Die Chemie **55**, 295 (1942); R. W. POHL: Einführung in die Physik, Bd. 1.

[3] Für flüssiges Steinsalz berechnet man aus den Oberflächenspannungen (siehe Tab. 4) bereits Werte, die diejenigen des festen Steinsalzes im technischen Zerreißversuch um über das Doppelte übertreffen.

wie folgt: Es sei r_1 der Radius des kugelförmig gedachten Volumens V vor der Zerkleinerung, r der Radius der entstehenden Teilchen. Nun besteht zwischen Kugelvolumen und Kugeloberfläche allgemein die Beziehung

$$\frac{O}{V} = \frac{3 \cdot 4\,r^2}{4\,r^3} = \frac{3}{r}.$$

Daraus ergibt sich, wenn man beachtet, daß $1/r_1$ neben $1/r$ vernachlässigbar ist, schließlich

$$\frac{A_m}{V} = \frac{3\,\sigma}{r}.$$

Entsprechend erhält man für die gesamte bei isothermer Zerkleinerung aufzuwendende Energie E die Beziehung

$$\frac{E}{V} = \frac{3\,\Sigma}{r}.$$

Welche Arbeits- und Energiebeträge dabei für die verschiedenen Zerkleinerungsgrade in Frage kommen, zeige am Beispiel zu zerstäubenden Wassers, dessen Oberflächenspannung und Oberflächenenergie man der Tab. 3a entnehme, Tab. 2. Man erkennt aus dieser zugleich, daß, wenn die Zerkleinerung bis in die Größenordnung molekularer Dimensionen getrieben wird, die Zerkleinerungsenergien in die Größenordnung der Sublimations- und Verdampfungswärmen reichen[1]. Wie gering demgegenüber der Wirkungsgrad technischer Zerteilungsvorrichtungen ist, belege die Tatsache, daß beim Zerstäuben von Flüssigkeiten oder beim Zerschroten fester Körper Arbeiten geleistet werden, die zwei Größenordnungen über diesen berechneten liegen.

Tabelle 2. *Abhängigkeit der spezifischen Oberfläche, der Oberflächenarbeit und der Oberflächenenergie vom Zerkleinerungsgrad bei fortschreitender Zerkleinerung eines Wasserwürfels von 1 cm³ bei Zimmertemperatur*

Kantenlänge der Teilwürfel in cm	Gesamte Oberfläche in cm³	Für die Zerteilung aufzuwendende	
		mechanische Oberflächenarbeit in cal/cm³	gesamte Oberflächenenergie in cal/cm³
1	6	$1 \cdot 10^{-5}$	$1{,}7 \cdot 10^{-5}$
10^{-1}	$6 \cdot 10^{1}$	$1 \cdot 10^{-4}$	$1{,}7 \cdot 10^{-4}$
10^{-2}	$6 \cdot 10^{2}$	$1 \cdot 10^{-3}$	$1{,}7 \cdot 10^{-3}$
10^{-3}	$6 \cdot 10^{3}$	$1 \cdot 10^{-2}$	$1{,}7 \cdot 10^{-2}$
10^{-4}	$6 \cdot 10^{4}$	$1 \cdot 10^{-1}$	$1{,}7 \cdot 10^{-1}$
10^{-5}	$6 \cdot 10^{5}$	1	1,7
10^{-6}	$6 \cdot 10^{6}$	10	17
10^{-7}	$6 \cdot 10^{7}$	100	170

[1] Bei sehr kleinen Teilchen haben obige Berechnungen nur noch die Bedeutung einer Abschätzung. Näheres siehe § 8.

Dabei kommt der Zerkleinerung kristallin-fester Körper zunächst noch die in den Realkristallen bestehende innerkristalline Zerklüftung entgegen; jedoch wird deren Einfluß auf die Größe der Zerteilungsarbeit um so geringer, je weiter die Zerteilung getrieben wird[1].

B. Die Oberfläche der Flüssigkeiten

§ 4. Die Oberflächenspannung

Ist die Oberflächenspannung flüssiger und diejenige kristallin-fester Stoffe auch von der gleichen Größenordnung, so ist deren Auswirkung auf die Oberflächengestaltung im einzelnen doch außerordentlich verschieden. Schon die Bestimmung der Größe der Oberflächenspannung bereitet bei kristallin-festen Körpern außerordentliche Schwierigkeiten, die in dieser Art bei Flüssigkeiten nicht bestehen. Ferner ist die Oberflächenspannung kristallin-fester Stoffe für die einzelnen Kristallflächen verschieden groß, also etwa für eine abwechselnd mit positiven und negativen Ionen besetzte Würfelfläche eines Steinsalzkristalles eine andere als für eine mit lauter gleichwertigen Ionen lockerer besetzte Oktaederfläche. Unterschiede dieser Art fordern nicht nur die Ausbildung verschiedener Verfahren zur Bestimmung der Größe der Oberflächenspannung, sondern bedingen bereits in den Phänomenen selbst so wesentliche Verschiedenheiten, daß die Oberflächenspannung flüssiger und kristallin-fester Stoffe getrennter Behandlung bedürfen. Daß man dann aber die Flüssigkeiten den Festkörpern vorangehen läßt, folgt nach unseren einleitenden Überlegungen aus den für die Auswirkung der Oberflächenspannung charakteristischen Unterschieden beider Zustände.

Die Werte der Oberflächenspannung chemisch-einheitlicher Flüssigkeiten liegen, wie oben bereits gesagt ist, bei Zimmertemperatur in der Größenordnung von 100 erg/cm². Sie sind am kleinsten bei den sogenannten permanenten Gasen (siehe Tab. 3a), liegen bei den organischen Flüssigkeiten um 30, bei geschmolzenen Salzen um 150 erg/cm² (siehe Tab. 3b und 4) und erreichen bei geschmolzenen Metallen 1000 und mehr erg/cm² (siehe Tab. 5). Einen unmittelbaren Zusammenhang mit dem Bau der Moleküle läßt die oberflächenspezifische, d. h. auf 1 cm² bezogene Oberflächenspannung ebensowenig erkennen wie vergleichsweise die raumspezifischen, d. h. auf 1 cm³ bezogenen Dichten, Brechungsexponenten oder Dielektrizitätskonstanten. Sollen solche Beziehungen gefunden werden — daß sie gefunden werden können, zeigt u. a. ihr

---

[1] Weiteres über den technischen Zerteilungsvorgang sowie über die Abhängigkeit von der Teilchenform siehe bei F. A. HENGLEIN: Chemiker-Ztg. **68**, 23 (1944).

Tabelle 3a[1]. *Oberflächenspannung anorganischer Flüssigkeiten*

Flüssigkeit	T °C	σ erg/cm^2	σ_M 10^2 joule/mol	$-\dfrac{d\sigma}{dT}$	Σ_M 10^2 joule/mol
Helium	− 269,6	0,16	0,12	0,10	0,38
Neon	− 248,4	5,61	3,11	0,25	6,4
Argon . . .	− 186	12,7	10,1	0,17	23
Wasserstoff . . .	− 258,1	2,83	2,14		
Stickstoff . . .	− 203	10,5	9,1	0,22	23
Sauerstoff . . .	− 203	18,3	13,7	0,25	27
Fluor . . .	− 200	10,2	8,9	0,12	17
Chlor . . .	− 72	33,6	35	0,15	60
Brom . . .	20	38,0	44	0,16	71
Fluorwasserstoff . . .	− 82	17,6	10,4		
Chlorwasserstoff . . .	− 80,5	22,4	18,1	0,09	49
Bromwasserstoff . .	− 79	27,8			
Cyanwasserstoff . .	20	18,1	17,5	0,12	52
Ammoniak	− 29	41,8	28,1	0,23	65
Hydrazin . . .	25	66,7	56	0,44	165
Phosphorwasserstoff .	− 94	20,8	22,5	$0,08_5$	40
Schwefelwasserstoff .	− 83	33,5	30	0,12	52
Wasserstoffsuperoxyd	− 0,2	78,7	46		
Wasser	22	72,44	42,2	0,152	68
Schweres Wasser . .	22	72,30	42,2	0,15	67
Kohlenoxyd	·− 89	26	24		
Stickstofftetroxyd . .	20	26,6	23,8		
Schwefeldioxyd . . .	− 25	33,5	34,6		
Schwefelsäure	25	54,5	67	0,05	80
Schwefelkohlenstoff .	22	30,2	40	$0,15_5$	100
Tetrachlorkohlenstoff	22	28,0	50	$0,11_5$	110
Siliciumtetrachlorid .	19	16,3			
Bortrichlorid	22	16,4	33,0	0,11	98
Phosphortrichlorid . .	35	25,8	44	0,11	100
Arsentrichlorid . . .	50	36,6	60	0,10	114
Antimontrichlorid . .	74,5	49,6	73	0,11	130
Arsentribromid . .	49,5	49,6	82	0,12	153
Siliconöl 300	22	21,0			
Hexamethyldisiloxan .	22	15,6			

[1] Die Angaben dieser und der folgenden Tabellen sind den üblichen Tabellenwerken entnommen. Die Angaben wurden kritisch geprüft und, wo bei starken Differenzen eine Entscheidung schwer zu treffen war, soweit möglich, durch eigene Messungen kontrolliert. In denjenigen Tabellen, wo es, wie in Tab. 7, auf vergleichende Betrachtungen innerer Zusammenhänge ankam, wurden weithin die trotz i. allg. etwas zu niedriger Absolutwerte sehr zuverlässigen Messungen von RAMSAY und Mitarbeitern [vor allem Z. physik. Chem. **12**, 433 (1893)] und von F. M. JÄGER [Z. anorg. allg. Chem. **101**, 1 (1914)] verwandt, die zudem den Vorteil haben, daß jeweils für die gleichen Temperaturen die Molvolumina bestimmt sind, so daß auch die Umrechnung auf molare Größen zuverlässig möglich ist. Die größte Unsicherheit bringen die Temperaturkoeffizienten mit sich; hier mögen in einzelnen Fällen die Fehler 10% erreichen.

Die Angaben der Tab. 3 bis 8 beziehen sich auf Messungen gegen den eigenen Dampf oder gegen Luft bzw. andere indifferente Gase unter Atmosphärendruck. Die Oberflächenspannung von Wasser, deren genaue Kenntnis vor allem im Hinblick auf zahlreiche Untersuchungen wäßriger Lösungen wichtig ist, wurde in eigener

Vorhandensein bei den ebenfalls durch Molekülbau und zwischenmolekulare Kräfte bestimmten Verdampfungswärmen — so muß zunächst wie beim Übergang vom Brechungsexponenten zur Molrefraktion oder von der Dichte zum Molvolumen auf eine aus der Oberflächenspannung abzuleitende, auf jeweils die gleiche Anzahl von Molekülen bezogene Größe, d. h. in konventionellen Maßen auf eine molare Oberflächenspannung, umgerechnet werden. Das geschieht wie folgt:

Unter molarer Oberflächenspannung oder besser *molarer freier Oberflächenenergie* σ_M verstehen wir folgerichtig diejenige Arbeit, welche aufzuwenden ist, wenn die Oberfläche um die Molfläche F_M vergrößert wird, d. h. um einen solchen Betrag, daß bei der Vergrößerung ein Mol, d. h. N_L Moleküle neu in die Oberfläche gebracht werden. Die Molfläche F_M eines Stoffes ist diejenige Fläche, welche ein Mol desselben bei dichter Flächenpackung in monomolekularer Schicht bedeckt. Es sei V_M das Volumen des Molwürfels, d. h. eines Würfels, der ein Mol des betreffenden Stoffes faßt. Die Kante dieses Würfels hat die Länge $N_L^{1/3} \cdot d$, die Seite die Fläche $V_M^{2/3}$: Denken wir uns den Molwürfel aus N_L ihrerseits würfeligen Zellen molekularer Größe zusammengesetzt, so besteht er aus $N_L^{1/3}$ übereinandergelagerten Schichten molekularer Dicke d von der Größe $V_M^{2/3}$. Die gesamte Molfläche F_M ist also bestimmt durch die Beziehung

$$F_M = V_M^{2/3} N_L^{1/3}. \tag{3}$$

Sie hat die Dimension[1] cm²/mol. Aus der Definition der Oberflächenspannung σ als einer Arbeit je Flächeneinheit ergibt sich über Gl. (3) die *molare Oberflächenspannung* zu

$$\sigma_M = \sigma F_M = \sigma \, V_M^{2/3} N_L^{1/3} \tag{4}$$

und entsprechend die *gesamte* molare Oberflächenenergie zu

$$\Sigma_M = \Sigma F_M = \Sigma \, V_M^{2/3} N_L^{1/3}. \tag{5}$$

Die gleichen Ergebnisse erhält man bei Annahme dichtester Kugelpackung. Liegen andere Arten der Packung vor, so bedürfen mit der

---

Messung nach der Blasendruckmethode bei 22° zu 72,44 erg/cm² bestimmt. Dieser Wert stimmt, einen Temperaturkoeffizienten von 0,15 zugrunde gelegt, überein mit den Werten von 72,73 bzw. 72,80 erg/cm², die bei 20° C von RICHARDSEN und CARVER [J. Amer. chem. Soc. **43**, 827, (1921)] bzw. von HARKINS und BROWN [ebenda **41**, 449 (1919)] gefunden wurden. Eine Zusammenstellung älterer Messungen an Wasser gibt KALÄHNE [Ann. Physik **7**, 440 (1902)].

[1] In der Fachliteratur ist es weithin üblich, anstatt der Molfläche F_M die ihr proportionale Molwürfelfläche $V_M^{2/3}$ zu verwenden; diese unterscheidet sich von der echten Molfläche durch den konstanten Faktor $N_L^{1/3}$. Der exakte Ausdruck führt bei Angabe im cgs-System zu der Größenordnung von 10^{10} bis 10^{11} erg/mol; in den Tabellen und Abbildungen werden die Zahlen der Einfachheit halber i. allg. in 10^9 erg/mol oder 10^2 joule/mol als Einheit angegeben.

Molfläche auch die molaren Oberflächengrößen σ_M und Σ_M gesonderter Berechnung. Darüber hinaus kann man, wenn die Moleküle nicht kugelsymmetrisch, also nach Art derjenigen von Stoffen wie Diphenyl oder Azoverbindungen langgestreckt sind, je nachdem, welche der Molekülachse in die Oberfläche fallen soll, mehrere Werte für die Molfläche in Rechnung setzen. Die Beziehungen (3), (4) und (5) sind also gültig nur bei dichtester Packung annähernd kugelförmiger Moleküle im Innern der Flüssigkeit und statistischer Verteilung der Moleküllagen relativ zur Oberfläche. In kristallin-festen Körpern trifft die Voraussetzung dichtester Kugelpackung oft nicht zu. Dagegen kann diese im Innern der Flüssigkeiten, von Sonderfällen abgesehen, i. allg. als gegeben vorausgesetzt werden; in ihnen rotieren die Moleküle mit Frequenzen, die groß sind gegenüber den kinetischen Stoßzahlen, so daß das einzelne Molekül als kleinste kinetische Einheit im Mittel der Zeit einen kugelförmigen Raum in Anspruch nehmen kann. Für chemisch-einheitliche Flüssigkeiten folgt somit in Übereinstimmung mit der aus der geringen Kompressibilität und leichten Verschiebbarkeit (d. i. kleinen Viscosität) abzuleitenden Vorstellung dichter Raumerfüllung gleichartiger molekularer Bausteine die Zulässigkeit der bei der Ableitung der Beziehungen (4) und (5) gemachten Annahmen. Wieweit aber im Falle langgestreckter Moleküle in der Oberfläche Packungen etwa nach dem kleinsten Molekülquerschnitt eintreten können, wird bei der Berechnung der Molflächen in vielen Fällen erst die Beobachtung entscheiden müssen. Bei räumlich stark anisotropen Molekülen werden zudem weitere Einschränkungen nötig; sofern hier die Rotationsbewegung langgestreckter Moleküle auf einzelne Freiheitsgrade reduziert ist, kommen wir nämlich in den Bereich der flüssigen Kristalle oder besser anisotropen Flüssigkeiten, deren Oberflächenspannung bei der später folgenden Betrachtung entsprechende Besonderheiten erkennen lassen wird.

In den Tab. 3 bis 5 sind für eine größere Anzahl von Stoffen die aus den gemessenen Oberflächenspannungen und den Molvolumina berechneten Werte der molaren Oberflächenarbeiten angegeben. Da ihre in cgs-Einheiten bestimmten Zahlenwerte in die Größenordnung von 10^{10} erg/mol fallen, sind die Angaben in hundert joule/mol gemacht.

In den molaren Oberflächenarbeiten der elementaren Stoffe (Tab. 3a) zeichnet sich ein deutlicher Gang mit dem Atomgewicht ab, der als ein Ansteigen mit der Zahl der Hüllenelektronen und der reziproken Ionisierungsarbeiten verstanden werden kann. Auch bei den Verbindungen (siehe Tab. 3b) nimmt die molare Oberflächenarbeit weithin, vor allem in den homologen Reihen oft deutlich, mit dem Molekulargewicht zu. Daneben wirken aber einzelne funktionelle Gruppen offenbar stark spannungserhöhend. Das fällt vor allem hinsichtlich der Hydroxyl- und Aminogruppe auf: Wasser, Ammoniak, Glykol, Glycerin und Butandiol

Tabelle 3b. *Oberflächenspannung organischer Flüssigkeiten*

Flüssigkeit	T °C	σ erg/cm²	σ_M 10^2 joule/mol	$-\dfrac{d\sigma}{dT}$	Σ_M 10^2 joule/mol
Pentan	20	16,9	32	$0,11_5$	99
Hexan	22	19,5	43	$0,10_5$	109
Heptan	20	20,3	48	$0,10_2$	117
Octan	20	21,7	55	$0,10_0$	127
Nonan	20	22,9	62	0,098	138
Dekan	20	23,9	68	0,095	147
Cyclopentan . . .	22	22,3	39	$0,11_5$	98
Cyclohexan	22	24,7	48	$0,12_5$	117
Dekalin	20	31,5	78		
Benzol	22	28,4	48	0,11	103
Naphthalin	80	32,3	64	$0,10_5$	
Methanol . . .	22	22,5	22,6	$0,08_5$	47
Äthanol	22	22,3	28,5	0,07	54
Propanol	22	23,7	36	$0,07_5$	68
Butanol	22	24,5	42	0,08	83
Pentanol	22	25,4	49	$0,08_5$	99
Hexanol	22	26,4	56	0,10	118
Octanol	22	27,0	67		
i-Propanol . . .	22	21,4	32,5	$0,07_5$	66
i-Butanol	22	23,4	40,5	0,10	92
Cyclopentanol . . .	22	32,7	56	0,09	101
Cyclohexanol . . .	22	35,0	69	0,10	129
Glykol	22	47,6	59	0,08	86
Glycerin . .	22	66,4	99		
Butandiol . . .	22	45,3	68		
Ameisensäure . .	35	36,1	34	$0,10_5$	65
Essigsäure . . .	22	27,5	35	$0,09_5$	70
Propionsäure . .	22	26,5	40	0,09	82
Buttersäure . . .	22	26,6	46	$0,09_5$	94
Valeriansäure . .	22	26,9	52	0,09	108`
Hexansäure . . .	22	28,1	59,5	$0,08_5$	112
Octansäure	20	28,3	70	0,08	128
Laurinsäure . . .	78,5	26,0	82	0,08	176
Ölsäure	20	33,3	138		
Äthylamin . . .	10	20,4	25	$0,09_5$	67
Butylamin . .	22	22,0	39	0,09	80
Hexylamin . .	22	25,0		0,08	
Octylamin . .	22	26,2		$0,07_5$	
Aceton	22	23,3	35	$0,10_5$	82
Methyläthylketon . .	22	23,5	40	$0,10_5$	91
Acetophenon . . .	20	49,1	74	0,12	141
Acetonitril . .	20	28,3	34	0,13	79
Propionitril . . .	18	27,2	40	$0,11_5$	98
Butyronitril	18	27,5	45	0,11	95
Pentannitril . .	20	$27,4_5$	51	0,10	105
Hexannitril . . .	20	27,9	57	0,09	111
Formamid	20	56,7	56	$0,08_5$	81
Diäthyläther . . .	22	16,5	31	0,11	93
Methylacetat . . .	22	25,7	41	0,11	98
Äthylacetat . . .	22	24,8	46	0,12	106
Äthylpalmitat . .	22	31,6			
Äthyljodid . . .	22	28,1	44	$0,11_5$	98
1,2-Dichloräthan . .	22	30,1	47	$0,13_5$	108

Tabelle 3b (Fortsetzung)

Flüssigkeit	T °C	σ erg/cm²	σ_M 10^2 joule/mol	$-\dfrac{d\sigma}{dT}$	Σ_M 10^2 joule/mol
Chloroform	25	26,3	41	0,13	102
Toluol	22	29,3	56	0,09	107
Chlorbenzol	22	33,2	60	0,11	123
Brombenzol	22	37,0	70	0,12	136
Jodbenzol	22	39,4	87	0,11	156
Nitrobenzol	22	43,7	80	$0,11_5$	144
Phenol	22	42,2	71	$0,11_5$	130
Anilin	22	43,5	75	$0,11_5$	132
Benzonitril	20	39,2	73	$0,11_5$	135
Dioxan	22	33,0	54	$0,11_5$	108
Tetrahydrofutan	22	27,3	44	$0,11_5$	98
Pyridin	25	34,9	55	0,11	107
Monofluoressigsäure . . .	40	37,8		0,11	

Tabelle 4. *Oberflächenspannung geschmolzener Salze*

Salz	T °C	σ erg/cm²	σ_M 10^2 joule/mol	$-\dfrac{d\sigma}{dT}$	Σ_M 10^2 joule/mol
LiF . . .	870	250		0,17	
LiCl . .	610	140		0,070	
NaF . . .	990	202	133	0,100	216
NaCl . .	800	114	108_5	0,072	180
NaBr . .	770	107	113	0,073	190
Na J . . .	660	88	108	0,05	165
KF . . .	860	142	119	0,075	190
KCl . . .	800	96	109	0,071	195
KBr . . .	730	89	112	0,073	204
K J . . .	680	78	112	0,070	208
RbF . . .	800	128	118	0,12	236
RbCl .	720	98	122	0,074	215
RbBr .	730	88	117	0,070	210
Rb J . . .	670	80	120	0,071	208
CsCl . .	650	91	118	0,070	202
CsBr . .	650	82·	117	0,070	209
Cs J . .	650	73	117	0,065	213
AgCl . .	450	125		0,12	
CaCl₂ . .	780	160			
SrCl₂ . .	850	180			
BaCl₂ . .	960	180			
NaNO₃ .	310	121		0,065	
Na₂SO₄ .	880	196		0,07	
Na₂CO₃ .	850	213			
KNO₃ . .	340	113		0,075	
K₂SO₄ .	1070	144	248	0,06	387
K₂CO₃ .	880	170			
CsNO₃ .	425	92		0,085	
Cs₂SO₄ .	1040	111	228	0,07	417
Rb₂OS₄ .	1100	131	247	0,090	480

haben höhere Oberflächenspannungen als etwa Kohlenwasserstoffe oder halogenierte Kohlenwasserstoffe gleichen Molekulargewichts; ebenso sind die molaren Oberflächenspannungen von Anilin und Phenol höher als diejenigen der vergleichbares Molekulargewicht aufweisenden Stoffe Toluol und Chlorbenzol. Beziehungen zu Gitterenergie und Härte der festen Stoffe, die man aus den Oberflächenspannungen der geschmolzenen Alkalihalogenide (Tab. 5) ablesen könnte, sind in den molaren Oberflächenarbeiten nicht bewahrt.

Wollte man über diese qualitativen Aussagen hinausgehende Zusammenhänge feststellen, so könnte man versucht sein, die Angaben der Tab. 3 bis 5 zuerst auf unter dem Gesichtspunkt des Theorems der übereinstimmenden Zustände vergleichbare, d. h. auf gleiche oder gleiche reduzierte Temperaturen zu bringen. Versuche dieser Art haben zu einer Zeit, als man über den Bau der Moleküle und die Natur der zwischenmolekularen Kräfte noch wenig Anhaltspunkte hatte, auch gewisse Aufschlüsse in beschränkten Bereichen erbracht. Heute kann man diese Zusammenhänge unmittelbarer auf den Molekülbau beziehen. Da eine solche Reduktion zudem die Kenntnis der Temperaturabhängigkeit der Oberflächenspannung erfordert und da deren Kenntnis zugleich die Bestimmung der wesentlich stärker temperaturinvarianten gesamten Oberflächenenergie gestattet, stellen wir die weitere Erörterung über den Zusammenhang zwischen Oberflächenspannung und chemischer Konstitution zunächst zurück und gehen zur Betrachtung der Abhängigkeit der Oberflächenspannung von der Temperatur über. Bevor wir uns dieser zuwenden, ist jedoch noch kurz einer unter dem Namen *Parachor* von SUGDEN[2] eingeführten Größe zu gedenken, die einen Zusammenhang zwischen Oberflächenspannung und Konstitution wenigstens im Bereich organischer Verbindungen zu geben versprach und demzufolge, trotz ihrer unzureichenden theoretischen Fundierung, in der Literatur — vor allem der angelsächsischen Länder — weite Verbreitung gefunden hat.

Daß zwischen dem Molvolumen kondensierter Stoffe und ihrer chemischen Konstitution ein enger Zusammenhang besteht, ist lange

Tabelle 5. *Oberflächenspannung geschmolzener Metalle*[1]

Metall	T °C	σ erg/cm²	σ_M 10² joule/mol	$-\dfrac{d\sigma}{dT}$	Σ_M 10² joule/mol
Ag . . .	1000	922	401	0,12	468
Au . . .	1100	1130	486	0,10	545
Sn . .	300	545	305	0,070	330
Pb . . .	350	442	272	0,074	300
Bi	300	376	241	0,067	267
Tl .	300	496	280	0,08	306
Hg . . .	20	480	239	0,21	272
Na .	100	.427	300	0,075	320
K .	64	412	445		
Zn . . .	600	768	285	0,2	350
Cd . . .	500	592	280		
Sb . .	1000	355	(200)	0,07	(285)
Se . . .	217	92,5	50		
Pt . . .	2000	1800	(600)		

---

[1] Merkwürdig unsicher ist immer noch der Absolutwert der Oberflächenspannung von Quecksilber, für den bei Zimmertemperatur Werte von 465 bis 490 erg/cm² angegeben werden. R. S. BURDON bezeichnet in seiner Monographie „Surface tension and the spreading of liquids, 2. Aufl., Cambridge 1949, einen Wert von 485 erg/cm² als den zuverlässigsten. Indifferente Gase, wie Luft oder Stickstoff, die im Quecksilber nicht gelöst werden, beeinflussen den Wert seiner Oberflächenspannung nur wenig. Dagegen ist nach IREDALE [Philos. Mag. J. Sci. **49**, 603 (1925)] damit zu rechnen, daß Verunreinigungen aus dem Glas auf der Quecksilberoberfläche adsorbiert werden und seine Oberflächenspannung erniedrigen. Ähnlich wirken Wasser, Kohlendioxyd und organische Stoffe. Als Wert der Oberflächenspannung des Natriums am Siedepunkt geben C. C. ADDISON, D. N. KERRIDGE u. J. LEWIS (J. chem. Soc. **1954**, 2861) 195 erg/cm² an.

[2] SUGDEN, S.: J. chem. Soc. **125**, 1177 (1924).

bekannt. Den Bemühungen, diesen Zusammenhang genauer zu erfassen, lag die Vorstellung zugrunde, daß den einzelnen Atomen und Atomgruppen innerhalb des überatomaren Verbandes eine, u. U. mit der Art der Bindung variierende Größe und Gestalt eigne, so daß sich das Volumen der Flüssigkeiten, ähnlich wie die Molrefraktion aus Atomrefraktionen, als die Summe der für die einzelnen Atome und Atomgruppen charakteristischen Volumina darstellen lasse. Schwierigkeiten erstanden der Durchführung dieses Prinzips auf die Molvolumina V_M dadurch, daß diese — anders wie die Molrefraktionen — temperaturabhängig sind und eine sinnvolle, brauchbare Bezugstemperatur für die erstrebte vergleichende Betrachtung nicht gefunden werden konnte. Es war dann vor allem W. BILTZ[1], welcher in zahlreichen Untersuchungen zeigte, daß das Nullpunktsvolumen kondensierter Stoffe sich, sofern einzelne Arten der Bindung noch — ähnlich wie bei der Molrefraktion — durch besondere Bindungsinkremente berücksichtigt werden, verhältnismäßig gut additiv zusammensetzen lasse.

Gestützt auf die von MCLEOD[2] empirisch gefundene, in ihrer physikalischen Bedeutung aber undurchsichtige annähernde Unabhängigkeit des Quotienten aus der Oberflächenspannung σ und der vierten Potenz der Differenz der Dichten ϱ_{fl} des Kondensates und der Dichte ϱ_d des Dampfes, definierte S. SUGDEN[3] durch Multiplikation mit dem Molgewicht M die von ihm als *Parachor* bezeichnete Größe

$$P = \sigma^{1/4} \cdot M / (\varrho_{fl} - \varrho_d) \,, \tag{6}$$

an deren Stelle, da ϱ_d außer in der Nähe des kritischen Punktes neben ϱ_{fl} vernachlässigt werden kann, i. allg. in hinreichender Annäherung auch der Ausdruck

$$P = \sigma^{1/4} \cdot M / \varrho_{fl} = \sigma^{1/4} \cdot V_M \tag{7}$$

verwandt werden kann. Diese Größe der merkwürdigen Dimension ($g^{1/4} \sec^{-1/2} \mathrm{Mol}^{-1}$), in welcher die Temperatur nicht mehr auftritt, da ihr Einfluß durch den von ihr abhängigen Ausdruck $\sigma^{1/4}$ kompensiert erscheint, soll nach SUGDEN die Grundlage bieten für eine vergleichende Betrachtung der Molvolumina unter vergleichbaren Bedingungen. Eine physikalische Begründung dieses empirischen Befundes ist bisher nicht gegeben worden. Ein Versuch von EUCKEN[4], den Ausdruck (7) und seine additive Eigenschaft durch den aus einer empirischen Zustandsgleichung für Flüssigkeiten abgeleiteten Nachweis,

---

[1] BILTZ, W.: Raumchemie der festen Stoffe. Leipzig 1923.

[2] MCLEOD: Trans. Faraday Soc. **19**, 38 (1923).

[3] SUGDEN, S.: In zahlreichen Arbeiten in den Jahrgängen 1924—1929 des J. chem. Soc.

[4] EUCKEN, A.: Nachr. Ges. Wiss. Göttingen, math.-physik. Kl., Fachgr. III **1933**, 340. Dazu G. M. BENNET u. A. O. MITSCHELL: Z. physik. Ch. **84**, 475 (1913).

er entspreche dem 2,9fachen des Nullpunktvolumens, zu rechtfertigen, ist nicht überzeugend.

Jedenfalls erwies sich der Parachor, unbeschadet seiner mangelhaften Begründung, als eine ähnlich wie die (theoretische besser begründete) Molrefraktion additive molare Größe, die besonderes Interesse zunächst dadurch gewann, daß gewisse Konstitutionseigentümlichkeiten sich in einer durch geeignete Inkremente abfangbaren Reihe von Abweichungen von der Summe der Atom- bzw. Atomgruppen-Parachore nicht nur bemerkbar machten, sondern in anderer Weise bemerkbar machten als in der Molrefraktion. So erfordert z. B. die Mehrfachbindung nach SUGDEN unabhängig von der Natur der beiden Bindungspartner das gleiche Inkrement, also die Addition des gleichen Zahlenwertes für die „Doppelbindung" in den Gruppen $C{=}C$, $C{=}O$ und $C{=}N$ oder für die „Dreifachbindung" in den Gruppen $C{\equiv}C$ und $C{\equiv}N$. Ebenso werden Ringen eigene, nur von der Ringgliederzahl, nicht aber von der Art der den Ring bildenden Atome abhängige Inkremente zugeordnet. Konjugation hat — wieder zum Unterschied von der Molrefraktion — keinen Einfluß auf den Parachor. Die Atom- und Bindungsparachore sind für eine Anzahl von Atomen und Bindungsarten nach neueren, von den ursprünglichen SUGDENschen im einzelnen mehr oder weniger abweichenden Berechnungen von S. A. MUMFORD und J. W. PHILIPS[1] in Tab. 6 zusammengestellt. Für Propylen $H_3C{\cdot}CH{=}CH_2$ erhalten wir damit einen Wert von 139,0 gegenüber einem aus den Meßdaten folgenden von 139,9, für Heptan einen solchen von 310,8 gegenüber 310,7, für Cyclohexan 240,4 gegenüber 241,2.

Tabelle 6. *Atomparachore und Inkremente*

H	15,4	F	25,5	Einfachbindung	0	Vier-Ring 6
C	9,2	Cl	55	Doppelbindung	19	Fünf-Ring 3
O	20	Br	69	Dreifachbindung	38	Sechs-Ring 0,8
N	17,5	J	90	Semipolare Doppelbindung	0	Sieben-Ring 4

Weitere Untersuchungen machten alsbald weitere Aufspaltungen nötig. Der empirisch aus den Messungen gewonnene Parachor von Kohlenstoffverbindungen weicht bei den verschiedenen Isomeren von der Verbindung mit unverzweigter Kette ab, welch letztere stets den größten Wert ergibt. Bei cis-trans-isomeren Äthylenabkömmlingen kommt der cis-, bei cis-trans-isomeren Cyclohexan-Abkömmlingen der Trans-Verbindung der größere Wert zu[2]. Von der gewöhnlichen Doppel-

---

[1] J. chem. Soc. **1929**, 2112.

[2] EDGAR, G., u. G. CALINGAERT: J. Amer. chem. Soc. **51**, 1540 (1929); O. R. QUAYLE, K. OWEN u. R. R. ESTES: ebenda **60**, 2716 (1928); C. WIBAUT u. S. L. LANGEDIJK: Recueil Trav. chim. Pays-Bas **59**, 1226 (1940); R. MANZONI ANSIDEI: Bull. sci. Fac. chim. Bologna **1940**, 201.

bindung mit dem Inkrement 19 (siehe Tab. 6) muß eine sogenannte semipolare mit dem Inkrement 0 unterschieden und definiert werden. Weitere Schwierigkeiten treten offenbar bei den Alkoholen auf, da bei diesen Feinheiten der Molekülstruktur, welche die Freilegung der in den zwischenmolekularen Kräften wirksamen Hydroxylgruppe bestimmen, so spezifisch sterischer Art sind, daß schließlich bald ebensoviel Inkremente erforderlich wären, wie es Alkohole gibt. Im Bereich anorganischer Verbindungen scheinen einige Fälle die Brauchbarkeit des Verfahrens zu bestätigen, in anderen, wie z. B. bei Koordinationsverbindungen mit metallischem Zentralatom und organischen Radikalen, treten starke Abweichungen von der Additivität auf[1]. Im ganzen bleibt der Eindruck, als seien die feineren Unterscheidungen nicht beweiskräftig und damit durch den Übergang von dem physikalisch sinnvoll definierten Molvolumen zum Parachor nichts gewonnen. Bedenkt man ferner, daß die Oberflächenspannungen flächenspezifisch, die Molvolumina aber molare Größen sind, daß die Dimension von $\sigma^{1/4}$ nichts Sinnvolles besagt und daß schließlich im Bereich der organischen Verbindungen, in dem das Verfahren noch am ehesten gewisse Erfolge zu zeitigen schien, die Zahlenwerte der vierten Wurzeln entsprechend σ-Werten von 16 bis 50 oder höchstens 70 erg/cm² (siehe Tab. 3) nur den engen Bereich von 2,0 bis 2,6 bzw. 2,8 überstreichen, die Multiplikation mit $\sigma^{1/4}$ also die Molvolumina in diesem für die Konstitutionsbestimmung geeignetsten Gebiet i. allg. nur wenig differenzierend aufspaltet, so wird man der Methode des Parachors kaum mehr als die Rolle eines fragwürdigen heuristischen Prinzips zuschreiben dürfen. Ein verlässiges wissenschaftliches Verfahren läßt sich auf dieser Grundlage jedenfalls nicht gewinnen.

§ 5. Temperaturabhängigkeit der Oberflächenspannung

Mit der Tropfbarkeit verschwindet bei der kritischen Temperatur, entsprechend dem Fehlen der Ausbildung definierter Oberflächen an Gasen, die Oberflächenspannung. Sie muß also mit steigender Temperatur bei Annäherung an die kritische Temperatur T_K dem Werte Null zustreben. Die Beobachtung ergibt im Sinne dieser Erwartung allgemein ein langsames, monotones und meist annähernd lineares Abfallen des Wertes der Oberflächenspannung mit der Temperatur (siehe Abb. 10 bis 12 und die Tab. 7 und 8). Die Messungen werden demgemäß mit brauchbarer Annäherung wiedergegeben durch eine Beziehung von der Art:

$$\sigma = \sigma_0 (1 - b\,t)\,, \tag{8}$$

in welcher t in Graden Celsius gemessen werde und σ_0 der Wert der Oberflächenspannung bei der Temperatur von 0°C sei. Eine solche

---

[1] MANN u. PURDIE: J. chem. Soc. **1935**, 1549.

Bezugnahme auf den Nullpunkt der Celsiusskala ist indes unzweckmäßig, da viele Flüssigkeiten bereits weit oberhalb dieser Temperatur erstarren und nicht soweit unterkühlt werden können. Man hat deshalb bisweilen die Temperatur t_S des Schmelzpunktes als Ausgangspunkt gewählt und die Beziehung (8) durch die ihr inhaltlich gleichwertige Beziehung

$$\sigma = \sigma_S \left[1 - b'(t - t_S)\right] \tag{9}$$

ersetzt. Da die lineare Beziehung aber auch im Bereich unterkühlter Flüssigkeiten bestätigt ist[1], erscheint diese Wahl ebenfalls willkürlich. Von der Sache selbst her ist vielmehr der „Nullpunkt" der Oberflächenspannung, d. h. die kritische Temperatur T_K, als Bezugstemperatur

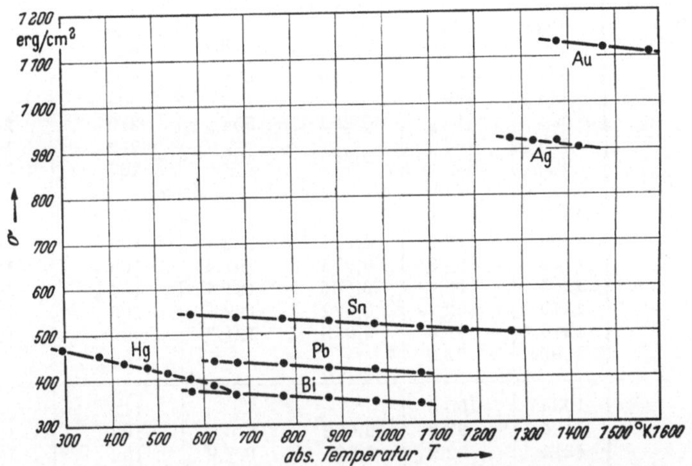

Abb. 10. Temperaturabhängigkeit der Oberflächenspannung von Metallen

gleichsam vorgezeichnet. So verwenden wir, dabei die Temperatur von oben her zählend, unter gleichzeitigem Übergang zur absoluten Temperaturskala für die Darstellung des Verhaltens der Oberflächenspannung gegenüber Temperaturänderungen die Beziehung

$$\sigma = k_s (T_K - T) \tag{10a}$$

bzw. bei Übergang zur molaren Oberflächenspannung die Beziehung

$$\sigma_M = k_s F_M (T_K - T) = k_E (T_K - T). \tag{10b}$$

Besser noch als durch die Gln. (10) wird die Temperaturabhängigkeit der Oberflächenspannung und der molaren Oberflächenarbeit durch

---

[1] Für Wasser (siehe Abb. 12) beobachtet bis −8° C von HUMPHREYS u. MOHLER [Physic. Rev. **2**, 3872 (1895)], für geschmolzene Salze von REHBINDER [Z. physik. Chem. **121**, 103 (1926)], für organische Flüssigkeiten von J. HOCK [Verh. Akad. Wiss. Wien **108**, 1516 (1899)].

Tabelle 7. *Temperaturabhängigkeit der*

Stoff	T abs.	σ erg/cm²	$-\dfrac{d\sigma}{dT}$	Σ erg/cm²	σ_M 10² joule/mol	Σ_M 10² joule/mol
Blei	623	442	0,08	488	272	300
	673	438	0,07	487,5	270,5	301
	773	431	0,07	488	268	303
	873	424	0,07	487,5	265	305
	973	417	0,07	488	263	308
	1073	409	0,08	487,5	260	310
Gold	1373	1130	0,10	1267	485	544
	1473	1120	0,10	1267	483	547
	1573	1110	0,10	1267	481	549
Quecksilber .	293	468,5			239	
	373	452	0,206	528,5	233	272
	423	441	0,230	538,5	228	278,5
	443	429			224	
	523	415,5	0,265	554,0	218	290
	573	402,5			212,5	
	623	387	0,280	562,5	207	296,5
NaCl	1075	113,8			108,5	
	1094	112,9	0,071	192,1	108	184
	1132	109,9	0,075	191,4	106,5	185,5
	1180	106,4	0,065	191,4	104,5	188
	1243	102,7	0,072	192,2	102	191
	1310	97,0	0,075	191,3	99	195,5
	1395	91,3			95,5	
NaBr	1034	105,8			112	
	1124	99,6	0,072	178,3	108	193
	1214	92,9	0,075	177,9	103	196
	1302	86,2	0,071	177,2	98,5	201
	1389	81,1	0,061	178,5	96	210
	1438	78,0			94	

[1] Bei der Sichtung des Meßmaterials an Metallen unterstützte mich Frl. Dr. G. METZGER, Halle. Beim Vorliegen mehrerer Meßwerte wurden diejenigen ausgewählt, für die nach vergleichbaren Verfahren mindestens zweier verschiedener Autoren praktisch übereinstimmende Ergebnisse vorliegen. Es sind das für Hg Messungen von PUGATSCHEWITSCH und von SAUERWALD (Tropfendruck gegen den Dampf bzw. Blasendruck in CO_2-Atm.), für Zinn Messungen von BIRCUMSHAW und von SAUERWALD (Blasendruck in H_2-Atm.), für Blei von BIRCUMSHAW und von HOGNESS (Tropfendruck bzw. Blasendruck in H_2-Atm.), für Wismut von HOGNESS und von SAUERWALD (Tropfendruck bzw. Blasendruck in H_2-Atm.), für Silber von SAUERWALD und von METZGER (Blasendruck in H_2-Atm.), für Gold von SAUERWALD (Blasendruck in H_2-Atm.). Die Temperaturkoeffizienten $d\sigma/dT$ sind — wie bei Silber und Gold — offenbar auch bei Zinn (Mittelwert 0,069), Blei (Mittelwert 0,074) und Wismut (Mittelwert 0,067) konstant. Ebenso darf bei NaCl, KCl und NaBr mit den konstanten Werten 0,072 bzw. 0,071 bzw. 0,070 gerechnet werden, während bei KF ein Anstieg von $d\sigma/dT$ mit der Temperatur vorliegt. Zur Temperaturabhängigkeit der Oberflächenspannung von Quecksilber siehe ferner P.P. PUGACHERICH: Chem. Abtr. **47**, 2443 (1953).

Oberflächenenergien von Metallen[1] und Salzen

Stoff	T abs.	σ erg/cm²	$-\dfrac{d\sigma}{dT}$	Σ erg/cm²	σ_M 10^2 joule/mol	Σ_M 10^2 joule/mol
Wismut . .	573	376	0,06₅	414,5	241	266
	673	369,5	0,06₅	414,5	238	267
	773	363	0,07	415	237	271
	873	356	0,07	414,5	234	272
	973	349	0,06₅	414	231	274
	1073	342,5		414,5	229	277
Silber . . .	1273	922	0,12	1075	401	468
	1323	916	0,12	1075	400	469
	1373	910	0,12	1075	400	471
	1423	904	0,12	1075	399	474,5
Zinn. . . .	573	545	0,07	587,5	305	329
	673	538	0,07	588	304	332
	773	531	0,06	588	302	334
	873	525	0,07	589,5	301	338
	973	518	0,07	590	299	340
	1073	511	0,07	590,5	297	343
	1173	504	0,07	591	294	345
	1273	497		591	290	346
KCl . . .	1073	95,8			109	
	1134	91,3	0,072	171,8	106	199
	1181	88,0	0,073	171,9	103	201,5
	1259	82,2	0,072	171,6	99	207
	1327	77,2	0,072	171,4	95	211
	1376	73,7	0,067	171,4	92	214
	1440	69,6			88	
KF	1185	138,4			116	
	1288	131,0	0,075	227,0	112	195
	1370	124,5	0,087	243,5	109	213
	1458	116,1	0,089	246,1	104	220
	1548	108,6	0,090	247,6	100	228
	1583	104,9			97	

Beziehungen[2] von der Art

$$\sigma = k_s\,[(T_K - \tau) - T] \tag{11a}$$

bzw.
$$\sigma_M = k_E\,[(T_K - \tau) - T]. \tag{11b}$$

wiedergegeben; in diesen bedeutet τ eine empirisch zu ermittelnde Korrekturgröße, die dem Umstand Rechnung trägt, daß der lineare Ast der (σ, T)-Kurven bei Extrapolation bereits etwas unterhalb der kritischen Temperatur in die Nullordinate einläuft. Bei gewöhnlichen Flüssigkeiten, d. h. solchen, die etwa unterhalb von 300°C sieden, be-

---

[2] Die Gln. (11) gehen auf EÖTVÖS zurück, die empirische Korrektur führten RAMSAY u. SHIELDS ein [E. v. EÖTVÖS: Ann. Physik **27**, 448 (1886); RAMSAY u. SHIELDS: Philos. Trans. Roy Soc., Ser. A **184**, 647 (1893); J. chem. Soc. **1893**, 1089; Z. physik. Chem. **12**, 433 (1893)].

Tabelle 8. *Temperaturabhängigkeit der*

Stoff	T abs.	σ erg/cm²	$-\dfrac{d\sigma}{dT}$	Σ erg/cm²	σ_M 10² joule/mol	Σ_M 10² joule/mol
CCl₄	293	25,68	0,115	59,40	46,5	107,0
T_K 556	353	18,71	0,111	57,90	35,1	108,6
	383	15,41	0,108	56,77	29,0	109,6
	413	12,22	0,104	55,17	24,5	110,1
	443	9,24	0,100	53,50	19,2	109,8
	473	6,34	0,095	51,27	13,7	111,0
	503	3,56	0,088	47,82	8,2	110,1
	523	1,93	0,078	42,7	4,8	106
	543	0,59	0,052	29	2,0	96
	556	0	0	0	0	0
Chlorbenzol . .	423	17,67	0,101	60,1	35,9	123,0
T_K 645	433	16,66	0,110	60,5	34,1	123,5
	443	15,67	0,101	60,2	33,3	124,2
	453	14,66	0,100	59,7	30,5	124,5
	463	13,69	0,099	58,3	28,8	124,6
	483	11,75	0,096	58,2	25,2	124,5
	503	9,88	0,093	56,7	21,7	124,8
	523	8,04	0,090	55,2	18,1	124,6
	543	6,27	0,087	53,5	14,5	124,4
	563	4,54	0,083	51,3	10,9	124,2
	583	3,05	0,075	46,7	7,7	117
	593	2,35	0,070	43,8	6,0	112
Wasser	273	73,2	0,128	107,8	42,3	62,4
T_K 640	283	71,9	0,131	109,1	41,8	63,9
	293	70,6	0,142	112,1	41,3	65,6
	313	67,5	0,156	116,9	39,6	68,6
	333	64,3	0,171	121,3	38,0	71,3
	353	60,9	0,180	124,5	36,1	73,8
	373	57,2	0,190	127,8	34,1	76,2
	393	53,3	0,192	129,0	32,0	77,8
	403	51,4	0,195	120,0	31,1	78,6
	413	49,4	0,200	131,9	30,2	80,7
Dimethylanilin	299	34,69	0,108	66,4	74,8	143
T_K 714	321	32,32	0,110	67,7	70,1	146
	340	30,18	0,112	68,0	66,2	150
	360	27,94	0,110	67,5	62,5	150
	375	26,37	0,105	65,5	58,9	147
	391	24,81	0,100	63,9	56,2	145
	404	23,52	0,098	62,9	53,5	144
	417	22,11	0,096	62,0	51,1	143
	432	20,69	0,094	61,4	48,3	143
	443	19,68	0,092	60,5	46,4	142
Tripalmitin . .	329	28,53	0,066	50,24	228,2	402
	339	27,85	0,066	50,23	224,1	404
	350	27,09	0,066	50,19	219,2	407
	361	26,32	0,066	50,14	214,1	408
	370	25,71	0,066	50,13	210,1	409
	389	24,51	0,066	50,18	202,2	414
	399	23,89	0,066	50,22	198,1	416

Oberflächenenergien von Flüssigkeiten

Stoff	T abs.	σ erg/cm^2	$-\dfrac{d\sigma}{dT}$	Σ erg/cm^2	σ_M 10^2 joule/mol	Σ 10^2 joule/mol
Äther . . .	293	16,49	0,117	50,4	30,78	94,1
T_K 467	323	12,94	0,111	48,7	25,02	94,0
	343	10,72	0,106	47,0	21,24	93,1
	363	8,63	0,102	45,7	17,60	92,6
	383	6,63	0,097	43,8	13,99	92,5
	403	4,69	0,091	41,4	10,33	91,3
	433	2,08	0,081	36,7	4,95	87,5
	453	0,64	0,06	27,6	1,7	74
	463	0,16	0,04	19	0,4	48
	467	0	—	—	—	—
Äthylacetat	293	23,60	0,121	59,1	42,3	106,0
T_K 523,5	353	16,32	0,117	57,6	31,1	109,0
	373	13,98	0,113	56,1	27,2	109,2
	393	11,75	0,110	55,1	23,5	110,3
	413	9,57	0,107	53,8	19,6	110,2
	433	7,48	0,103	52,0	15,8	110,0
	453	5,51	0,098	49,9	12,1	110,0
	473	3,64	0,090	46,2	8,4	109,3
	493	1,96	0,081	41,9	4,8	100,8
	503	1,18	0,075	38	3,0	97
	513	0,49	0,065	34	1,3	93
	518	0,21	0,055	29	0,6	83
Äthanol . .	293	22,03	0,090	48,4	27,98	61,6
T_K 524	353	16,61	0,094	49,8	22,12	66,3
	373	14,67	0,100	52,0	19,89	70,3
	413	10,59	0,105	53,9	15,13	77,4
	453	6,23	0,110	56,0	9,55	86,0
	483	2,91	0,106	54,1	4,85	90,0
	503	0,91	0,090	46,2	1,68	85,1
	507	0,59	0,08	41	1,16	81
	509	0,43	0,075	39	0,84	77
	513	0,15	0,07	35	0,31	75
Essigsäure	293	23,46	0,065	41,9	31,4	56,1
T_K 595	403	16,18	0,083	49,6	22,2	68,1
	443	12,71	0,088	51,7	18,2	74,0
	483	9,11	0,090	52,6	13,6	78,5
	523	5,40	0,092	53,4	8,50	84,1
	543	3,59	0,088	51,4	6,08	86,6
	563	1,92	0,080	47	3,40	83
	573	1,16	0,072	42	2,13	81
	583	0,49	0,06	35	0,96	69
	595	0	—	—	—	—
Tristearin .	331	28,85	0,065	50,36	247,8	431
	343	28,01	0,065	50,30	241,9	434
	354	27,17	0,065	50,18	236,0	436
	365	26,37	0,065	50,09	230,5	439
	379	25,47	0,065	50,11	224,0	443
	395	24,47	0,065	50,15	216,9	447

trägt diese etwa 4 bis 7°. Die Gln. (10a) und (10b) geben die Beobachtungen in gewisser Entfernung von der kritischen Temperatur meist — oft auch über größere Temperaturbereiche (siehe Abb. 10 und 11) —

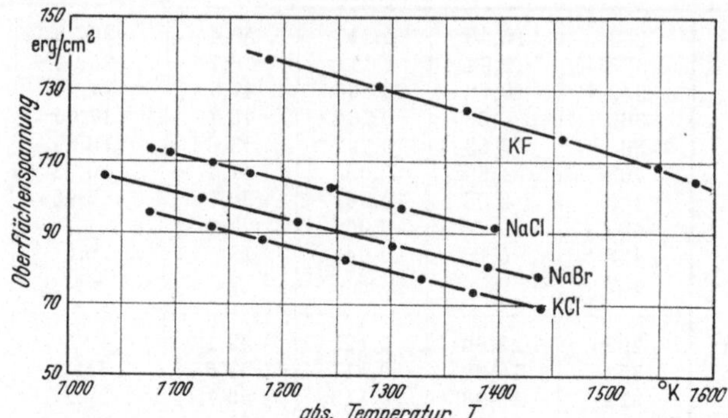

Abb. 11. Temperaturabhängigkeit der Oberflächenspannung geschmolzener Salze

recht gut wieder. Es bestehen aber auch schon in größerem Abstand von der kritischen Temperatur deutliche Abweichungen der (σ, T)-Kurven von der Linearität. Dabei treten nach der in den Abbildungen

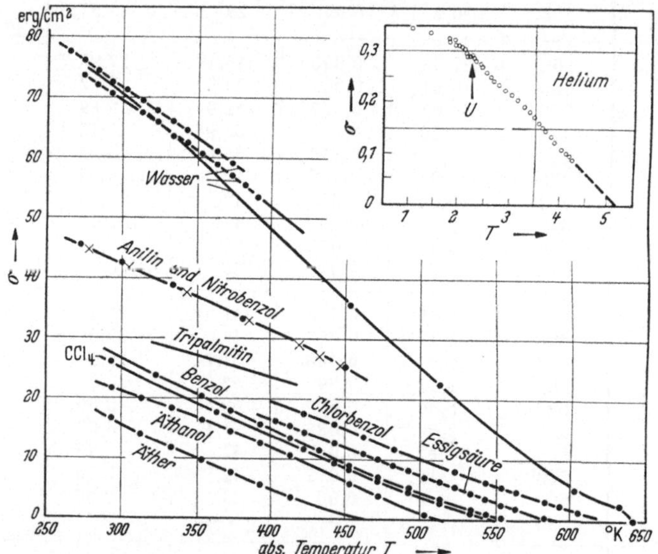

Abb. 12. Temperaturabhängigkeit der Oberflächenspannung

geübten Arc der Auftragung auch nach „oben" konvexe Kurvenstücke auf (siehe Quecksilber in Abb. 10, *KF* in Abb. 11 sowie vor allem Wasser, Alkohol und Essigsäure, Anilin und Nitrobenzol in Abb. 12). Auch nicht mehr annähernd ist die Linearität gewahrt in der Nähe der kritischen Temperatur (siehe Abb. 12[1]); bereits einige Grade unterhalb dieser tritt entsprechend einem tangentialen Einmünden der Kurve in die Temperaturordinate eine nach „oben" konkave Krümmung der (σ, T)-Kurve ein. Die Temperaturabhängigkeit der Oberflächenspannung soll hier nach einer thermodynamischen Überlegung von VAN DER WAALS[2] durch eine Beziehung der Art

$$\sigma = A(T_K - T)^B \tag{12}$$

dargestellt werden; den Wert des Exponenten bestimmte FERGUSON[3] auf Grund von Messungen an einer größeren Anzahl von Flüssigkeiten zu etwa 5/4. In anderer Weise stellt KATAYAMA[4], auch er wie EÖTVÖS und VAN DER WAALS bemüht, dem Theorem der übereinstimmenden Zustände Rechnung zu tragen, die Temperaturabhängigkeit der Oberflächenspannung dadurch dar, daß er das Molvolumen $V_M = V_{Mfl}$ der Flüssigkeit in Gl. (10b) durch den bereits obenerwähnten Ausdruck $M/(\varrho_{fl} - \varrho_g)$ ersetzt. Die damit gewonnene Gleichung

$$\sigma\,[M/(\varrho_{fl} - \varrho_g)]^{2/3} = k(T_K - T) \tag{13}$$

gibt die Beobachtungen in der Nähe der kritischen Temperatur befriedigend wieder und geht mit wachsendem Abstand von dieser, da die Dichte ϱ_g des Dampfes neben derjenigen ϱ_{fl} der Flüssigkeit zunehmend zurücktritt, ohne daß eine besondere Korrektur von der Art der Größe τ in Gl. (11) erforderlich wäre, stetig in eine der Gl. (11b) analoge lineare Beziehung über.

Der Temperaturgradient $d\sigma/dT$ [$-k_s$ nach Gl. (10a)] der Oberflächenspannung chemisch einheitlicher Flüssigkeiten ist, dem Absinken der Oberflächenspannung mit der Temperatur gemäß, stets negativ. Ausnahmen, die nach älteren Beobachtungen bei geschmolzenen Metallen vorzuliegen schienen, konnten nicht bestätigt werden. Die diesbezüg-

---

[1] Fur Wasser gibt Abb. 12 neben den in Tab. 8 verwandten (untere der Kurven) und neueren Messungen (obere Kurve) im Hinblick auf den Verlauf in der Nähe der kritischen Temperatur auch Messungen von KNIPP [Philos. Mag. J. Sci. **11**, 129 (1900)] wieder; die von ihm beobachtete Anomalie ist bisher weder am Wasser noch bei einer anderen Flüssigkeit bestätigt worden. Der Vergleich der beiden anderen Meßreihen soll zugleich zeigen, daß der Kurvenverlauf in der neueren Meßreihe und in der alten von RAMSAY-SHIELDS der gleiche ist, aber daß die älteren Messungen, wie fast stets, im Absolutwert etwas zu klein sind. Für vergleichende Untersuchungen haben aber die älteren Messungen, insbesondere diejenigen von RAMSAY-SHIELDS und von F. M. JÄGER, den Vorteil der inneren Übereinstimmung und sind deshalb immer noch unersetzlich. Sie liegen auch den Reihen der Tab. 7 zugrunde. Die in Abb. 12 oben rechts angegebenen Messungen an Helium stammen von J. F. ALLEN und A. D. MISENER: Proc. Cambridge philos. Soc. **34**, 299 (1938).

[2] Z. physik. Chem. **13**, 715 (1894); siehe ferner VAN DER WAALS-KOHNSTAMM: Lehrbuch der Thermodynamik, Bd. 1, 1927, S. 328 u. 369.

[3] Philos. Mag. J. Sci. **31**, 37 (1916); Trans. Faraday Soc. **19**, 408 (1923).

[4] Sci. Rep. Tôhoku Imp. Univ., Ser. I, **4**, 373 (1916).

lichen Befunde dürften in allen Fällen auf Verunreinigungen des Schmelzflusses — wenn in Graphittiegeln geschmolzen wurde, etwa durch geringe Mengen von gelöstem Kohlenstoff — zurückzuführen sein[1]. Aus diesem Grunde wurden Messungen an Eisen, Kupfer und Cadmium, die z. B. ADAM[2] noch anführt, nicht in unsere Betrachtung einbezogen.

Von der Temperatur erweist sich die Ableitung $d\sigma/dT$ in einigem Abstand von der kritischen Temperatur bei vielen Stoffen, wie z. B. bei den meisten geschmolzenen Salzen und Metallen sowie bei den paraffinischen und olefinischen Kohlenwasserstoffen[3] über große Bereiche, als unabhängig, in anderen Fällen, wie z. B. bei Wasser, den Alkoholen und Fettsäuren, Anilin, Nitrobenzol und Quecksilber nimmt sie (dem Betrag nach) in entsprechendem Abstand von der kritischen Temperatur (zunächst) zu, in wieder anderen, wie bei Benzol, Tetrachlorkohlenstoff, Tripalmitin oder Äther, nimmt sie, soweit sie nicht konstant bleibt, über den ganzen Meßbereich schwach und in der Nähe der kritischen Temperatur stärker ab. Grundsätzlich ist, einem tangentialen Einmünden in die Temperaturordinate entsprechend, allgemein mit einer Abnahme, wenigstens in den Temperaturbereichen nahe der kritischen Temperatur, zu rechnen, und das auch dann, wenn, wie etwa bei Äthanol oder Essigsäure (siehe Abb. 12) zunächst ein Anwachsen vorliegt. Bei der Empfindlichkeit, mit welcher der Gradient nach Gl. (2) in die gesamte Oberflächenenergie Σ bzw. Σ_M eingeht, äußern sich solche Unterschiede in diesen u. U. sehr stark.

Zahlenmäßig liegen die Temperaturgradienten $d\sigma/dT$, wie die Tab. 2 bis 8 zeigen, in der Größenordnung von 10^{-1} bis 10^{-2} erg je cm^2 und grad; in homologen Reihen organischer Verbindungen nimmt ihr Betrag i. allg. mit wachsender Kettenlänge ab (siehe Abb. 13); mit zunehmender Kohlenstoffzahl wird bei endständig-einfach substituierten Kohlen-

---

[1] A. KLJATSCHKO u. L. L. KANIN wiesen [Vorträge Akad. Wiss. UdSSR **44**, Nr. 1 (1949)] nach, daß sich bei Metallgemischen eutektische Legierungsstrukturen auch in der Schmelze erhalten und bis 100° über den Kristallisationspunkt hinaus positive Temperaturkoeffizienten bedingen können. Solange eutektische Struktur besteht, zeigt die Oberflächenspannung minimale Werte; wird diese mit steigender Temperatur zerstört, so verhält sich die Schmelze normal. Es ist danach möglich, daß positive Koeffizienten an reinen Metallen durch eutektikumbildende Verunreinigungen vorgetäuscht werden.

Das evtl. Auftreten positiver Temperaturkoeffizienten an Gemischen hängt mit dem erst weiter unten zu behandelnden Phänomen der Oberflächenaktivität von Lösungen zusammen und widerspricht nicht der Aussage, daß die Temperaturkoeffizienten chemisch-einheitlicher reiner Flüssigkeiten stets negativ seien. Auf einen bei anisotropen Flüssigkeiten vorliegenden Sonderfall kommen wir später zu sprechen.

[2] ADAM, N. K.: Physics and Chemistry of Surfaces, 3. Aufl. Oxford 1941.

[3] JASPER, J. J., E. R. KERR u. F. GREGORICH: J. Amer. chem. Soc. **76**, 2659 (1954) (Messungen zwischen 0 und 100° C).

wasserstoffen wie den n-Aminen, den Fettsäuren und den Nitrilen unabhängig von der Art der funktionellen Gruppe der gleiche Grenzwert von etwa 0,07 approximiert[1], dem auch die einfachen Kohlenwasserstoffe zustreben, eine Konvergenz, die auch an anderen Eigenschaften dieser Reihen, wie etwa den Schmelzpunkten, beobachtet wird und auf dem zunehmenden Zurücktreten der funktionellen Gruppe beruht. Ein abweichendes Verhalten zeigen die homologen normalen Alkohole; bei ihnen nimmt die Ableitung der Oberflächenspannung nach der Temperatur dem Betrag nach mit der Kohlenstoffzahl zu. Dieses Verhalten

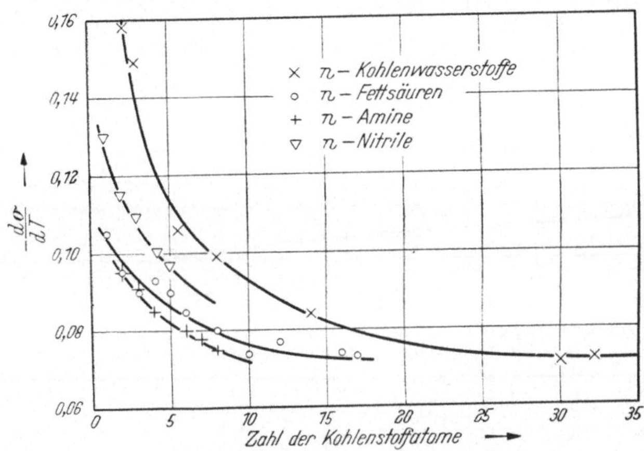

Abb. 13. Temperaturkoeffizient $d\sigma/dT$ in homologen Reihen

dürfte u. a. im Zusammenhang mit der uns weiter unten wieder begegnenden, die Temperaturabhängigkeit der Oberflächenspannung ganz allgemein stark bestimmenden Fähigkeit der Alkohole zur Bildung hochzähliger Übermoleküle zu verstehen sein[2]. Bei Triglyceriden, wie

---

[1] Bemerkenswert mag sein, daß auch der Temperaturgradient vieler Metall- und Salzschmelzen (siehe Tab. 8) bei 0,07 liegt.

[2] Die Tatsache der Übermolekülbildung (Assoziation) allein reicht zur Erklärung nicht aus, da auch die Fettsäuren stark assoziieren und diese Assoziation sich, wie unten gezeigt wird, deutlich in der molaren Oberflächenarbeit derselben auswirkt. Ein wesentlicher Unterschied besteht zwischen Säuren und Alkoholen darin, daß die einfachen Carbonsäuren nur Doppelmoleküle, die einwertigen Alkohole aber Übermoleküle verschiedener und sehr hoher Zähligkeit bilden (siehe K. L. WOLF: Theor. Chemie, 3. Aufl., Leipzig 1954). Die Entscheidung könnten Messungen der Temperaturabhängigkeit der Oberflächenspannung der geschmolzenen zweibasischen Säuren vom Typus der Adipinsäure geben, da diese (K. L. WOLF u. G. METZGER: Liebigs Ann. Chem. **1949**, Meerwein-Festheft), ähnlich wie die Alkohole, hochzählige Übermoleküle bilden. Solange eine solche Prüfung nicht erfolgt ist, muß damit gerechnet werden, daß das unterschiedliche Verhalten der Säuren und Alkohole anderweitig bedingt ist, etwa in der verschiedenen Art, wie die Moleküle sich auf der Oberfläche anordnen. Wir verweisen auf den späteren Abschnitt über Ordnungszustände der Moleküle in Oberflächen.

Tristearin oder Tripalmitin, die sich in Hinsicht ihres Oberflächenverhaltens in mehrfacher Hinsicht von den anderen Flüssigkeiten unter

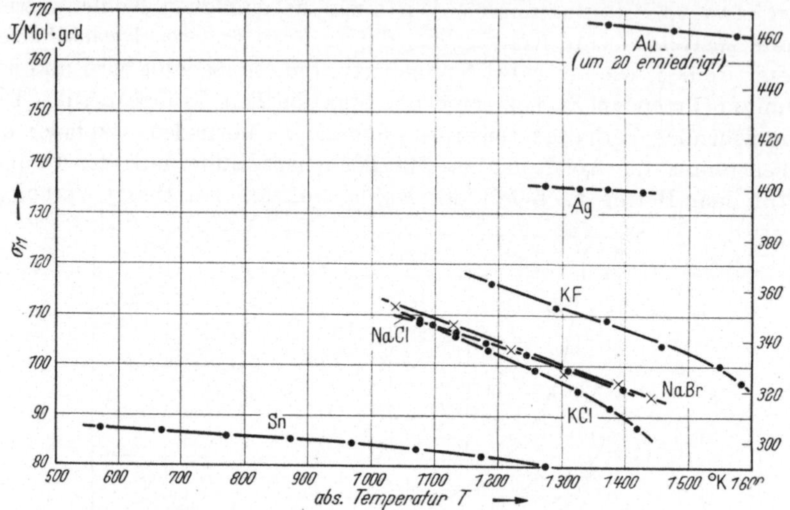

Abb. 14. Temperaturabhängigkeit der molaren freien Oberflächenenergie σ_M (rechter Ordinatenmaßstab gilt für die Metalle; J bedeutet in den Abbildungen 100 joule)

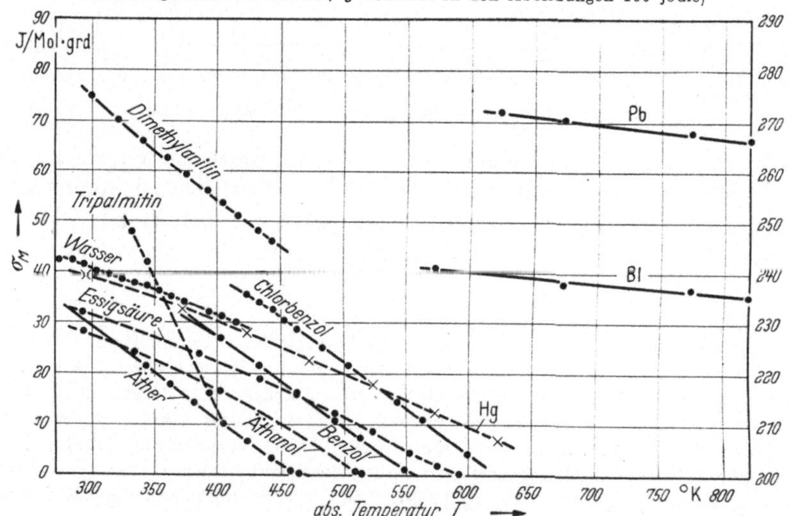

Abb. 15. Temperaturabhängigkeit der molaren freien Oberflächenenergie σ_M. (Der rechte Ordinatenmaßstab gilt fur die Metalle)

scheiden, nähert sich der Betrag von $d\sigma/dT$ bei monotoner Abnahme mit steigender Kohlenstoffzahl dem Grenzwert 0,05. Weitere unmittelbare Zusammenhänge mit der chemischen Konstitution sind den bekannten Beobachtungen nicht zu entnehmen; sie sind auch nicht von der flächenspezifischen Oberflächenspannung, sondern von den molaren Oberflächengrößen σ_M oder Σ_M zu erwarten.

Die *molare freie Oberflächenarbeit* σ_M nimmt, wie die Tab. 7 und 8 und die Abb. 14 und 15 zeigen, wie die spezifische Oberflächenarbeit allgemein mit steigender Temperatur ab, und zwar wiederum, wie vor allem bei vielen Metallen und Salzen, über oft recht große Temperaturbereiche linear. In diesen Fällen ist auch die Ableitung $d\sigma_M/dT$, d. i. $-k_E$ nach Gl. (10b), stets wiederum negativ. In anderen Fällen, wie z. B. bei Wasser, den Alkoholen und Fettsäuren, Dimethylanilin, Kaliumfluorid, Kaliumchlorid, Quecksilber und Zinn, werden auch in größerem Abstand von der kritischen Temperatur merkliche Abweichungen von der Linearität und demzufolge eine Temperaturabhängigkeit der „Konstanten" k_E beobachtet; dabei kommen wiederum sowohl Zunahmen wie Abnahmen dieses Koeffizienten vor. In der Nähe der kritischen Temperatur besteht auch hier allgemein ein Absinken des Betrags, auch dort, wo zunächst eine Zunahme beobachtet wird. Bei der kritischen Temperatur wird die molare Oberflächenarbeit wie die Oberflächenspannung selbst gleich Null; doch erfolgt das Einlaufen der (σ_M, T)-Kurve in die Temperaturordinate entsprechend dem Umstand, daß die Molvolumina gegen die kritische Temperatur hin stark ansteigen, nicht mehr tangential.

Dem Betrag nach liegen die Werte von k_E in der Größenordnung von 10^7 bis 10^8 erg je mol und grad (siehe Tab. 9). Auffallend ist, daß der Zahlenwert für eine größere Gruppe von Stoffen, die in der Abb. 15 durch Benzol, Äther und Chlorbenzol vertreten sind, in den engen Bereich zwischen 17 und $18 \cdot 10^7$ erg/mol oder 17 bis 18 joule/mol fällt. Dieser Befund entspricht einer von Eötvös[1] auf Grundlage des Theorems der übereinstimmenden Zustände ausgesprochenen Erwartung: Die molare Oberflächenspannung σ_M hat die Dimension Energie/mol. Wir können demgemäß die Gl. (10b) durch Division mit RT_K zu der beiderseits dimensionslosen Gleichung

$$\frac{\sigma_M}{RT_K} = \frac{k_E}{R}\left(1 - \frac{T}{T_K}\right) \tag{14}$$

normieren. Diesem Ausdruck sollte aber nach dem Theorem der übereinstimmenden Zustände allgemeine Gültigkeit zukommen, der Pro-

---

[1] Ann. Physik **27**, 448 (1886). Die Bezeichnung molekulare Oberflächenenergie für den Ausdruck $\sigma V_M^{2/3}$ verwandte wohl zuerst Ostwald im ersten Band seines Lehrbuches der allg. Chemie, 1891, S. 433 u. 541.

An Stelle des Ausdruckes $\sigma V_M^{2/3} N_L^{1/3}$ wird, wie schon gesagt, in der Literatur weitgehend der ihm proportionale Ausdruck $\sigma V_M^{2/3}$ als molare Oberflächenspannung bezeichnet. Das ist eine für manche Betrachtungen zulässige Vereinfachung. Nicht zulässig sind jedoch Dimensionsbetrachtungen, in denen der Ausdruck $\sigma V_M^{2/3}$ von der Dimension Energie $\cdot$ mol$_M^{2/3}$ als molare Größe angesetzt wird.

Tabelle 9. *Eötvös-Zahlen* (*in joule je mol und grad*)

Gold	2,0	Äther	18,0	Hexanol	14
Wismut	2,4	Methylacetat	18,1	Octanol	25
Blei	2,7	Äthylacetat	18,0	Cyclopentanol	14,0
Quecksilber	7,5	Äthylpropionat	18,0	Cyclohexanol	15,0
KF	3,5	Propylacetat	18,1	Phenol	11,5
NaCl	4,0	Aceton	15,0	$(CN)_2$	18,3
NaBr	4,5	Chlorbenzol	17,8	Propionotril	12,3
KCl	5,5	Nitrobenzol	17,0	Butyronitril	14,0
$ZnCl_2$	8,5	Anilin	17,2	Capronitril	14,1
$LiNO_3$	3,8	Dimethylanilin	20,5	Octonitril	12,4
Li_2SO_4	4,3	Dioxan	17,5	Formamid	5,5
Na_2SO_4	2,6	Tetrahydrofuran	17,5	o-Nitrophenol	4,5
Argon	17,9	Pyridin	19,0	m-Nitrophenol	11,5
Stickstoff	17,0	Piperidin	17,6	p-Nitrophenol	15
Sauerstoff	16,5	Furfurol	22,0	Dibenzyl	21,2
Fluor	15,1	Glykol	9,0	Diäthyltartrat	23,4
Chlor	17,9	Blausäure	9,3	Benzophenon	23,0
PCl_3	13,7	Ameisensäure	6,8	Acetophenon	25,5
CCl_4	18,0	Essigsäure	9,0	3-Nitro-p-Toluidin	26,3
$SiCl_4$	17,2	Propionsäure	12,5	Di-Isobutylanilin	28,2
CS_2	17,2	Buttersäure	14,0	Tripalmitin	44
Hexan	17,3	Capronsäure	17,3	Tristearin	49
Octan	18,7	Caprylsäure	18,0	Ricinolsäurebutyl-ester	28
Naphthalin	19,6	Caprinsäure	20,0	
Octin	19,8	Laurinsäure	21,8	Sebacinsäurediäthyl-ester	28
Cyclohexan	20,0	Palmitinsäure	24,8	
Benzol	17,9	Margarinsäure	25,5	Amylstearat	29
Toluol	17,9	Stearinsäure	25,9	Pelargonäpfelsäure-äthylester	32
m-Xylol	18,7	Methanol	7,5	
Mercaptan	17,5	Äthanol	9,5	Diäthylbenzylmalo-nat	44
Äthyljodid	15,8	Propanol	10,5	
Chloroform	17,5	Butanol	11,5	Anisaldazin 30 bis 160	

portionalitätsfaktor k_E also für sämtliche Stoffe, die dem Theorem genügen, gleich und die gleiche Funktion der reduzierten Temperatur sein. Die einfachste Folgerung aus diesem Befund, daß nämlich der Temperaturkoeffizient

$$-d\sigma_M/dT = k_E, \tag{15}$$

der durch Ausführung der Differentiation unter Beachtung des Umstandes, daß der Ausdruck $\frac{1}{V} \cdot \frac{dV}{dT}$ gleich dem kubischen Ausdehnungskoeffizienten ist, die Form

$$-k_E = F_M(d\sigma/dT + 2\alpha\sigma/3) \tag{15a}$$

annimmt, seinem Betrag nach konstant und für alle betroffenen Stoffe gleich groß sein soll, ist der Inhalt einer unter dem Namen von Eötvös in die Literatur eingegangenen „Regel". Diese ist in einer Zeit, als über Bau und Eigenschaften der Moleküle und deren Zusammenhang mit den zwischenmolekularen Kräften noch wenig Differenziertes bekannt war und das Theorem der übereinstimmenden Zustände erste Aufschlüsse versprach, eingehend geprüft worden[1]. Das Ergebnis war zunächst, daß sie an einem verhältnismäßig großen Prozentsatz der gewöhnlichen, d. h. der etwa unterhalb von 200 bis 300°C siedenden Flüssigkeiten bestätigt werden konnte; als durchschnittlicher Wert der — i. allg. über größere Temperaturbereiche gleichbleibenden — „Eötvös-Konstanten" k_E ergaben sich[2] 17,5 joule je mol und grad oder 4,2 Clausius[3].

Dieses Resultat ist gewonnen an Flüssigkeiten, deren Moleküle nach unserer heutigen Auffassung, da sie stark polare Bindungen oder stark hervortretende polare Gruppen nicht enthalten, nach außen weitgehend abgesättigt sind und im Verband der Flüssigkeit im wesentlichen durch Dispersionskräfte zwischenmolekular miteinander in Wechselwirkung stehen. Indes werden bei einer anderen Gruppe von zunächst scheinbar ähnlichen Flüssigkeiten wie Wasser, Alkoholen und Fettsäuren erheblich kleinere (siehe Tab. 9) und oft mit der Temperatur und mit der Länge der Kohlenwasserstoffkette (Alkohole, Fettsäuren, Nitrile) ansteigende k_E-Werte gefunden. Dieses Ergebnis wurde alsbald dahin verstanden, daß diese Stoffe zu Übermolekülen assoziieren und infolgedessen beim Übergang von der gemessenen Oberflächenspannung zur molaren freien Oberflächenenergie nicht das einfache Formelmolgewicht des Einermoleküls, sondern das einem (noch unbekannten) Übermolekülgleichgewicht entsprechende größere mittlere Molgewicht einzusetzen sei. Man hatte damit, unter Wahrung der Eötvösschen Regel, einen, ja den bis dahin einfachsten und zuverlässigsten Nachweis der Assoziation dieser Stoffe gewonnen. Messung der Oberflächenspannung σ und der Dichten ϱ bei zwei Temperaturen T_1 und T_2 versprachen ein Verfahren, mit Hilfe der aus den Gln. (4) und (15) durch Kombination und Auflösung nach M ableitbaren Beziehung

$$M = \left(\frac{2{,}12\,(T_2 - T_1)}{\sigma_1/\varrho_1^{2/3} - \sigma_2/\varrho_2^{2/3}} \right)^{3/2} \tag{16}$$

---

[1] Wir nennen vor allem die Messungen von Ramsay und seinen Mitarbeitern aus den Jahren 1893—1895, die in der Z. physik. Chem. und dem J. chem. Soc. veröffentlicht wurden, und eine größere Reihe ebensolcher von Walden und seinen Mitarbeitern aus den Jahren 1908—1913 (Z. physik. Chem. **63—79**), ferner diejenigen von Dutoit u. Friederich [Arch. Sci. physiques natur., Genf, **9**, 21 (1900)], von Guye und seinen Schülern [z. B. J. Chim. physique **3**, 38 (1905) und **5**, 81 (1907)], von Merry u. Turner [J. chem. Soc. **97**, 2074 (1910)] und von F. M. Jäger [Akad. Amsterdam **23** (1914) und Z. anorg. allg. Chem. **101**, 1 (1917)].

[2] Der in der Literatur meist zu findende Wert von 2,12 bzw. nach R. Grafe [Nova Acta Leopoldina **12**, 141 (1942)] 2,00 entspricht der Vernachlässigung des Faktors $N_L^{1/3}$; er hätte die Dimension erg je mol$^{2/3}$ und grad. Bei Anwendung der Katayamaschen Gl. (13) ergeben sich um einige Prozente kleinere Zahlen.

[3] Da $-d\sigma_M/dT$ nach Gl. (19) als molare Oberflächenentropie den Unterschied der molaren Entropie an der Oberfläche und im Innern mißt, ist es bisweilen zweckmäßig, k_E in Clausius-Einheiten auszudrücken.

das mittlere Molekulargewicht assoziierender Stoffe zu bestimmen. Da so auch die obenerwähnten anderen Anomalien dieser Stoffe eine — zunächst qualitative — Erklärung finden, nämlich die Zunahme von k_E mit der Temperatur aus der Abnahme des Assoziationsgrades bei höheren Temperaturen und die Zunahme des k_E-Wertes in den homologen Reihen in der Abnahme des Assoziationsgrades mit der Kettenlänge, ergibt sich ein zunächst recht geschlossenes Bild. Die Auswertung der EÖTVÖS-Regel hat auf diese Weise in einer Zeit, als die Bindungsverhältnisse noch recht ungeklärt waren, dazu beigetragen, die Kenntnisse vom Bau und Verhalten der Moleküle entscheidend zu fördern.

Indes erstehen dem Bemühen, die Ergebnisse von Bestimmungen der Temperaturkoeffizienten der molaren Oberflächenarbeit im Sinne der Gl. (16) weiter auszuwerten, eine Reihe von Schwierigkeiten. Errechnet man aus den „zu kleinen" EÖTVÖS-Zahlen Assoziationsgrade, so kommt man nicht bloß bei den Alkoholen, bei denen dieser Befund anderweitig bestätigt ist, sondern auch bei den Säuren auf mittlere Molekulargewichte, die dem Drei- bis Vierfachen des Formelgewichts des Einermoleküls entsprechen; das aber steht im Widerspruch zu eindeutigen und einwandfreien Aussagen aus Molekulargewichtsbestimmungen, nach denen Säuren, wie die Essigsäure, lediglich Doppelmoleküle ausbilden. Weiterhin fällt auf, daß gerade bei assoziierenden Stoffen wie den Alkoholen und Fettsäuren die EÖTVÖS-Zahl in einiger Entfernung von der kritischen Temperatur mit steigender Temperatur zu- und erst bei weiterer Annäherung an diese dem Normalverhalten der nichtassoziierenden Flüssigkeiten analog abnimmt (siehe Abb. 15)[1]. Das hieße aber, daß entgegen den Bedingungen, nach welchen sich solche Gleichgewichte verschieben müssen, die (exotherme) Bildung von Übermolekülen durch Temperaturerhöhung anstatt benachteiligt begünstigt würde. Und schließlich nehmen die Beträge der Temperaturkoeffizienten beim Fortschreiten innerhalb der homologen Reihen mit wachsender Kettenlänge nicht nur bis zum Normwert 17,5, der bei Caprylsäure erreicht wird, zu, sondern überschreiten diesen bei weiter zunehmender Kohlenstoffzahl beträchtlich (siehe Tab. 9). Könnte man eine Annäherung an den Normwert am Ende noch dahin verstehen, daß die Übermolekülbildung mit wachsender Kettenlänge schnell abnimmt, womit man aber auch schon in einen gewissen Widerspruch zu den Ergebnissen der Molekulargewichtsbestimmungen kommen könnte, so wäre, hielte man an der der Gl. (16) zugrunde liegenden Auffassung als allein die Abweichungen erklärende Ursache fest, bei den höheren Gliedern der homologen Reihen der Fettsäuren und Alkohole anstatt mit einer Asso-

---

[1] Siehe hier auch W. HUECKEL und Mitarbeiter: Z. physik. chem. Abt., A **186**, 129 (1940); **193**, 132 (1944) und B **51**, 144 (1942). Hier wird auch an NH-haltigen Stoffen Analoges beobachtet.

ziation mit einer Dissoziation in der chemisch-einheitlichen (nichtverdünnten) Flüssigkeit zu rechnen.

Diese Schwierigkeiten aufzuklären, ist die Beobachtung geeignet, daß ein starkes Ansteigen des Temperaturgradienten über den Normwert auch bei anderen, sich in ihren niederen Gliedern normal verhaltenden Reihen, wie etwa bei den Estern, gefunden wird; so hat z. B. Äthylacetat ebenso wie Äthylpropionat den normalen Wert von 17,5, Ester mit langer Kohlenwasserstoffkette, wie z. B. Amylstearat, erreichen dagegen die Höhe von 30 und mehr joule je mol und grad (siehe Tab. 9). Diese Stoffe müßten dann also, ebenso wie übrigens auch das stabile Thiophen ($k_E = 29{,}4$), bereits bei Zimmertemperatur weitgehend (etwa vollständig in zwei Teile) zerfallen sein. Ist schon das unwahrscheinlich, so bliebe ganz unverständlich, inwiefern nunmehr, entsprechend der hier meist beobachteten Abnahme von k_E mit der Temperatur, die (endotherme) Dissoziation mit steigender Temperatur zurückgehen sollte. Hier geben Aufschluß weitere Untersuchungen von WALDEN[1], der Stoffe einbezog, die, wie Tripalmitin $C_3H_5(OC_{15}H_{33}CO)_3$ oder Tristearin $C_3H_5(OC_{17}H_{35}CO)_3$ eine Häufung langkettiger Kohlenwasserstoffreste darstellen. Bei ihnen findet man (siehe Tab. 9 und 10) noch höhere und mit der Temperatur wiederum meist abnehmende EÖTVÖS-Zahlen. Wollte man auf sie die Prinzipien der Gl. (16) anwenden, so müßte man auf einen Zerfall dieser Moleküle in etwa 5 Stücke schließen. Molekulargewichte, die WALDEN bestimmte, ließen, wie zu erwarten war, selbst in verdünnten Lösungen, die den Zerfall ja noch offensichtlicher zeigen müßten, keine Andeutung eines solchen erkennen. Daraus ergibt sich folgerichtig die Notwendigkeit, die großen und ihrem Betrag nach mit steigender Temperatur abnehmenden EÖTVÖS-Zahlen in anderer Weise zu verstehen.

Eine Sichtung aller Beobachtungen ergibt folgendes Bild: Große, d. h. den Normwert 17,5 merklich übersteigende und mit der Temperatur abnehmende Werte werden bei Molekülen mit langen Kohlenwasserstoffketten oder entsprechenden Ringsystemen beobachtet. Lassen schon Stoffe wie Diäthylbenzylmalonat, Diphenyl, Benzophenon, Nitrotoluidine oder alkylierte Aniline (siehe Tab. 9 und 10) ein solches Verhalten erkennen, so wird die Erscheinung bei noch weiter getriebener Anisotropie der Molekülerstreckung weiter gesteigert und erreicht schließlich bei Molekülen, die auf Grund extremer räumlicher Anisotropie zur Bildung anisotroper Zustände (sogenannter „flüssiger Kristalle") neigen, Werte bis zum Zehnfachen der EÖTVÖS-Norm (siehe Tab. 10). Das Auftreten der großen k_E-Werte ist also ganz offenbar an eine starke räumliche Anisotropie der Moleküle gebunden. Wird nun

---

[1] WALDEN, P.: Z. physik. Chem. **75**, 555 (1911) und F. M. JÄGER: Z. anorg. allg. Chem. **101**, 1 (1917).

bei Flüssigkeiten, die aus solchen langkettigen, meist endständig oder einseitig polaren Molekülen bestehen, die Umrechnung der gemessenen Oberflächenspannungen auf die molaren Größen über die Gl. (3) vorgenommen, so schließt das die Annahme ein, die Moleküle seien in ihrer Lagerung relativ zu der Oberfläche in der Art statistisch verteilt, daß alle Lagen gleich oft vorkommen. Nun sind aber die Moleküle in den anisotropen Flüssigkeiten auf Grund ihrer Anisotropie nicht mehr völlig ungeordnet gelagert, sondern mit ihren Längsrichtungen weithin zueinander parallel ausgerichtet[1]. Setzt man eine ähnliche Orientierung der hier erörterten Stoffe in der Oberflächenschicht voraus, in der Art, daß diese mit den Achsen größter Ausdehnung senkrecht zur Oberfläche gelagert seien, so erhält man, da dadurch die Dicke der Oberflächenschicht bei vorgegebenem Molvolumen V_M stark vergrößert erscheint, wesentlich kleinere Werte für die molare Oberfläche F_M als diejenigen, über welche die Berechnung der k_E-Werte der Tab. 9 und 10 mit Hilfe von Gl. (3) erfolgte: Die angegebenen k_E-Werte sind durch Verwendung der — einer ungeordneten Lagerung der Moleküle in der Oberfläche entsprechenden — zu großen Molflächen nach oben verfälscht. Die Abnahme der Zahlenwerte mit der Temperatur findet dabei, insofern sie über die entsprechende Abnahme bei der Eötvös-Norm genügenden Flüssigkeiten hinausgeht, ihre Erklärung darin, daß die Orientierung mit steigender Temperatur an Schärfe verliert, die molare Oberfläche F_M also größer wird und sich dem über Gl. (3) berechneten Wert nähert.

Man könnte nun sehr wohl daran denken, durch Reduzieren der k_E-Werte der hier zur Erörterung stehenden Stoffe auf den Normwert gemäß der Beziehung $17{,}5 \cdot 10^7 = d(F_{Mw} \cdot \sigma)/dT$ die tatsächlich diesen Flüssigkeiten zukommenden wahren molaren Oberflächen F_{Mw} zu berechnen und auch den — analog zu bekannten Ansätzen über den desorientierenden Einfluß der Temperatur auf geordnete Zustände dieser Art theoretisch zu erfassenden — Einfluß der Temperatur auf die Moleküle der Oberflächenschicht zu bestimmen. Versuche dieser Art liegen nicht vor, nicht zuletzt wohl deshalb, weil die im Anschluß an die Beobachtungen von Agnes Pockels[2] experimentell gut entwickelte (weiter unten im einzelnen zu besprechende) Methode der Oberflächenfilme solche Orientierungen unmittelbar nachzuweisen gestattet. Es bleibt aber, da dieses Verfahren sich auf monomolekulare oder nur wenige Moleküllagen dicke Schichten eines Stoffes auf artfremder Unterlage bezieht, die Aufgabe, genauere Kenntnisse auch über die Ausbildung orientierter Schichten auf arteigener Unterlage zu gewinnen,

---

[1] Weygand, C.: Hand- und Jahrbuch der Chem. Physik, Bd. **2**, III, c, Leipzig 1941; siehe auch K. L. Wolf: Theor. Chemie, 3. Aufl., Leipzig 1954, S. 423 ff. und 686 ff. sowie W. Kast: Angew. Chem. **67**, 592 (1955).

[2] Nature **43**, 438 (1891); Lord Reyleigh: Philos. Mag. J. Sci **48**, 321 (1899).

Tabelle 10. *Temperaturabhängigkeit der Eötvös-Zahl*

Stoff	T abs.	k_E
Blei	750	3
	1000	3
NaCl	1000	3,5
	1150	3,9
	1300	4,3
Benzol	300	18
	400	18
	500	18
Äthanol	300	10
	400	11,5
	450	13
	475	16
	490	15
	500	14
	510	13
Essigsäure	350	9
	450	11
	500	13
	550	13
	575	12
	590	9
Formamid	385	5,3
	400	5,6
	425	6,0
o-Nitrophenol	385	4,3
	500	26,4
m-Nitrophenol	325	11,5
	475	25,5
p-Nitrophenol	275	15,5
	425	15
Diäthyltartrat	300	25
	425	20
Di-i-butylanilin	275	29
	425	23
Diäthylbenzyl-malonat	273	44
	475	33

Stoff	T abs.	σ	k_E
5-Nitro-o-Toluidin	425	41,3	42,5
	475	34,7	21,3
Azoxybenzol	325	39,5	13
	350	37,8	16
	425	31,6	19
	450	29,7	20
α-Camphilensäure	300	33,5	29
	325	31,2	20
	345	29,6	19
	360	28,5	17,5
	400	25,8	15
	425	24,3	13
p-Azoxyphenetol	418	31,2	56,5
	423	30,3	53
	433	28,9	46
	440	27,9	–105
	440,5	Klärpunkt	
	441	29,3	
	450	28,4	25
	475	26,4	21
	485	25,7	19
p-Azoxyanisol	390	39,9	55
	400	37,6	70
	405	35,4	– 100
	410	Klärpunkt	
	411	37,9	
	425	36,4	29
	450	34,0	21
	475	32,1	18
Anisaldazin	445	31,8	92
	452	29,4	164
	453		– 453
	453	Klärpunkt	
	454	31,2	
	460	30,2	37
	475	28,5	28
	483	27,9	17

und gerade dafür dürfte das hier angedeutete Verfahren in Kombination mit demjenigen der Oberflächenfilme auf fremder Unterlage einige Möglichkeiten bieten. Besonderes Interesse verdient darüber hinaus das aus Tab. 10 und Abb. 16 und 21 zu ersehende Auftreten von Anomalien im Gang der Eötvös-Zahl beim Durchschreiten der Klärpunkte von anisotropen Flüssigkeiten[1], wobei auch auf die Eigenheiten der Bz- und

[1] Schäfer, K.: Diss. Halle 1911; F. M. Jäger: Z. anorg. allg. Chem. **101**, 1 (1917); A. Ferguson u. S. J. Kennedy: Philos. Mag. J. Sci. **26**, 41 (1938).

Pl-Phasen noch genauer zu achten wäre. Nach den bisherigen Beobachtungen treten bei den anisotropen Flüssigkeiten sowohl normale Eötvös-Zahlen auf, wie z. B. beim p-Anisolazophenoläthylcarbonat, zu kleine wie bei p-Acetophenolazoxyphenetol, und zu große wie bei Anisaldazin, welches im anisotrop-flüssigen Zustand die aus Tab. 10 zu entnehmenden außerordentlich hohen Werte (bis 164 joule je mol und grad) erreicht. Sehr hohe negative, also einem positiven Temperaturgradienten $d\sigma/dT$ entsprechende k_E-Werte geben viele dieser Stoffe in dem engen Temperaturintervall, in dem die anisotrope Flüssigkeit sich zur isotropen klärt; die Oberflächenspannung steigt hier bei steigender Temperatur in der Nähe der Umwandlungstemperatur fast sprunghaft

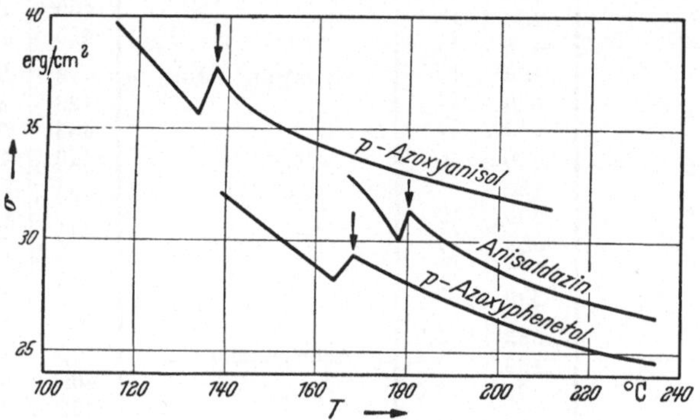

Abb. 16. Oberflächenspannung anisotroper Flüssigkeiten

um Beträge von der Größenordnung erg je cm² und grad, um bei weiter fortgesetzter Temperaturerhöhung alsbald wieder den normalen Abfall zu zeigen (siehe Abb. 16 und Tab. 10). Der Grund für dieses Verhalten dürfte darin zu suchen sein, daß bei der Umwandlung bis dahin behinderte bzw. ausgeschaltete Freiheiten der Molekülbewegung plötzlich aktuell werden und sich im Werte der Oberflächenspannung auszuwirken beginnen. Dieses an einen Umwandlungsvorgang gebundene Verhalten widerspricht also nicht der Aussage, der Temperaturkoeffizient der Oberflächenspannung chemisch-einheitlicher Flüssigkeiten sei, sofern sich nicht andere Erscheinungen überlagern, stets negativ.

Nach dieser Aufklärung wenden wir uns noch einmal den assoziierenden Stoffen zu. Die aus den Beobachtungen an Flüssigkeiten mit langkettigen oder sonstwie langgestreckten Molekülen gewonnenen Erkenntnisse sind — und das wird durch unmittelbare Beobachtungen an Oberflächenfilmen von Fettsäuren und Alkoholen weiter unten bestätigt werden — folgerichtig nun aber auch auf die höheren Glieder der homologen Reihen assoziierender Stoffe zu übertragen. Überwiegt in den kohlenstoffärmeren Gliedern derselben die Übermolekülbildung, so ebenso offenbar in den kohlenstoffreicheren höheren Gliedern die Orientierung. Beachtet man, daß diesen untereinander konkurrierenden Einflüssen noch Verschiedenheiten der Übermolekülbildung in der Oberfläche und im Innern der Flüssigkeit[1] überlagert sind, so wird man nicht nur erkennen, daß aus Messungen der Temperaturabhängigkeit der Oberflächenspannung allein keine Assoziationsgrade und Übermolekülgleichgewichte berechnet werden können, sondern auch Anhaltspunkte dafür gewinnen, inwiefern so nahe verwandte Stoffe wie die drei isomeren Nitrophenole oder wie Azoxybenzol und Azoxyanisol (siehe Tab. 10) sich hinsichtlich Größe und Temperaturabhängigkeit der Oberflächenspannung so verschieden verhalten können, wie das aus den Angaben der Tab. 10 hervorgeht.

Neben diesen beiden (der assoziierenden und der orientierenden Gruppe) weichen auch die geschmolzenen Salze und die Metalle im Sinne zu kleiner und mit der Temperatur zunehmender k_E-Werte von dem Eötvösschen Verhalten ab (siehe Tab. 9 und Abb. 14). Bei ihnen sind die zwischenmolekularen Kräfte, welche den Verband der Bausteine molekularer Größe in der Flüssigkeit bedingen, nach Art und Reichweite so verschieden von denjenigen der die Eötvös-Norm befriedigenden anorganischen und organischen Stoffe, daß eine Übereinstimmung im Sinne des Theorems der übereinstimmenden Zustände nicht mehr gegeben ist. Ihrem Betrag nach liegen die Eötvös-Zahlen bei beiden Gruppen, den Salzen und den Metallen, zwischen 2 und 8 joule je mol und grad oder 0,4 und 1,6 Clausius; sie sind also im Durchschnitt etwa fünfmal kleiner als der Normwert 4,2 Clausius. Das besagt, daß, während bei den Normsubstanzen die Oberflächenentropie beträchtlich ist, sich bei den geschmolzenen Metallen und Salzen die molare Entropie und damit der Ordnungszustand der Oberfläche von demjenigen im Kristallinnern nur wenig unterscheidet. Warum allerdings die Eötvös-Zahl hier in manchen Fällen stärker temperaturvariabel ist als in anderen, bleibt ebenso wie die Unterschiede in den Einzelwerten vorläufig noch ungeklärt. Wenn auch für diese Stoffgruppen einmal reichhaltigeres und sorgfältig gesichtetes Beobachtungsmaterial vorliegt, werden im Zusammenhang mit diesen Einzelfragen nicht nur neue Erkenntnisse über den Zustand der geschmolzenen Salze und Metalle gewonnen werden, sondern wird in Kombination mit den Beobachtungen an den anderen Flüssigkeiten auch die noch immer recht unentwickelte Theorie des flüssigen Zustandes neue Grundlagen erhalten. Die Bereicherung, welche unsere Kenntnisse von der Oberflächenspannung der Metalle, nachdem einfache Oberflächenspannungsmessungen lange Zeit hinter den Unter-

---

[1] Dunken, H., I. Fredenhagen u. K. L. Wolf: Kolloid-Z. **95**, 186 (1941) und I. Fredenhagen: Diss. Halle, 1941.

suchungen über Oberflächenaktivität und Ordnungszustände in Oberflächenfilmen über Gebühr vernachlässigt worden waren, in den letzten Jahren gefunden haben, lassen in mancherlei Hinsicht wichtige Aufschlüsse erwarten.

Versuche, die Temperaturabhängigkeit der Oberflächenspannung zu erklären, sind mit partiellen Erfolgen in größerer Zahl unternommen worden. CANTOR[1] leitet unter für dieses Problem nicht zulässiger Zugrundelegung der LAPLACEschen Theorie der Capillarkräfte[2] ab, daß die Temperaturabhängigkeit der Oberflächenspannung einer Flüssigkeit aus derjenigen ihrer Dichte zu verstehen sei und daß eine Symbasie zwischen dem mittleren kubischen Ausdehnungskoeffizienten $\alpha = \frac{1}{V} \cdot \frac{dV}{dT}$ und dem ihm analog gebildeten Temperaturkoeffizienten $\frac{1}{\sigma} \cdot \frac{d\sigma}{dT}$ der Oberflächenspannung zu erwarten sei, derart daß das Verhältnis des letzteren zum erstgenannten unabhängig vom Stoff gleich 7/3 sei. WALDEN glaubte diese — bereits von POCKELS[3] als in der Ableitung fehlerhaft erkannte — Forderung an einer Reihe von — im Sinne der EÖTVÖS-Regel ähnlichen — Stoffen insofern bestätigen zu können, als das Verhältnis beider Koeffizienten sich ihm als, wenn auch im Sinne CANTORS zu groß (3,45 anstatt 2,33), so doch als einigermaßen konstant erwies; FREUNDLICH[4] findet, indem er den Bereich der Stoffe durch Berücksichtigung anorganischer Flüssigkeiten weiter greift, Werte zwischen 2,1 und 3,3. BAKKER[5], der bei den Schmelztemperaturen als im Sinne des Theorems der übereinstimmenden Zustände übereinstimmenden Temperaturen vergleicht, erhält wie WALDEN zu große, aber nur wenig (3,47 bis 3,81) streuende Werte. Für Metalle und Salze, die bei diesen Rechnungen nicht berücksichtigt sind, findet man für Temperaturen zwischen 300 und 900°C mit der Temperatur leicht ansteigende Verhältnisse zwischen 1 und 2. Einen eindeutigeren Zusammenhang zwischen dem Temperaturkoeffizienten der Oberflächenspannung und dem Ausdehnungskoeffizienten werden wir im nächsten Abschnitt behandeln.

Versuche, den Normwert der EÖTVÖS-Regel theoretisch zu begründen, sind u. a. von ADAM[6] und von EUCKEN[7] unternommen worden mit dem Erfolg, daß eine größenordnungsmäßige Abschätzung gelang. BORN

---

[1] Wied. Ann. **47**, 421 (1892).

[2] Mécanique céleste, Suppl. au livre 10; Œuvres, Bd. 4, 505 ff. (1845). Der Ausgang von der LAPLACEschen Theorie der Kräfte ist bereits dadurch fragwürdig, daß dieser mit dem thermischen Druck eine entsprechende Vorstellung der thermischen Ausdehnung fremd ist.

[3] WINKELMANNS Handbuch der Physik, 2. Aufl., Bd. 1, S. 1182.

[4] Kapillarchemie, Bd. 1, Leipzig 1930, S. 38.

[5] Z. physik. Chem. **86**, 157 (1914).   [6] Philos. Mag. J. Sci. **8**, 530 (1929).

[7] Lehrbuch der Chemischen Physik, Bd. II, 1, Leipzig 1944, S. 1194.

und COURANT[1] kommen, indem sie die Schwingungen der Moleküle in der Oberfläche der Flüssigkeiten analog denjenigen in der DEBYEschen Theorie der Festkörper behandeln, zu einer der EÖTVÖSschen ähnlichen Beziehung und erhalten unter bestimmten, das Vorhandensein dreier Freiheitsgrade der Molekülbewegung einschließenden Voraussetzungen auch den Normwert der Konstanten k_E. Ist die Zahl der Freiheitsgrade nicht 3, sondern n, so soll nach dieser gewisse Zusammenhänge mit der Schallgeschwindigkeit[2] in Flüssigkeiten einschließenden Vorstellung der Wert der Konstanten im Verhältnis $(n/3)^{2/3}$ geändert werden. Ein derartiger Einfluß könnte u. U. neben einem solchen der Orientierung in den großen k_E-Werten der Triglyceride insofern zum Ausdruck kommen, als bei Molekülen dieser Art und Größe nicht nur das Molekül als Ganzes, sondern auch einzelne Molekülteile unabhängige Schwingungen ausführen können, so daß die Zahl der Freiheitsgrade für Wärmeschwingungen recht groß werden kann. Damit tritt neben die bereits genannten, das Oberflächenverhalten der Flüssigkeiten modifizierenden Erscheinungen der Übermolekülbildung und der Molekülorientierung die Vielfalt der Freiheiten molekülinnerer Schwingungen. Bedenkt man, daß außerdem und primär noch die Molekülgestalt, die die Arten der zwischenmolekularen Kräfte bestimmenden Arten der Bindung und sterische Faktoren, welche die Wirksamkeit etwa polarer Gruppen im Molekül einschränken können, die Größe der Oberflächenspannung und ihrer Temperaturempfindlichkeit mitbestimmen, so mag hinreichend deutlich werden, welch reiches Feld für die Übertragung der in den letzten Jahrzehnten erst entwickelten Theorie der zwischenmolekularen Kräfte hier noch offenliegt. Auch die Frage der Ausbildung elektrischer Doppelschichten an Oberflächen[3] bedarf unter diesem Gesichtspunkt der Ausgestaltung, wobei vor allem der Hinweis von H. VOLKMANN[4] zu beachten sein wird, daß solche Doppelschichten nur an Dipolstoffen (cis-Dichloräthylen), nicht aber an dipolfreien (trans-Dichloräthylen) beobachtet werden.

Der Betrachtung der Abhängigkeit der Oberflächenspannung von der Temperatur müßte folgerichtig diejenige vom Druck folgen. Da

---

[1] Physik. Z. **14**, 731 (1913). Ebenfalls von der DEBYEschen Theorie ausgehend, lehnt auch J. FRENKEL [J. Phys. USSR **3**, 350 (1940)] die Temperaturabhängigkeit der Oberflächenspannung ab, indem er nur Schwingungen senkrecht zur Oberfläche ansetzt und diese mit der Frequenz der Capillarwellen in Beziehung setzt. Die systematische Erprobung an Beobachtungen steht noch aus.

[2] BRIOULLIN [C. r. **180**, 1248 (1925] erhält, indem er die Schallgeschwindigkeit in der Oberfläche der Flüssigkeiten von derjenigen im Innern verschieden ansetzt, ebenfalls den Normwert der Konstanten. Hierzu siehe weiter unten.

[3] Siehe hierzu J. FRENKEL: Z. Physik **51**, 232 (1928) ; Z. Physics UdSSR III, 350 (1940) und G. JUNG: Z. physik. Chem. **123**, 281 (1926).

[4] Naturforschung und Medizin in Deutschland, Bd. 30, Wiesbaden 1947, S. 205.

Änderung des äußeren Druckes p die Oberflächenspannung in erster Linie aber dadurch beeinflußt, daß die Konzentration des Stoffes im angrenzenden Gasraum geändert wird, kann diese Frage erst im Zusammenhang mit der Verallgemeinerung auf Grenzflächen von Flüssigkeiten gegen Gase und Dämpfe (§ 14) erörtert werden. Für die bisherige Betrachtung war stets nur an die Oberfläche gegen den eigenen Dampf oder gegen Luft unter Atmosphärendruck bzw. bei einigen der hochschmelzenden Stoffe gegen Wasserstoff oder Stickstoff zu denken. Die geringen Unterschiede, die sich beim Übergang von der Begrenzung durch den stoffarmen Raum zu solcher durch den Eigendampfdruck oder durch indifferente Gase unter kleinem Druck zeigen, konnten zunächst außer Betracht bleiben. Unabhängig von dieser Frage kann aber wenigstens eine — der für den Zusammenhang von Oberflächenspannung und Ausdehnungskoeffizienten analoge — Betrachtung über den Zusammenhang zwischen Oberflächenspannung und Kompressibilität angestellt werden: Die Oberflächenspannung und der — etwa aus der VAN DER WAALSschen Zustandsgleichung zu berechnende — Binnendruck sind einander symbat. Nun nimmt die Kompressibilität der Flüssigkeiten mit dem äußeren Druck ab. Binnendruck äußert sich aber, wie TAMMANN[1] zeigte, ebenso wie erhöhter äußerer Druck. Das bedeutet aber, daß bei gleichem äußerem Druck die Kompressibilität der Flüssigkeiten deren Binnendruck antibat ist. Demzufolge besteht auch zwischen Oberflächenspannung und Binnendruck ein reziprokes Verhältnis, das auch auf den Einfluß äußeren Druckes übertragbar sein dürfte. Untersuchungen, die sich auf die Beziehungen zwischen Binnendruck[2] und Oberflächenspannung beziehen, wurden unabhängig von dieser Frage ebenso wie solche über den Zusammenhang beider mit der kritischen Temperatur[3] zu der Zeit, als über die zwischenmolekularen Kräfte anderweitig noch nicht viel bekannt war, in größerem Umfange angestellt. Näher auf diese einzugehen, liegt heute nicht mehr im Sinne einer Untersuchung über Fragen der Oberflächenspannung. Wir begnügen uns deshalb mit Literaturhinweisen[4].

Eine bei Dipolstoffen zu erwartende Abhängigkeit der Oberflächenspannung von einem äußeren elektrischen Feld konnte an Alkoholen und Aceton ebensowenig beobachtet werden wie an Tetrachlorkohlenstoff[5].

---

[1] Über die Beziehung zwischen den inneren Kräften und Eigenschaften der Lösungen, Leipzig u. Hamburg 1907.

[2] WALDEN, P.: Z. physik. Chem. **66**, 385 (1909).

[3] BOITARD: J. Chim. et Phys. **23**, 205 (1926).

[4] RICHARDSON, TH. W., u. J. H. MATTHEWS: Z. physik. Chem. **41** 139 (1902) und **61**, 449 (1908); A. EINSTEIN: Ann. Physik **4**, 513 (1901); RÖNTGEN u. SCHNEIDER: Wied. Ann. **29**, 165 (1886); CHRISTOPH: Z. physik. Chem. **55**, 622 (1906); K. TEIGE: Kolloid-Z. **102**, 132 (1943).

[5] LASZLO, Z.: J. chem. Physics **20**, 1807 (1952).

Eine Beziehung zwischen Oberflächenspannung und Schallgeschwindigkeit leitet K. ALTENBURG[1], eine solche zum Schmelzpunkt B. DAGAL[2] ab.

§ 6. Die Oberflächenenergie

Da die Bausteine molekularer Größe in der Oberfläche nicht wie im Innern allseitig von ihresgleichen umgeben sind, treten besondere Oberflächenenergien auf. Demzufolge ist mit einer Vergrößerung der Oberfläche stets eine Änderung da/dF der freien Energie verbunden, die wir als Oberflächenspannung bezeichnet haben. Soll die erforderliche Energie bei solchen Oberflächenvergrößerungen nicht der Flüssigkeit selbst entnommen werden, welche sich dadurch, wie oben schon gesagt, abkühlen würde, so muß bei isothermer Zustandsänderung noch die Oberflächenwärme q_σ zugeführt werden. Entsprechend ist die in den Gln. (1) bereits eingeführte *gesamte spezifische Oberflächenenergie* Σ als die mit dieser Änderung der Größe der Oberfläche bei sonst gleichbleibenden äußeren Bedingungen[3] verbundene Änderung der spezifischen, d. h. auf die Flächeneinheit bezogenen gesamten Energie u gegeben zu

$$\Sigma = (du/dF)_{VT} = \sigma + q_\sigma \tag{17}$$

oder nach der GIBBS-HELMHOLTZschen Gleichung zu

$$\Sigma = (du/dF)_{VT} = (da/dF)_{VT} + (dq/dF)_{VT} = \sigma - T(d\sigma/dT)_{pF}, \tag{18}$$

wobei der Ausdruck

$$- (d\sigma/dT)_{pF} = (ds/dF)_{pT} \equiv s_\sigma \tag{18}$$

die Änderung der Entropie s mit der Oberfläche mißt. Bei Änderungen, welche bei gleichbleibendem Druck verlaufen, hätte man analog die

---

[1] Z. physik. Chem. **195**, 143 (1950).

[2] Nature **169**, 1610 (1951).

[3] Wir führen die Indizierung hinsichtlich der als unveränderlich anzusehenden Variablen nur in den einführenden Gleichungen durch. Da sie sich weiterhin von selbst verstehen, können sie dann entfallen. Eine praktische Schwierigkeit entsteht der Anwendung der Gl. (18) und den aus ihr abgeleiteten Beziehungen dadurch, daß, wie u. a. EUCKEN betont, die Temperaturabhängigkeit der Oberflächenspannung, wenn die Messung gegen den eigenen Dampf erfolgt, anstatt bei konstantem Druck bei den mit der Temperatur veränderlichen Sättigungsdrucken ermittelt wird. Die Herstellung konstanten Druckes durch „indifferente" Zusatzgase bietet keinen Ausweg aus dieser Schwierigkeit, da, wie bereits oben gesagt wurde, der Wert der jetzt als Grenzflächenspannungen anzusehenden Meßgrößen von Art und Druck des Fremdgases abhängt. Eine Korrektur erfolgt deshalb, sofern nötig, besser auf Grund der Beziehung $(d\sigma/dT)_{pT} = (d\sigma/dT)_{\text{Sättigung}} - (dV/dF)_{pT} \cdot (dp/dT)_{\text{Sättigung}}$. Hinsichtlich einer in diesen Fragen entstandenen Kontroverse mit GUGGENHEIM verweisen wir auf EUCKENS Darstellung (Lehrbuch der chemischen Physik, Bd. II, 2, Leipzig 1944, S. 1167/70).

spezifische Enthalpie einzusetzen. Man verwendet deshalb, da die Beobachtungen normalerweise bei konstantem Druck geschehen, neuerdings aus Gründen der formalen Exaktheit und vielleicht auch im Hinblick auf eventuelle Besonderheiten bei den Kristallen, öfter wieder anstatt der Änderung der gesamten Energie mit der Oberfläche diejenige der Enthalpie i zur Definition der gesamten Oberflächenenergie oder, wie man jetzt exakter sagen müßte, der Oberflächenenthalpie.

Zwischen den beiden als Änderung der Energie und als Änderung der Enthalpie verstandenen Größen besteht die Beziehung

$$(d\,i/dF)_{VT} = (d\,u/dF)_{VT} + (d\,u/dV + p)\,(dV/dF)_{pT}\,. \tag{20}$$

Da die Änderung dV/dF des Volumens mit der Oberfläche so klein ist, daß der Unterschied zwischen der gesamten Oberflächenenergie und der gesamten Oberflächenenthalpie numerisch belanglos ist[1], verwenden wir im folgenden i. allg., da damit der Anschluß an die Literatur leichter gewahrt bleibt, die durch Gl. (17) definierte Größe.

Aus Gl. (18) leitet man nach DUPRÉ[2] die gemeinhin als „spezifische Wärme der Oberfläche" bezeichnete Änderung dc_p/dF der spezifischen Wärme c_p mit der Oberfläche, die wir entsprechend mit dem Symbol c_σ bezeichnen, ab zu

$$c_\sigma = (d\Sigma/dT)_{p\,F} = -\,T\,(d^2\,\sigma/dT^2)_{p\,F}\,. \tag{21}$$

Die Benennung dieses Ausdruckes als spezifische Wärme der Oberfläche ist in der formalen Analogie des Ausdruckes $d\Sigma/dT$ zu der allgemeinen Definition der spezifischen Wärme als du/dT gerechtfertigt. Tatsächlich mißt c_σ den Unterschied der spezifischen Wärme in der Oberfläche zu derjenigen in der Masse der Flüssigkeit, so wie Σ den Unterschied der Energie in der Oberfläche zu derjenigen im Innern der Flüssigkeit betrifft.

----

[1] Den Betrag des Ausdruckes (dV/dT) schätzen wir mit EUCKEN (l. c.) wie folgt ab: Bei einer Vergrößerung der Oberfläche um die Fläche $V_M^{2/3}$ des Molwürfels werden 10^{16}, bei einer Vergrößerung um einen cm² also i. allg. rund 10^{15} Moleküle aus dem Flüssigkeitsinnern in die Oberfläche gebracht. Deren Volumen kann zu etwa 10^{-7} cm³ angenommen werden. Nimmt man weiter an, der im Innern der Flüssigkeit mehrere Tausend Atmosphären betragende Kohäsionsdruck vermindere sich beim Übergang in die Flüssigkeitsoberfläche um etwa 2000 Atmosphären oder $2\cdot 10^9$ cgs-Einheiten und setzt man für die Kompressibilität $\chi = -\,(\varDelta V/V\varDelta p)$ einen Durchschnittswert von $0,5\cdot 10^{-10}$ cgs-Einheiten an, so erhält man für die Volumenvermehrung der an die Oberfläche gebrachten Moleküle den Betrag von

$$\varDelta V \equiv -\chi \cdot \varDelta p \cdot V = 0,5\cdot 10^{-10}\cdot 2\cdot 10^9\cdot 10^{-7},$$

das sind rund 10^{-8} cm³/cm². Diese Abschätzung kann zugleich der Abschätzung des Korrekturgliedes $(dV/dF)\cdot(dp/dT)$ in der in Anmerkung 3 der vorhergehenden Seite angegebenen Beziehung verwandt werden.

[2] Ann. Chim. Phys. **11**, 200 (1867); siehe auch ADAM: Physics and Chemistry of Surfaces, S. 13.

Ist c_σ gleich Null, so ist die spezifische Wärme in der Oberfläche und in der Masse der Flüssigkeit gleich groß. Die Bausteine molekularer Größe haben in diesem Falle in der Oberfläche die gleichen Bewegungsfreiheiten wie im Innern der Flüssigkeit. Besondere, die Freiheit der Molekülbewegung in der Oberfläche einengende, einschränkende oder erweiternde Ordnungszustände liegen nicht vor. Das ist nach Gl. (21) stets dann zu erwarten, wenn die zweite Ableitung $d^2\sigma/dT^2$ gleich Null, die Ableitung $d\sigma/dT$ also konstant ist, d. h. die Oberflächenspannung sich linear mit der Temperatur ändert und die gesamte spezifische Oberflächenenergie Σ von der Temperatur unabhängig ist. In dieser Weise verhalten sich über größere Temperaturbereiche hinweg (siehe die Abb. 10 bis 12 und 17 bis 18) die geschmolzenen Salze (mit Ausnahme von Kaliumfluorid)[1] und die Metalle (mit Ausnahme von Quecksilber)[2]. Es ist einleuchtend, daß gerade diese beiden Gruppen von Stoffen, deren Bausteine molekularer Größe als annähernd kugelförmig anzusehen sind, dieses einfachste Verhalten zeigen: Orientierungseffekte in der Oberfläche sind hier nicht möglich, Verschiebungen von Dissoziationsgleichgewichten nicht zu bemerken[3]. Man gewinnt somit den Eindruck, daß Stoffe dieser Art vorzüglich und vor den der Eötvös-Norm genügenden Flüssigkeiten, die zeitweise stark in den Vordergrund getreten waren, geeignet sind, weiteren theoretischen Betrachtungen eine gute Grundlage zu geben.

Ebenso wie die Metalle und Salze verhalten sich die Triglyceride (siehe Tab. 8) und anisotropen Flüssigkeiten (siehe Abb. 16 und 21). Da hier zweifelsohne Orientierungen in der Oberfläche bestehen, muß, bei der Verwandtschaft auch der Triglyceride zu den Stoffen, welche anisotrope flüssige Phasen bilden, gefolgert werden, daß bei den Triglyceriden ebenso wie bei den ihnen ähnlichen anisotropen Flüssigkeiten im Innern der Flüssigkeit bereits geordnete Aggregationen vorliegen, auch wenn sie nicht, wie bei den anisotropen Flüssigkeiten, makroskopisch in Er-

---

[1] Die Alkalifluoride scheinen sich nach Tab. 5 generell von den übrigen Alkalihalogeniden zu unterscheiden.

[2] Worauf dieses komplexe Verhalten des Quecksilbers beruht, ist im Grunde noch ebenso ungeklärt wie das sonstige in Hinsicht des Aggregationsvermögens auffallende Wesen dieses Metalls, vor allem die relativ geringe Spanne zwischen Schmelzpunkt und kritischer Temperatur. Mit Assoziation im flüssigen Zustand ist, entgegen der Meinung von G. Bakker [Z. physik. Chem. **89**, 43 (1914)], schon in Anbetracht der hohen Dielektrizitätskonstanten nicht zu rechnen, auch wenn sich Kelleys Angaben (Bur. Standards Bull. **1935**, 383) bestätigen sollten, wonach im Dampf am Siedepunkt 7 % Doppelmoleküle vorliegen. Zudem würde Assoziation den im Vergleich zu demjenigen der anderen Metalle ja gerade zu hohen Temperaturgradienten des Quecksilbers nicht erklären.

[3] Diesbezügliche Untersuchungen an Salzen mit Ionen möglichst verschiedener Gestalt und Größe, also etwa solchen von organischen Säuren oder an Tetraalkylammoniumsalzen, wären in diesem Zusammenhang von hohem Interesse.

scheinung treten. Gewisse Schwierigkeiten des Kristallisierens und Erscheinungen der Unterkühlbarkeit wären in diesem Zusammenhang zu erörtern.

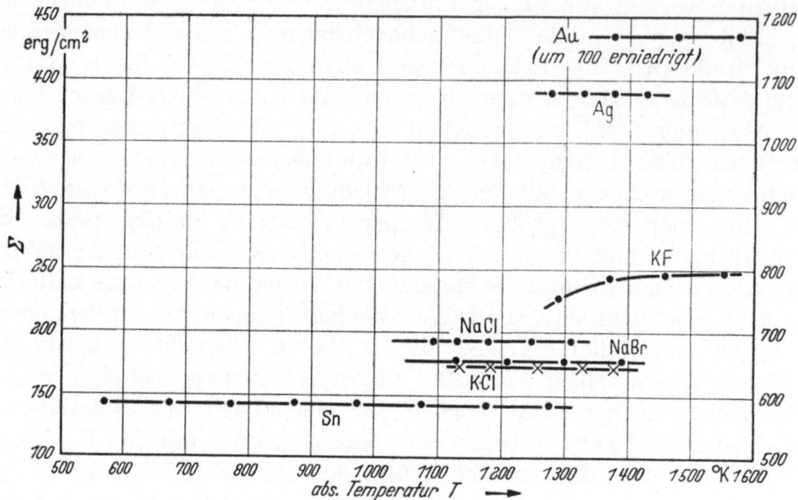

Abb. 17. Temperaturabhängigkeit der gesamten spezifischen Oberflächenenergie Σ (rechter Maßstab für Metalle)

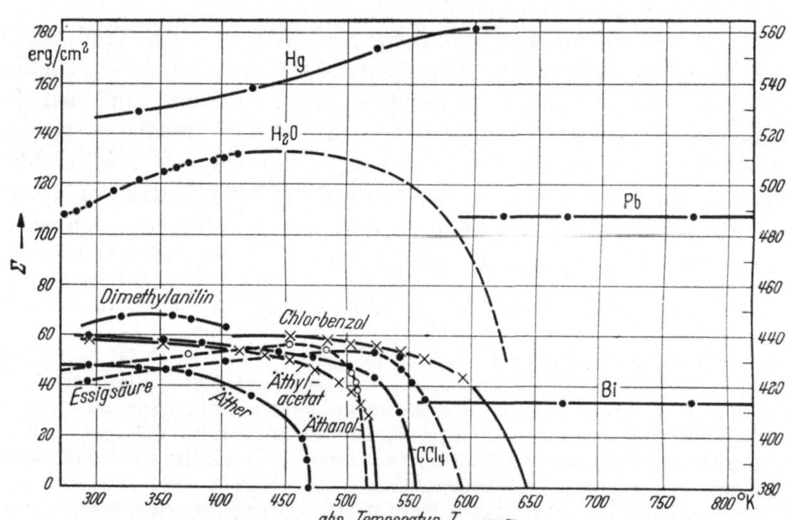

Abb. 18. Temperaturabhängigkeit der spezifischen Oberflächenenergie

Die der EÖTVÖS-Norm gemäßen Flüssigkeiten verhalten sich in einiger Entfernung von der kritischen Temperatur in erster Näherung ähnlich. Jedoch ist, wie die entsprechenden Abbildungen und Tab. 8 erkennen lassen, die gesamte Oberflächenenergie hier stets, wenn auch nur schwach, veränderlich, sei es in dem Sinne, daß sie nach dem von der kritischen Temperatur aus beim Fortschreiten zu niedrigeren Temperaturen erfolgten ersten steilen Anstieg und Durchlaufen eines flachen Maximums wie bei Benzol, Chlorbenzol und Dimethylanilin wieder abfällt, sei es, daß sie, wie bei Äther, Tetrachlorkohlenstoff und Äthylacetat, in langsamem monotonem Anstieg sich dem Maximum noch nähert. Das Maximum scheint in jedem Falle zu bestehen und vor Erreichen des Schmelzpunktes durchlaufen zu werden. Der zum Schmelzpunkt hin abfallende Ast der (Σ, T)-Kurve deutet, entsprechend positiven Werten von c_σ (siehe weiter unten), offenbar die sich vorbereitende Aggregation zur Ordnung des festen Zustandes schon an. Wie das Maximum das Intervall zwischen kritischer und Schmelztemperatur unterteilt, ist noch nicht zu übersehen. Die Effekte sind recht klein und das Maximum oft so flach, daß seine Lage nur bei Vorliegen genauester Messungen sowohl der Temperaturabhängigkeit der Oberflächenspannung wie der Molvolumina hinreichend genau ermittelt werden kann. Der Fall $d\Sigma/dT = 0$ ist hier lediglich am Maximum der (Σ, T)-Kurve verwirklicht und besagt in diesem Fall offenbar nicht, daß die spezifische Wärme in Flüssigkeit und Oberfläche deshalb einander gleich seien, weil beide sich weder hinsichtlich ihrer molekularen Ordnungszustände noch der in ihnen bestehenden Aggregationsgleichgewichte unterschieden, sondern lediglich, daß die spezifischen Wärmen in beiden Gebieten in einem engen Bereich gleich groß sind, ohne daß diese Übereinstimmung eine ebensolche in den der Wärmebewegung zugrunde liegenden molekularen Mechanismen einschließen müßte. Diesen Maximis entspricht dann aber auch nicht ein Ast linearer Temperaturabhängigkeit der Oberflächenspannung σ, sondern nur ein einem Nullwert von $d^2\sigma/dT^2$ zugeordnetes Maximum in der Größe von $d\sigma/dT$ und ein damit verbundener Übergang der (σ, T)-Kurve von der konvexen in die konkave Form, der in Abb. 12 bei Benzol, Chlorbenzol und Dimethylin bei schwacher Ausbildung doch noch hervortritt. Das Aufsuchen der genauen Lage des Maximums, das wegen seiner Flachheit nur schwer zu identifizieren ist, geschieht u. U. sicherer als unmittelbar über die Σ-Werte mittelbar über die Maximalwerte der Ableitung $d\sigma/dT$ (siehe Tab. 8 und die zugehörigen Abbildungen).

Wenn die Ableitung $d^2\sigma/dT^2$ negativ, d. h. die (σ, T)-Kurven in unseren Abbildungen nach oben konvex sind und die gesamte spezifische Oberflächenenergie Σ mit der Temperatur ansteigt, ist die spezifische Wärme in der Oberfläche größer als in der Masse der Flüssigkeit. Beispiele für ein solches Verhalten geben — entschiedener als die gerade erwähnten, zum Schmelzpunkt hin abfallenden Äste im Falle der nichtassoziierten organischen Flüssigkeiten — in den betrachteten Temperaturbereichen Quecksilber (Abb. 10 und 18), Kaliumfluorid (Abb. 11 und 17)[1], Wasser unterhalb von 400° absoluter Temperatur und die Alkohole, Fettsäuren und verwandte Stoffe wie Phenol oder Chloressigsäure in hinreichendem Abstand von der kritischen Temperatur (Abb. 12 und 18); ebenso das anisotrope Anisaldazin vor dem Klärpunkt (Abb. 16). Die größere spezifische Wärme der Oberflächenschicht mag durch Verschiebungen und Änderungen in stark hervortretenden Assoziations- und Dissoziationsgleichgewichten oder, wie bei Quecksilber und Kaliumfluorid, das von den hier behandelten Salzen mit dem höchsten Schmelzpunkt dem Meßbereich am nächsten kommt, durch — den Übergang zum festen Zustand vorbereitende — Aggregationen bedingt sein. Auch hier dürfte die Tatsache, daß die gleichen polaren Gruppen sowohl die Übermolekülbildung wie die Orientierung der Moleküle begünstigen, eine Vielfalt von Möglichkeiten zur Folge haben, deren Entwirrung lediglich durch Untersuchungen der Oberflächenspannung von unverdünnten, chemisch einheitlichen Flüssigkeiten kaum möglich ist. Wir werden deshalb bei der Behandlung der Ober- und Grenzflächenspannungen von Lösungen und bei der Behandlung der Kristallkeimbildung bei der Erstarrung von Flüssigkeiten auf diese Fragen zurückkommen.

Den entgegengesetzten Fall, nämlich positive zweite Ableitung, konkave (σ, T)-Kurve und Abnahme der gesamten spezifischen Oberflächenenergie Σ mit steigender Temperatur repräsentieren in dem unmittelbar an die kritische Temperatur anschließenden Temperaturgebiet alle Flüssigkeiten. Die Unterschiede in der spezifischen Wärme sind hier entsprechend den starken Krümmungen der (σ, T)-Kurven verhältnismäßig groß (siehe die Abb. 10, 11, 12, 17 und 18). Wie in den dem Schmelzpunkt nahen Ästen sich im Abfall nach kleinen Temperaturen hin die höhere Ordnung des festen Zustandes vorbereitend ankündigt, so zeigt sich in den zur kritischen Temperatur hin schnell abfallenden Ästen die beginnende Auflösung der Nahordnung der Moleküle im flüssigen Zustand an, welcher die Oberfläche offenbar stärker entgegenkommt als die Masse der kompakten Flüssigkeit. Die — m. W. noch ausstehende — quantitative Behandlung des Befundes, daß hier die spezifischen Wärmen ganz allgemein in der Oberfläche verkleinert erscheinen, muß offenbar von den Möglichkeiten deutlicher Einbuße an zwischenmolekularer Schwingungsenergie ausgehen, denen zufolge in diesem Bereich auch die Schallgeschwindigkeit in der Oberfläche von derjenigen im Innern deutlich verschieden sein müßte[2].

---

[1] Quecksilber liegt schon recht nahe am Schmelzpunkt, KF (Schmp. 846°) unter den vorliegenden Salzen diesem am nächsten.

[2] Wir verweisen auf die obengenannten Untersuchungen von BORN-COURANT und von BRIOULLIN. In den weiten Temperaturbereichen, in denen die gesamte Oberflächenenergie, wie bei den meisten Metallen, konstant ist, wäre mit gleicher.

Ist die gesamte spezifische Oberflächenenergie Σ bei vielen Flüssigkeiten in einem gewissen Abstand von der kritischen Temperatur über große Bereiche fast gleichbleibend, so nimmt die gesamte *molare* Ober-

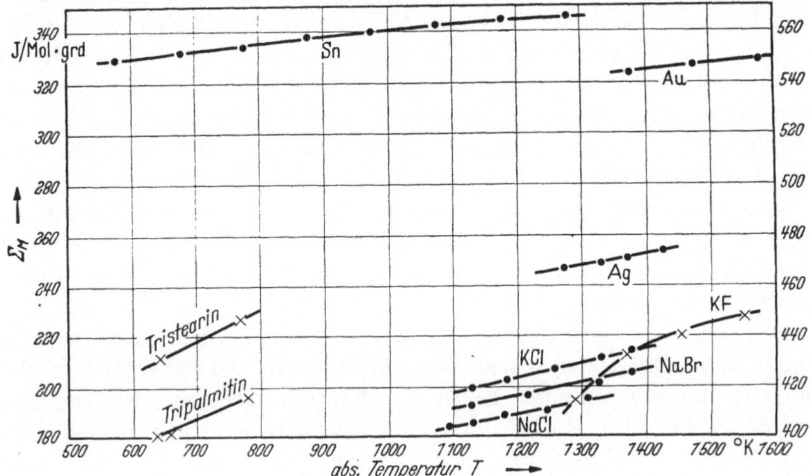

Abb. 19. Temperaturabhängigkeit der molaren Oberflächenenergie Σ_M

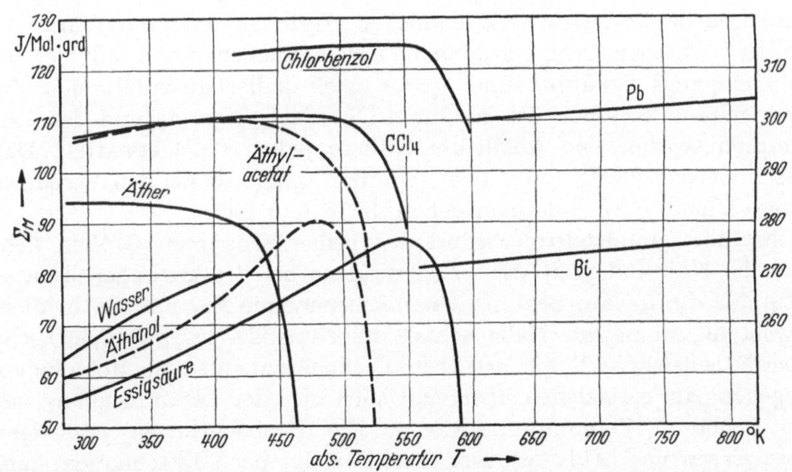

Abb. 20. Temperaturabhängigkeit der molaren Oberflächenenergie Σ_M. (Der rechte Maßstab gilt für die Metalle)

in der Nähe der kritischen Temperatur dagegen allgemein mit verschiedener Schallgeschwindigkeit in der Oberfläche und in der Masse der Flüssigkeit zu rechnen. Der Bereich, in dem die EÖTVÖS-Norm erfüllt wird, scheint eher dem Falle gleicher Schallgeschwindigkeit zu entsprechen, so daß die Berechnung der EÖTVÖS-Zahl auf der Basis der BORN-COURANTschen Voraussetzungen richtiger zu sein scheint.

flächenenergie Σ_M, darin in dieser Allgemeinheit von den anderen hier erörterten Oberflächenenergiegrößen verschieden (siehe die Abb. 19 und 20 sowie die vergleichende Tab. 11), mit der Temperatur zu, und zwar in der Regel linear. Dem Betrag nach liegen die — wie gesagt — hier durchweg positiven (Tab. 11) Ableitungen in der gleichen Größenordnung wie die durchweg negativen der molaren freien Oberflächenenergie σ_M. Starke Abweichungen von der Linearität des Anstieges bemerken wir bei unseren Beispielen nur an Kaliumfluorid, schwächere bestehen aber ebenso eindeutig bei Quecksilber, den Alkoholen und den Fettsäuren (siehe Abb. 19 und 20).

Den Wert Null erreichen bei der kritischen Temperatur alle hier erörterten Meßgrößen der Oberflächenenergie. Die freie spezifische Oberflächenenergie σ vollzieht den Abfall aber in sanftem, monotonem Übergang; der Temperaturkoeffizient $d\sigma/dT$ ist bei der kritischen Temperatur gleich Null (siehe Abb. 12). Mit der spezifischen wird auch die molare freie Oberflächenenergie σ_M gleich Null; der Übergang erfolgt hier, da die Molvolumina gegen T_K hin schnell zunehmen, weniger schroff (siehe Abb. 15). Unter der Voraussetzung tangentialen Einmündens der (σ, T)-Kurven in die Temperaturordinate verschwindet mit σ auch die spezifische gesamte Oberflächenenergie Σ bei der kritischen Temperatur (Abb. 18). Sollten sich Fälle wie der nach den Messungen von KNIPP bei Wasser gefundene (Abb. 12) bestätigen lassen, so wäre freilich die Möglichkeit endlicher Werte der latenten Wärme q_σ bei der kritischen Temperatur nicht auszuschließen. Doch läßt der bereits eingangs erwähnte und später noch näher auszuführende Zusammenhang zwischen der gesamten Oberflächenenergie und der Verdampfungswärme den Abfall auf Null in jedem Falle erwarten. Daß dieser ebenso schroff, wenn nicht schroffer erfolgt als bei den Verdampfungswärmen, entnehme man den Abb. 18 und 20.

Nicht so unmittelbar wie bei den bisher genannten Größen sieht man die Notwendigkeit des Verschwindens bei der kritischen Temperatur für die molare gesamte Oberflächenenergie Σ_M ein, da in diese sowohl die in dessen Nähe schnell abnehmende gesamte spezifische Oberflächenenergie Σ wie das ebenso schnell zunehmende Molvolumen eingehen. Am einfachsten überzeugt auch hier der Zusammenhang mit der (molaren) Verdampfungswärme. Die Beobachtungen bestätigen diese Erwartung (Abb. 20). Der Abfall erfolgt nach Durchlaufen eines — in den Fällen assoziierender Stoffe wie Essigsäure und Äthanol sehr scharfen — Maximums noch schroffer als bei der spezifischen gesamten Oberflächenenergie. Die Tangente an die (Σ_M, T)-Kurve steht, die gerade angedeutete Unbestimmtheit infolge zweier konkurrierender Einflüsse gleichsam aufweisend, bei der kritischen Temperatur offenbar senkrecht zur Temperaturachse. Die Unterscheidung zwischen den assoziierenden[1] und den übrigen Flüssigkeiten tritt in der Abhängigkeit der beiden gesamten Oberflächenenergiegrößen Σ und Σ_M von der Temperatur noch augenfälliger in Erscheinung als in der Temperaturabhängigkeit der freien Oberflächenenergie (siehe Tab. 12).

Behandelt man das Verhalten der gesamten Oberflächenenergie analog zu den Ableitungen der Gln. (15) und (21) im Anschluß an die Definitionsgleichungen (5) und (8), so erhält man zunächst die allgemeine Beziehung

$$\frac{d\,\Sigma_M}{d\,T} = \frac{d\,F_M \cdot (\sigma + q_\sigma)}{d\,T} = N_L^{1/3} \cdot \frac{d\,V_M^{2/3}\,(\sigma + q_\sigma)}{d\,T}\,. \tag{22}$$

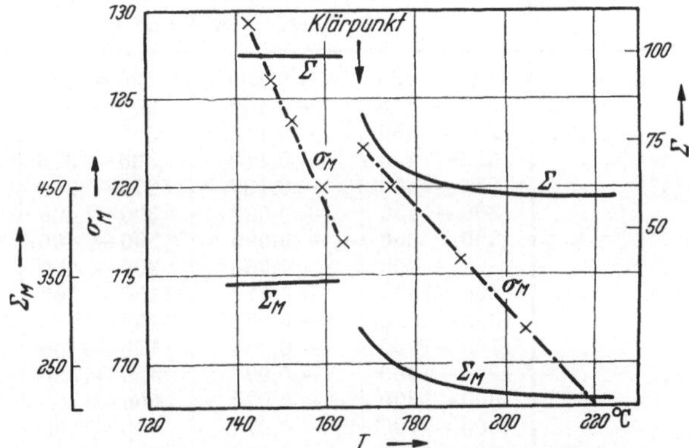

Abb. 21. Die Oberflächenenergien von p-Azoxyphenetol

Aus dieser folgen, wieder unter Beachtung des zwischen der Ableitung des Volumens V nach der Temperatur und dem kubischen Ausdehnungskoeffizienten α bestehenden Zusammenhangs,

$$V^{-1/3} \cdot \frac{d\,V}{d\,T} = V^{2/3}\alpha\,. \tag{23}$$

die weiteren Beziehungen

$$\begin{aligned}
\frac{d\,\Sigma_M}{d\,T} &= F_M\left(\frac{2}{3}\,\alpha\,\Sigma - T \cdot \frac{d^2\,\sigma}{d\,T^2}\right) \\
&= F_M\left(\frac{2}{3}\,\alpha\,\Sigma + c_\sigma\right) \\
&= F_M\left(\frac{2}{3}\,\alpha\,\Sigma + \frac{d\,\Sigma}{d\,T}\right)
\end{aligned} \tag{24}$$

---

[1] Nach Abb. 18 würde man auch bei Dimethylanilin auf Assoziation schließen können. Tatsächlich sprechen auch andere Kriterien für eine Übermolekülbildung der Amine. Speziell bei Dimethylanilin leiten bereits BENNET u. MITSCHELL [Z. physik. Chem. **84**, 475 (1914)] aus der Oberflächenspannung Assoziation her. Eine noch nicht geklärte Schwierigkeit entsteht aber u. a. dadurch, daß andere Amine, welche auf Grund freierer Lage der bewirkenden NR_2-Gruppe stärker assoziieren müßten, nach diesen Kriterien sich normal verhielten.

und

$$\frac{d\Sigma_M}{dT} = -k_E - F_M\left[\frac{d\sigma}{dT}\left(\frac{2}{3}\alpha T + 1\right) + \frac{Td^2\sigma}{dT^2}\right] \tag{25}$$

die für den Fall der Temperaturunabhängigkeit der spezifischen gesamten Oberflächenenergie Σ, in dem $d\Sigma/dT$ gleich $d^2\sigma/dT^2$ gleich Null und $d\sigma/dT$ konstant oder im Falle eines Maximalwertes gleich Null sein

Tabelle 11. *Temperaturabhängigkeit verschiedener Oberflächenenergien*

Stoff	ΔT	$d\sigma/dT$	ΔT	$d\Sigma/dT$
		erg je mol und grad		
Chlorbenzol	430— 480	— 0,100	430— 480	— 0,05
Äther	300— 375	— 0,108	300— 375	— 0,065
CCl$_4$	275— 350	— 0,115	300— 400	— 0,036
Benzol	325— 425	— 0,112	325— 375	+ 0,015
Wasser	275— 300	— 0,137	275— 340	+ 0,21
Essigsäure	300— 400	— 0,090	300— 400	+ 0,065
Äthanol	300— 350	— 0,090	300— 400	+ 0,025
Tripalmitin	300— 400	— 0,066	300— 400	0
NaCl	1100—1300	— 0,072	1100—1300	0
NaBr	1050—1300	— 0,073	1150—1250	0
KCl	1100—1450	— 0,071	1150—1300	0
KF	1200—1400	— 0,076	1450—1550	0
Sn	600—1300	— 0,070	600—1300	0
Pb	600—1100	— 0,074	600—1100	0
Bi	600—1100	— 0,067	600—1100	0
Ag	1275—1425	— 0,12	1275—1425	0
Au	1375—1550	— 0,10	1375—1550	0
Hg	300— 400	— 0,21	300— 400	+ 0,08

Stoff	ΔT	$d\sigma_M/dT$	ΔT	$d\Sigma_M/dT$
		joule je mol und grad		
Chlorbenzol	420— 520	— 17,9	420— 480	+ 2,5
Äther	306— 375	— 17,9	300— 375	— 2,0
CCl$_4$	300— 500	— 18,0	300— 400	+ 2,6
Benzol	325— 425	— 18,0	325— 375	+ 11
Wasser	275— 325	— 7,8	275— 400	+ 13
Essigsäure	275— 400	— 8,3	300— 400	+ 11
Äthanol	275— 350	— 10,0	275— 350	+ 8
Tripalmitin	300— 400	— 4,3	300— 400	+ 20
NaCl	1100—1200	— 4,0	1100—1300	+ 5,6
NaBr	1050—1450	— 4,5	1050—1450	+ 6,4
KCl	1100—1300	— 5,5	1100—1350	+ 6,2
KF	1200—1400	— 3,5	1450—1550	+ 8,0
Sn	600—1000	— 1,5	600—1300	+ 2,5
Pb	600—1100	— 2,7	600—1100	+ 2,2
Bi	600—1100	— 2,4	600—1100	+ 2,2
Ag	1275—1425	— 1,3	1275—1425	+ 4,3
Au	1375—1550	— 2,0	1375—1550	+ 2,5
Hg	300— 400	— 7,5	300— 400	+ 7,5

muß, vereinfacht werden zu

$$\frac{d\,\Sigma_M}{dT} = \frac{2}{3}\,\alpha\,\Sigma\,F_M = \frac{2}{3}\,\alpha\,\Sigma_M \qquad (24\,\mathrm{a})$$

und

$$\frac{d\Sigma_M}{dT} = -\,k_E - F_M\,\frac{d\sigma}{dT}\left(\frac{2}{3}\,\alpha\,T + 1\right). \qquad (25\,\mathrm{a})$$

Diese Beziehungen besagen zunächst und vor allem, daß der dem oben schon eingeführten Koeffizienten $\frac{1 \cdot d\sigma}{\sigma \cdot dT}$ analog gebildete Temperaturkoeffizient $\frac{1 \cdot d\Sigma_M}{\Sigma_M\,dT}$ in denjenigen Fällen, in welchen die spezifische Wärme der Oberfläche von derjenigen im Innern nicht verschieden ist, d. h. bei der Ausdehnung der Oberfläche Änderungen im Ordnungszustand der Moleküle nicht auftreten, ausschließlich durch das Ausdehnungsvermögen der kompakten Flüssigkeit bestimmt wird; dabei tritt an Stelle des für die Volumenausdehnung gültigen kubischen Ausdehnungskoeffizienten α der „Flächenausdehnungskoeffizient" α_σ, der — wie der lineare Ausdehnungskoeffizient bei isotropen Medien $^1/_3$ des kubischen — $^2/_3$ des kubischen Ausdehnungskoeffizienten beträgt. Dieses Resultat stellt nach K. L. WOLF[1] die von CANTOR (siehe oben) zuerst vermutete, in jener Form an der freien spezifischen Oberflächenenergie σ aber nicht bestätigte Beziehung zwischen dem Ausdehnungsvermögen der Flüssigkeiten und der Temperaturabhängigkeit ihrer

Tabelle 12. *Temperaturkoeffizienten verschiedener Oberflächenenergien (mal 10^3)*

Flüssigkeit	T abs.	$\dfrac{1}{\sigma}\cdot\dfrac{d\sigma}{dT}$	$\dfrac{1}{\Sigma}\cdot\dfrac{d\Sigma}{dT}$	$\dfrac{1}{\sigma_M}\cdot\dfrac{d\sigma_M}{dT}$	$\dfrac{1}{\Sigma_M}\cdot\dfrac{d\Sigma_M}{dT}$
Chlorbenzol . . .	400	6,0	0,83	5,3	0,20
Äther	300	8,5	1,3	7,2	0,21
CCl_4	300	4,5	0,53	3,9	0,24
Benzol	350	5,5	0,25	5,0	1,0
Wasser	300	1,0	1,9	1,9	2,0
Essigsäure . . .	300	3,7	1,5	2,7	2,0
Äthanol	300	4,1	0,52	3,6	1,3
Tripalmitin . . .	300	2,3	0	1,9	0,5
NaCl	1100	0,65	0	0,40	0,34
NaBr	1100	0,70	0	0,41	0,34
KCl	1100	0,76	0	0,52	0,32
KF	1200	0,54	0	0,30	0,42
Sn	1000	0,14	0	0,05	0,075
Pb	1000	0,18	0	0,10	0,073
Bi	1000	0,19	0	0,10	0,090
Ag	1300	0,13	0	0,032	0,092
Au	1300	0,09	0	0,042	0,045
Hg	400	0,47	0,15	0,32	0,27

[1] Z. physik. Chem. **205**, 326 (1956).

Oberflächenspannung dar. Nach ihr muß der Quotient

$$\frac{d\,\Sigma_M}{\alpha\,\Sigma_M\,dT} = \frac{2}{3} \tag{26}$$

sein. Die Prüfung an den Metallen und Salzen, für welche die Voraussetzungen der aus der vereinfachten Gl. (24a) abgeleiteten Beziehung (26) zutreffen, bestätigt diese Forderung (Tab. 13). Das heißt aber noch eindeutiger, als wir das bereits oben aus den Erscheinungen folgern konnten, daß Stoffe mit kugelsymmetrischen molekularen Bausteinen das einfachste und unkomplizierteste Oberflächenverhalten zeigen und deshalb vor den organischen Flüssigkeiten mit ihren vielgestaltigen Molekülen Ausgang einer Theorie der Tropfbarkeit und damit des flüssigen Zustandes sein sollten.

Ist die spezifische Wärme der Oberfläche endlich, bestehen also Unterschiede zwischen dem Ordnungszustand der Moleküle im Innern und in der Oberfläche, so gehen in die Temperaturabhängigkeit gemäß der für diesen Fall heranzuziehenden vollen Gl. (24) neben dem Ausdehnungsvermögen α der kompakten Flüssigkeit mit c_σ bzw. $d^2\sigma/dT^2$ noch die Eigenheiten des Ordnungszustandes der Moleküle in der Oberfläche mit ein. Die Prüfung dieser weiteren Folgerung nehmen wir an Hand der jetzt an Stelle von Gl. (26) tretenden, unmittelbar aus Gl. (24) abgeleiteten Beziehung

$$\frac{\dfrac{d\,\Sigma_M}{dT} - F_M\,\dfrac{d\,\Sigma}{dT}}{\alpha\,\Sigma_M} = \frac{2}{3} \tag{27}$$

vor. Sie wird, wie die Tab. 13 zeigt, sowohl in Fällen negativer wie positiver Werte der spezifischen Wärme c_σ der Oberfläche bestätigt. Die Gegenüberstellung der beiden letzten Spalten der Tabelle möge zeigen, wie entscheidend der zweite, oberflächentypische Summand der Gl. (24) sein kann. Bei der Prüfung der Beziehung (27) ist zu beachten, daß infolge der im Zähler auftretenden Differenzbildung der beiden, ihrerseits schon durch Differenzbildung gewonnenen Summanden die Meßfehler sehr stark zur Geltung kommen. Die Übereinstimmung der Werte der letzten Spalte der Tab. 13 ist unter diesen Umständen als sehr gut zu bezeichnen[1].

Zum Abschluß der Betrachtungen über die Temperaturabhängigkeit der Oberflächenenergien sei darauf hingewiesen, daß für die freie molare

---

[1] Man könnte daran denken, aus den Abweichungen vom Normwert 0,67 im Falle der der Gl. (26) einigermaßen genügenden Gruppe von Flüssigkeiten (von NaCl bis Pb in Tab. 13) durch Anwendung von Gl. (27) auf diese in einer Art von Rekursionsverfahren den nicht ganz verschwindenden, aber sehr kleinen Koeffizienten $d\Sigma/dT$ zu ermitteln. Ferner wäre eine Anwendung der Gln. (26) und (27) auf Salze organischer Anionen und Kationen möglichst verschiedener Größe und Gestalt von aufschlußreichem Interesse.

Tabelle 13. *Zusammenhang zwischen der gesamten Oberflächenenergie und dem Ausdehnungskoeffizienten*

Flüssigkeit	T °abs.	$d\Sigma_M/dT$	α	$d\Sigma/dT$	Anstatt des Normwertes 0,67	
					nach (26)	nach (27)
NaCl	1000	+ 5,6	0,00050	0	0,68	0,68
KCl	1000	+ 6,2	0,00056	0	0,57	0,57
NaBr	1000	+ 6,4	0,00080	0	0,45	0,45
Sn	600	+ 2,5	0,000145	0	0,53	0,53
Pb	600	+ 2,2	0,000130	0	0,56	0,56
Hg	350	+ 7	0,000184	+0,08	1,3	0,57
CCl_4	293	+ 2,6	0,00120	−0,035	0,20	0,69
Benzol . . .	350	+11	0,00140	+0,015	0,70	0,58
Äther	293	−20	0,00150	−0,065	−0,04	0,73
Methylacetat .	303	+ 6,5	0,0018	−0,055	0,35	0,79
Äthylacetat . .	293	+ 4,0	0,00127	−0,025	0,30	0,64
Dimethylanilin	325	+17	0,00090	+0,04	1,3	0,61
Essigsäure . .	293	+11	0,00116	+0,065	1,7	0,45
Äthanol . . .	293	+ 8	0,00130	+0,025	1,0	0,65
					im Mittel	0,66

Oberflächenenergie σ_M die der Gl. (24) analog gebaute, bereits früher abgeleitete Beziehung

$$\frac{1}{\sigma_M} \cdot \frac{d\,\sigma_M}{dT} = \frac{2}{3}\alpha + \frac{1}{\sigma} \cdot \frac{d\,\sigma}{dT} = -\frac{1}{\sigma_M} \cdot k_E \qquad (15\,\mathrm{a})$$

gilt, in der k_E die — nicht als konstant vorauszusetzende — EöTVös-Zahl ist. Eine ähnlich vereinfachte Spezialisierung wie beim Übergang von (24) zu (24a) ist hier nicht möglich, da der den Voraussetzungen von (24a) analoge Fall, in welchem $d\sigma/dT$ gleich Null sein müßte, normalerweise unterhalb der kritischen Temperatur nicht realisierbar ist[1]. Die Prüfung dieser neben (24) an Bedeutung zurücktretenden Beziehung ergibt ebenfalls gute Übereinstimmung; als Mittelwert erhält man aus den in Tab. 12 aufgeführten Flüssigkeiten 0,58 anstatt $^2/_3$.

In den molaren Oberflächenenergien und ihrer Abhängigkeit von der Temperatur spiegelt sich die ganze Vielfalt der Flüssigkeiten, des Baues ihrer Moleküle und des Aggregationsvermögens derselben wider. Die gewöhnlichen nichtassoziierten, die assoziierten, die aus langkettigen Molekülen mit endständiger aktiver Bindung bestehenden Flüssigkeiten, die flüssigen Salze und die flüssigen Metalle erweisen sich als durch gewisse Gemeinsamkeiten ihrer Oberflächenenergien gekennzeichnete

---

[1] Um zu prüfen, wie weit der der Gl. (26) entsprechende Fall im Klärgebiet anisotroper Flüssigkeiten (siehe die Abb. 16 und 21) realisiert ist und dort genauer geprüft werden könnte, müßte die Zahl der Messungen sowohl der Temperaturabhängigkeit der Oberflächenspannung wie der Molvolumina an solchen Stoffen stark verbreitert werden. Es ist zu vermuten, daß sich von da aus wichtige Fragen des anisotropen Zustandes in Angriff nehmen ließen.

größere Gruppen; besonders greifbar tritt dieser Gruppencharakter in den Temperaturkoeffizienten $\frac{1}{\Sigma_M} \cdot \frac{d\,\Sigma_M}{d\,T}$ der gesamten molaren Oberflächenenergie in Tab. 12 hervor. Immer aber bleibt, in der Überlagerung und Durchdringung der für diese Gruppen kennzeichnenden Eigenheiten, für jeden Stoff noch ein individuelles und für seine Oberflächenstruktur eigenes Verhalten gewahrt. Für die systematische Ordnung nach Gruppen hat auch hier, wie stets, nicht die einzelne Gruppeneigenschaft, sondern ihre Kombination allein entscheidenden Wert.

Will man nun den Versuch machen, über diese ganze Vielfalt hinweg eine Oberflächenmeßgröße additiv aus entsprechenden für die die Moleküle aufbauenden Atome oder Atomgruppen charakteristischen Größen zusammenzusetzen, so kommen dafür, da es sich um eine vergleichend molekulare Betrachtungsweise handelt, wie stets bei solcher Betrachtung, nur die molaren Größen, also die molaren Oberflächenenergien σ_M und Σ_M in Frage. Von diesen ist die molare freie Oberflächenenergie σ_M derart stark von der Temperatur abhängig, daß sie für einen solchen Versuch untauglich ist. Demgegenüber kommt die gesamte molare Oberflächenenergie Σ_M als über weite Temperaturgebiete entweder konstant oder nur schwach und linear von der Temperatur abhängend einem Versuch einer additiven Herleitung aus den atomaren Bausteinen in gewisser Weise gleichsam entgegen. Doch wird ein solcher Versuch für jede der oben genannten fünf systematischen Gruppen von Oberflächen gesondert durchgeführt werden müssen. Am sinnvollsten und aussichtsreichsten ist er, wie auch in analogen Fällen anderer Eigenschaften — etwa der Molrefraktion oder der Verdampfungswärmen — im Gebiet der nichtassoziierenden gewöhnlichen Flüssigkeiten, also der in Tab. 12 durch CCl_4, Äther, Chlorbenzol und Benzol vertretenen Gruppe. Daß ein solcher Versuch auch bei dieser Beschränkung problematischer ist als etwa derjenige der additiven Zusammensetzung des molaren Ausdehnungsvermögens, möge der oben aufgezeigte Zusammenhang zwischen dem Ausdehnungskoeffizienten und dem Temperaturkoeffizienten der molaren gesamten Oberflächenenergie zu zeigen geeignet sein. BENNET und MITSCHELL[1] haben nun schon vor längerer Zeit das zur Erörterung stehende Problem in der genannten Beschränkung in Angriff genommen und mit einem gewissen Erfolg gelöst. Wir geben die von ihnen auf Grund eines breiten, aber in den Absolutwerten nicht immer zuverlässigen Materials vorgeschlagenen Zahlen in Tab. 14 wieder. Der Vergleich mit den in den Tab. 3 und 7 gegebenen Zahlen lehrt, daß eine brauchbare Übereinstimmung wohl zu erreichen ist; doch zeigt der verschiedene Gang in den einzelnen homologen Reihen, daß noch eine weitere Differenzierung nötig ist. Zur Abschätzung der Oberflächen-

---

[1] Z. physik. Chem. **84**, 475 (1913).

Tabelle 14. *Beiträge einzelner Atome, Atomgruppen und Strukturen zur gesamten molaren Oberflächenenergie nichtassoziierter Flüssigkeiten (in 10^2 joule/mol)*

H	26,4	CH_3 . . .	33,4	Cl	39,5
C	—45,7	CN . . .	46,8	Br	51,0
O (Äther)	13,6	CNS . . .	74,0	J	68,5
O (Ketone)	66,3	NCS . . .	80,7	C_6H_5	84,0
N (Amine)	0	NO_2 . . .	59,5	Fünf-Ring	61,0
CH_2	7—10	C=C . . .	55,6	Sechs-Ring	63,0

energie von Stoffen, deren Oberflächenspannung oder Molvolumen nicht bekannt ist, tut das Verfahren bereits in der jetzigen Form brauchbare Dienste. Es leistet, gemäß dem Umstand, daß in die Oberflächenenergie die Molekülgestalt in mannigfaltigerer Weise eingeht als in diese, zunächst weniger als das analoge Verfahren bei der Molrefraktion, ist aber theoretisch besser begründet als das ohnehin eher die Molvolumina betreffende des Parachors und sinnvoller, als etwa ein analoger Versuch bei der Molpolarisation von Dipolstoffen wäre. Bei den assoziierenden Flüssigkeiten ist eine additive Zusammensetzung der Oberflächenenergie, da das Übermolekülgleichgewicht in vielfacher Weise von Temperatur und Molekülbau abhängt, nicht in sinnvoller Weise durchführbar, bei den Metallen wäre sie, da die Bausteine molekularer Größe alle gleich sind, trivial. Bei den geschmolzenen Salzen besteht wohl, ähnlich wie bei den Gitterenergien, eine qualitative Folge derart, daß etwa bei Kombinationen mit dem gleichen Anion Li jeweils die größere Oberflächenenergie bewirkt als Na und dieses größere als K usf., im ganzen also so, daß bei gleichem Anion die Oberflächenenergie um so größer ist, je kleiner das Kation ist und je höher seine Ladung; ebenso wirkt das CO_3-Ion stärker als das Sulfation und dieses stärker als das Nitration. Eine einfache Additivität besteht aber nicht, wie man am einfachsten daran erkennt, daß die Differenz der molaren Oberflächenenergien etwa der verschiedenen Na- und K-Salze auch vom Anion abhängt. Einzelheiten entnehme man aus Tab. 5.

§ 7. Die Oberfläche

Nach den mancherlei Hinweisen auf Besonderheiten des Ordnungszustandes der Moleküle in Oberflächen erhebt sich die Frage nach Art und Struktur der Oberfläche von Flüssigkeiten im allgemeinen. Der unmittelbare Eindruck ist der, daß der Übergang von der Flüssigkeit zum Dampfraum sehr scharf erfolgt. Dieser Eindruck läßt sich wie folgt bestätigen und präzisieren: Nach dem FRESNELschen Reflexionsgesetz ist, wenn der Übergang zwischen einem festen oder flüssigen Körper des Brechungsexponenten n und dem stoffarmen Raum sprunghaft erfolgt, das unter dem BREWSTERschen Winkel $\mathrm{tg}\,\varphi = n$ einfallende Licht im reflektierten Strahl vollständig linear, wenn der Übergang dagegen sanfter erfolgt, elliptisch polarisiert. RAYLEIGH[1] konnte nun zeigen, daß, während bereits eine nur eine Moleküllage dicke Fettschicht elliptisch polarisiertes Licht hervorrief, eine entfettete Wasserschicht unter den genannten Bedingungen das Licht vollständig polarisiert zurückwarf. Daraus ist zu folgern, daß der Übergang von der kondensierten zur Gasphase sich im Bereich einer einzigen Moleküllage vollzieht.

Andrerseits ist im Existenzgebiet der Flüssigkeiten die Temperatur i. allg. so hoch, daß in kleinen Bereichen Unregelmäßigkeiten infolge der Wärmebewegung auftreten. Das bedingt Oberflächenrauhigkeiten, die sich, auch wenn sie im Bereich molekularer Dimensionen bleiben, bei spiegelnder Reflexion eines Lichtstrahls an der Oberfläche im Auftreten von — wenn auch nur schwachem — Streulicht bemerkbar machen. Beobachtungen entsprechender Art an Wasser- und Quecksilberoberflächen[2] ließen tatsächlich solches Streulicht erkennen, jedoch ergibt sich aus dessen geringer Intensität[3], daß die Rauhigkeit sich ebenfalls auf den Bereich einer einzigen Molekülschicht erstreckt. Da auch die theoretische Berechnung der inneren und oberflächlichen Kohäsionskräfte[4] zu dem Ergebnis führt, daß fast die ganze freie Oberflächenenergie (nach EDSER 94%) auf die oberste Molekülschicht entfällt, folgt die Berechtigung der Annahme, daß der Übergang von der Flüssigkeit zum Dampfraum sich innerhalb der obersten Molekülschicht praktisch vollständig vollzieht.

Das trifft natürlich nicht mehr dicht unterhalb der kritischen Temperatur zu. Hier ist der Übergang unscharf. HULSHOFF und BAKKER[5] haben versucht, die mittlere Dicke Δh der Übergangsschicht in der Nähe der kritischen Temperatur zu berechnen; sie fanden z. B. für Äther 1° unterhalb der kritischen Temperatur den Wert von 300 ÅE für Δh. Das ist die gleiche Dimension, wie sie die auf Grund der Schwankungserscheinungen sich ausbildenden Bezirke endlicher Dichteunterschiede aufweisen. In einiger Entfernung vom kritischen Punkt ist aber die Oberfläche scharf; die Rauhigkeiten bleiben in der Größenordnung der molekularen Dimension und die Oberfläche kann — wenigstens in einer ersten Näherung — wie eine monomolekulare dichte Packung von Molekülen verstanden werden.

Auf dieser Grundlage erhält man aus dem Verhältnis der inneren molaren Verdampfungswärme und der gesamten molaren Oberflächen-

---

[1] Philos. Mag. J. Sci. **33**, 1 (1892); **3**, 220 (1927); Proc. Roy. Soc., Ser. A **109**, 150 u. 272 (1925);

[2] JAGANATHAN: Proc. Ind. Acad. **1**, 115 (1934); RAMAN und RAMDAS: Phil. Mag. **3**, 220 (1927)

[3] Zur Theorie siehe G. GANS: Z. Physik **74**, 231 (1924). Siehe auch H. FUNK u. H. STERN: Kolloid-Z. **70**, 109 (1935). [4] EDSER: Fourth Kolloid Report **1922**, 58.

[5] HULSHOFF, H.: Ann. Physik **4**, 165 (1901); G. BAKKER: Z. physik. Chem. **86**, 129 (1914).

energie eine weitere allgemeine Aussage über die Struktur der Oberfläche. Ein Molekül der Oberflächenschicht erfährt, wie eingangs gesagt wurde, unter dem Einfluß der zwischenmolekularen Kräfte einen Zug nach innen. Hätten nun diese Kräfte eine im Vergleich zur Größe des Einzelmoleküls große Reichweite, so hieße das, daß ein Molekül, das aus dem Innern der Flüssigkeit an die Oberfläche gebracht ist, in Hinsicht auf den Energieaufwand den halben Weg zum Übertritt in den Dampfraum, d. h. der Verdampfung, zurückgelegt hätte. Das Verhältnis der molaren inneren Verdampfungswärme zur gesamten molaren Oberflächenenergie müßte also, diese Voraussetzung der Kräfte zugegeben, wie es STEFAN forderte, gleich zwei sein. Tatsächlich ist aber, wie neben dem oben bereits genannten Ergebnis von EDSER eine Reihe ähnlicher Überlegungen[1] erkennen läßt, die Reichweite der Kräfte i. allg. nicht größer als die Ausmaße der Moleküle, und dementsprechend findet sich das STEFANsche Postulat nirgends erfüllt. Betrachten wir aber das Verhältnis von Verdampfungswärme und gesamter molarer Oberflächenenergie unter der Voraussetzung von Kräften nur kurzer Reichweite, so ergibt sich nach K. L. WOLF[2] folgendes Bild:

Das einzelne Molekül ist in der Flüssigkeit gemäß dem Gleichverteilungssatz in Rotation begriffen; da deren Frequenz im Existenzbereich der Flüssigkeit i. allg. groß ist gegen die Stoßzahl, nimmt es als kleinste kinetische Einheit, sofern es nicht stark anisotrop ist, im Mittel der Zeit einen kugelsymmetrischen Raum in Anspruch, so daß die aus lauter gleichartigen Molekülen aufgebaute chemisch-einheitliche Flüssigkeit morphologisch wie eine dichteste Kugelpackung behandelt werden darf. Die beim Übertritt eines einzelnen Moleküls aus dem Flüssigkeitsinnern in den stoffarmen Raum, d. h. beim Verdampfen aufzuwendende Energie zerlegen wir in die Teilbeträge derjenigen Wirkungen, die von auf Kugelschalen in verschiedenen Entfernungen vom zu verdampfenden Molekül befindlichen Nachbarn ausgehen. Die Anzahl der auf der innersten dieser konzentrischen Kugeln, also in „erster Sphäre" befindlichen, das zu verdampfende Molekül unmittelbar berührenden Nachbarn mißt die Koordinationszahl Z. Der gegen die $Z = Z_1$ nächsten Nachbarn beim Verdampfen aufzubringende Teilbetrag ist dann, wenn a_1 diejenige Arbeit mißt, welche gegen die von *einem* dieser Nachbarn

---

[1] So fand z. B. Z. N. STRANSKI experimentell, daß beim festen Cadmium [Z. physik. Chem. **38**, 451 (1937)] von den Nachbarn erster Sphäre bereits mindestens 96 % der insgesamt auf ein Atom wirkenden Kräfte ausgehen. Siehe hierzu ferner R. FRICKE: Kolloid-Z. **96**, 211 (1941); R. KAISCHEW u. L. KRASTANOW: Z. physik. Chem. **38**, 451 (1937); L. KEREMIDTSCHIEW: Diss. Sofia 1942.

[2] DUNKEN, H., H. KLAPROTH u. K. L. WOLF: Kolloid-Z. **91**, 232 (1940); K. L. WOLF u. R. GRAFE: ebenda **98**, 257 (1942). Siehe auch W. KOSSEL: Ann. Physik **49**, 229 (1916); ferner A. SKAPSKI: J. chem. Physics **16**, 389 (1948); R. SHUTTLEWORTH: Proc. physic. Soc. **62**, 167 (1949).

herrührenden Kräfte zu leisten ist, gegeben zu $Z a_1$. Entsprechend erhält man für die Beiträge der weiter außen liegenden Sphären die Teilbeträge $Z_2 a_2$, $Z_3 a_3$ usf., wenn unter Z_2, Z_3, $\ldots$ die diesen Sphären zugeordneten „äußeren" Koordinationszahlen bedeuten und a_2, a_3, $\ldots$ die zugehörigen Energien messen. Die innere Verdampfungsarbeit $\bar{\lambda}$ je Molekül ist also gegeben zu

$$\bar{\lambda} = \sum_1^\infty i\, Z_i\, a_i \,. \tag{28}$$

In der Oberfläche ist ein Molekül von weniger Nachbarn umgeben als im Innern. Verstehen wir unter $X < Z$ die Zahl der es in der Oberfläche in erster Sphäre berührenden Nachbarn, also die Oberflächenkoordinationszahl erster Sphäre und entsprechend unter $X_2 < Z_2$, $X_3 < Z_3$, $\ldots$ die Oberflächenkoordinationszahlen der weiter außen liegenden Sphären, so erhalten wir für die Energie, welche aufzuwenden ist, damit ein Molekül aus der Oberfläche in den stoffarmen Raum überführt werde, in analoger Weise den Betrag $\overset{\infty}{\underset{1}{\Sigma}} i\, X_i\, a_i$. Diejenige Energie $\overline{\Sigma}$, welche erforderlich ist, wenn ein Molekül isotherm aus dem Innern der Flüssigkeit an die Oberfläche gebracht werden soll, ist also gegeben zu

$$\overline{\Sigma} = \sum_1^\infty i\, (Z_i - X_i)\, a_i \,. \tag{29}$$

Aus diesen als Mittelwerten zu verstehenden Größen (28) und (29) erhalten wir — da jedes Molekül mit jedem nur *einmal* kombiniert werden darf, durch Multiplikation mit $N_L/2$ — die molare innere Verdampfungswärme λ_{iM} zu $N_L \cdot \bar{\lambda}/2$ und die gesamte molare Oberflächenenergie Σ_M zu $N_L \cdot \overline{\Sigma}/2$. Der Quotient φ beider ist also bestimmt zu

$$\varphi \equiv \frac{\lambda_{iM}}{\Sigma_M} = \frac{\sum\limits_1^\infty i\, Z_i\, a_i}{\sum\limits_1^\infty (Z_i - X_i)\, a_i} \,. \tag{30}$$

Sofern, wie das für die gewöhnlichen anorganischen und organischen Flüssigkeiten zutrifft, zwischenmolekular nur Dispersions-, Induktions- und Dipolrichtkräfte wirksam sind, können, da diese Kräfte mit wachsendem Mittelpunktsabstand r schnell (mit r^{-4} bis r^{-6}) abkingen, diejenigen Teilbeträge zur Verdampfungswärme und Oberflächenenergie, welche auf die zweitnächsten und dann natürlich erst recht auf die noch weiter entfernten Nachbarn entfallen, in den Gl. (28) und (29) neben den Teilbeträgen $Z a_1$ bzw. $(Z - X) a_1$ der ersten Sphäre vernachlässigt werden. In diesen Fällen kann dann, immer natürlich vorausgesetzt, daß die Temperatur so hoch ist, daß die Molekülrotationen voll erregt sind, an Stelle von (30) in hinreichender Näherung die Beziehung

$$\varphi = \frac{\lambda_{iM}}{\Sigma_M} = \frac{Z}{(Z-X)} \qquad (31)$$

treten.

Bei der für chemisch-einheitliche Flüssigkeiten vorausgesetzten dichtesten Kugelpackung ist $Z=12$, und die Oberflächenkoordinationszahl X, je nachdem ob die Oberfläche entsprechend Abb. 22 einer 100-Ebene des kubisch-flächenzentrierten oder entsprechend Abb. 23 einer 111-Ebene des kubisch-flächenzentrierten bzw. einer 0001-Ebene des hexagonalen Gitters dichtester Packung nahekommt, gleich 8 oder 9[1], der Oberflächenquotient sollte also bei Flüssigkeiten der genannten Art gleich 3 oder 4 sein bzw., wenn man entsprechend der Beweglichkeit der Moleküle in Flüssigkeiten und der Lückenhaftigkeit der Gitterbesetzung Schwankungen zwischen den beiden Typen in Rechnung setzt, zwischen 3 und 4 liegen. Das trifft, wie die beiden ersten Spalten der Tab. 15 zeigen, durchgängig zu[2]; dabei ist der Faktor 3 so stark bevorzugt, daß man geneigt ist, der Oberflächenbesetzung nach Abb. 22 die größere Wahrscheinlichkeit zuzuschreiben.

Tabelle 15. *Werte des Quotienten φ aus innerer molarer Verdampfungswärme λ_{iM} und gesamter molarer Oberflächenenergie Σ_M*

Flüssigkeit		Flüssigkeit		Flüssigkeit	
Helium (1,5° abs.)	2,3	Benzol	3,0	Pyridin	3,7
Argon (85° abs.)	2,7	Toluol	3,4	Dioxan	3,4
Sauerstoff (70° abs.)	2,5	Chlorbenzol	2,7	Tetrahydrofuran	3,0
Chlor	3,1	Brombenzol	2,8	Fettsäuren	4— 6
Brom	3,9	Nitrobenzol	3,4	Alkohole	5—10
H_2S	3,2	Anilin	3,2	Wasser { (300° abs.)	6,5
NH_3	3,8	Dimethylanilin	2,8	Wasser { (400° abs.)	4,8
PCl_3	2,8	Aceton	3,8	NaCl (1000°C)	8,5
CCl_4	2,7	Chloroform	3,2	NaBr (1000°C)	7,7
$SiCl_4$	3,0	Äthyljodid	3,1	KF (1000°C)	8,1
CS_2	2,8	Äthylamin	3,7	K J (1000°C)	6,3
Hexan	2,9	Acetonitril	3,8	Hg (20°C)	2,1
Heptan	3,0	Propionitril	3,8	Na (100°C)	3,3
Octan	2,9	Butyronitril	3,9	Pb (350°C)	6,0
Cyclopentan	2,9	Acetophenon	2,4	Bi (350°C)	5,5
				Au und Ag (1000°C)	5,5—6

Bei assoziierenden Flüssigkeiten sind die Voraussetzungen der Gln. (30) und (31) nicht mehr gegeben, einmal weil dann bei der Be-

---

[1] Bei der vorausgesetzten dichtesten Kugelpackung ist $Z = Z_1 = 12$; der zugehörige Sphärenradius sei r. Z_2 ist dann gleich 6 und der zugehörige Sphärenradius $r_2 = r \sqrt{2}$ usf. $X = X_1$ ist 8 bzw. 9, $X_2 = 5$, $X_3 = 3$ usf.

[2] Zu den niedrigen Werten bei sehr tiefen Temperaturen siehe R. HAUL: Naturwiss. **29**, 706 (1941) und dazu R. GRAFE: Nova Acta Leopoldina **12**, 144 (1942).

rechnung der molaren Größen λ_{iM} und Σ_M das richtige (mittlere) Molekulargewicht eingesetzt werden müßte, das ja in λ_M in anderer Potenz eingeht als in Σ_M, zum anderen aber auch bei Verwendung der richtigen Molekulargewichte immer dann noch nicht, wenn der Assoziationsgrad in Flüssigkeit und Dampf verschieden ist. Nichtberücksichtigung der Assoziation verfälscht in beiden Fällen die Werte des Quotienten φ nach oben. Für die Fettsäuren, die bei nicht zu hohen Temperaturen sowohl in Flüssigkeit wie im Dampf zu Doppelmolekülen vereinigt sind, erhält man bei Verwendung des doppelten Molekulargewichtes nach (31) φ-Werte zwischen 3,5 und 4. Ist dagegen, wie das etwa bei den Alkoholen schon bei den hier in Frage stehenden Temperaturen zutreffen dürfte, die Assoziation im Dampf geringer als in der Flüssigkeit, so er-

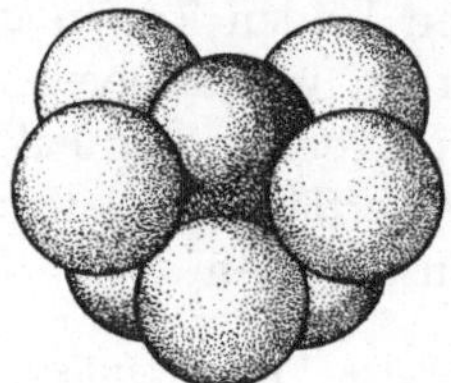

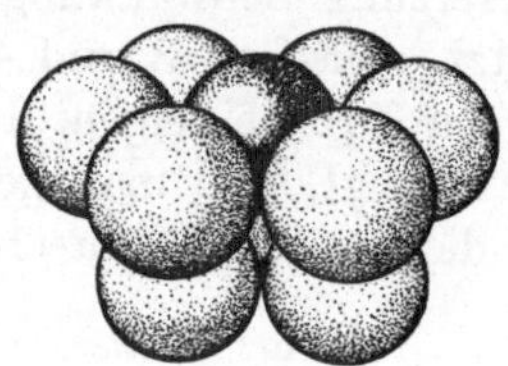

Abb. 22. Oberflächenkoordinationszahl 8   Abb. 23. Oberflächenkoordinationszahl 9

scheinen die aus den experimentellen Verdampfungswärmen berechneten Zahlen weiter erhöht, weil diese dann einen in Gl. (30) bzw. (31) nicht berücksichtigten Anteil einschließen, der zur Entassoziation beim Verdampfen mitverbraucht wird. So ist es zu verstehen, daß die über Gl. (31) unter Verwendung der experimentell gefundenen Verdampfungswärmen und der einfachen Formelmolekulargewichte berechneten φ-Werte der assoziierenden Flüssigkeiten (Fettsäuren, Alkohole, Wasser) in Tab. 15 durchgehend zu hoch erscheinen. Es bliebe danach noch zu prüfen, ob die unterhalb vier liegenden, aber relativ hohen Werte der schwach assoziierenden Amine und Nitrile in den beiden ersten Spalten der Tab. 15 nicht auch durch Assoziation etwas nach oben gedrückt sind, so daß der der Abb. 22 zugeordnete Quotient 3 sich als Normwert erwiese. Dies gegeben, ist es möglich, mit Hilfe des Quotienten φ Assoziationsgrade zu berechnen[1].

Bei den Metallen liegt eine Häufung um fünf vor (siehe Tab. 15). Dieser Wert wäre bei einer oktaedrischen Anordnung der Atome mit den Koordinationszahlen $Z = 6$ und $X = 5$ zu erwarten. Doch ist für eine genauere Diskussion das experimentelle Material noch zu unsicher, vor allem im Hinblick auf die Umrechnung der Verdampfungswärmen

---

[1] Siehe hierzu R. Wolff: Angew. Chem. **67**, 89 (1955).

auf die Temperaturen, bei welcher die Oberflächenspannungen bestimmt sind.

Abermals anders liegen die Verhältnisse bei den geschmolzenen Salzen. Diese sind zwar formal in die Gruppe der chemisch-einheitlichen Flüssigkeiten einzureihen, erscheinen aber im Hinblick auf die hier zu erörternden Koordinationsverhältnisse als binäre Gemische zweier Ionensorten von verschiedener Größe, so daß nicht mehr ohne weiteres eine ikosaedrische oder kubooktaedrische Koordination mit der Koordinationszahl 12 in erster Sphäre vorausgesetzt werden kann; diese wird vielmehr vom Verhältnis der Radien r_A und r_K des Anions und Kations, d. h. vom Radienquotienten r_A/r_B abhängend auch eine würfelige der Koordinationszahl 8 oder eine oktaedrische der Koordinationszahl 6 sein können[1]. Dazu kommt, daß die Kräfte hier nur mit r^{-2} abklingen und daß in zweiter Sphäre abstoßend wirkende Partner sitzen, so daß die volle Gl. (31) u. U. in Anwendung zu bringen wäre[2]. Die unter Voraussetzung dichtester Kugelpackung der Koordinationszahl 12 zu erhaltenden Werte sind für einige geschmolzene Salze in der dritten Spalte der Tab. 15 mit aufgeführt; sie hängen offensichtlich vom Verhältnis der Ionenradien ab. Im übrigen gilt hier hinsichtlich der Verdampfungsarbeiten das gleiche wie bei den Metallen.

Die Betrachtung des Verhältnisses von Verdampfungswärme und Oberflächenenergie läßt also bei den Metallen und Salzen wohl noch einige Fragen offen, führt aber bei den gewöhnlichen Flüssigkeiten zu der Erkenntnis, daß die Oberflächenschichten der Flüssigkeiten bei nicht zu tiefen Temperaturen den Charakter einfacher, im Sinne der Nahordnung zu verstehender und durch die Wärmebewegung der Moleküle aufgelockerter Netzebenen tragen. Mit steigender Temperatur nimmt der Quotient φ, da die gesamte molare Oberflächenenergie über weite Temperaturbereiche konstant ist oder, wie vor allem bei assoziierenden Flüssigkeiten[3], sogar ansteigt, während die Verdampfungswärme mit steigender Temperatur abnimmt, i. allg. zu[4]; das deutet auf eine die — im Innern der Flüssigkeit erst bei der kritischen Temperatur voll ein-

---

[1] Zur Änderung der Koordinationszahlen und Radienquotienten siehe R. GRAFE: Nova Acta Leopoldina **12**, 141 (1942).

[2] KOSSEL, W.: Ann. Physik **49**, 229 (1916).

[3] Siehe z. B. Wasser in Tab. 15. In einer Betrachtung von HARKINS u. ROBERTS [J. Amer. chem. Soc. **44**, 653 (1922)] ist wohl nicht hinreichend beachtet, daß die abnorm starke Abnahme des Quotienten φ bei den assoziierenden Stoffen in erster Linie nicht durch Oberflächenspannung und Verdampfungswärme, sondern durch die Abnahme des Assoziationsgrades mit der Temperatur bedingt ist.

[4] So dürfte auch die eventuelle Bevorzugung der lockeren, einer 100-Ebene entsprechenden Besetzung zu verstehen sein. Einwände von R. HAUL [Z. physik. Chem., Abt. B **53**, 331 (1943)] wären wohl nur bei Bezug auf den absoluten Nullpunkt richtig.

setzende — Auflösung der Nahordnung bereits vorbereitende Änderung des Ordnungszustandes in der Oberfläche.

Hinsichtlich der aus allen diesen Erscheinungen zu erschließenden Aufrauhung der Flüssigkeitsoberflächen gebe eine kinetische Überschlagsrechnung abschließend noch ein etwas detaillierteres Bild[1]. Die Einheit der Oberfläche einer mit ihrem gesättigten Dampf im Gleichgewicht stehenden Flüssigkeit erfährt, wenn mit Zimmertemperatur und einem Dampfdruck von 10 mm gerechnet wird, größenordnungsmäßig 10^{21} Stöße je cm² und Sekunde. Setzt man, was die Verhältnisse etwa treffen dürfte, voraus, daß nur jeder zehnte dieser Stöße zur Kondensation führt, so heißt das, daß ebenso viele, nämlich 10^{20} Moleküle in der Sekunde aus der Flächeneinheit in den Dampfraum übertreten, und das wiederum besagt, daß auch zwischen dem Flüssigkeitsinnern und der Oberfläche ein lebhafter Austausch im Sinne eines dynamischen Gleichgewichtes stattfindet. Wie stark dieser sein mag, kann man durch die einfache Überlegung abschätzen, daß die Molwürfelfläche $V_M^{2/3}$, die bei den Flüssigkeiten größer als 1 cm² ist, nur 10^{16}, die Flächeneinheit also i. allg. rund etwa 10^{15} oder weniger Moleküle enthält; das einzelne Molekül verweilt somit im Mittel höchstens 10^{-5} Sekunden in der Oberfläche. Diese gleicht also, wenn wir in einem einfachen, aber den Kern der Frage treffenden Bild verdeutlichen, nicht der Oberfläche eines mit Kartoffeln, sondern derjenigen eines mit lebenden Fischchen gefüllten Korbes. Die Ordnung bleibt stets gewahrt, wird aber in dauerndem Wechsel stets von neuem vollzogen.

§ 8. Erscheinungen an gekrümmten Oberflächen

Im Innern einer Flüssigkeit unterliegen die Teilchen auf Grund der Anziehungskräfte, die sie mit den Nachbarn gleichmäßig verbinden, einem allseits wirkenden Druck, dem bereits mehrfach genannten, bis zu mehreren tausend Atmosphären betragenden Binnen- oder Kohäsionsdruck. Auf die Oberfläche wirkt sich dieser Kohäsionsdruck, den wir als Grund der Oberflächenspannung erkannten, im Sinne eines senkrecht auf dieser stehenden, einseitig nach innen gerichteten Zuges aus. Wird die Oberfläche gekrümmt, so erfährt dieser Druck oder Zug von Art und Größe der Krümmung abhängige Änderungen. Ist die Oberfläche nach oben konkav, so überlagert sich der nach innen gerichteten Wirkung der unterhalb der in Abb. 24 skizzierten Ebene liegenden Flüssigkeitsbereiche ein dieser entgegenwirkender Einfluß der oberhalb der Ebene befindlichen Teile, so daß der auf ein in der Mulde der Oberfläche liegendes Teilchen ausgeübte Zug nach innen

---

[1] Abschätzungen der Größenordnungen siehe z. B. K. L. WOLF: Theoretische Chemie, 3. Aufl., Leipzig 1954, S. 313 ff.

gegenüber demjenigen, den ein gleiches Teilchen auf ebener Oberfläche erfährt, verringert erscheint; analog ergibt sich, daß der auf ein Teilchen in konvexer Oberfläche ausgeübte Zug nach innen vergrößert erscheint. Die Krümmung wirkt also so, als überlagere sich dem Druck oder Zug, dem ein Teilchen in ebener Oberfläche unterworfen ist, jeweils ein nach dem Krümmungsmittelpunkt gerichteter Druck oder Zug, den wir als *Krümmungsdruck* oder, da er die Erscheinungen in Capillaren bestimmt, auch als *Capillardruck* p_k bezeichnen.

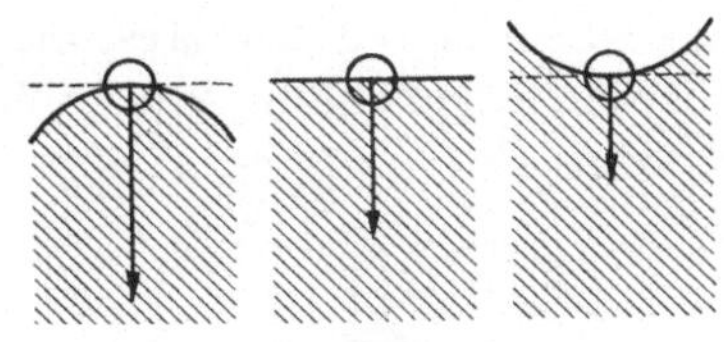

Abb. 24. Erhöhung bzw. Verminderung des zwischenmolekular bedingten Drucks an gekrümmten Oberflächen

Den Zusammenhang zwischen Krümmungsdruck, Krümmung und Oberflächenspannung erhalten wir für kugelig gekrümmte Oberflächen wie folgt: In ein nach Art von Abb. 25 in eine Flüssigkeit tauchendes enges Rohr (Capillarrohr) werde Luft gepreßt; dabei bilde sich am Ende des Rohres eine halbkugelige Blase vom Radius r aus. Die bei einer gedachten differentiellen Vergrößerung der Blase zu leistende Arbeit ist einerseits gegeben durch das Produkt aus der Volumenvergrößerung ΔV und dem die Vergrößerung bewirkenden, im Blaseninnern anzusetzenden Überdruck Δp. Andererseits muß diese Arbeit, entsprechend der mit der Volumenvergrößerung ΔV notwendig verbundenen Oberflächenvergrößerung ΔF, gleich dem Produkt aus dieser und der Oberflächenspannung σ sein. Es ist also

$$\Delta p \cdot \Delta V = \sigma \cdot \Delta F . \qquad (32\,\mathrm{a})$$

Da bei halbkugeliger Oberfläche $\Delta V = 2\pi\, r^2 \Delta r$ und $\Delta F = 4\pi r\, \Delta r$ ist, folgt weiter

$$p_k \equiv \Delta p = 2\,\sigma/r . \qquad (32\,\mathrm{b})$$

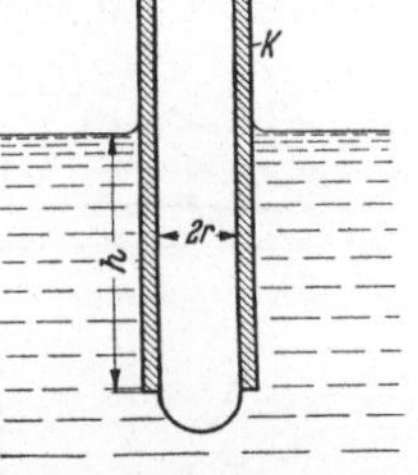

Abb. 25. Blasendruck in einer Flüssigkeit

Der Krümmungsdruck p_k ist also um so größer, je kleiner der Krümmungsradius r ist. Das zeigt in einfacher Weise die Beobachtung, daß von zwei miteinander nach Art von Abb. 26 zur Kommunikation gebrachten Seifenblasen verschiedener Größe — der wirksame Krümmungsdruck ist bei Seifenblasen wegen deren doppelseitig ausgebildeter Oberfläche gleich $4\,\sigma/r$ — die kleinere, dabei selbst schwindend, die größere aufbläst. Ebenso veranschaulicht das Wirken des Krümmungsdruckes recht unmittelbar die Beobachtung, daß Flüssigkeit aus einem an seinem Boden mit einem feinen Loch versehenen Reagensglas nicht vollständig ausläuft, sondern bei einer mit der Oberflächenspannung der benutzten Flüssigkeit und der Enge des Loches zunehmenden Höhe h über dem

Boden des Glases stehenbleibt (Abb. 27). Es ist das jeweils diejenige
Höhe, bei welcher der hydrostatische Druck der Flüssigkeitssäule dem
auf die Oberfläche des an der Öffnung hängenden halbkugeligen Tropfens wirkenden, ins Innere der Flüssigkeit gerichteten Krümmungsdruck p_k gerade gleich ist. Beide Erscheinungen geben, wie wir später
noch einmal in anderem Zusammen-
hang erwähnen werden, die Grundlage zu Verfahren der Messung der
Oberflächenspannung von Flüssigkeiten.

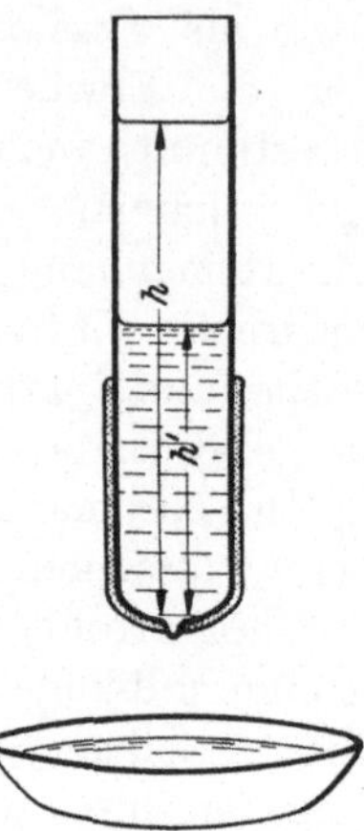

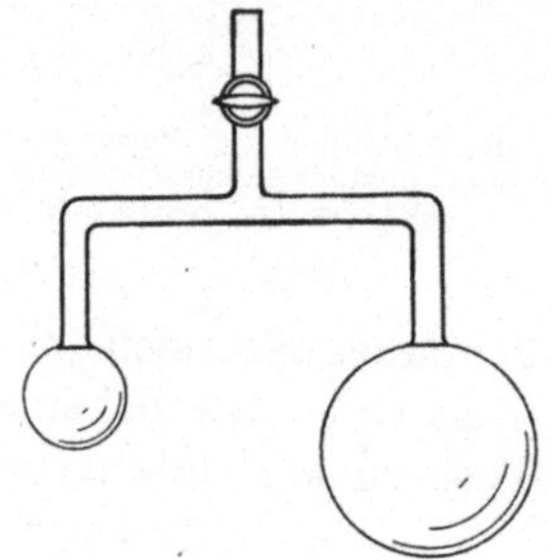

Abb. 26. Kommunizierende Seifenblasen   Abb. 27. Krümmungsdruck und hydrostatischer
Druck

Allgemeiner ergibt sich, daß der auf eine gekrümmte Oberfläche
wirkende, auf jedem von deren Elementen senkrecht stehende Druck p
stets auf der konkaven Seite der Oberfläche
um einen von der Oberflächenspannung und
von der Krümmung abhängigen Betrag Δp
größer ist als auf der konvexen. Man sieht
das qualitativ daraus, daß bei Verschiebung
der gekrümmten Oberfläche parallel zu sich
die Oberfläche vergrößert wird, also Arbeit
zu leisten ist, wenn die Verschiebung in
Richtung der konvexen Seite erfolgt. Quantitativ leiten wir die allgemeinen Zusammenhänge mit ADAM[1] wie folgt ab: Gegeben sei
ein gekrümmtes, rechtwinklig begrenztes
Oberflächenelement $ABCD$ (siehe Abb. 28).
Dieses soll parallel zu sich so in Richtung
der konvexen Seite verschoben werden, daß
die vier Ecken auf den Normalen AO_1, BO_1,

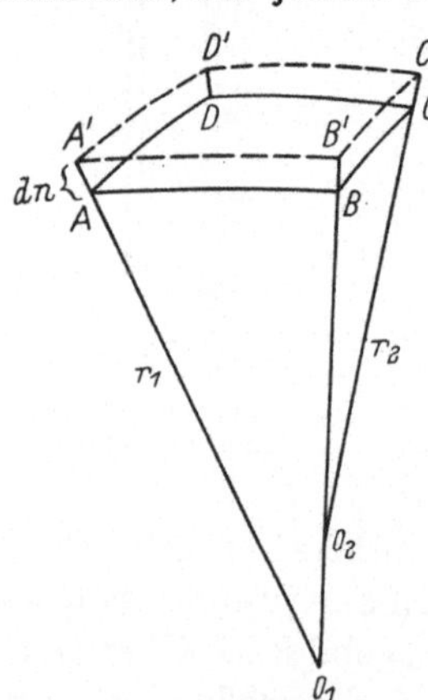

Abb. 28. Zur Ableitung der
GAUSS-LAPLACEschen Gleichung

CO_2, ... um den gleichen Betrag dl nach außen verlagert werden. Nun
ist der Krümmungsradius des Bogens AB gleich r_1, derjenige des Bogens

<hr>

[1] ADAM, N. K.: The Physics and Chemistry of Surfaces, Oxford 1941, S. 9

BC gleich r_2, der Winkel AO_1B gleich AB/r_1 und der Winkel BO_2C gleich BC/r_2. Daraus erhält man die Größe des Oberflächenelementes $A'B'C'D'$ zu $(AB+dl\cdot AB/r_1)\,(BC+dl\cdot BC/r_2)$, die mit der Verschiebung verbundene Oberflächenvergrößerung ΔF also zu $\Delta F = dl\cdot ABCD\cdot(1/r_1+1/r_2)$. Da die dazu erforderliche Arbeit $\sigma\cdot\Delta F$ gleich der Volumenarbeit $\Delta p\cdot\Delta V$ sein muß, wobei Δp die Differenz p_1-p_2 der auf der konkaven bzw. konvexen Seite liegenden Drucke ist, folgt schließlich

$$\sigma\cdot ABCD\cdot dl\cdot(1/r_1 + 1/r_2) = \Delta p\cdot dl\cdot ABCD$$

oder

$$p_k \equiv \Delta p = \sigma\cdot(1/r_1 + 1/r_2)\,. \tag{33}$$

(r_1 und r_2 sind die beiden Hauptkrümmungsradien an dem betrachteten Oberflächenelement.)

Die schon YOUNG und LAPLACE bekannte Gl. (33) gibt die Möglichkeit, eine Fülle von Erscheinungsformen von Flüssigkeiten zu beschreiben, die sich bei der Überlagerung von Oberflächenspannung und äußeren Einwirkungen ausbilden. So versteht man mit ihrer Hilfe, Benetzung[1], d. h. tangential von der Flüssigkeit weg in eine begrenzende feste Wand einmündende Flüssigkeit (siehe Abb. 29a) vorausgesetzt, das „capillare" Steigen von Flüssigkeiten zwischen benachbarten festen Wänden oder in engen Röhren ebenso wie Nichtbenetzung, d. h. tangential zur Flüssigkeit hin gewendetes Einmünden in die feste Wand (siehe Abb. 29b) vorausgesetzt, die ebenda zu beobachtende „capillare" Depression über Gl. (33) aus der Konkurrenz von Krümmungsdruck und hydrostatischem Druck. Auch die Form liegender oder hängender, der Schwerkraft ausgesetzter Tropfen findet mit Hilfe von Gl. (33) ihre Darstellung. In diesen wirken Oberflächendruck und Schwerkraft einander entgegen. Damit Gleichgewicht besteht, muß in jedem Punkt der Oberfläche der durch Oberflächenspannung und Krümmung bestimmte Krümmungsdruck p_k gleich dem durch die Schwerkraft und die Höhe der überstehenden Flüssigkeit bestimmten hydrostatischen Druck p_H sein. Da aber der hydrostatische Druck mit der entgegen der Richtung der Schwerkraft zu messenden Höhe eines zu betrachtenden Oberflächenelementes sich ändert, folgt, daß auch der Krümmungsdruck und damit die Krümmung des Tropfens mit der Höhe sich ändern. Der Tropfen nimmt also eine von der Kugelgestalt abweichende, um die Richtung der Schwerkraft rotationssymmetrische Gestalt an (siehe Abb. 3 bis 8), die beschrieben wird durch die Beziehung (33), aus der für einen am unteren Ende einer Flüssigkeitssäule hängenden Tropfen die weitere Beziehung

$$\sigma\cdot(1/r_1 + 1/r_2) = g\,h\,\varrho \tag{34}$$

---

[1] Genaueres über Benetzung, Nichtbenetzung und Randwinkel siehe später.

folgt, in welcher g die Erdbeschleunigung, ϱ die evtl. hinsichtlich eines bestehenden Auftriebes korrigierte Dichte und h die den hydrostatischen Druck bestimmende Höhe der Flüssigkeit über dem betrachteten Oberflächenelement bezeichnen. Drückt man die Krümmungsradien nach den Methoden der Differentialgeometrie aus, so nimmt Gl. (33) die Form einer unter dem Namen von GAUSS und LAPLACE[1] bekannten Differentialgleichung an. Diese ist die Grundlage aller, später im Zusammenhang zu besprechenden statischen Verfahren zur Messung der Oberflächenspannung von Flüssigkeiten.

Aus der Tatsache, daß der Oberflächendruck den gekrümmten Flüssigkeitsspiegel (Meniscus) in engen Röhren tiefer bzw. höher stehenläßt als über der damit kommunizierenden ebenen oder weniger gekrümmten Oberfläche, folgt bereits, daß der Dampfdruck über gekrümmten Oberflächen im Maße der Krümmung größer bzw. kleiner ist als über der ebenen Oberfläche. Denn es muß, wenn dieser Zustand im stabilen Gleichgewicht bestehen soll, der Dampfdruck über dem höheren (tieferen) Spiegel jeweils um das Gewicht der Dampfsäule von der Größe der Höhendifferenz Δh beider Spiegel kleiner (größer) sein als über dem tieferen (höheren) Spiegel. Dann sollte aber allgemein der Dampfdruck durch die Krümmung der Oberfläche beeinflußt werden. Daß das so sein muß, leuchtet unmittelbar ein, wenn man überlegt, daß ein Molekül in einer gekrümmten Oberfläche je nach der Art der Krümmung dem Bereich anziehender Nachbarn in höherem oder geringerem Maße ausgesetzt ist als in einer ebenen Fläche. Daß diese Dampfdruckänderung, ebenso wie die Steighöhe erst bei geringen Rohrradien, erst bei starker Krümmung, also etwa bei kleinen Tröpfchen merklich wird, folgt aus der bereits abgeschätzten kurzen Reichweite der zwischenmolekularen Kräfte.

Zur quantitativen Behandlung dieser Erscheinung gehen wir aus von der Überlegung, daß Kondensation von Dampf auf einen kleinen Tropfen (mit nach außen konvexer Oberfläche) die Oberfläche vergrößert, die Oberfläche der Kondensation nach dem Prinzip vom kleinsten Zwang also durch Erhöhung des Dampfdruckes entgegenwirkt. Analog folgt, daß eine konkave Oberfläche der in diesem Falle eine Flächenverkleinerung nach sich ziehenden Kondensation durch Dampfdruckerniedrigung entgegenkommt. Wir bestimmen die daraus zu verstehende, zuerst von W. THOMSON[2] angegebene Abhängigkeit des Dampfdruckes eines Tropfens von seiner Größe wie folgt: Wie oben bei der Ableitung der Gl. (32) bereits gezeigt, ist die mit der differentiellen

---

[1] YOUNG, Th.: Philos. Trans. **1805**, 65; LAPLACE: Mécanique céleste, Suppl. zu Buch 10, 1806; C. F. GAUSS: Principia Generalia Theoriae Figurae Fluidorum 1830; S. D. POISSON: Nouvelle Théorie de l'Action Capillaire, 1831.

[2] Philos. Mag. J. Sci. **42**, 448 (1871).

Vergrößerung einer Kugel vom Radius r verbundene Volumenzunahme ΔV mit der zugehörigen Oberflächenvergrößerung ΔF verknüpft durch die Beziehung

$$dF = 2\,dV/r. \tag{35}$$

Die Zunahme der potentiellen Energie, die durch eine bei vorgegebenem Krümmungsradius r vorgenommene differentielle Oberflächenvergrößerung bedingt wird, beträgt also

$$\sigma\,dF = 2\,\sigma\,dV/r. \tag{36}$$

Nach der MAXWELL-BOLTZMANNschen Beziehung folgt daraus, daß, wenn π der Dampfdruck über der ebenen Fläche ist, der Dampfdruck π_r über der gekrümmten gegeben ist zu

$$\pi_r = \pi \cdot e^{2\sigma\,dV/r\,kT} \tag{37}$$

oder

$$\ln \pi_r/\pi = 2\,\sigma\,V_M/r\,RT$$
$$= p_k\,V_M/RT. \tag{38}$$

Da die Differenz $\pi_r - \pi$ klein ist, kann

$$\ln \frac{\pi_r}{\pi} = \frac{\pi_r - \pi}{\pi} = \frac{\Delta \pi}{\pi} \tag{38a}$$

gesetzt werden. So erhalten wir schließlich

$$\pi_r = \pi\,(1 + 2\sigma V_M/r\,RT) \tag{39a}$$

oder, da $\pi\,V_M/RT$ gleich dem Quotienten ϱ_D/ϱ_{Fl} aus den Dichten des Dampfes und der Flüssigkeit ist,

$$\pi_r = \pi + p_k \cdot \varrho_D/\varrho_{Fl}. \tag{39b}$$

Der Unterschied der Dampfdrucke wird, wie erwartet, erst bei starker Krümmung, also etwa erst bei sehr kleinen Tröpfchen merklich. Er beträgt für Wasser bei einem Tropfenhalbmesser von nur 1000 AE nach Gln. (39) erst 1% und würde 100% bei Tropfenhalbmessern von der Größenordnung von 10 AE erreichen; Tropfen dieser Art sind aber, wenn sie überhaupt noch als Tropfen zu bezeichnen sind, so klein, daß mit homogener Oberfläche im Sinne einer makroskopischen Betrachtung nicht mehr gerechnet werden kann. Experimentell wurde der Unterschied des Dampfdruckes über ebenen Flächen und Menisken in engen (10^{-1} mm) Capillaren von M. THOMÄ[1] mit Hilfe eines sehr empfindlichen Membranmanometers an verschiedenen Flüssigkeiten nachgewiesen; die Gln. (39) konnten dabei innerhalb der etwa 10% betragenden Fehlergrenzen bestätigt werden. Die Dampfdruckänderung über kleinen Tröpfchen wies indirekt K. SCHÄFER[2] nach.

---

[1] Z. Physik **64**, 224 (1930).

[2] Z. Physik **77**, 198 (1932). Über die den Dampfdruckänderungen entsprechenden Schmelzpunktsänderungen siehe TAMMANN und MEISSNER: Z. anorg. allg. Chem. **110**, 166 (1920).

Aus Gln. (39) leiten wir mit HELMHOLTZ[1] auch die Abhängigkeit der Verdampfungswärme vom Krümmungsradius ab. Da der Ausdruck $2\sigma\, \Delta G/r\cdot\varrho_{Fl}$ oder $p_k\cdot\Delta V$ die Änderung der freien Energie beim Überführen von ΔG gr. Flüssigkeit darstellt, ist die Änderung der gesamten Energie bei der Verdampfung von 1 g Flüssigkeit gegeben zu

$$\frac{p_k}{\varrho_{Fl}} - \frac{2\,T}{r}\left(\frac{1}{\varrho_{Fl}}\,\frac{d\sigma}{dT} - \frac{\sigma}{\varrho_{Fl}^2}\,\frac{d\varrho_{Fl}}{dT}\right).$$

Um diesen Betrag ist die Verdampfungswärme aus einer Oberfläche vom Krümmungsradius r verschieden von derjenigen aus einer ebenen Oberfläche.

Eine Folge der Dampfdruckänderung kleiner Tröpfchen ist die Unfähigkeit von gesättigtem Dampf, in absolut staubfreier Atmosphäre zu kondensieren. Selbst wenn, was äußerst unwahrscheinlich ist, einmal 10^6 Moleküle zu einem Tröpfchen zusammenträten, so entstünde dadurch immer erst ein solches von nur 100 AE Halbmesser, dem eine Dampfdrucküberschreitung von über 100% zukäme. Staubteilchen mit weniger stark gekrümmter Oberfläche geben dem Dampf die Möglichkeit, bei gewöhnlichem Sättigungsdruck zu kondensieren. Aus der kritischen Übersättigung, welche zur spontanen Bildung stabiler Tröpfchen im Dampf führt, berechnen G. M. POUND und V. K. LA MER[2] deren Oberflächenspannung. Eine kinetische Theorie der Kondensation wurde im Anschluß an Gl. (38) von R. BECKER und W. DOERING[3] entwickelt. Indes tauchen bei kleinsten Tröpfchen dadurch Schwierigkeiten auf, daß die freie Oberflächenenergie nicht mehr definiert ist[4].

Flüssigkeitstropfen sind, da dadurch eine Oberflächenverkleinerung erreicht wird, stets bestrebt, sich zu größeren Tropfen zu vereinigen. Für kleine Tropfen wird eine solche Vereinigung, da der kleinere Tropfen nach Gl. (39) den größeren Dampfdruck hat, merklich auch durch isotherme Destillation vollzogen. Eine Anzahl kleiner Tröpfchen ist mit dem eignen Dampf also nur im metastabilen Gleichgewicht.

Die Gln. (39), die am Beispiel kleiner Tröpfchen abgeleitet sind, gehen bei Einsetzen von negativen Werten des Krümmungsradius in die für konkave Oberflächen gültige Form über und erklären so den Zug, den eine benetzende Flüssigkeit in einer Capillarröhre erfährt (siehe Abb. 29a). Indessen ist, wie EUCKEN[5] betont, eine einfache Übertragung auf Dampfblasen in einer Flüssigkeit deshalb nicht beliebig

---

[1] Wied. Ann. Physik **27**, 508 (1886); siehe auch GIRTLER: Ber. Wien. Akad. Wiss. **117**, 889 (1908).

[2] J. chem. Physics **19**, 506 (1951).　　　[3] Ann. Physik **24**, 729 (1935).

[4] TOLMAN, R. C.: J. chem. Physics **17**, 333 (1949); K. F. HERZFELD u. F. G. REEDE: Z. Elektrochem. angew. physik. Chem. **56**, 308 (1952).

[5] Lehrbuch der chemischen Physik, Bd. II, 2, Leipzig 1944, S. 1172ff.; siehe ferner W. DÖRING: Z. physik. Chem., Abt. B **38**, 293 (1938).

möglich, weil dann ja auch auf die Flüssigkeitsoberfläche in der Blase ein Zug ausgeübt würde. Mit einem vorgegebenen Dampfdruck stehen daher immer nur Bläschen eines einzigen Krümmungsdruckes im metastabilen Gleichgewicht. Wird der Dampfdruck bei festgehaltenem Blasenradius vergrößert, so verschwindet das Bläschen durch Kondensation, wird er erniedrigt, so tritt Verdampfung und u. U. explosionsartige Vergrößerung des Bläschens ein. Befindet sich das Bläschen dagegen unter dem Druck eines zusätzlichen indifferenten Gases, so wird der Capillardruck durch den Druck desselben kompensiert; es ist dann wieder $p_k = 2\sigma/r$.

Gl. (33) und die aus ihr weiter abzuleitenden Beziehungen schließen keine Voraussetzungen über die Natur der die Oberflächenspannung bedingenden Kräfte ein als die, daß die Reichweite dieser Kräfte klein sei im Vergleich zur Ausdehnung der unterhalb der Oberfläche befindlichen Flüssigkeitsschicht. So kann sie, wie das für die klassische Theorie von YOUNG und LAPLACE bis POINCARÉ zutrifft, abgeleitet werden auf Grund der Vorstellung eines unbegrenzt teilbaren kontinuierlichen Mediums[1] und genügt auch den heutigen Vorstellungen über die nach Art und Stärke in den verschiedenen Stoffklassen verschiedenen, aber immer schnell mit der Entfernung abnehmenden zwischenmolekularen Kräfte. Wesentlich ist dabei, daß die Größe der Oberflächenspannung unabhängig von der Größe der Oberfläche immer die gleiche bleibt und nicht, wie bei einer gespannten Membran, sich mit der Dehnung ändert. Auf dieser Grundlage geben die Gl. (33) und die aus ihr abgeleiteten Beziehungen die Grundlage für alle Betrachtungen über die Gestalt flüssiger Oberflächen.

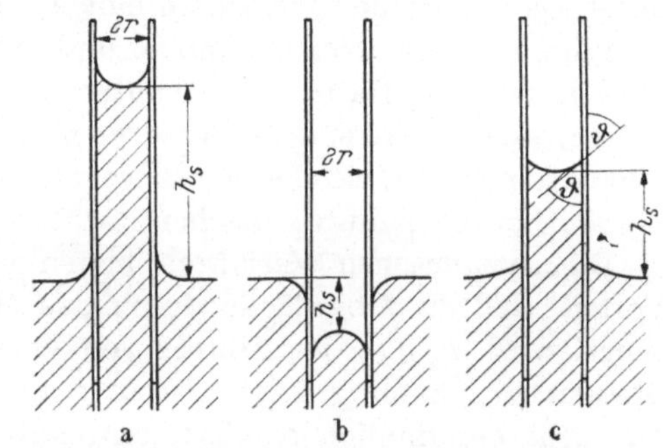

Abb. 29. Wirkung des Krümmungsdruckes in engen Röhren oder zwischen benachbarten Wänden.

a volle Benetzung, b Nichtbenetzung, c partielle Benetzung mit Randwinkel ϑ

§ 9. Methoden zur Messung der Oberflächenspannung von Flüssigkeiten

Da die Form der Oberfläche von Flüssigkeiten in Ruhe und Bewegung durch die Wirkung der Oberflächenspannung und der mit ihr konkur-

---

[1] Eine konsequente Darstellung der Kontinuumstheorie gibt zuletzt BAKKER in Bd. 6 des WIEN-HARMSschen Handbuches der Physik, Leipzig 1928, und Z. physik. Chem., Abt. A **171**, 49 (1934). Zur mathematischen Theorie siehe POINCARÉ: Capillarität, 1895.

rierenden äußeren Einflüsse bestimmt wird, kann die Oberflächenspannung von Flüssigkeiten aus jeder statischen oder dynamischen Gestalt flüssiger Körper bestimmt werden, sofern nur die der Wirkung der Oberflächenspannung überlagerten Faktoren der Messung zugänglich sind. Dadurch ist es bedingt, daß außerordentlich viele Verfahren zur Messung der Oberflächenspannung entwickelt worden sind, wohl mehr als für irgendeine andere Materialkonstante. Es kann bei dieser Fülle nicht unser Ziel sein, die verschiedenen Meßverfahren vollständig aufzuzählen oder gar zu besprechen. Wir werden vielmehr unter Darlegung der Prinzipien einige erprobte oder sonstwie wichtige Verfahren eingehender behandeln und auf mit ihnen verwandte jeweils kurz hinweisen. Dabei ist zu unterscheiden zwischen statischen Verfahren, welchen Gleichgewichtsformen von Oberflächen zugrunde liegen, und dynamischen, welche sich Bewegungsvorgänge, etwa Schwingungen, in Oberflächen zunutze machen.

Die dynamischen Verfahren bieten gegenüber den statischen den Vorteil, daß die Oberfläche durch das Meßverfahren selbst stetig erneuert wird, so daß der Einfluß von Verunreinigungen, auf welche die Oberflächenspannung, wie wir weiter unten in extenso behandeln werden, sehr empfindlich reagiert, automatisch eliminiert wird. Andererseits bergen sie, schon bei chemisch einheitlichen Flüssigkeiten und erst recht bei Mischungen und Lösungen, die Gefahr, daß die Ausbildung der für die Oberfläche charakteristischen Ordnungszustände und die Einstellung des thermischen Gleichgewichtes dem die Oberfläche erneuernden Bewegungsvorgang nicht schnell genug folgt, so daß die statischen Methoden unentbehrlich bleiben. Die allgemeinste Verwendbarkeit dürften unter diesem Gesichtspunkt quasistatische Methoden, wie z. B. das gleich zu besprechende Blasendruckverfahren, haben, die die Vorteile beider Methoden in glücklicher Weise vereinigen.

a) Auf Druckmessung beruhende statische Verfahren. Eine Gruppe von Meßmethoden beruht darauf, daß durch Vermessung von Tropfen, Blasen, Meniscen u. dgl. und gleichzeitige Bestimmung des Druckes, welcher dem Krümmungsdruck das Gleichgewicht hält, mit Hilfe der jeweils entsprechend modifizierten Gl. (32) bzw. (33) die Oberflächenspannung ermittelt wird.

1. Kompensation des Krümmungsdruckes durch mechanischen Gegendruck. Wir behandeln zuerst solche Verfahren, welche darauf beruhen, daß der dem Krümmungsdruck das Gleichgewicht haltende Gegendruck mechanisch hergestellt und gemessen wird. Das Prinzip dieser Art der Bestimmung von Oberflächenspannungen erläutern wir am einfachsten an einer Seifenblase. Eine solche Blase vom Radius r steht unter dem Einfluß des doppelten, nämlich des von der äußeren konvexen und des im gleichen Sinne von der inneren konkaven Oberfläche ausgeübten

Krümmungsdruckes $4\sigma/r$. Damit sie existieren kann, muß in ihrem Innern ein diesem Krümmungsdruck gleicher Überdruck Δp bestehen. Manometrische Messung dieses Überdruckes ergibt zusammen mit der Messung des Blasenradius dann die Oberflächenspannung.

Dieses zur Demonstration des Blasendruckes gut geeignete Verfahren spielt in der Praxis der Messung von Oberflächenspannung naturgemäß keine Rolle, da die Herstellung beständiger doppelseitiger Blasen i. allg. nicht durchführbar ist. Dagegen leiten sich von ihm, indem man gleichsam jeweils nur eine Seite der Blase sich entwickeln läßt, zwei Verfahren ab, nämlich dasjenige der Messung des Druckes, unter dem Gasblasen aus dem unteren Ende von Capillaren austreten, die nach Art von Abb. 25 in die Flüssigkeit, deren Oberflächenspannung gesucht ist, eintauchen, und, gleichsam in dessen Umkehrung dasjenige der Messung des Druckes, unter dem Tropfen aus dem oberen Ende solcher Capillaren zum Austritt gebracht werden. Wir behandeln von diesen, da es eine der sowohl zur Absolut- wie zur Relativmessung brauchbarsten Methoden begründet, dasjenige des maximalen Blasendruckes etwas ausführlicher.

Aus einer in eine Flüssigkeit tauchenden Capillaren vom Radius r (siehe Abb. 25) soll eine Luftblase — wir exemplifizieren der Einfachheit halber an Luft — in die Flüssigkeit gedrückt werden. Die beim beginnenden Eindrücken der Luft am unteren Ende der Capillare sich ausbildende Blase hat, wenn die Capillare rund und ihr Radius hinreichend klein ist, die Form eines Kugelsegmentes. Bei weiterem Einpressen nimmt der Radius des sich immer mehr der Halbkugelform nähernden Segmentes ab, bis er, wenn die Luftblase gerade die Form einer Halbkugel annimmt, einen kleinsten Wert erreicht. Bei noch weiterem Aufblasen nimmt der Blasenradius mit Überschreiten der Halbkugelform wieder zu. Der zum Eindrücken der Blase aufzuwendende äußere Druck p durchschreitet also, wenn die Blase eine Halbkugel vom Radius r der Capillaren bildet, einen maximalen Wert. Beim Überschreiten der Halbkugel vom Radius r wird die Blase instabil, weil vermehrtem Einpressen von Luft eine Abnahme des Druckes korrespondiert. Die Blasen lösen sich alsbald nach Erreichen des maximalen Druckes von der Capillaren und steigen in der Flüssigkeit hoch. Da der zum Aufblasen der halbkugelförmigen Blase erforderliche mechanische Druck p gleich der Summe aus dem maximalen Blasendruck $2\sigma/r$ und dem auf der Blase lastenden, durch die Eintauchtiefe h_t der Capillarenöffnung bestimmten hydrostatischen Druck $g\varrho h_t$ ist, erhält man aus der Messung des maximalen Blasendruckes p bei bekanntem Capillarradius r und bekannter Eintauchtiefe h_t die Oberflächenspannung über die aus Gl. (33) für diesen Fall folgende Beziehung

$$p = 2\sigma/r + g\varrho h_t. \tag{40}$$

Die verschiedenen Ausführungen dieses auf M. SIMON[1] zurückgehenden Verfahrens unterscheiden sich im wesentlichen durch die Art und Weise, wie die Eintauchtiefe ermittelt wird. Die Schwierigkeiten von deren Bestimmung hängen u. a. damit zusammen, daß das Niveau der Flüssigkeit infolge der Capillarwirkung an der Wand des eintauchenden Rohres schlecht definierbar ist. CANTOR, FEUSTEL und F. M. JÄGER[2] bringen die untere Capillarenöffnung mit der zu untersuchenden Flüssigkeit in Berührung und versenken sie anschließend um ein an einer Mikrometerschraube ablesbares Stück in dieselbe. CASSEL[3] erreicht eine definierte Eintauchtiefe dadurch, daß er die Flüssigkeit jeweils bis zu einer bestimmten Marke auffüllt. G. JÄGER[4] verwendet in einem Differentialverfahren zwei Capillaren verschiedener Weite, deren eine fest und deren andere parallel zu dieser senkrecht verschiebbar angebracht ist und so eingestellt wird, daß die Blasen aus beiden Capillaren bei gleichem Innendruck p austreten, so daß an Stelle der Eintauchtiefe die leichter zu bestimmende Differenz t zweier Eintauchtiefen zu messen ist. SUGDEN[5] benutzt zwei Capillaren verschiedener Weite in der Art, daß bei gleicher Eintauchtiefe beider die Druckdifferenz der Blasenaustritte gemessen wird. Konzentrische Capillaren verwendet schließlich BIRCUMSHAW.[6] Alle diese Verfahren sind zur Durchführung von Relativ- und Serienmessungen gut geeignet. Ihre Verwendung zu Absolutmessungen erfordert aber, soll eine absolute Genauigkeit von 0,05 dyn/cm, die bei den üblichen Flüssigkeiten einer Relativgenauigkeit von der Größenordnung von Promille entspricht, erreicht werden, noch einige theoretische und apparative Ergänzungen, auf die wir, da sie mutatis mutandis auch für die anderen noch zu besprechenden Verfahren anzuwenden sind, noch eingehen müssen.

Die Anwendung der Gl. (40) setzt voraus, daß die Blase maximalen Druckes eine Halbkugel vom Durchmesser des Capillarenquerschnittes sei. Das trifft exakt aber nur zu bei vollständiger Benetzung (Fall der Abb. 30a) bzw. Nichtbenetzung (Fall der Abb. 30b) der Capillare durch die Flüssigkeit und unendlich kleinem Capillarenradius. Der ersteren

---

[1] Ann. Chim. Phys. **32**, 5 (1851); ferner M. CANTOR: Ann. Physik **47**, 399 (1892).

[2] CANTOR, M.: Ann. Physik **7**, 698 (1902); R. FEUSTEL: Ann. Physik **16**, 60 (1905); F. M. JÄGER: Z. anorg. allg. Chem. **101**, 1 (1917); siehe ferner F. SAUERWALDT: Z. anorg. allg. Chem. **154**, 79 (1926); **223**, 84 (1935).

[3] Chemiker-Ztg. **53**, 479 (1929).

[4] S.-B. Akad. Wiss. Wien **105**, 425 (1896); ferner W. H. WHATMOUCH: Z. physik. Chem. **39**, 129 (1902).

[5] J. chem. Soc. [London] **125**, 27 (1924); H. G. TRIESCHMANN: Z. physik. Chem., Abt. B **20**, 328 (1935). Siehe ferner L. L. BIRCUMSHAW: Philos. Mag. J. Sci. **12**, 596 (1031) u. **17**, 181 (1934).

[6] Philos. Mag. J. Sci. **12**, 596 (1931).

Bedingung kann Genüge getan werden durch Verwendung scharfkantig-rechtwinklig geschnittener Capillarenöffnungen, wodurch erreicht wird, daß auch bei nicht vollständiger Benetzung (Randwinkel ϑ nach Abb. 29c $< 90°$) oder Nichtbenetzung ($\vartheta > 90°$) sich der erforderliche Winkel von 0 bzw. 180° entsprechend Abb. 30a und b einstellen kann[1]; noch besser wird der gleiche Effekt erzielt durch Verwendung scharf ge-schliffener Platincapillaren. Dagegen kann der Abweichung von der Halb-kugelform nicht in so einfacher Weise begegnet werden. Es ist vielmehr erforderlich, daß bei der Auswer-tung der Messungen nicht von Gl. (32),

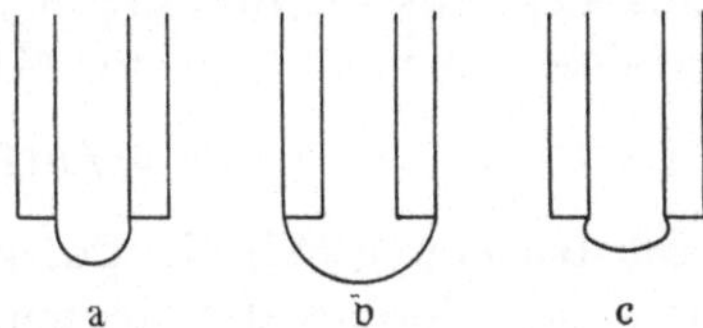

Abb. 30. Blasenaustrittsformen

sondern von der allgemeineren Gl. (33) ausgegangen wird. Da diese aber nicht durch bekannte Funktionen integrierbar ist, kann der Zusammenhang zwischen maximalem Blasendruck p bzw. der diesen messenden Höhe h der Flüssigkeitssäule, die zu seiner Erzeugung bei der Eintauchtiefe Null erforderlich wäre, dem Capillarenradius r, der Dichte bzw. Wichte ϱ und der Oberflächenspannung σ bzw. der von

dieser abgeleiteten Capillaritätskon-stanten[2] $a^2 = 2\sigma/\varrho$ nicht in geschlos-sener Form angegeben werden. SCHRÖDINGER[3] stellt, ausgehend von der durch Abb. 31 dargestellten Ana-logie zwischen der maximalen Blasen-druckhöhe h und der Steighöhe h_s in vollständig benetzten Capillaren, die ja ebenfalls den Krümmungs-druck einer halbkugeligen, nun aber nach oben offenen „Blase", nämlich

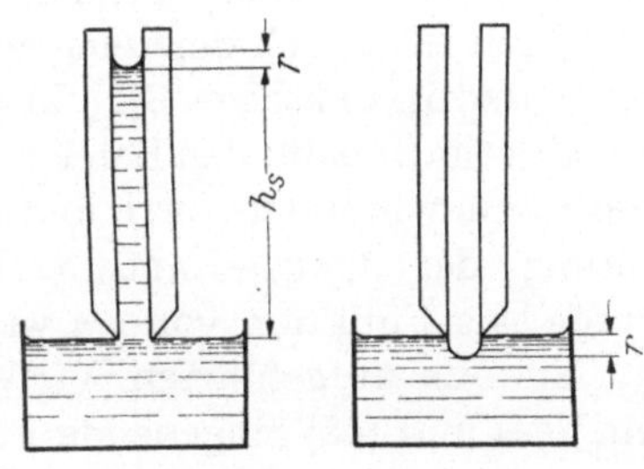

Abb. 31. Beziehung zwischen Steighöhe und maximalem Blasendruck

des Meniscus, mißt, diesen Zusammenhang dar durch die dreigliedrige Reihe

$$h = a^2/r + 2\,r/3 + r^3/6\,a^2 \tag{41}$$

oder

$$h/a = 1/(r/a) + 2\,(r/a)/3 + (r/a)^3/6 . \tag{42}$$

---

[1] Siehe auch LANGE-NAGEL: Kolloid-Z. **73**, 268 (1935).

[2] Die Steighöhe in Capillaren kann in erster Annäherung so berechnet werden, als trüge ein Ring vom Umfang $2\pi r$ einen Zylinder des Gewichtes $\pi r^2 h_s$, wenn h_s die Höhe des unteren Meniscuspunktes über der ebenen Fläche der Flüssigkeit mißt. Es ist dann $2\pi r\sigma = \varrho g\pi r^2 h_s$ oder $2\sigma/\varrho g = r h_s$. Daher stammt die abkür-zende Bezeichnung der Größe $a^2 = 2\sigma/\varrho g$ bzw. $2\sigma/\varrho$ der Dimension cm² als Capil-laritätskonstante. Wir werden im folgenden, da sich das jeweils aus Dimensions-betrachtungen ergibt, den Faktor g, indem wir unter ϱ sowohl die Dichte wie die Wichte verstehen, nicht immer eigens mit anführen.

[3] Ann. Physik **45**, 413 (1915).

In den Gln. (41) und (42) stellen die ersten beiden Glieder die Blasen-
druckhöhe bei exakt halbkugeliger Blase vor[1], während das dritte in,
wie wir sehen werden, hinreichender Näherung dem Umstand Rechnung
trägt, daß die Blase maximalen Druckes bei endlichem Capillarenradius
merklich von der Kugelgestalt abweicht, indem sie nach Art von Abb. 30 c
aus der Austrittsöffnung herausgewölbt und abgeplattet ist. Durch
Auflösen nach a^2 folgt aus (41)

$$a^2 = r\,h\,(1 - 2\,r/3\,h - r^2/6\,h^2)\,. \tag{43}$$

Die Beziehung (43) gilt um so besser, je kleiner der Capillarenradius r
ist. Der Einfluß des dritten, die Abweichung von der Kugelgestalt
messenden Gliedes beträgt, wie SCHRÖDINGER am Beispiel der JÄGER-
schen Differentialmethode zeigte, bei Verwendung von Capillaren mit
Radien unter 0,25 cm bis zu 3%.

SUGDEN stellt den Zusammenhang zwischen maximaler Blasen-
druckhöhe und der Capillarkonstanten dar durch eine Beziehung der
Form

$$h = a^2/X = (a^2/r) \cdot (r/X)\,, \tag{44}$$

in welcher für eine erste Näherung $X = r$, das heißt h/a in Übereinstimmung mit dem auch dort eine erste Näherung darstellenden ersten Glied
der SCHRÖDINGERschen Gl. (42) gleich $1/(r/a)$ gesetzt ist. Den Ausdruck
X/r gibt SUGDEN für den Bereich $0 \leq r/a \leq 1,5$ in einer Tabelle, die mit Hilfe
von Tafeln von BASHWORTH und ADAMS[2], die eine vollständige numerische
Lösung der GAUSS-LAPLACEschen Gleichung darstellen, berechnet
wurde, als Funktion von r/a wieder. Wir geben in Tab. 16 anstatt der
von SUGDEN aufgeführten X/r-Werte ihre Reziproken, d. h. die in die
Gln. (44) und (45) eingehende Funktion $f(r/a)$ wieder. Durch sukzessive
Anwendung der aus (44) folgenden Gleichung

$$h/a = \frac{1}{r/a} \cdot f(r/a) \tag{45}$$

wird im Rekursionsverfahren eine schrittweise Präzisierung des Wertes
der Capillarkonstanten und damit der Oberflächenspannung erreicht.
Für das SUGDENsche Meßverfahren mit zwei Capillaren gleicher Ein-

---

[1] Setzt man in die Gleichungen der Anm. 2, S. 81 noch das dort vernachlässigte
Gewicht des oberhalb des unteren Meniscusrandes befindlichen Flüssigkeitsrestes
mit ein, so ergibt sich $2\pi r\sigma = \pi r^2 h_s\varrho + \pi r^3\varrho/3$ oder $h_s = 2\sigma/\varrho r - r/3$. Bei einem
am unteren Ende einer Capillare sich ausbildenden Blasenmeniscus kommt zur
Steighöhe, wie aus Abb. 31 folgt, noch die Druckhöhe r hinzu, um welche die
halbkugelige Blase unter das Nullniveau reicht. Dann erhält man für den maximalen Blasendruck der exakt halbkugeligen Blase den den beiden ersten Gliedern
von Gl. (41) gleichen Ausdruck $a^2/r - r/3 + r$.

[2] BASHFORTH, F., u. I. C. ADAMS: An Attempt to test the Theory of Capil-
lary-Action. Cambridge 1883. S. SUGDEN: J. Chem. Soc. **1921**, 1483.

Tabelle 16. *Reziproke Sugdenkorrekturfaktoren f(r/a)*

r/a	$f(r/a)$	r/a	$f(r/a)$	r/a	$f(r/a)$	r/a	$f(r/a)$
0,00	1,0000	0,31	1,0659	0,62	1,2821	0,93	1,6584
0,01	1,0001	0,32	1,0702	0,63	1,2922	0,94	1,6720
0,02	1,0003	0,33	1,0747	0,64	1,3024	0,95	1,6855
0,03	1,0006	0,34	1,0793	0,65	1,3130	0,96	1,6992
0,04	1,0010	0,35	1,0841	0,66	1,3238	0,97	1,7129
0,05	1,0016	0,36	1,0891	0,67	1,3346	0,98	1,7265
0,06	1,0023	0,37	1,0943	0,68	1,3455	0,99	1,7400
0,07	1,0032	0,38	1,0997	0,69	1,3565	1,00	1,7535
0,08	1,0042	0,39	1,1053	0,70	1,3676	1,01	1,7671
0,09	1,0054	0,40	1,1111	0,71	1,3789	1,02	1,7806
0,10	1,0066	0,41	1,1171	0,72	1,3904	1,03	1,7944
0,11	1,0081	0,42	1,1232	0,73	1,4021	1,04	1,8080
0,12	1,0096	0,43	1,1296	0,74	1,4140	1,05	1,8218
0,13	1,0113	0,44	1,1361	0,75	1,4261	1,06	1,8355
0,14	1,0132	0,45	1,1429	0,76	1,4382	1,07	1,8491
0,15	1,0151	0,46	1,1497	0,77	1,4505	1,08	1,8629
0,16	1,0172	0,47	1,1567	0,78	1,4631	1,09	1,8765
0,17	1,0195	0,48	1,1639	0,79	1,4758	1,10	1,8904
0,18	1,0219	0,49	1,1712	0,80	1,4885	1,11	1,9044
0,19	1,0244	0,50	1,1787	0,81	1,5015	1,12	1,9183
0,20	1,0270	0,51	1,1864	0,82	1,5145	1,13	1,9320
0,21	1,0299	0,52	1,1942	0,83	1,5274	1,14	1,9459
0,22	1,0328	0,53	1,2021	0,84	1,5404	1,15	1,9596
0,23	1,0360	0,54	1,2102	0,85	1,5533	1,16	1,9736
0,24	1,0392	0,55	1,2185	0,86	1,5662	1,17	1,9873
0,25	1,0425	0,56	1,2268	0,87	1,5790	1,18	2,0012
0,26	1,0460	0,57	1,2355	0,88	1,5921	1,19	2,0153
0,27	1,0497	0,58	1,2442	0,89	1,6051	1,20	2,0292
0,28	1,0535	0,59	1,2533	0,90	1,6184	1,30	2,1687
0,29	1,0575	0,60	1,2626	0,91	1,6316	1,40	2,3079
0,30	1,0617	0,61	1,2723	0,92	1,6450	1,50	2,4480

tauchtiefe h_t und den Radien r_1 und r_2 erhält man aus (43) bzw. (45) die die Eintauchtiefe nicht mehr einschließende Beziehung

$$a^2 = (h_1 - h_2)\,(1/X_1 - 1/X_2)\,. \tag{46}$$

Ein Vergleich des Schrödingerschen und des Sugdenschen Rechenverfahrens[1] zeigt, daß für r/a-Werte bis zu 0,7 aufwärts innerhalb der oben als zu erzielend genannten Genauigkeit von der Größenordnung von promille Übereinstimmung zwischen beiden besteht. Das bedeutet, daß z. B. bei organischen Flüssigkeiten, deren Dichten um 0,8 und deren Oberflächenspannungen um 30 dyn/cm liegen, und bei Capillarradien von 0 bis 0,18 cm anstatt des unmittelbar auf der Gauss-Laplaceschen Gleichung beruhenden, aber recht langwierigen Sugdenschen das einfachere Schrödingersche Näherungsverfahren nach Gln. (41) bis (43) benutzt werden kann. Wir übertragen dieses nun auf das Differentialverfahren mit zwei Capillaren der Radien r_1 und r_2. Es seien t_1 und t_2

---

[1] Cuny, K. H., u. K. L. Wolf: Ann. Physik **17**, 57 (1956).

deren Eintauchtiefen, H_1 und H_2 die am Manometer ablesbaren Druckhöhen, ϱ_M die Dichte der (von der zu untersuchenden nun i. allg. verschiedenen) Manometerflüssigkeit, ϱ_S die Dichte der zu untersuchenden Flüssigkeit und σ deren Oberflächenspannung. Dann ist in sinngemäßer Übertragung der Gl. (41)

$$\varrho_M (H_1 - H_2) = 2\sigma(1/r_1 - 1/r_2) + 2\varrho_S(r_1 - r_2)/3 + \varrho_S^2(r_1^3 - r_2^3)/12\sigma + \varrho_S(t_1 - t_2) \qquad (47)$$

oder

$$\sigma = \frac{\varrho_M(H_1 - H_2)}{2(1/r_1 - 1/r_2)} + \varrho_S \frac{(r_2 - r_1)/3 - (t_1 - t_2)/2}{1/r_1 - 1/r_2} + \frac{(r_2^3 - r_1^3)\,\varrho_S^2}{24\,\sigma(1/r_1 - 1/r_2)} . \qquad (48)$$

Die vollständige Auflösung von (48) nach σ führt zu einem für laufende Rechnungen zu komplizierten Wurzelausdruck. Doch kann, da das dritte Glied von (48) klein ist gegen die Summe der beiden ersten, auf diese Auflösung verzichtet werden, indem der allein durch Berücksichtigung der beiden ersten Glieder erhaltene Näherungswert von σ in die volle Gl. (48) eingesetzt wird (evtl. im Rekursionsverfahren). Mißt man die Längen in cm, die Dichten in g/cm³ und die Oberflächenspannung in erg/cm² und bezeichnet noch die Höhendifferenz $(H_1 - H_2)/2$ der beiden Flüssigkeitsspiegel in *einem* Manometerschenkel (siehe Abb. 32) mit ΔH und die Differenz $(t_1 - t_2)$ der Eintauchtiefen mit Δt, so erhält man schließlich die Größengleichung

$$\sigma = A \cdot \Delta H + B \cdot \varrho_S + C \cdot \varrho_S^2/\sigma , \qquad (49)$$

mit den Apparatekonstanten

$$A = 981 \cdot \varrho_M/(1/r_1 - 1/r_2); \quad B = 981 \cdot \frac{(r_2 - r_1)/3 - \Delta t/2}{1/r_1 - 1/r_2}$$

und $C = 40098 \cdot (r_2^3 - r_1^3)/(1/r_1 - 1/r_2)$, wobei unter r_2 stets der größere der beiden Capillarenradien verstanden sein soll. Mit Hilfe dieser Beziehung (49) kann die Oberflächenspannung aus lauter Größen bestimmt werden, die auf Längen- und Gewichtsmessungen beruhen.

Die Oberflächenspannung wird fast nach ihrem ganzen Betrag durch das erste Glied von (49) bestimmt. Das heißt zunächst, daß die am Manometer abzulesende Druckhöhendifferenz ΔH und die Dichte stets mit der für σ verlangten Genauigkeit zu ermitteln sind. Die Apparatekonstante A nimmt mit zunehmendem Radius r_1 der engeren Capillaren stark und angenähert linear zu, mit wachsendem Radius r_2 schwach ab. Den entscheidenden Einfluß auf die Meßgenauigkeit übt also neben der Dichte ϱ_M und der Druckhöhendifferenz ΔH der Radius r_2 der engeren Capillare aus. Das zweite Glied der Gl. (49) wird, wenn die Differenz der Eintauchtiefen Δt_0 gleich $2(r_2 - r_1)/3$ ist, zu Null. Daraus ergibt sich nach CUNY und WOLF eine entscheidende Vereinfachung des Differentialverfahrens. Man arbeitet nicht, wie SUGDEN, mit gleichen Eintauchtiefen beider Capillaren, sondern mit einer vorzugebenden Differenz Δt, die möglichst nahe gleich Δt_0 ist. Dadurch wird erreicht, daß das zweite Glied von (49) im Idealfall ganz verschwindet, zum mindesten aber so klein wird, daß zu seiner Bestimmung verhältnismäßig rohe Werte der Dichte ϱ_S hinreichen, wodurch genaue Dichtebestimmungen auch bei hohen Ansprüchen an die Meßgenauigkeit in σ erspart werden. Das zweite Glied in (49) wird negativ, wenn $\Delta t > \Delta t_0$, positiv, wenn $\Delta t < \Delta t_0$ ist und ändert sich linear mit der Differenz der Eintauchtiefen. Bei einer Abweichung der Eintauchtiefendifferenz um 0,01 cm von Δt_0 und Verwendung der Radien 0,015 und 0,150 cm und einer angenommenen Dichte von 0,8 g/cm³ macht der Beitrag des zweiten Gliedes zu σ 0,065 dyn/cm aus, wird also erst in der zweiten Dezimale bemerkbar und macht bei einer Oberflächenspannung von 30 dyn/cm insgesamt 0,2% derselben aus. Wählt man dagegen entsprechend dem SUGDENschen Verfahren gleiche Eintauchtiefen, so beläuft sich unter den gleichen Umständen der Beitrag des zweiten Gliedes auf 0,589 dyn/cm. Der Einfluß des dritten Gliedes hängt von der Oberflächenspannung und der Dichte der zu untersuchenden Flüssigkeit ab. Wenn Messungen mit einer Genauigkeit von der Größenordnung von $^0/_{00}$ ausgeführt werden sollen, muß es also in Rechnung gesetzt werden.

Aus diesen Überlegungen ergeben sich die Gesichtspunkte, die bei der Ausführung von Messungen und der Konstruktion des Apparates zu beachten sind[1]: Die Differenz Δt der Eintauchtiefen wird vorweg auf Grund der Kenntnis der Größe der vorgesehenen Capillarenradien so berechnet, daß die Konstante B der Gl. (49) gleich Null wird, auf 0,01 cm genau eingestellt und auf 0,01 cm genau vermessen. Die Dichte der zu untersuchenden Flüssigkeit braucht dann nur bis in die zweite Dezimale bekannt zu sein, was vor allem bei Reihenmessungen, sei es von Temperatur-, sei es von Konzentrationsabhängigkeiten den Vorteil mit sich bringt, daß zwischen zwei extremen Dichtewerten interpoliert werden kann. Der Radius der größeren Capillare wird möglichst groß, jedoch nicht über 0,18 cm, derjenige der kleineren zu etwa 0,015 cm gewählt. Die Dichte der Manometerflüssigkeit, als welche sich Nonylsäure bewährt, muß genau bekannt sein; ihre Verunreinigung wird durch vorgelegte Filter aus Aktivkohle und Silicagel verhindert. Eine Verengung im unteren Teile des Manometerrohres sorgt für langsamen Ausgleich der Höhenunterschiede im Manometer. Die Höhendifferenz ΔH wird genau, möglichst kathetometrisch gemessen.

Eine allen diesen Anforderungen genügende Apparatur gibt Abb. 32 wieder. Die Luftblasen werden hier nicht, wie meist, durch Saugen, sondern durch Drücken über einen feinregulierbaren Druckerzeuger (siehe Abb. 33) erzeugt; dadurch wird eine sehr genaue Einstellung des

---

[1] CUNY, K. H., u. K. L. WOLF: Ann. Physik **17**, 57 (1956).

maximalen Blasendruckes möglich. Der Boden des eigentlichen Meßgefäßes (Abb. 32) ist so gestaltet, daß der hydrostatische Druck der
überstehenden Flüssigkeit durch den Blasenaustritt minimal geändert
wird.

Ein auf der Blasendruckmethode beruhendes Differentialverfahren
zur Messung geringer Unterschiede in der Oberflächenspannung — etwa
von verdünnten Lösungen gegen das Lösungsmittel — gibt WARREN[1] an.

Die Blasendruckmethode, die den Vorteil hat, daß die Oberfläche durch die Messung selbst jeweils erneuert wird, ist sowohl für Absolut- wie auch für Relativmessungen in jeder Hinsicht gut geeignet. Sie hat sich auch unter extremen Bedingungen, etwa zur Messung der Oberflächenspannung geschmolzener Metalle bei hohen Temperaturen (SAUERWALD[2], BIRCUMSHAW), bewährt; als Druckgas wird dann vorteilhaft Wasserstoff oder Stickstoff verwandt. Bei Metallen, welche die Capillaren i. allg. nicht benetzen, treten die Blasen nach Art von Abb. 30b aus, so daß hier der äußere Capillarenradius einzusetzen ist.

Auf dem gleichen Prinzip wie das Verfahren des maximalen Blasendruckes beruht sein zu Beginn dieses Abschnittes bereits genanntes Analogon der Messung des Druckes, der erforderlich ist, um Tropfen aus einem vertikal stehenden Capillarenrohr nach oben zum Austritt zu bringen. Dieses Verfahrens, bei dem bei Benetzung die Tropfen nach Art von Abb. 30a, bei Nichtbenetzung nach Art von Abb. 30b austreten, bediente sich

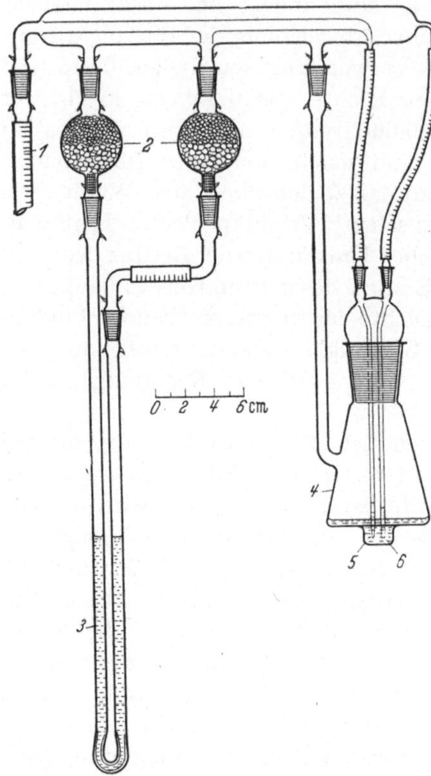

Abb. 32. Apparatur zur Messung der Oberflächenspannung.
1 Anschluß für den Druckerzeuger, *2* Filter mit
Aktivkohle und Silicagel, *3* Manometer mit Nonylsäure, *4* Meßgefäß mit der zu untersuchenden Flüssigkeit, *5* engere Capillare, *6* weitere Capillare

---

[1] Philos. Mag. J. Sci. **4**, 358 (1927); ferner F. A. LONG u. G. C. NUTTING. J. chem.
Soc. **1943**, 64.

[2] Z. anorg. allg. Chem. **154**, 79 (1926).

mit Erfolg HOGNESS[1] zur Bestimmung der Oberflächenspannung geschmolzener Salze.

Ein ebenfalls auf der Bestimmung des mechanisch auszuübenden Druckes beruhendes Verfahren, das den Vorteil hat, daß man bei ihm mit sehr kleinen Flüssigkeitsmengen auskommt, hat FERGUSON[2] ent

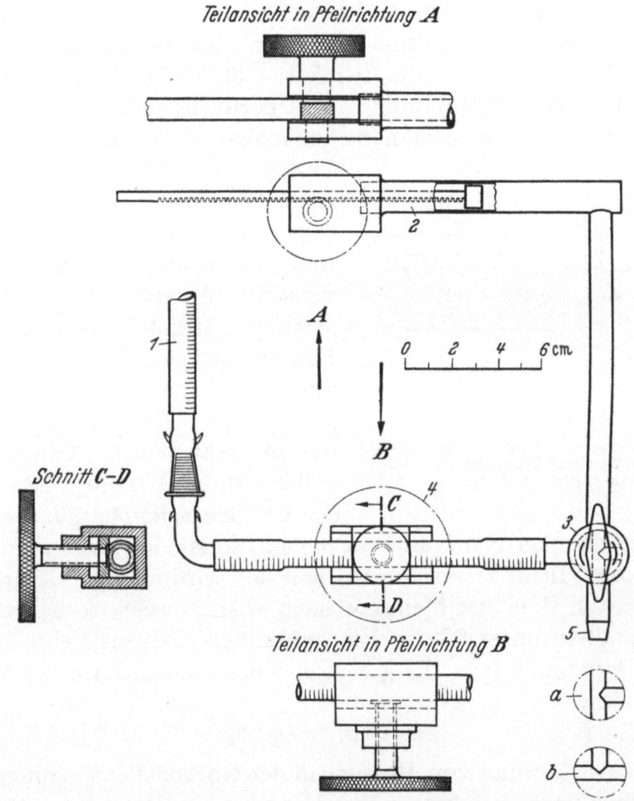

Abb. 33. Druckerzeuger.

1 Anschluß zur Apparatur, *2* Kolbenluftpumpe mit Zahntrieb, *3* Dreiweghahn, *4* Feinquetschhahn, *5* Saugstutzen

wickelt. Gemessen wird hier der Druck, der **anzusetzen** ist, damit der Meniscus am einen Ende einer Capillare geebnet wird; er wird für hinreichend enge Capillaren gleich $2\sigma/r$ gesetzt. Durch kombinierte Verwendung einer vertikal und einer horizontal **gelagerten Capillare kann**

---

[1] J. Amer. chem. Soc. **1921**, 1621; ferner W. MOHR u. J. Moos: Milchwirtschaft **15**, 261 (1933).

[2] Proc. physic. Soc. **36**, 37 (1923).

die Dichtemessung umgangen werden. Die Ebenheit des durch eine Lampe L (Abb. 34) scharf beleuchteten Meniscus wird an der fehlenden Schattenbildung erkannt. Die Genauigkeit dieser Methode beträgt bis zu 1% [1].

2. Selbständige (hydrostatische) Kompensation des Krümmungsdruckes (sogenannte Steighöhenmethoden). Das Prinzip der auf der selbsttätigen Kompensation des Krümmungsdruckes durch den hydrostatischen Druck beruhenden Verfahren ist oben bereits angegeben: die infolge der Benetzbarkeit (Randwinkel $<90°$) oder Nichtbenetzbarkeit ($>90°$) bedingte Krümmung der Oberfläche von Flüssigkeiten in engen Röhren oder zwischen nahe benachbarten Wänden (siehe Abb. 29)

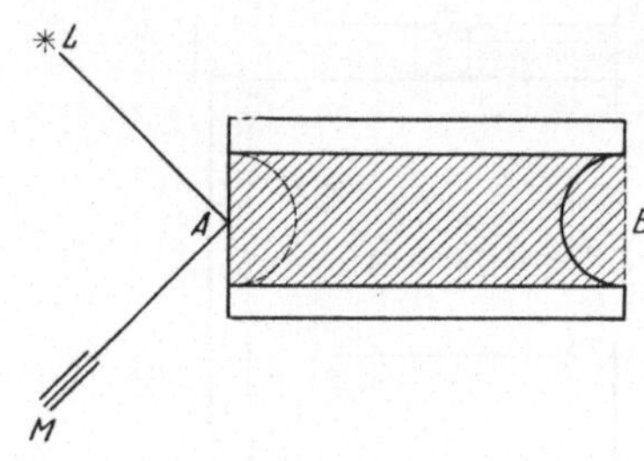

Abb. 34. Schema zur Messung der Oberflächenspannung durch Einebnen des Meniscus in engen Capillaren

bewirkt eine Druckänderung gegenüber der ebenen Oberfläche, derzufolge die Flüssigkeit in der Röhre bzw. zwischen den Platten so weit verschoben wird, bis der hydrostatische Druck des überstehenden Flüssigkeitsspiegels dem Krümmungsdruck gerade gleich, d. h. bis $p_k = \varrho g h_s$ ist. Der Krümmungsradius ist in sehr engen Capillaren bei voller Benetzbarkeit (Randwinkel $\vartheta = 0°$) gleich dem Capillarenradius r;

ist der Randwinkel von Null verschieden, so ist der Krümmungsradius gleich $r/\cos\vartheta$. Beim Überschreiten von 90° wird also der Krümmungsradius negativ, d. h. der Meniscus nach oben konvex, so daß an Stelle des bei Winkeln unter 90° zu beobachtenden Steigens (Abb. 29a) eine capillare Depression tritt. Es gilt also, Kugelsegmentform des Meniscus vorausgesetzt,

$$2\sigma \cos\vartheta/r = \varrho g h_s. \tag{50}$$

Da bei der Ausführung von Messungen der Oberflächenspannung immer die größtmöglichen Effekte zugrunde gelegt werden sollen, dürfen wir uns im folgenden auf den Fall völliger Benetzbarkeit (bzw. Nichtbenetzbarkeit) beschränken, so daß an Stelle von Gl. (50) die Gleichung

$$2\sigma/r = \varrho g h_s \tag{51}$$

zu treten hat, in der h_s die Höhendifferenz zwischen dem ebenen Flüssigkeitsspiegel und dem Meniscus bedeutet.

Die Gl. (51) schließt insofern eine Unbestimmtheit ein, als die Steighöhe h_s nicht eindeutig definiert ist. Man versteht für Näherungsansätze darunter i. allg. die Höhe des untersten (bzw. im Falle capillarer Depres-

---

[1] FERGUSON u. KENNEDY: Proc. physic. Soc. **44**, 511 (1932); siehe auch Z. LASZLO: J. chem. Physics **20**, 1807 (1952).

sion des obersten) Punktes des Meniscus. Eine Präzisierung erreicht man dadurch, daß man, ausgehend von der Definition der Oberflächenspannung als einer Kraft je Längeneinheit, annimmt, bei voller Benetzbarkeit sei die Capillare allseitig mit einer dünnen (etwa monomolekularen) Haut der aufsteigenden Flüssigkeit überzogen und diese trüge dann an ihrem ringförmigen Umfang der Länge $2\pi r$ das Gewicht der Flüssigkeitssäule, das sich unter Berücksichtigung des über dem unteren Meniscusspiegel stehenden Flüssigkeitsteiles bei Voraussetzung halbkugeliger Meniscusform zu $\pi r^2 h_s \varrho + \pi r^3 \varrho/3$ berechnet. An Stelle von (51) tritt dann also die genauere Beziehung

$$2\sigma/r = g h_s \varrho + g r \varrho/3 , \qquad (52)$$

auf die wir oben bei der Behandlung des maximalen Blasendruckes bereits aufmerksam machten. Indes stellt auch die Beziehung (52), deren Ableitung übrigens auf keinen Fall die Vorstellung einer gespannten Membran voraussetzt, nur eine Näherung dar, da auch sie die bei endlichem Capillarenradius in keinem Falle zutreffende Voraussetzung der Halbkugelform einschließt. Sollen exakte Messungen ausgeführt werden, so muß hier ebenso wie bei der Blasendruckmethode die Abweichung von der Halbkugelform in Rechnung gesetzt werden.

Es sei also die Voraussetzung der Halbkugelform aufgegeben, aber, da es sich um Röhren kreisförmigen Querschnittes handelt, die der Rotationssymmetrie um die Vertikale durch den tiefsten Punkt des Meniscus beibehalten. Ist nun r_0 der Krümmungsradius des Meniscus an seinem tiefsten Punkt ($r = r_1 = r_2$ wegen Rotationssymmetrie), so gilt für diesen allgemein

$$2\sigma/r_0 = \varrho g h_{s0} \qquad (53\text{a})$$

oder, unter Benutzung der oben eingeführten Capillarkonstanten

$$a^2 = h_{s0} r_0 . \qquad (53\text{b})$$

Die Beziehungen (53) gelten also für jeden rotationssymmetrischen Meniscus. Nun ist aber r_0 bei der vorausgesetzten Abweichung von der Halbkugelform nicht gleich dem Capillarenradius r. Wir bedürfen also zur weiteren Behandlung der entsprechend modifizierten Gl. (33) und stehen damit vor den gleichen Integrationsschwierigkeiten, die uns bereits bei der Blasendruckmethode begegneten. Von den verschiedenen Versuchen einer für unser Verfahren tauglichen numerischen Lösung behandeln wir als besonders genau und allgemein im Anschluß an ADAM[1] den bereits oben erwähnten von BASHFORTH und ADAMS.

Der durch Gl. (33) bestimmte Drucksprung $p_1 - p_2 = \Delta p$ zu beiden Seiten der Oberfläche (siehe Abb. 35) an einem Punkt A des nach oben konkaven Meniscus sei Δp_0. Nun sei P ein auf dem um die Strecke y

---

[1] ADAM, N. K.: Physics and Chemistry of Surfaces.

über A befindlichen Niveau liegender weiterer, beliebiger Punkt der Meniscusoberfläche. Der in P bestehende Druck zu beiden Seiten der Oberfläche ist dann gleich p_1 und $p_2 - g\varrho y$, der Drucksprung Δp quer zur Oberfläche also gleich $p_1 - p_2 + g\varrho y$. Es gilt also für einen beliebigen Punkt P oberhalb von A die Beziehung

$$\sigma(1/r_1 + 1/r_2) = \Delta p_0 + g\varrho y, \qquad (54)$$

wobei y positiv gerechnet ist in Richtung der konkaven Seite des Meniscus.

Es sei nun Abb. 36 ein Schnitt durch einen Meniscus (oder durch eine austretende Blase); um die senkrecht durch den tiefsten Punkt O gehende Achse besteht also Rotationssymmetrie. PC sei die Normale auf die Meniscusoberfläche in einem Punkt P der Koordinaten x und v;

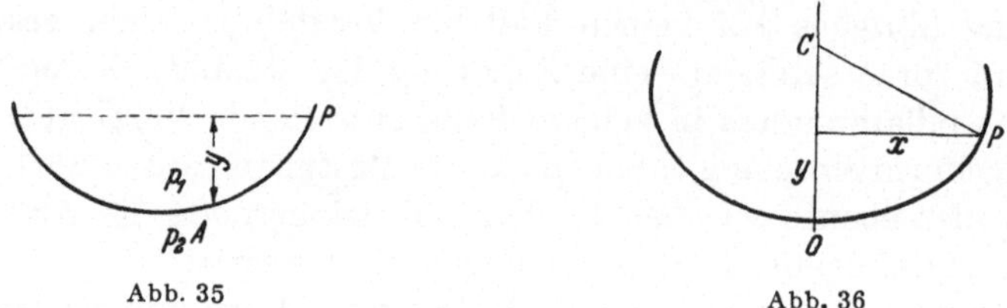

Abb. 35Abb. 36

der Winkel PCO sei mit φ bezeichnet. Der eine der beiden Krümmungsradien im Punkte P der Oberfläche ist dann gleich PC, d. h. gleich $x/\sin\varphi$, der andere Krümmungsradius sei R. Die (allseitig gleichen) Krümmungsradien im Punkte O seien wiederum r_0, dann ist am Punkte O $y = 0$ und $\Delta p_0 = 2\sigma/r_0$ und demgemäß nach ((54)

$$\sigma(1/R + \sin\varphi/x) = 2\sigma/r_0 + g\varrho y \qquad (55\,\text{a})$$

oder

$$\frac{1}{R/r_0} + \frac{\sin\varphi}{x/r_0} = 2 + \frac{y}{r_0}\cdot\varrho\frac{g\,r_0^2}{\sigma} \qquad (55\,\text{b})$$

oder, wenn wir schließlich

$$\beta = \frac{g\,r_0^2}{\sigma}\varrho = \frac{2\,r_0^2}{a^2} \qquad (56)$$

setzen,

$$\frac{1}{R/r_0} + \frac{\sin\varphi}{x/r_0} = 2 + \beta\frac{y}{r_0}. \qquad (57)$$

Nach (57) bestimmt β die Form des Meniscus, und zwar sowohl für den Meniscus an der Oberseite einer aufsteigenden Flüssigkeitssäule wie auch für eine unten aus einer Capillare austretenden Blase, entsprechend der bereits oben festgestellten Analogie beider. BASHFORTH und ADAMS geben nun in ihren genannten Tafeln die Werte von x/r_0 und y/r_0 sowie, wenn V das Volumen zwischen der Horizontalen in der Höhe y und dem obersten Punkt der Oberfläche mißt, auch für V/r_0. Auf Grundlage dieser Tafeln und der Gl. (56) kommt dann SUGDEN[1] zu dem folgenden Rechenverfahren, mit Hilfe dessen die Oberflächenspannung aus Steighöhenmessungen genau und absolut bestimmt werden kann.

Wenn der Randwinkel $\vartheta = 0$, d. h. φ in Abb. 36 gleich 90° ist, ist das Verhältnis x/r_0 in den Tafeln von BASHFORTH und ADAMS gleich dem Verhältnis r/r_0 des Capillarenradius zum Krümmungsradius r_0. Aus (56) folgt andererseits

$$\frac{r}{a} = \frac{r}{r_0} \cdot \sqrt{\frac{\beta}{2}}. \tag{56a}$$

Entnimmt man nun den Tafeln von BASHFORTH und ADAMS die für den Fall $\varphi = 90°$ einander zugeordneten Werte von β und r/r_0, so erhält man über Gl. (56a) zueinander gehörende Werte von r/a und r/r_0. Dieselben sind für r/a-Werte bis zu 2,29 aufwärts nach SUGDEN in Tab. 17 angegeben. Für kleine Werte von r/a, d. h. bis zu 0,46 aufwärts, wird der

Tabelle 17. *Werte des Quotienten r/r_0 für Werte des Quotienten r/a zwischen 0 und 6*

	0,00	0,01	0,02	0,03	0,04	0,05	0,06	0,07	0,08	0,09
0,00	1,0000	9999	9998	9997	9995	9992	9988	9983	9979	9974
0,10	0,9968	9960	9952	9944	9935	9925	9915	9904	9893	9881
0,20	9869	9856	9842	9827	9812	9796	9780	9763	9746	9728
0,30	9710	9691	9672	9652	9631	9610	9589	9567	9545	9522
0,40	9498	9474	9449	9424	9398	9372	9346	9320	9293	9265
0,50	9236	9208	9179	9150	9120	9090	9060	9030	8999	8968
0,60	8936	8905	8873	8840	8807	8774	8741	8708	8674	8640
0,70	8606	8571	8536	8501	8466	8430	8394	8358	8322	8286
0,80	8249	8212	8175	8138	8101	8064	8026	7988	7950	7913
0,90	7875	7837	7798	7759	7721	7683	7644	7606	7568	7529
1,00	7490	7451	7412	7373	7334	7295	7255	7216	7177	7137
1,10	7098	7059	7020	6980	6941	6901	6862	6823	6783	6744
1,20	6704	6665	6625	6586	6547	6508	6469	6431	6393	6354
1,30	6315	6276	6237	6198	6160	6122	6083	6045	6006	5968
1,40	5929	5890	5851	5812	5774	5736	5697	5659	5621	5583
1,50	5545	5508	5471	5435	5398	5362	5326	5289	5252	5216
1,60	5179	5142	5106	5070	5034	4998	4963	4927	4892	4857
1,70	4822	4787	4753	4719	4686	4652	4618	4584	4549	4514
1,80	4480	4446	4413	4380	4347	4315	4283	4250	4217	4184
1,90	4152	4120	4089	4058	4027	3996	3965	3934	3903	3873
2,00	3843	3813	3783	3753	3723	3683	3663	3633	3603	3574
2,10	3546	3517	3489	3461	3432	3403	3375	3348	3321	3294
2,20	3267	3240	3213	3186	3160	3134	3108	3082	3056	3030

	0,0	0,1	0,2	0,3	0,4	0,5	0,6	0,7	0,8	0,9
2,0	0,384	355	327	301	276	252	229	206	185	166
3,0	149	133	119	107	097	088	081	074	067	061
4,0	056	051	047	043	039	035	031	028	025	022
5,0	020	018	017	015	014	012	010	009	008	007
6,0	006	006	005	004	004	003	003	003	002	002

---

[1] J. chem. Soc. **1921**, 1483.

gleiche Zusammenhang bis auf $1^0/_{00}$ durch eine von RAYLEIGH[1] angegebene Näherungsformel

$$a^2 = r\,h_s(1 + r/3\,h_s - 0{,}1228\,r^2/h_s^2 + 0{,}1312\,r^3/h_s^3) \qquad (58\,\mathrm{a})$$

dargestellt. Oberhalb von 4,3 besteht, wenn $\dfrac{a}{\sqrt{2}} = \alpha$ gesetzt wird, die
weniger genaue Approximation

$$r/\alpha - \ln\alpha/h_s = 0{,}8381 + 0{,}2798\,\alpha/r + 1/2\cdot\ln(r/\alpha)\,. \qquad (58\,\mathrm{b})$$

Indem im Zwischengebiet interpoliert wurde, wurden die über 2,29
hinausreichenden, weniger genauen Zahlen der Tabelle gewonnen. Mit
Hilfe der Tab. 17 werden die Oberflächenspannungen nun wie folgt
ermittelt:

Mit der der ersten Näherung von Gl. (43) und der Gl. (53 b) entsprechenden Beziehung

$$a^2 = r\,h_s \qquad (59)$$

wird a in erster Näherung bestimmt, der zu r/a gehörige Wert von r/r_0
und damit von r_0 mit Hilfe der Tabelle gesucht und nun über die Beziehung $r_0 h_s = a^2$ eine bessere Näherung für a erhalten. Mit diesem Werte
von a wird das Verfahren wiederholt und so lange fortgesetzt, bis a
konstant bleibt. Meist ist das bereits bei der dritten Näherung der Fall.
Für Wasser (a^2 bei Zimmertemperatur etwa $15\,\mathrm{mm}^2$) reichen die genauen Tabellenwerte bis zu Capillarenradien von $8{,}8\,\mathrm{mm}$ (entspricht
$r/a = 2{,}2$), für die üblichen organischen Flüssigkeiten ($a^2 \simeq 5\,\mathrm{mm}^2$) bis
zu Capillarenradien von $5\,\mathrm{mm}$, also wesentlich über die Weiten der
meist zu verwendenden engen Capillaren hinaus. Doch kann die Berechnung für weitere Capillaren bei Differentialverfahren mit zwei
Capillaren verschiedener Weite erforderlich sein.

Die Steighöhenmethode wurde durch eine Reihe von sorgfältigen
Untersuchungen recht früh zu einem Präzisionsverfahren entwickelt[2].
Sie dürfte indes heute bei Absolutmessungen an Genauigkeit von der
Blasendruck- und der Abreißmethode (siehe weiter unten) erreicht und
von diesen, vor allem bei Relativmessungen, in der Einfachheit der
Handhabung übertroffen werden. Zur Auswertung der Messungen muß
die Dichte der zu untersuchenden Flüssigkeit mit der entsprechenden
Genauigkeit bekannt sein oder gemessen werden. Zu bestimmen sind
dann noch jeweils der Capillarenradius r und die Steighöhe bzw. Senk-

---

[1] Proc. Roy. Soc., Ser. A **92**, 184 (1915). Die ersten zwei Glieder der Gl. (58 b)
hat bereits 1805 LAPLACE, die ersten drei der Gl. (58 a) 1831 POISSON angegeben.
Weitere Versuche der Näherung gaben BOSANQUET [Philos. Mag. J. Sci. **5**, 296
(1928)] und A. W. PORTER [J. Amer. chem. Soc. **1915**, 1656].

[2] VOLKMANN, P.: Wied. Ann. **11**, 177 (1880); **56**, 457 (1895) und **66**, 194 (1898);
T. W. RICHARDS u. L. B. COOMBS: J. Amer. chem. Soc. **1915**, 1656; W. D. HAR-
KINS u. Г. E. BROWN: ebenda **1919**, 827; J. J. JASPER u. K. D. HERRINGTON:
ebenda **1946**, 2142.

tiefe h_s. Die Ausführung beider Messungen erfordert größeren Aufwand als bei der Blasendruckmethode.

Der Capillarenradius ist nicht nur, wie bei der Blasendruckmethode am Rohrende, sondern durch die ganze Länge der — zur Erzielung größerer Steighöhen und guter Annäherung an die Halbkugelform des Meniscus möglichst eng zu wählenden — Capillaren genau zu vermessen. Man bestimmt seine Größe und Gleichförmigkeit am besten aus dem Gewicht und der Länge einer durch das Capillarrohr wandernden Quecksilbersäule. Da die Weite der zu verwendenden Capillaren über deren ganze Länge möglichst die gleiche sein soll, schneidet man aus langen Rohren die sich beim Durchgang der Quecksilbersäule als am gleichmäßigsten erweisenden Stücke aus; soll eine Genauigkeit von der Größenordnung von $^0/_{00}$ in σ erreicht werden, so bedarf es oft der Sichtung von vielen Metern von Capillarrohr. Gegenüber der Anforderung einer gleichbleibenden Größe des Querschnittes tritt die Anforderung an dessen exakte Kreisform etwas zurück. Da die Steighöhe proportional der Summe der reziproken Hauptkrümmungsradien ist, macht sich eine Abweichung von der Kreisform nur in der Größe des Unterschiedes der Summe $1/r_1 + 1/r_2$ und des doppelten reziproken mittleren Radius $2/r$ bemerkbar. Ein elliptischer Querschnitt mit einem Unterschied von 6% des größten und des kleinsten Capillarenhalbmessers geht mit einem Fehler von $1\,^0/_{00}$ in das Resultat ein[1].

Die Messung der Steighöhe h_s als des Unterschiedes in der Höhe des untersten (bzw. bei Capillardepression des obersten) Meniscuspunktes und der mit der Capillaren kommunizierenden ebenen Oberfläche erfolgt am besten kathetometrisch; dabei ist gute Beleuchtung des Meniscus erforderlich[2]. Soll die als Nullniveau genommene ebene Oberfläche wirklich hinreichend eben sein, so muß der Behälter der Flüssigkeit, in welche die Capillare kommunizierend eintaucht, einen hinreichend großen Querschnitt haben. Das bedeutet, daß bei den gewöhnlichen Flüssigkeiten Gefäße mit Durchmessern von mindestens 4 bis 5 cm zu verwenden sind. Läßt der Mangel an Flüssigkeit das nicht zu, so kann man als äußere Behälter auch zylinderförmige Gefäße kleineren Durchmessers benutzen, muß dann aber mit Hilfe der oben angegebenen RAYLEIGHschen Formel (58b) auf ebenes Nullniveau korrigieren[3]; bei Verwendung von Gefäßen, deren Radius 1 cm nicht

---

[1] RICHARDS, T. W., u. E. K. KARVER: J. Amer. chem. Soc. **1921**, 827.

[2] Siehe RICHARDS u. COOMBS, l. c.; W. RAMSAY u. J. SHIELDS: Z. physik. Chem. **12**, 433 (1893).

[3] Ein Verfahren, das nur wenig Flüssigkeit erfordert und dabei die volle Genauigkeit wahrt, hat SUGDEN (J. chem. Soc. **1921**, 1483) angegeben: Es werden zwei miteinander nach Art eines U-Rohres verbundene enge, aber verschieden weite Capillaren verwandt, auf deren jede das Rechenverfahren nach Tab. 17 angewandt wird. Siehe ferner L. MICHAELIS: Praktikum der physik. Chemie, Berlin

Fortsetzung nächste Seite

unterschreitet, werden auf diese Weise Fehler von mehr als einigen Tausendstel mm in der Bestimmung der Steighöhe vermieden.

Nicht vollständige Benetzbarkeit (bzw. im Falle der Depression Unbenetzbarkeit) kann, da Abweichungen des Randwinkels von 0° bzw. 180° hier, anders als bei der Blasendruckmethode, bei der scharfkantige Capillarenden die Randwinkelabweichungen weitgehend abfangen, sich im Betrage der Steighöhe (bzw. Senktiefe) voll auswirken, die Quelle weiterer Fehler sein. Glas wird, wenn es gut gereinigt, vor allem entfettet ist, von den meisten anorganischen und organischen Flüssigkeiten vollständig benetzt[1], von Metallen nicht benetzt. Wenn keiner der beiden Fälle für Glas zutrifft, muß anderes Material für die Capillaren verwandt werden, da die Berücksichtigung des Randwinkels nach Gl. (50) nicht nur den Nachteil kleinerer Steighöhe mit sich bringt, sondern wegen der Schwierigkeiten der Bestimmung des Randwinkels auch neue Fehler entstehen. Abweichungen vom Randwinkel 0 bzw. 180° um nur einige Grade lassen die Fehler in der Größenordnung von $^o/_{oo}$, so daß sie unter Umständen vernachlässigt werden können. Die Wirkung der Randwinkelabweichungen wird im Falle der Benetzung abgeschwächt, wenn bei „fallendem" Meniscus gemessen, d. h. das Capillarrohr vor Ausführung der Messung auch oberhalb der Stelle der endgültigen Höheneinstellung mit der Flüssigkeit in Berührung gebracht wird.

Die Steighöhenmethode hat, wie die Blasendruckmethode, eine Reihe von Variationen erfahren. Sie wurde u. a. zur Bestimmung der Oberflächenspannung bei tiefen Temperaturen mit Erfolg benutzt[2]. Für die Messung geringer Unterschiede in der Oberflächenspannung eignet sich ein von GRINNELL, JONES und RAY[3] angegebenes Verfahren, bei welchem die Flüssigkeit in der engeren von zwei Röhren bis zu einer bestimmten Marke gebracht wird und die Differenz der Meniscenhöhen in beiden Röhren durch Wägung der zu diesem Zweck insgesamt in den Apparat zu füllenden Flüssigkeit bestimmt wird. Ein anderes Verfahren, das den Vorteil hat, daß der Capillarenradius nur am Rohrende bekannt zu sein braucht, geht auf FERGUSON und DOWSON[4] zurück. Es beruht darauf, daß der Druck gemessen wird, der erforderlich ist, um die

---

1930. Ein Verfahren, das mit noch geringeren Flüssigkeitsmengen auskommt, beschreibt DAMERELL [J. Amer. chem. Soc. **49**, 2988 (1927)]; eine Mikromethode gibt FERGUSON: Proc. physic. Soc. **44**, 511 (1932).

[1] Die volle Benetzung kann photographisch nach einem von HUNTER u. MAASS (J. Amer. chem. Soc. **1921**, 156) erprobten Verfahren festgestellt werden.

[2] Siehe z. B. BALY u. DONNAN: J. chem. Soc. **81**, 907 (1902) und dazu RUDORF: Ann. Physik **29**, 764 (1909) und Philos. Mag. J. Sci. **39**, 238 (1920).

[3] J. chem. Soc. **1937**, 187.

[4] Trans. Faraday Soc. **17**, 384 (1922); siehe auch EDWARDS: Proc. physic. Soc. **41**, 1214 (1929).

Flüssigkeit in der Capillare auf das Niveau der kommunizierenden ebenen Flüssigkeitsoberfläche herabzudrücken.

Bei Messung der Steighöhe zwischen benachbarten parallelen Platten erreicht man, da diese gleichsam eine „Capillare" repräsentieren, deren einer Hauptkrümmungsradius gleich dem halben Plattenabstand, deren anderer unendlich ist, die halbe Steighöhe wie bei einer Capillaren, deren Durchmesser dem Plattenabstand gleich ist. Zur praktischen Messung der Oberflächenspannung wird dieses Verfahren wohl kaum verwandt. Dagegen eignet sich zur Ausführung von Messungen sehr wohl die sogenannte Hyperbelmethode, welche das Aufsteigen der Flüssigkeit zwischen zwei senkrecht in sie eintauchenden und sich an einer Kante unter dem Winkel 2φ berührenden Platten aus-

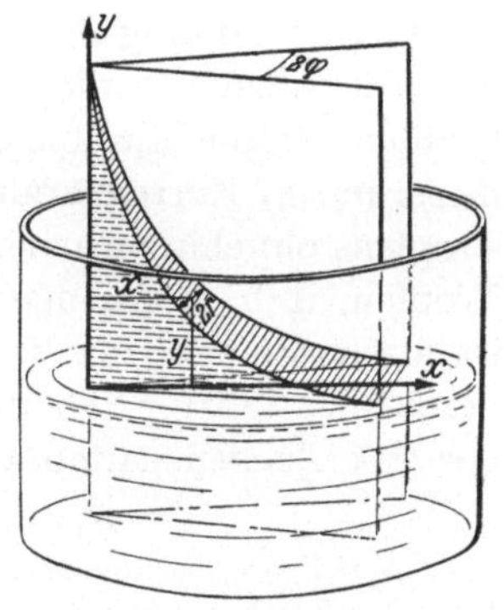

Abb. 37. Steighöhen im Plattenkeil

wertet. Es sei (siehe Abb. 37) $2r$ der Abstand der beiden Platten in einem Punkte $P(x, y)$. Dann ist $\mathrm{tg}\,\varphi = r/x$ und die Steighöhe y im Punkte P gemäß der GAUSS-LAPLACEschen Gleichung gegeben zu

$$y = \frac{2\,\sigma}{r\,\varrho\,g} = \frac{2\,\sigma}{\varrho\,g\cdot\mathrm{tg}\,\varphi}\cdot\frac{1}{x} \quad [\mathrm{cm}]. \qquad (60\,\mathrm{a})$$

Die bei diesem erstmals von GRUNMACH[1] angegebenen Verfahren zu vermessende Profilkurve ist also eine gleichseitige Hyperbel. Die Oberflächenspannung erhält man nach (60a) zu

$$\sigma = x\,y\,\varrho\,g\cdot\mathrm{tg}\,\varphi/2 \quad [\mathrm{dyn/cm}]. \qquad (60\,\mathrm{b})$$

GRUNMACH hat einen auf dieser Grundlage aufbauenden Apparat angegeben, der so arbeitet, daß der Winkel φ so lange variiert wird, bis die aufsteigende Flüssigkeit mit einer aus einer Schar gleichseitiger Hyperbeln zusammenfällt, welche auf die Platten aufgezeichnet sind. Für größere Winkelwerte φ sind Korrekturen an den Gln. (60) anzubringen[2].

3. Geometrische Vermessung der Tropfen-, Blasen- und Meniscenform. Eine weitere Gruppe von Verfahren zur Bestimmung der Oberflächenspannung beruht auf der Messung der Krümmung geeigneter, im Gleichgewicht befindlicher Oberflächen. Die Verfahren dieser Art erfordern einen etwas erhöhten apparativen Aufwand, liefern aber, wie z. B. die gleich zu besprechende EÖTVÖSsche Reflexionsmethode, u. U. recht genaue Werte.

Für Tropfen, die auf einer ebenen festen Unterlage liegen, und für Blasen, die sich unter einer die Flüssigkeitsoberfläche bedeckenden

---

[1] Physik. Z. **11**, 980 (1910); Z. Instrumentenkunde **30**, 366 (1910) und **39**, 195 (1919).

[2] FERGUSON u. VOGEL: Proc. physic. Soc. **38**, 193 (1925).

ebenen Platte ausbilden, ist die theoretische Behandlung die gleiche. Es genügt deshalb die Betrachtung des liegenden Tropfens. Dabei ist die auffallende Tatsache zu beachten, daß die Höhe eines auf nichtbenetzter Unterlage liegenden Tropfens mit der Tropfengröße zunächst wächst, bei weiterer Steigerung der Tropfengröße (bei Quecksilber von 3 cm Durchmesser an) aber wieder abnimmt. Zur Bestimmung der Oberflächenspannung aus der Form hinreichend großer, flacher Tropfen ist — nach dem zuerst von G. QUINCKE 1869 angegebenen[1] Verfahren — lediglich die Kenntnis der Höhe h_m der Tropfenkuppe über dem Niveau des größten Tropfenquerschnittes und der Länge von dessen Halbmesser $d/2$ erforderlich (siehe Abb. 4). Die Hauptschwierigkeit des Verfahrens beruht auf der verhältnismäßig hohen Anforderung an die Genauigkeit in der Bestimmung der quadratisch in das Resultat eingehenden Höhe h_m. Die ebenfalls nicht geringe Schwierigkeit der Bestimmung des größten Tropfendurchmessers d fällt etwas weniger ins Gewicht, da dieser nur in Korrekturgliedern auftritt, die bei hinreichender Größe des Tropfens ohnehin vernachlässigt werden können. Je flacher nämlich der Tropfen, d. h. je geringer die Krümmung am Scheitelpunkt desselben ist, desto weniger machen die Korrekturglieder aus. Für den Grenzfall vernachlässigbarer Scheitelkrümmung[2] ergibt sich die zur Bestimmung der Oberflächenspannung ausreichende, einfache Beziehung

$$\sigma = h_m^2\, \varrho\, g/2 \tag{61a}$$

oder

$$h_m^2 = a^2. \tag{61b}$$

Ist die Krümmung am Scheitel, wie das bei den im Experiment normalerweise benutzten Tropfen mit Durchmessern von der Größenordnung von Zentimetern der Fall ist, nicht vernachlässigbar, so stehen die Näherungsformeln zur Verfügung[3], in die außer der Höhe h_m noch der größte Durchmesser d eingeht. Am zuverlässigsten ist auch hier wieder der Rückgriff auf die durch mechanische Quadratur der GAUSS-LAPLACE-schen Gleichung gewonnenen Tafeln von BASHFORTH und ADAMS, deren Übertragung auf das vorliegende Problem durch DORSEY und

---

[1] Pogg. Ann. **139**, 1 (1870); ferner RICHARDS u. BOYER: J. Amer. chem. Soc. **48**, 287 (1921) u. IREDALE: Philos. Mag. J. Sci. **49**, 603 (1925); KEMBALL: Trans. Faraday Soc. **42**, 526 (1946) und KEMBALL u. RIDEAL: Proc. Roy. Soc., Ser. A **187**, 53 (1946).

[2] Exakt träfe das z. B. bei Quecksilber nur für Tropfen von über 1 m Durchmesser und, infolge des merkwürdigen Ganges der Tropfenhöhe mit dem Durchmesser, für solche von etwa 2 cm Durchmesser zu.

[3] WORTHINGTON, T.: Philos. Mag. J. Sci. **20**, 51 (1885); LOHNSTEIN: Wied. Ann. **53**, 1062 (1804); VERSCHAFFELT: Proc., Kon. Akad. Wetensch. Amsterdam **21**, 357 u. 836 (1919); GIBSON: Proc. Roy. Soc. South. Austral. **56**, 51 (1932).

PORTER[1] vorgenommen worden ist und zu einem verhältnismäßig einfachen Rechenverfahren führte.

Die Methode hat den Vorteil, daß sie einigermaßen unabhängig vom Randwinkel zwischen Tropfen bzw. Blase und deren fester begrenzender Unter- bzw. Überlage ist. Tropfenhöhe und Tropfendurchmesser werden am zuverlässigsten durch Ausmessung vergrößerter Tropfenphotographien bestimmt, wobei die Verwendung monochromatischen Lichtes zu empfehlen sein soll. Bei Messungen an Gasblasen ist es zweckmäßig, die überliegende Platte schwach durchzubiegen, so daß die Blase nicht wandert[2]. Die Messung der Höhe h_m und des Durchmessers d wird am besten mit Hilfe eines vertikal und horizontal arbeitenden Meßmikroskops durchgeführt. Der Scheitelpunkt wird dabei vorteilhaft aus dem Schattenbild der von hinten beleuchteten Blase ermittelt.

Das Verfahren hat den Nachteil, daß die Oberfläche nicht erneuert wird, so daß Verunreinigungen etwa aus der Luft das Resultat leicht verfälschen. Bei entsprechender Vorsicht, etwa Beobachtung unter indifferentem Gas, hat es sich jedoch — u. a. bei der Bestimmung der Oberflächenspannung von geschmolzenen Metallen[3] — bewährt und kann auch zur Beobachtung langsamer Änderungen der Oberflächen mit der Zeit, z. B. infolge von Reaktionen, Anwendung finden. Das bisweilen geübte Verfahren, Tropfen von geschmolzenen Stoffen erst nach dem Erstarren zu vermessen, erscheint bedenklich[4], nach V. D. KINGERY und M. HUMENINK[5] wird die Oberflächenspannung für flüssiges Silber bei Ausmessung der erstarrten Tropfen um über 50% zu klein gefunden. Eine Genauigkeit von mehr als 1% dürfte im allgemeinen nicht erreicht werden.

In ähnlicher Weise, wie aus der Gestalt liegender kann auch aus der Gestalt hängender Tropfen die Oberflächenspannung bestimmt werden[6]. Dazu ist die Messung des größten horizontalen Durchmessers und desjenigen Durchmessers erforderlich, der um die Höhe des größten horizontalen Durchmessers über dem (unteren) Scheitelpunkt des Tropfens

---

[1] DORSEY: Wash. Akad. Sc. **18**, 505 (1928); A. W. PORTER: Philos. Mag. J. Sci. **15**, 63 (1933).

[2] GOUY: Ann. Physique **6**, 5 (1916); H. S. BURDON: Trans. Faraday Soc. **28**, 866 (1932); ADAM u. SHUTE: Trans. Faraday Soc. **34**, 758 (1938); experimentelle Einzelheiten siehe ferner H. MOSER: Ann. Physik **82**, 963 (1927) und H. BROWN: J. Amer. chem. Soc. **56**, 2564 (1934).

[3] SAUERWALD, F.: Z. anorg. allg. Chem. **213**, 310 (1933).

[4] GRADENWITZ: Wied. Ann. **67**, 467 (1899).

[5] J. physic. Chem. **57**, 359 (1953).

[6] ANDREAS, J. M., E. A. HAUSER u. W. B. TUCKER: J. physic. Chem. **42**, 1001 (1938); SMITH u. SORG: ebenda **45**, 671 (1941) und **48**, 168 (1944); H. W. DOUGLAS: Rev. sci. Instruments **27**, 67 (1950).

liegt. Die erforderlichen Korrekturen werden wieder im Anschluß an BASHFORTH und ADAMS durchgeführt; daneben liegen empirische Korrekturtafeln auf Grund von Messungen an Wasser vor. Das Verfahren hat die gleichen Vor- und Nachteile wie dasjenige der Ausmessung liegender Tropfen. Bei Messungen der Grenzflächenspannung kann entweder der abwärts hängende Tropfen (schwere Flüssigkeit in der spezifisch leichteren) oder der „aufwärts hängende" Tropfen (leichtere Flüssigkeit in der spezifisch schwereren) ausgemessen werden. Meßgenauigkeiten bis 0,5% werden erreicht.

Genauere Werte als die direkte Ausmessung von Tropfen oder Blasen liefert die EÖTVÖSsche Reflexionsmethode[1], deren Anwendung auf Meniscenformen Abb. 38 erläutere: Die Strahlen L_1 und L_2 einer Lichtquelle L treffen in den Punkten I_1 und I_2 derart auf die gekrümmte Oberfläche, daß sie horizontal reflektiert werden. Sind h_1 und h_2 die Höhen der Reflexionspunkte über dem Nullniveau und τ_1 und τ_2 die von den Höhen h_1 und h_2 mit den in I_1 und I_2 an die Oberfläche gelegten Tangenten gebildeten Winkel, so ist die Capillarkonstante bestimmt durch die Beziehung

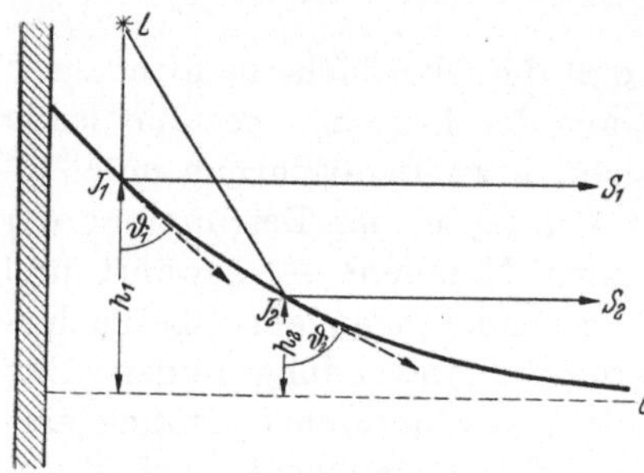

Abb. 38. EÖTVÖSsche Reflexionsmethode

$$a = \frac{h_1 - h_2}{2\,(\sin\,(\tau_2/2) - \sin\,(\tau_1/2))}. \tag{62}$$

Erfolgt die Messung der erforderlichen Größen kathetometrisch, so kann mit diesem Verfahren eine Genauigkeit von einigen $^0/_{00}$ erzielt werden.

Ein weiteres hierher gehöriges Verfahren, das auf HELMHOLTZ und A. KÖNIG zurückgeht[2], beruht darauf, daß ein Gegenstand an dem Meniscus in einer vertikal stehenden Capillare gespiegelt und aus Abstand und Größenverhältnis von Bild und mikroskopisch gemessenem Spiegelbild der Krümmungsradius r_0 im Scheitelpunkt ermittelt wird. Die Oberflächenspannung ist dann bestimmt zu

$$\sigma = (p_{\mathrm{Fl}} - p_{\mathrm{Gas}})\,r_0/2\,, \tag{63a}$$

wobei der Drucksprung an der Grenze von Flüssigkeit und Gas hydrostatisch bestimmt wird[3].

---

[1] Wied. Ann. **7**, 446 (1886).

[2] Wied. Ann. **16**, 1 (1882); ferner G. MEYER: ebenda **53**, 864 (1894).

[3] Genauere Messungen verlangen auch hier den Rückgriff auf die Tafeln von DASHFORTH u. ADAMS; siehe hierzu LOHNSTEIN: Wied. Ann. **54**, 713 (1895); STÖCKLE ebenda **66**, 499 (1898) u. A. HEYDWEILER: ebenda **65**, 11 (1898).

Das Prinzip des Ausmessens vergrößerter Tropfenphotographien wurde von P. FERGUSON und von A. NICAISE und R. VERSCHAFFELT[1] auf die zuerst von SENTIS[2] (1887) angegebene „umgekehrte Steighöhenmethode" ausgedehnt. Ein Capillarrohr wird zuerst in die Meßflüssigkeit eingetaucht, wobei eine Steighöhe h_2 beobachtet werde; anschließend wird der nach dem Herausziehen der Capillaren aus der Meßflüssigkeit sich ausbildende Tropfen photographiert und vermessen (siehe Abb. 39). Ist h_1 der Abstand des Meniscus von der Mitte des Tropfens und $d/2$ dessen maximaler horizontaler Halbmesser, so ist

$$a^2 = d(h_1 - h_2)/2 - d^2/12. \qquad (63\,\mathrm{b})$$

b) Auf Kraftmessung beruhende Verfahren. *1. Kompensation der Oberflächenspannung durch äquilibrierende Kräfte (Abreißmethoden).* Die Oberflächenspannung hat als die zur Vergrößerung der Oberfläche um die Flächeneinheit erforderliche Arbeit die Dimension einer Kraft je Längeneinheit und ist damit ebenso wie in erg/cm² in dyn/cm ausdrückbar. Sie kann demzufolge auch unmittelbar bestimmt werden als diejenige Kraft, welche gerade hinreicht, eine (etwa in Gestalt einer dünnen Flüssigkeitshaut oder „Lamelle" ausgebildete) Oberfläche quer zur Richtung der angesetzten Zugkraft zu zerreißen. Sei l die Breite der zu zerreißenden Lamelle und K die Zugkraft, bei deren Überschreiten die Lamelle zerreißt, so ist, da die Lamelle zwei Oberflächen der Breite l hat,

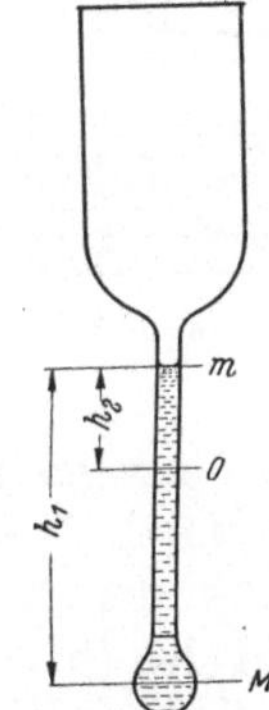

Abb. 39. Umgekehrte Steighöhenmethode

$$\sigma = K/2\,l. \qquad (64)$$

Das ist die einfache Grundlage der auf L. F. WILHELMY[3] (1863) zurückgehenden Abreißmethode zur Bestimmung der Oberflächenspannung.

Wie bei der Blasendruckmethode und der Steighöhenmethode, so bringt auch hier die Überführung der einfachen Grundgleichung in die Praxis der Messung, insbesondere wenn erhöhte Ansprüche an die Meßgenauigkeit gestellt werden, eine Reihe von Bedingungen mit sich, die eine entsprechende Ausgestaltung und Anpassung der Grundgleichung erfordern. Dabei ist im Falle der Abreißmethode der bei den zwei genannten anderen Verfahren geübte Rückgriff auf die aus der numerischen Integration der auch hier grundsätzlich anwendbaren GAUSS-LAPLACEschen Gleichung gewonnenen Tafeln von BASHFORTH und ADAMS nicht möglich, und zwar nicht etwa nur, weil die entsprechende

---

[1] Bull. Acad. Belg. **1911**, 383.

[2] J. Physique **6**, 571 (1887).

[3] Pogg. Ann. **119**, 183 (1863); **122**, 1 (1864); siehe auch G. v. HAGEN: ebenda **77**, 462 (1860).

Übertragung noch nicht durchgeführt ist, sondern auch deshalb, weil die jetzt meist sehr stark von der Kugelform abweichenden Oberflächenformen eine solche Übertragung recht kompliziert erscheinen lassen dürften. Wir gehen deshalb, um die Überführung des durch die Gl. (64) gegebenen Prinzips in die Praxis der Messung zu zeigen, aus von dem nach theoretischen Vorarbeiten von CANTOR[1] und HALL[2] durch PH. LENARD[3] zu hoher Leistungsfähigkeit entwickelten Bügelabreißverfahren.

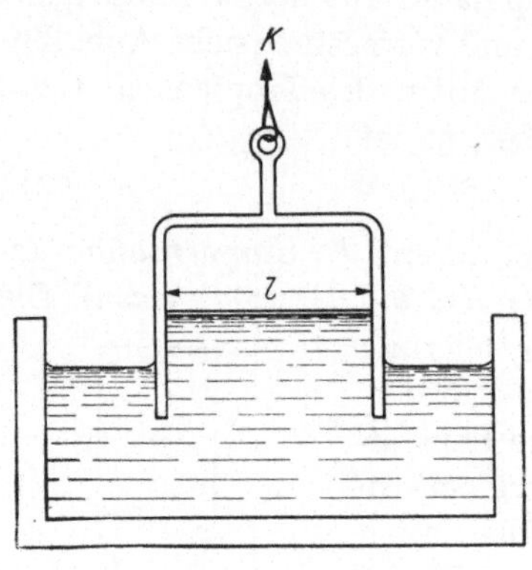
Abb. 40. Bügelmethode

Ein dünner, von der zu untersuchenden Flüssigkeit vollkommen benetzbarer, geradliniger, nach Art der Abb. 40 zwischen den beiden Enden eines (Metall- oder Glas-) Bügels ausgespannter Faden (Haar, Metall, Glas, Quarz) genau bestimmbarer Länge l wird mit dem Bügel in waagerechter Lage an einer Waage (etwa Federwaage) aufgehängt und in die Flüssigkeit eingetaucht. Wird nun, sei es durch Heben der Waage, sei es durch Senken des die zu untersuchende Flüssigkeit enthaltenden Gefäßes der Bügel langsam aus der Flüssigkeit herausgehoben, so nimmt der (benetzte) Faden eine (zweiseitige) Lamelle der Breite l mit. Diese hat zunächst den durch Abb. 41 skizzierten Querschnitt; der durch

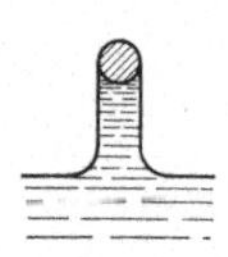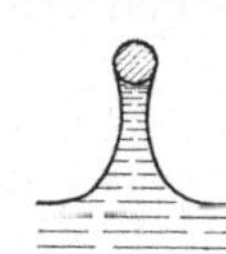
Abb. 41. Phasen der Lamellenbildung

die Oberflächenspannung bedingte, der Oberflächenvergrößerung entgegenwirkende Zug längs der Oberfläche steht also geneigt zu der vertikal angreifenden (Feder-) Kraft K der Waage und kommt dieser gegenüber nur mit seiner in die Senkrechte fallenden Komponente zur Geltung. Bei weiterer Erhebung des Bügelfadens über die ebene Flüssigkeitsoberfläche steigt in dem Maße, wie die Lamellenoberfläche sich der Senkrechten nähert, die auf die Waage ausgeübte Kraft an, weil das Gewicht der vom Bügel über dem Nullniveau zu haltenden Flüssigkeits-

---

[1] Wied. Ann. **47**, 339 (1892).

[2] HALL, P.: Philos. Mag. J. Sci. **36**, 385 (1893); siehe ferner K. SCHÜTT: Ann. Physik **13**, 722 (1904).

[3] LENARD, P., R. v. DALLWITZ-WEGFNER u. E. ZACHMANN: Ann. Physik **74**, 381 (1924); siehe ferner G. SCHWENKER: Ann. Physik **11**, 525 (1931) u. H. MOSER: Ann. Physik **82**, 993 (1927).

menge zunimmt und die in die Vertikale fallende Komponente der Wirkung der Oberflächenspannung ansteigt. Der Höchstwert $2\sigma l$ der zur Kompensation der Oberflächenzugkraft aufzuwendenden Kraft K ist erreicht, wenn die Oberfläche der Lamelle nach Art von Abb. 41b senkrecht am Bügelfaden liegt. Bei noch weiterem Erheben des Bügels schnürt die Lamelle sich ein und nimmt die in Abb. 41c skizzierte labile Form an; die Zugkraft nimmt ab, bis schließlich bei weiterer Bügelhebung an der Stelle stärkster Einschnürung das Zerreißen eintritt, wobei die Zugkraft entsprechend der vertikalen Tangente an die schmalste Stelle der Lamelle abermals den Höchstwert $2\sigma l$ erreicht.

Die Oberflächenspannung kann nun sowohl aus dem Gewicht der in der Lamelle über das Nullniveau gehobenen Flüssigkeitsmenge[1] wie — und das erscheint vorteilhafter — nach dem Vorgehen LENARDS aus dem Wert der Kraft K, die beim ersten Maximum erreicht wird ($\varphi = 90°$), berechnet werden. Zur Bestimmung der Zugkraft K erweist sich die Verwendung von Torsionswaagen als zweckmäßig[2].

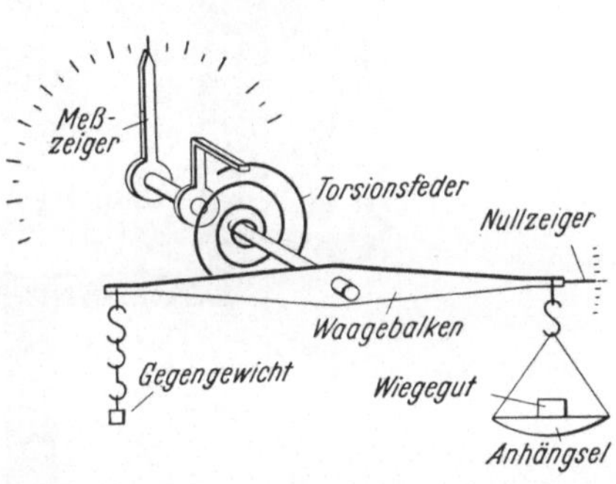

Abb. 42. Prinzip der zweiarmigen Torsionswaage

Das Prinzip einer solchen gibt Abb. 42 wieder, eine ausgeführte Form[3], bei welcher der Minimalwert eines Skalenteiles 0,001 mg beträgt, Abb. 43; die Bestimmung der K-Werte geschieht durch stetiges Senken des Meßgefäßes in der Art, daß der Meßzeiger (Abb. 42) während des langsamen Herausziehens der Lamelle aus der Flüssigkeitsoberfläche auf dem Gleichgewichtsstrich gehalten wird. Zieht man den Meßdraht durch Bewegen des Meßzeigers aus der Flüssigkeit, so werden zu hohe Werte gemessen[4]. Als geeignete Abmessungen für Bügel und Meßdraht sind Meßdrahtlängen zwischen 1 und 4 cm bei einer Drahtdicke von höchstens 0,1 mm und Bügeldrahtstärken von etwa 0,5 mm Durchmesser

---

[1] TIMBERG, G.: Ann. Physik **30**, 545 (1887); W. WEINBERG: Z. physik. Chem. **10**, 34 (1892); dazu kritische Bemerkungen von T. LOHNSTEIN: ebenda **10**, 504 (1892).

[2] Die Verwendung von Torsionswaagen dürfte auf SEARLE [Proc. Cambridge philos. Soc. **17**, 129 (1913) zurückgehen; auch LECOMTE DE NOUY [J. gen. Physiol. **1**, 521 (1919) u. **6**, 625 (1924)] sowie BRINKMANN u. VAN DAM [Münchener med. Wschr. **48**, 1550 (1921)] verwenden wie LENARD Torsionswaagen.

[3] Die hier wiedergegebene zweiarmige Torsionswaage ist das Modell der Firma Hartmann & Braun in Frankfurt a. M. Ähnliche Waagen stellen u. a. die Firmen Sauter in Ebingen und Jung in Heidelberg her.

[4] KLOPSTEG: Science **60**, 319 (1924).

erprobt. Die genaue Länge des Meßdrahtes wird mit dem Komparator, seine Dicke mikrometrisch bestimmt. Die gesuchte Kraft K_{max} erhält man nach dem Vorgehen LENARDs am besten durch zwei Gleichgewichtseinstellungen der Torsionswaage, bei denen beiden Bügel und Meßdraht sich in der gleichen Lage befinden, so aber, daß der Meßdraht einmal eine Lamelle trägt (Kraft K'') und einmal unbenetzt ist[1] (Kraft K'). Die

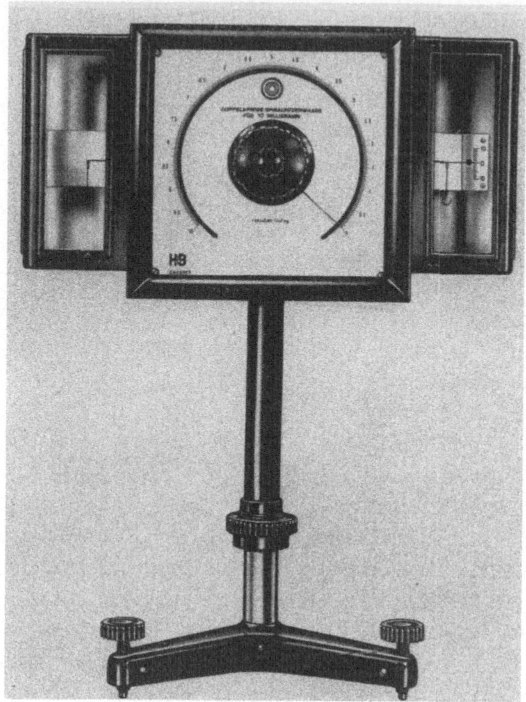

Abb. 43. Zweiarmige Torsionswaage

Differenz $K'' - K'$ der beiden Ablesungen an der Torsionswaage ist dann die gesuchte Kraft K_{max}. Wird so verfahren, so kann σ mit einer Genauigkeit von einigen $^0/_{00}$ entweder nach der Näherungsformel

$$\sigma = \sigma' - r\left(\sqrt{2\sigma'g\varrho} - 2\sigma'/l\right) + r^2\left[(1 + \pi/4)g\varrho - 3\sqrt{2\sigma'g\varrho/l}\right], \quad (65a)$$

in der σ' den nach Gl. (64) zu $\sigma' = (K'' - K')/2l$ bestimmten Wert erster Näherung bedeutet, im Rekursionsverfahren ermittelt werden, oder in

---

[1] Man kann die Leerwägung sparen, wenn man das Leergewicht des Bügels kennt und den Auftrieb der eingetauchten Teile berechnet; dieses Verfahren ist indes, da es die am Bügelende angreifenden schwachen Oberflächenwirkungen vernachlässigt, weniger zuverlässig.

einmaligem Ansatz nach der äquivalenten Näherungsgleichung

$$\sigma = A(K'' - K') + B\sqrt{(K'' - K')\,g\varrho} + C g\varrho \qquad (65\,\mathrm{b})$$

mit den Apparatekonstanten $A = 1/2\,(l - 2r)$; $B = (l + 3r)/l\sqrt{l}$ und $C = r^2 \cdot (1 + \pi/4)$. Mißt man die Kräfte K'' und K' in dyn, die Längen und Dicken des Meßdrahtes in cm, so erhält man in beiden Fällen σ sofort in dyn/cm.

Auch das Abreißverfahren hat eine Reihe von Variationen erfahren. Versuche von GAY-LUSSAC[1], die Oberflächenspannung durch Heben und Abreißen einer horizontal aufgehängten ebenen Platte zu bestimmen, haben praktisch keine Bedeutung gewonnen, Dagegen hat sich das ursprüngliche Verfahren von WILHELMY, bei dem anstatt des Meßdrahtes eine dünne, vertikal über der Flüssigkeit aufgehängte und in diese eintauchende Platte gehoben und abgerissen wird, bewährt. Ähnlich verfährt auch H. KNIPP[2].

Fast die gleiche Genauigkeit wie mit dem geradlinigen Drahtbügel LENARDS erreicht man mit ebenen Ringen aus dünnem Platindraht[3]. Dieses Verfahren bietet gewisse Vorteile, wenn wenig Flüssigkeit vorhanden ist, und eignet sich auch für die medizinische Anwendung. Seine Nachteile bestehen darin, daß Unebenheiten der Ringebene sowie nicht genau horizontale Aufhängung des Ringes Fehler verursachen können Die Theorie der Ringmethode ist von TICHANOWSKI[4], W. D. HARKINS und H. F. JORDAN[5] und FREUD und FREUD[6] entwickelt worden. Die maximale Zugkraft $K_{\max}$ hängt in diesem Falle außer von der Oberflächenspannung und Dichte der zu untersuchenden Flüssigkeit auch noch von dem Durchmesser R des Drahtringes und dem Durchmesser r

---

[1] Siehe hierzu GALLENKAMP: Ann. Physik **9**, 475 (1902).

[2] Physic. Rev. **11**, 129 (1900); ebenso FOLEY: Physic. Rev. **3**, 381 (1896); indem sie den Zug messen, den eine solche Platte erfährt, ohne es zum Abreißen kommen zu lassen, konnten W. D. HARKINS u. A. ANDERSON recht genaue Messungen der Änderung der Oberflächenspannung durchfuhren, die Wasser durch oberflächenaktive Stoffe erfährt, so daß dieses Verfahren sich als gleichwertig neben das später zu beschreibende der LANGMUIR-Waage zur Untersuchung von Oberflächenfilmen stellt (J. Amer. chem. Soc. **1937**, 2189). Siehe hierzu auch DERVICHIAN: J. Physique Radium **6**, 429 (1935) u. R. RUYSSEN: Recueil Trav. chim. Pays-Bas **65**, 580 (1946).

[3] SONDHAUSS, C.: Ann. Physik **8**, 266 (1878); P. LECOMTE DE NOUY: J. gen. Physiol. **1**, 621 (1919); T. TOMINAKA: Biol. Z. **140**, 230 (1923); A. LOTTERMOSER u. Mitarbeiter: Kolloid-Z. **66**, 276 (1934) u. Kolloid-Beih. **41**, 74 (1934); F. SEELICH: Fette u. Seifen **48**, 15 (1941); R. BRINKMANN u. H. VAN DAM: Arch. néerl. Sci. exact. natur. **8**, 29 (1929). Mit der letztgenannten Ausführung wird eine ähnliche Genauigkeit erreicht wie mit der LENARDschen Bügelmethode. Siehe ferner H.W. Fox u. C. H. CHRISMANN: J. physic. Chem. **56**, 170 (1952) für kleine σ und große ϱ.

[4] Physik. Z. **25** 299 (1924) u. **26**, 522 (1925).

[5] Monographie über das 6. Kolloid-Symposion, 1938, S. 39 u. J. Amer. chem. Soc. **52**, 1751 (1930).

[6] FREUD, B. B., u. H. Z. FREUD: J. Amer. chem. Soc. **52**, 1772 (1930).

des Drahtes selbst ab. An Stelle der Gl. (64) tritt danach die modifizierte Gleichung

$$\sigma = f\,K/4\,\pi\,R\,,\qquad\qquad(66)$$

in der der Faktor f seinerseits eine Funktion des Verhältnisses R/r der beiden Radien und des Verhältnisses R^3/V des Kreisradius R und des gehobenen Flüssigkeitsvolumens V (oder m/ϱ) ist. Der Faktor f, der von HARKINS und JORDAN in Form von Tabellen angegeben ist, variiert bei Zugrundelegung der üblichen Ausmessungen zwischen 0,75 und 1,5.

2. *Selbständige Kompensation der Oberflächenspannung durch das Tropfengewicht (Tropfengewichts- bzw. Tropfenvolumen-Methoden).* Wie die Gestalt, so wird auch das Volumen und das Gewicht hängender bzw. abfallender Tropfen durch die Oberflächenspannung bestimmt. Darauf gründen sich Verfahren, aus dem Volumen bzw. Gewicht des größten an Röhrenöffnungen bzw. benetzten Flächen hängenden bzw. des abfallenden Tropfens die Oberflächenspannung zu bestimmen.

Der hängende Tropfen steht unter der konkurrierenden Wirkung der Schwerkraft und der Oberflächenspannung. Der Tropfen erreicht, da die Wirkung der Schwerkraft mit wachsender Tropfengröße steigt, ein größtes Volumen bzw. Gewicht, bei deren Überschreitung er abreißt, da die der Schwerkraft entgegenwirkende Oberflächenspannung den Tropfen dann nicht mehr zu tragen vermag. Faßt man die Oberflächenspannung wieder als Kraft je Längeneinheit auf, so kann man erwarten, daß der längs eines Querschnittes vom Radius r abreißende Tropfen unmittelbar vor dem Abreißen durch eine Kraft $2\pi r\sigma$ gehalten wurde, die gleich dem Gewicht des größten hängenden Tropfens sei. Indem man das Gewicht des größten hängenden proportional dem Gewicht G_T des abfallenden Tropfens setzt, erhält man dann die Beziehung

$$G_T = k\cdot 2\pi\,r\,\sigma\,.\qquad\qquad(67\text{a})$$

Es schien naheliegend, für aus Röhren fallende Tropfen den Radius r des Abreißquerschnittes gleich oder wenigstens proportional dem Radius des Ausflußrohres zu setzen und so die Gl. (67a) unmittelbar zur Grundlage eines Verfahrens zur Bestimmung der Oberflächenspannung aus dem Tropfengewicht G_T zu machen[1]. Indes zeigt eine genauere, etwa kinematographische Beobachtung[2] des Abtropfvorgangs, daß ein so stark vereinfachendes Verfahren den Verhältnissen nicht gerecht werden kann. Der sich entwickelnde Tropfen durchläuft, nachdem er seine maximale Größe erreicht hat, unter sich (siehe die Abb. 5 bis 7 und 44) steigernder Einschnürung eine Reihe von labilen Zuständen, bevor er endgültig abreißt. Und auch das Abreißen selbst erfolgt nicht in der einfachen, in Gl. (67a) vorausgesetzten Form. Es bilden sich vielmehr,

---

[1] TATE: Philos. Mag. J. Sci. 27, 176 (1864).

[2] GUYE u. PERROT: Arch. Sci. physiques natur. (Genf) 15, 767 (1903).

wie die von G. GLASER[1] mit der Blitzlichttrommelkamera aufgenommene Abb. 44 sehr schön zeigt, stets neben dem Haupttropfen ein oder mehrere[2] diesen begleitende und ihm unmittelbar folgende kleinere Tropfen aus. Diese werden, wenn das Tropfengewicht durch Wägung des aufgefangenen Haupttropfens bestimmt werden soll, immer mit erfaßt. Es ist also auch nicht möglich, etwa durch kinematographische Aufnahme[3]

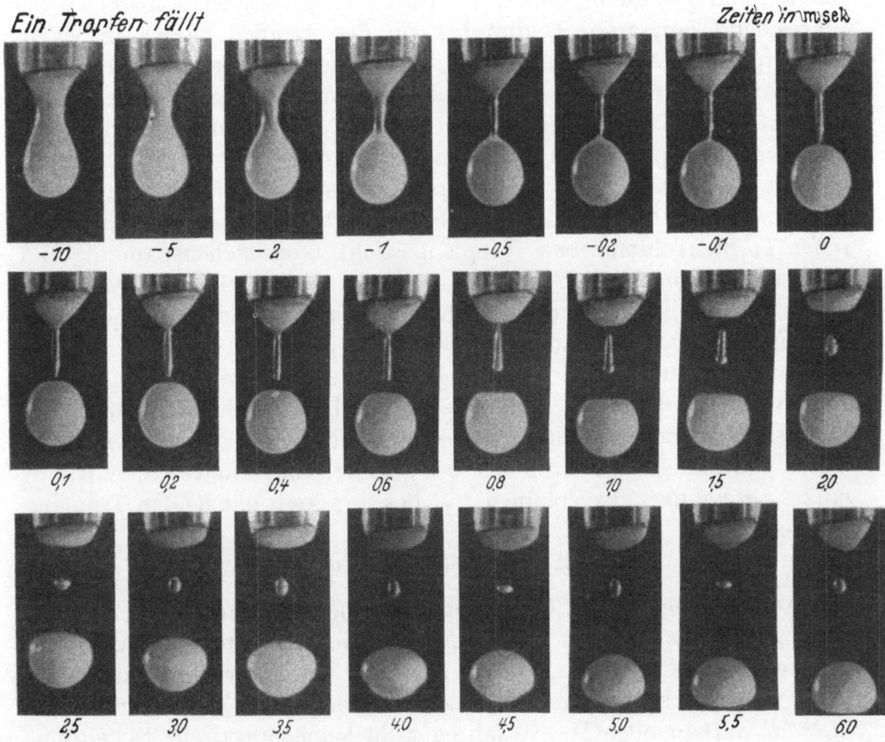

Abb. 44. Ausbildung von Haupt- und Nebentropfen[4]

des Radius r des Abrißquerschnittes allein auf der Grundlage der Gl. (66) zu einer zuverlässigen Relativ- oder gar Absolutbestimmung der Oberflächenspannung zu gelangen. Sollen aus Tropfengewichten Oberflächen-

---

[1] Orion **1956**, 938.

[2] HAUSER (J. physic. Chem. **1936**, 973) beobachtete mit Hilfe einer schnell arbeitenden Kamera, daß sich mehrere solcher Tröpfchen bilden können, deren Zahl von Flüssigkeit zu Flüssigkeit verschieden ist.

[3] Siehe z. B. B. MOLODYI u. P. PAWLOW: Bull. Acad. Petersburg **1920**, 241 (nach dem Chem. Zbl. **1925**, II, 750) und ABONNEC: Ann. Physik **3**, 161 (1925).

[4] Aus Orion, Zeitschrift für Natur und Technik, Heft 23, Jahrg. 1956, „Blitzlicht-Serienaufnahmen mit der Trommelkamera".

spannungen bestimmt werden, so ist vielmehr, wie bei allen anderen Verfahren, von der Theorie der gekrümmten Oberflächen auszugehen und von da her der für den vorliegenden Fall interessierende Zusammenhang zwischen Oberflächenspannung und Tropfenvolumen bzw. Tropfengewicht festzulegen.

Die Tropfenbildung ist mit hydrodynamischen Strömungen verbunden und also auch von der Viscosität der Flüssigkeit abhängig[1]. Bei hinreichend langsamer Bildung[2] kann der Tropfen jedoch in jedem Stadium seiner Ausbildung als im stationären Gleichgewicht befindlich betrachtet werden; unter dieser Voraussetzung allein aber dürfen Form und Größe der Tropfen als ausschließlich durch die konkurrierende Wirkung von Oberflächenspannung und Schwerkraft bestimmt angesehen werden. In diesem Sinne hat zuerst LOHNSTEIN[3] auf theoretisch hinreichend fundierter Grundlage die Frage nach dem Zusammenhang zwischen Tropfenvolumen bzw. Tropfengewicht, Oberflächenspannung und apparativ vorzugebenden Größen, wie etwa dem Radius des Austropfrohres, in Angriff genommen. Nach seinem auf einer numerischen Integration der GAUSS-LAPLACEschen Gleichung unter den gegebenen Randbedingungen beruhenden Näherungsverfahren ist, wenn h die Entfernung vom Tropfenscheitel bis zur Tropfenbasis (siehe Abb. 6), r den Radius der (rotationssymmetrischen) Basisfläche, r_0 den Krümmungsradius des hängenden Tropfens im Scheitelpunkt und ϑ den Randwinkel bezeichnet, das Volumen V_{Th} des (größten) hängenden Tropfens gegeben zu

$$V_{Th} = a^2\, r \cdot \sin \vartheta + (r\,(h - a^2/r_0))/a^2 . \qquad (67\,\text{b})$$

Zur Auswertung dieser Beziehung für eine Bestimmung der Oberflächenspannung müßten — neben der Dichte — fünf verschiedene Größen gemessen werden. Dieser Umstand sowohl wie die durch ihn bedingte Möglichkeit der Häufung von Meßfehlern lassen einem auf Gl. (67 b) aufbauenden Meßverfahren wohl keine praktische Bedeutung zukommen.

Bei der Behandlung des Gewichtes G_T von Tropfen, die aus Röhren vom Radius r abfallen, ist derjenige Bruchteil der Flüssigkeitsmenge zu erfassen, welcher abreißt. Um diesen zu erhalten, stützt sich LOHNSTEIN auf die durch qualitative Beobachtung nahegelegte Hypothese, daß der am Capillarenende hängenbleibende Tropfenrest die gleiche Randneigung habe wie der größte Tropfen unmittelbar vor dem Ab-

---

[1] NEUMANN, H., u. R. SEELIGER: Z. Physik **114**, 571 (1939); H. NEUMANN: Diss., Greifswald 1941.

[2] Die Voraussetzung des stationären Gleichgewichtes kann nach NEUMANN schon bei einer Bildungsdauer von 10 Sekunden erfüllt sein.

[3] Ann. Physik **20**, 237 u. 606 (1906); Z. physik. Chem. **64**, 686 (1908) und **84**, 410 (1913).

fallen. Aus dieser Beobachtung leitet er das Prinzip ab, nach welchem der hängende Tropfen zerfällt und findet es in Übereinstimmung mit seiner Berechnung, daß jedem größten Tropfen, der bei einem bestimmten Verhältnis des Quotienten r/a aus Capillarenradius und Capillaritätskonstanten besteht, auch ein kleinerer mit der gleichen Randneigung entspricht. Er erhält so zwei über den ganzen r/a-Bereich analytisch darstellbare Funktionen $g(r/a)$ und $h(r/a)$, welche die Bedeutung haben, daß $2\pi r\sigma \cdot g(r/a)$ das Gewicht des größten hängenden und $2\pi r\sigma \cdot h(r/a)$ dasjenige des Tropfenrestes ist. Das Gewicht des abfallenden Tropfens ist dann bestimmt zu

$$G_T = 2\,\pi\,r\,\sigma\,[g\,(r/a) - h\,(r/a)] = 2\,\pi\,r\,\sigma \cdot f\,(r/a)\,. \tag{68a}$$

Den nach LOHNSTEIN berechneten Bruchteil $\beta = f(r/a)/g(r/a)$ des größten hängenden Tropfens, der abfällt, gibt als Funktion von r/a Abb. 45 wieder.

LOHNSTEINS Theorie[1] hat unter Variation von Capillarenradius und Oberflächenspannung H. DUNKEN an[2] einem größeren Material geprüft und unter Verwendung seiner auf mikrophotographischem Wege gemachten Beobachtung der Halbkugelform des Tropfenrestes bestätigt. Aber auch die Beziehung (68a) ist als Grundlage für die Ausführung größerer Meßreihen noch nicht geeignet, da sie unter der Voraussetzung anderweitiger ungefährer Kenntnis der Capillarkonstanten noch ein um-

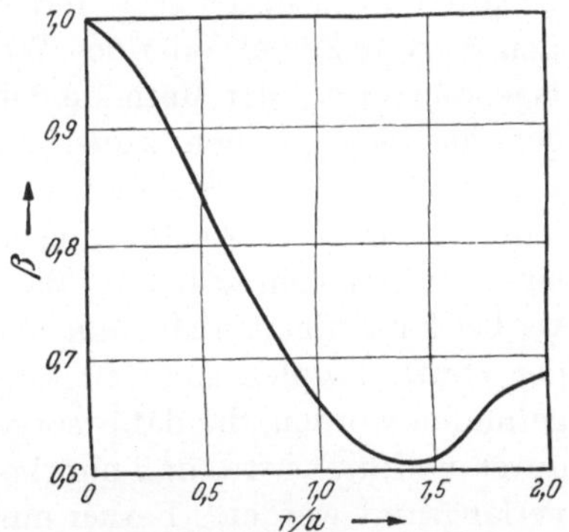

Abb. 45. Der Bruchteil β des größten hängenden Tropfens, der abfällt

ständliches Rekursionsverfahren erfordert. Die Überführung von LOHNSTEINS theoretischen Befunden in die Praxis der Messungen gaben indes HARKINS und BBOWN[3], indem sie die Funktion $f(r/a)$ empirisch dadurch bestimmten, daß sie unter Verwendung anderweitig gemessener Oberflächenspannungen die von ihnen gemessenen Volumina V_T bzw. Gewichte G_T mit dem primitiven Tropfenvolumen $2\pi r\sigma/\varrho g$ bzw. dem primitiven Tropfengewicht $2\pi r\sigma$ dividierten und so die Funktion $f(r/a)$ ermittelten. Dabei ersetzen sie die Funktion $f(r/a)$ des dimensions-

---

[1] Ann. Physik **21**, 10, 30 (1906); **22**, 767 (1907).

[2] Ann. Physik **41**, 567 (1942).

[3] J. Amer. chem. Soc. **41**, 499 (1919); siehe ferner W. D. HARKINS u. E. C. HUMPHREY: ebenda **38**, 228 (1916); B. B. FREUD u. W. D. HARKINS: J. physic. Chem. **33**, 1217 (1919); A. C. LUNN: J. Amer. chem. Soc. **41**, 62 (1919). Ferner H. BROWN: ebenda **56**, 2564 (1934) und die Kritik DUNKENS: Ann. Physik **41**, 567 (1942).

losen, noch von der Oberflächenspannung abhängigen Quotienten r/a durch eine ihr gleichwertige Funktion $\psi\,(r/V^{1/3})$, in der V das Tropfenvolumen bedeutet, und geben diese Funktion tabellarisch wieder. Es ist dann also

$$G_T = 2\,\pi\,r\,\sigma\,\psi\,(r/V^{1/3})\,. \tag{68b}$$

Verwenden wir Gl. (68b) in der entwickelten Form

$$\sigma = \frac{G_T}{2\,\pi\,r\,\psi\,(r/V^{1/3})} \equiv \frac{G_T}{r}\cdot\Phi\,, \tag{69}$$

so können wir zur Bestimmung der Oberflächenspannung die in Tab. 18 zusammengestellten Werte der aus den HARKINS-BROWNschen Angaben berechneten Funktion Φ unmittelbar verwenden. Die Fehler dieser durch H. DUNKEN im unmittelbaren Anschluß an LOHNSTEIN bestätigten Tabellenwerte liegen, wenn V/r^3 in den Grenzen zwischen 2,6 und 1,2 gehalten wird, unter $1^0/_{00}$ und werden größer als $2^0/_{00}$ erst, wenn V/r^3 den Wert 10,3 über- oder den Wert 0,9 unterschreitet. Auf dieser Grundlage können mit der Methode der Tropfengewichte Oberflächenspannungen mit der gleichen Zuverlässigkeit bestimmt werden wie mit der Blasendruck-, der Steighöhen- und der Bügelmethode. Doch ist bei jeder apparativen Ausführung dafür Sorge zu tragen, daß die Tropfen langsam abreißen, weil sonst das Tropfengewicht zu groß gefunden wird. Da bei fortlaufenden Messungen sehr viel Zeit beansprucht würde, wenn der ganze Tropfen sich langsam entwickelte, sind verschiedene Wege gefunden worden, die dafür sorgen, daß die Zeit der Tropfenbildung dadurch verkürzt wird, daß nur die letzten Stufen der Tropfenentwicklung verlangsamt werden[1]. Ferner müssen die Röhren, aus denen die Tropfen

Tabelle 18. *Werte der Funktion Φ der Gl. (69)*

V/r^3	Φ	V/r^3	Φ	V/r^3	Φ
5000	0,172	2,637	0,26224	0,816	0,2550
250	0,198	2,3414	0,26350	0,771	0,2534
58,1	0,215	2,0929	0,26452	0,729	0,2517
24,6	0,2256	1,8839	0,26522	0,692	0,2499
17,7	0,2305	1,7062	0,26562	0,658	0,2482
13,28	0,23522	1,5545	0,26566	0,626	0,2464
10,29	0,23976	1,4235	0,26544	0,597	0,2445
8,190	0,24398	1,3096	0,26495	0,570	0,2430
6,662	0,24786	1,2109	0,26407	0,541	0,2430
5,522	0,25135	1,124	0,2632	0,512	0,2441
4,653	0,25419	1,048	0,2617	0,483	0,2460
3,975	0,25661	0,980	0,2602	0,455	0,2491
3,433	0,25874	0,912	0,2585	0,428	0,2526
2,995	0,26065	0,865	0,2570	0,403	0,2559

[1] HARKINS u. BROWN, l. c.; BIRCUMSHAW: J. chem. Soc. **1922**, 887; GADDUM: Proc. Roy. Soc., Ser. B **109**, 114, (1931); N. K. ADAM: The Physics and Chemistry of Surfaces, Oxford 1941, S. 378 f.; H. DUNKEN: Z. physik. Chem. **47**, 195 (1940).

abtropfen, scharfkantig geschnitten sein und möglichst vollständig benetzt bzw. nicht benetzt werden.

Wie die anderen, so hat auch die Tropfengewichtsmethode verschiedene Ausgestaltungen erfahren. Für Absolut- und Relativmessungen
großer Genauigkeit eignet sich bei einfacher Handhabung ein von H.
DUNKEN[1] entwickeltes Gerät. Dabei werden die Tropfen mittels
einer Capillare von etwa 2 bis 3 mm innerem Durchmesser in der aus
Abb. 46 zu ersehenden Art nach dem Heberprinzip erzeugt. Das horizontale Mittelstück der Capillare ist auf einige Hundertstel mm verengt;
dadurch wird erreicht, daß die Tropfen hinreichend langsam — etwa
in Abständen von drei Minuten — fallen. Die Meßfehler, die durch
Wägung von jeweils mehreren Tropfen und Division durch die Tropfenzahl verringert werden, garantieren bei
Berücksichtigung der Funktion Φ der
Tab. 18 eine Genauigkeit von einigen $^0/_{00}$
in σ. Das Verfahren bietet, wie die Blasendruckmethode, den Vorteil, daß die Oberfläche durch die Messung selbst — im
Sinne statischer Messungen hinreichend
langsam — neu erzeugt wird.

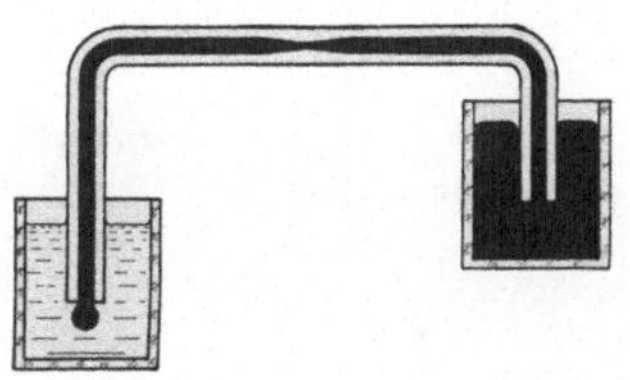

Abb. 46. Gerät zur Messung der Oberflächenspannung aus dem Tropfengewicht

Die gleiche Genauigkeit wie dieses auf
dem Heberprinzip beruhende bietet ein
von ADAM[2] ausgestaltetes Verfahren, bei dem die Tropfen ebenfalls
hinreichend langsam mit Hilfe einer Mikrometerspritze erzeugt werden.
Handhabung und Konstruktion des Apparates sind indessen komplizierter.

Für Relativmessungen auf 0,2 % eignet sich eine von R. C. BROWN
u. H. McCORMICK[3] angegebene Kegelmethode, bei welcher sich die
Tropfen an der Spitze eines (benetzbaren) Kegels, an dem die Flüssigkeit aus seitlichen Bohrungen austritt, bildet. Bei gegebenem Kegel-
winkel sind die Tropfen nach Th. IREDALE[4] von gleicher Gestalt, das
Verhältnis von abfallendem Tropfen und (relativ kleinem) Tropfenrest
bleibt sich dann immer gleich. Im Grenzfall eines Kegelwinkels von
180° geht der Vorgang in denjenigen des Abfallens von einer horizontalen Platte über.

Für schnell auszuführende orientierende Relativmessungen hat die
von I. TRAUBE[5] eingeführte Stalagmometermethode weite Verbreitung

[1] Ann. Physik **41**, 567 (1942) u. Z. physik. Chem., Abt. B. **47**, 195 (1940);
W. D. HARKINS u. W. W. EWING: J. Amer. Soc. **1920**, 2539.

[2] Physics and Chemistry of Surfaces, Oxford 1941, S. 378f.

[3] Philos. Mag. J. Sci. **39**, 420 (1928).

[4] Philos. Mag. J. Sci. **55**, 1088 (1943).

[5] Ber. dtsch. chem. Ges. **20**, 2644 (1887); Biochem. Z. **130**, 476 (1934); siehe
auch K. E. MICKE: Metall u. Erz **28**, 551 (1931).

gefunden. Sie beruht auf unmittelbarer Anwendung der primitiven Tropfengewichtsgleichung (67a). Danach verhalten sich, wenn die Funktionen $f(r/a)$ bzw. $\psi(r/V^{1/3})$ durchweg gleich 1 (oder doch wenigstens konstant) gesetzt werden, die Gewichte zweier Tropfen verschiedener Flüssigkeiten bei Verwendung des gleichen Abtropfgefäßes wie deren Oberflächenspannungen. Es gilt also, wenn der Index X die zu untersuchende und der Index E eine Eichflüssigkeit bezeichnet,

$$\sigma_X : \sigma_E = G_{TX} : G_{TE}. \tag{70a}$$

Nun ist das Gewicht eines Tropfens, wenn bei Ausfluß eines Volumens V sich n Tropfen bilden, gleich $\varrho\, V/n$. Läßt man also von beiden Flüssigkeiten das gleiche Volumen V austropfen, so ist

$$\frac{\varrho_X \cdot n_E}{\varrho_E \cdot n_X} = \frac{\sigma_X}{\sigma_E} \tag{70b}$$

oder

$$\sigma_X = \frac{\sigma_E \cdot n_E}{\varrho_E} \cdot \frac{\varrho_X}{n_X} = C \cdot \sigma_X / n_X, \tag{70c}$$

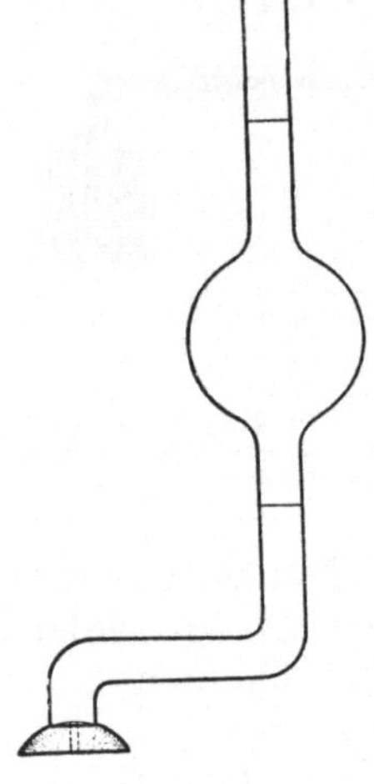

Abb. 47. Stalagmometer

wobei C eine durch einmalige Eichung mit einer geeigneten Flüssigkeit bekannter Oberflächenspannung und Dichte zu bestimmende Apparatekonstante ist. Der zur Bestimmung der Oberflächenspannung nach den Gln. (70) erforderlichen Festlegung eines gleichbleibenden Austropfvolumens V und der zugehörigen Tropfenzählung dient das in Abb. 47 wiedergegebene Stalagmometerrohr; die beiden Marken legen das Abtropfvolumen fest; die Tropfen werden bei jeder Messung gezählt, die Dichte gesondert bestimmt. Die Genauigkeit dieses Verfahrens ist infolge Vernachlässigung der Abhängigkeit des Faktors k der Gl. (67a) von der Capillaritätskonstante und damit von der Oberflächenspannung gering; mit Fehlern von 10% und mehr muß gerechnet werden.

Ersten orientierenden Messungen der Oberflächenspannung dient auch das folgende, ebenfalls auf der vereinfachten Gl. (67a) aufbauende Verfahren[1]. Ein nach Art von Abb. 27 an seinem Boden mit einem feinen Loch versehenes, kalibriertes Reagensglas wird mit der zu untersuchenden Flüssigkeit gefüllt; aus dem Volumen V der bis zur Einstellung auf die Gleichgewichtshöhe h auslaufenden Flüssigkeitsmenge und der Tropfenzahl n wird das Volumen V_T bestimmt. Tropfenvolumen V_T und Gleichgewichtshöhe h ergeben dann wie folgt den Wert der

---

[1] Wolf, K. L., u. R. Wolff, in Houben-Weyl: Methoden der organischen Chemie, 4. Aufl., Bd. III/1, Stuttgart 1956.

Oberflächenspannung bzw. der Capillaritätskonstante: Nach Gl. (67a) ist $G_T = 2\pi r\sigma = \varrho\,V_T g$ oder $r = \varrho g\,V_T/2\pi\sigma$. Ferner ist nach Gl. (34b) $2\sigma/r = \varrho g h$. Daraus folgt schließlich die Beziehung

$$a^2 = 2\sigma/\varrho g = \sqrt{h\,V_T/\pi},$$

mit deren Hilfe aus den Meßgrößen V_T und h, ohne daß, wie beim Stalagmometer, Eichflüssigkeiten erforderlich sind, die Capillaritätskonstante und die Oberflächenspannung berechnet werden. Der Einfluß der Meßfehler wird bei der Auswertung dadurch verringert, daß nur die Wurzeln der Meßgrößen eingehen. Bei der Ausführung ist zu beachten, daß das Reagensglas an seiner Außenseite nicht benetzt wird; man erreicht das bei Wasser und wäßrigen Lösungen z. B. durch äußeres Paraffinieren und Wiederherstellung der Ausflußöffnung durch einen Nadelstich.

c) Dynamische Verfahren. Die an schwingenden Strahlen und schwingenden Tropfen (siehe Abb. 7 und 44)[1] beobachteten periodischen Vorgänge sind in ihrer Frequenz bzw. Wellenlänge durch die Größe der Oberflächenspannung bestimmt. Ebenso hängen Wellenlänge und Fortpflanzungsgeschwindigkeit der durch momentane Erschütterung oder periodische Störungen von Oberflächen erzeugten mit periodischen Vergrößerungen und Verkleinerungen der Oberfläche verbundenen oberflächlichen Kräuselwellen, die man als Capillar- oder Oberflächenwellen bezeichnet, von der Größe der Oberflächenspannung der Flüssigkeit ab, auf der sie auftreten. Auch diese Erscheinungen geben die Grundlagen für Verfahren zur Messung der Oberflächenspannung[2]. Dabei ist, soweit sich bei den Schwingungsvorgängen die Oberfläche schnell erneuert, damit zu rechnen, daß schon bei chemisch einheitlichen Flüssigkeiten, erst recht aber bei Lösungen, Werte der Oberflächenspannung gemessen werden, die nicht eigentlich Oberflächengleichgewichtszuständen zukommen. Man kann diesen Umstand, wo er sich meßbar bemerkbar macht, dahingehend auswerten, daß man aus eventuellen Abhängigkeiten der gemessenen Oberflächenspannungen von der Frequenz bzw. der Geschwindigkeit der Oberflächenerneuerung Rückschlüsse zieht auf die Dauer der Einstellung der stabilen Ordnungs- und Verteilungszustände in Oberflächen. Alle drei Verfahren haben ferner den Vorteil, daß Benetzung und Randwinkel nicht zu beachten sind.

Die Capillarwellen sind seit langem — z. B. schon FARADAY[3] — bekannt. Zum ersten Male systematisch beschrieben sind sie von A. MATTHIESSEN[4]. Man erzeugt sie, wenn man sie etwa demonstrieren will, am

---

[1] Die Erscheinung ist vor allem an dem Nachtropfen in der untersten Reihe der Abb. 44 schön zu erkennen.

[2] Zur Theorie der drei Erscheinungen siehe P. LENARD: Wiss. Abh., Bd. 1, Leipzig 1942.

[3] Pogg. Ann. **26**, 193 (1831).   [4] Pogg. Ann. **134**, 107 (1868); **141**, 375 (1870).

einfachsten in der Weise, daß man Quecksilber in einer flachen Schale durch kurze Erschütterung der Unterlage erregt oder besser durch Berühren der Quecksilberoberfläche mit einer an einer Stimmgabel geeigneter Frequenz befestigten Nadel oder Platte. Man kann dann sehr gut die vom Erregungszentrum aus fortschreitenden Wellen beobachten und sie etwa durch direktes Beleuchten mit einer entsprechend geneigten Lampe vergrößert an eine weiße Wand projizieren. Durch Einbringen von reflektierenden Wänden kann man so Interferenzen, durch Einbringen von Kämmen Beugungen usf. demonstrieren. Erregt man mit zwei an je einem Ende einer Stimmgabel angebrachten Nadeln, so bilden sich stehende Wellen aus, deren Knoten bzw. Bäuche eine konfokale Schar von Hyperbeln darstellen, die man in photographischen Aufnahmen mit Hilfe eines mit einer Okularskala versehenen Mikroskopes langer Brennweite oder an der vergrößerten Projektion unmittelbar ausmessen kann.

Fortpflanzungsgeschwindigkeit v und Oberflächenspannung σ sind, wenn λ die Wellenlänge und ν die Frequenz der Erregung bezeichnen, genügende Tiefe der unterliegenden Flüssigkeitsschicht vorausgesetzt[1], nach KELVIN[2] gegeben zu

$$v^2 = \frac{g\,\lambda}{2\,\pi} + \frac{2\,\pi\,\sigma}{\varrho\,\lambda} \tag{71}$$

und

$$\sigma = \frac{\lambda^3\,v^2\,\varrho}{2\,\pi} - \frac{g\,\lambda^2\,\varrho}{4\,\pi^2}. \tag{72}$$

Das Auftreten zweier Summanden in Gl. (71) entspricht dem Umstand, daß Schwerkraft und Oberflächenspannung im gleichen Sinne dahin wirken, daß die ebene Gleichgewichtsoberfläche wiederhergestellt wird. Von den beiden Termen dieser Gleichung erfaßt der erste den Einfluß der Schwerkraft, der zweite denjenigen der Oberflächenspannung; dabei beträgt der Anteil des Schwerkrafttermes bei einer Wellenlänge von 1 mm 0,03%, bei einer solchen von 1 cm 25% und bei einer solchen von 10 cm 97%, spielt also bei kurzen Wellen nur eine untergeordnete Rolle. Verfahren der Bestimmung der Oberflächenspannung aus fortschreitenden oder stehenden Capillarwellen wurden u. a. von DORSEY[3], GRUNMACH[4], BOHR[5] und HARTRIDGE und PETERS[6] entwickelt. Obwohl der diesen Messungen zugrunde liegende Vorgang dynamischer Art ist, werden aus der Vermessung der Capillarwellen die gleichen Werte

---

[1] RAYLEIGH: Philos. Mag. J. Sci. **30**, **386** (1890).

[2] Philos. Mag. J. Sci. **42**, 375 (1871).

[3] Physic. Rev. **5**, 170 (1897).

[4] Verh. dtsch. physik. Ges. **1**, 13 (1899); Ann. Physik **3**, 660 (1910); **9**, 1261 (1912); KALÄHNE: Ann. Physik **7**, 440 (1902).

[5] Philos. Trans. Roy. Soc., Ser. A **209**, 316 (1909).

[6] Proc. Roy. Soc., Ser. A **101**, 354 (1922).

der Oberflächenspannung erhalten wie bei den statischen Verfahren, da die Oberflächenschicht bei den Schwingungen nicht eigentlich erneuert wird[1]. Zu beachten ist bei der Methode der Capillarwellen stets, daß in hinreichend großem Abstand von den Erregungszentren gemessen wird; andernfalls werden zu große Werte gefunden.

Die Erscheinung der schwingenden Strahlen wurde, nachdem sie bereits mehrfach — so z. B. von SAVART — beschrieben worden war, von RAYLEIGH[2] auf die Wirkung der Oberflächenspannung zurückgeführt. Zur Aufklärung des Zusammenhangs zwischen Wellenlänge λ (siehe Abb. 7) bzw. Schwingungsdauer τ können wir, vorausgesetzt, daß die Abweichungen des Strahlquerschnittes von dem kreisförmigen Gleichgewichtsquerschnitt bei den Schwingungen nicht groß sind, die Schwingungen als isochron ansetzen. Für diesen Fall ist

$$\tau = \pi \cdot \sqrt{\text{Trägheitsmoment/Direktionskraft}} \, .$$

Setzen wir das Trägheitsmoment proportional der Masse, d. h. der Dichte der Flüssigkeit, und die Direktionskraft proportional der Oberflächenspannung, so wird

$$\tau = k' \pi \sqrt{\varrho/\sigma g} \, . \tag{73}$$

Ist $v = \lambda/\tau$ die Geschwindigkeit der fallenden Flüssigkeit, so folgt schließlich die Beziehung

$$\sigma = k \pi^2 \varrho/g \tau^2 = k \pi^2 \varrho v^2/g \lambda^2 \, , \tag{74a}$$

die erkennen läßt, daß bei vorgegebener Ausflußgeschwindigkeit Schwingungsdauer und Wellenlänge um so kleiner sind, je größer die Oberflächenspannung ist[3]. Der Proportionalitätsfaktor k ist noch abhängig von dem Radius des Gleichgewichtskreises und von der Form der Austrittsöffnung. Er ist nach RAYLEIGH gegeben zu $4r^3/(f^3 - f)$, wobei die Formzahl f bei elliptischem Querschnitt gleich 2, bei dreieckigem gleich 3 ist, usf. So gilt für die Schwingungen eines aus einem elliptischen Rohr ausfließenden Strahles also

$$\sigma = \frac{2 \pi^2 r^3 \varrho}{3 g \tau^2} = \frac{2 \pi^2 r^3 \varrho v^2}{3 g \lambda^2} \, . \tag{74b}$$

Diese Gleichung bildet die Grundlage zur Messung der Oberflächenspannung aus Beobachtungen am schwingenden Strahl. Die Wellenlänge kann unmittelbar am fließenden Strahl, etwa mit Hilfe einer dahintergehaltenen mm-Skala, oder aus photographischen Aufnahmen desselben bestimmt werden. Die Fallgeschwindigkeit v ist, wenn h die Höhe des (konstant zu haltenden) Flüssigkeitsspiegels über der Ausfluß-

[1] BROWN, R. C.: Proc. physic. Soc. **48**, 312 (1936).
[2] Proc. Roy. Soc. **29**, 71 (1879) u. **34**, 130 (1882).
[3] PICCARD: Arch. Sci. physiques natur. **24**, 597 (1890).

öffnung bezeichnet, nach den Fallgesetzen gegeben zu $\sqrt{2gh}$. Gewisse Schwierigkeiten macht meist die Feststellung des Gleichgewichtsquerschnittes, da in der Nähe der Ausflußöffnung die hydrodynamischen Gesetze nicht ohne weiteres anzuwenden sind. Das bedingt, daß das

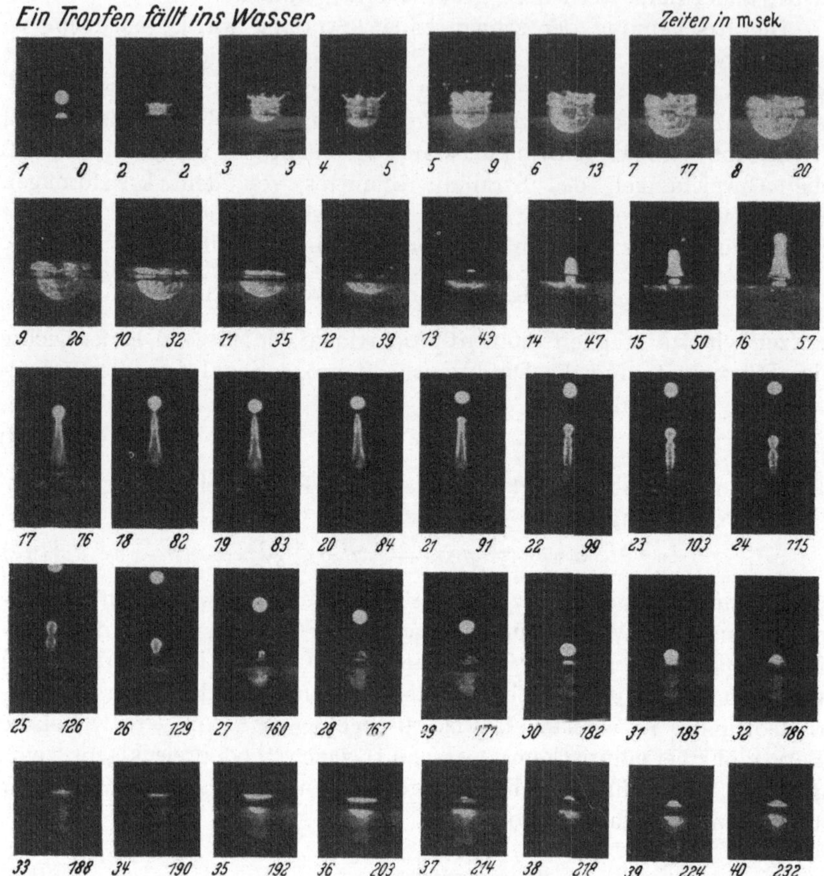

Abb. 48. Auftreffen eines Tropfens auf eine Flüssigkeitsoberfläche (rechts unter jedem Teilbild sind die Zeiten in $^1/_{1000}$ Sekunden angegeben).

Verfahren meist nur zur Ausführung von Relativmessungen verwandt wird. Doch haben Untersuchungen von PEDERSEN, STOCKER und BOHR[1] gezeigt, daß z. B. bei Verwendung elliptischer Ausflußöffnungen

---

[1] PEDERSEN, P. O.: Philos. Trans. Roy. Soc., Ser. A **207**, 341 (1907); Proc. Roy. Soc. **80**, 96 (1907); H. STOCKER: Diss. Freiburg 1914; N. BOHR: Philos. Trans. Roy. Soc. **209**, 281 (1909); Proc. Roy. Soc. **84**, 395 (1911); C. C. ADDISON: J. chem. Soc. **1943**, 585 und Philos. Max. J. Sci. **36**, 73 (1945); K. L. SUTHERLAND: Diss., London (1950).

und Einrichtung auf kleine Amplituden auch Absolutmessungen durchzuführen sind, wenn das der Rohröffnung benachbarte Stück des Strahles auf hinreichende Länge außer Betracht bleibt. Eine Meßgenauigkeit von 1% ist dann sehr wohl erreichbar.

Die Methode der schwingenden Tropfen, deren theoretische Behandlung ebenfalls auf RAYLEIGH zurückgeht, wurde vor allem von LENARD[1]
entwickelt. Die Ableitung des Zusammenhanges zwischen Oberflächenspannung und Schwingungsdauer
geschieht ganz analog derjenigen des
schwingenden Strahles und ergibt
die als Grundlage der Messungen
dienende Beziehung

$$\sigma = \frac{\pi^2 r^3 \varrho}{2 g \tau^2}. \qquad (75)$$

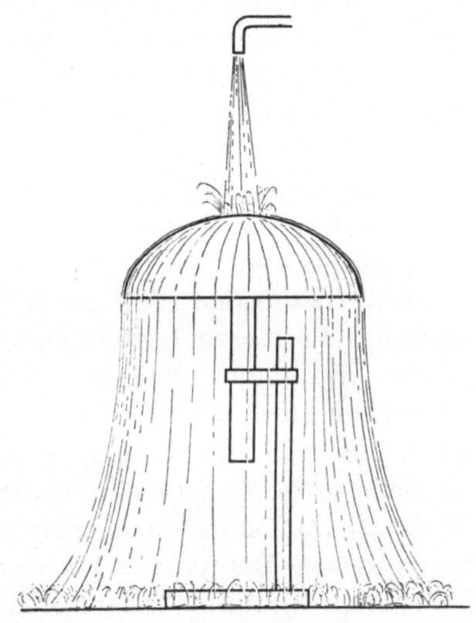

Abb. 49. Flüssigkeitsglocke

Die Schwingungsdauer τ kann dadurch bestimmt werden, daß Abstände gleicher Schwingungsphase
mit Hilfe von Lichtreflexen oder
durch Zeitlupenaufnahmen festgestellt werden und die Fallgesetze
analog wie bei den schwingenden
Strahlen angewandt werden. Andere
Verfahren zur Ermittlung der Schwingungsdauer gründen sich darauf,
daß die Eindringtiefe der Tropfen
beim Auftreffen auf eine Flüssigkeits-
oberfläche[2] bzw. die Reflexionshöhe der Tropfen beim Auftreffen auf
nicht benetzbare feste Unterlagen[3] von der Phase der Schwingung abhängen, in welcher der Tropfen die Oberfläche trifft. Daß auch bei solchen Reflexionen die Verhältnisse durch Bildung von Nachtropfen kompliziert werden, zeigen die dritte und vierte Reihe einer als Abb. 48
wiedergegebenen Aufnahme von GLASER[4].

Ein weiteres dynamisches Verfahren zur Bestimmung der Oberflächenspannung beruht auf der bereits von F. SAVART (1833) beobachteten und von BOUSSINESQU (1869) aufgeklärten Erscheinung der Flüssigkeitsglocken. Läßt man einen Flüssigkeitsstrahl nach Art von Abb. 49
auf einen festen Körper von der Form eines durch ein Stativ festgehal-

---

[1] Wied. Ann. **30**, 209 (1887); S.-B. Heidelberger Akad. Wiss. **1910**, Nr. 18;
JAHNKE: Diss., Heidelberg 1909; R. HISS: Diss., Heidelberg 1913; K. EBELING:
S.-B. Heidelberger Akad. Wiss. **1915**, Nr. 9.
[2] KUTTER, V.: Physik. Z. **17**, 424 u. 573 (1916).
[3] OLLIVIER: Ann. Chim. et Phys. **10**, 289 (1907).
[4] Siehe Fußnote 1, S. 105.

tenen Pilzes fallen, so nimmt die strömende Flüssigkeit unter der Wirkung der Oberflächenspannung die Form einer zusammenhängenden Glocke an. Daß diese Erscheinung der Bestimmung der Oberflächenspannung mit Erfolg nützlich gemacht werden kann, haben E. BUCHWALD und H. KÖNIG[1] gezeigt. Diesem Verfahren ähnlich ist das von BOND[2] und PULS[3] entwickelte. Zwei Strahlen der gleichen Flüssigkeit, der eine aufwärts, der andere abwärts gerichtet, treffen sich zentral; dabei breitet sich die Flüssigkeit zu einer horizontalen Platte aus, aus deren Durchmesser die Oberflächenspannung bestimmt werden kann. Auf diese Weise konnten die Oberflächenspannungen von Wasser und von Quecksilber mit einer Genauigkeit von einigen $^0/_{00}$ bestimmt werden. O. MAASS[4] läßt einen Strahl von kreisförmigem Querschnitt senkrecht auf eine ebene Fläche fallen und ermittelt aus den auf ihm sich ausbildenden stehenden Wellen die Oberflächenspannung; die Meßgenauigkeit beträgt 5%.

d) **Fehlerquellen.** Auf die wichtigsten Fehlerquellen wurde bei den einzelnen Verfahren jeweils gesondert hingewiesen. Allgemein ist zu beachten, daß — vor allem bei Wasser und anderen Flüssigkeiten großer Oberflächenspannung — stets die Gefahr besteht, daß infolge von Verunreinigungen mit selbst sehr geringen Mengen oberflächenaktiver Stoffe zu niedrige Werte gefunden werden. Es ist also bei Messungen der Oberflächenspannung auf peinlichste Sauberkeit zu achten; vor allem können schon geringe Spuren von Fetten die Werte merklich verfälschen. Umgekehrt kann natürlich die hohe Empfindlichkeit etwa von Wasser gegen Fettsäuren die Grundlage äußerst genauer analytischer Verfahren zum Nachweis bestimmter Verunreinigungen bilden. Auf die besonderen Schwierigkeiten bei Messungen an flüssigen Metallen wurde bereits oben (Anmerkung zu Seite 34) hingewiesen.

§ 10. Die Alterung der Oberfläche von Flüssigkeiten

Die dynamischen Methoden zur Messung der Oberflächenspannung von Flüssigkeiten geben Anlaß zur Frage, wie weit frisch hergestellte Flüssigkeitsoberflächen Alterungserscheinungen zeigen, oder, mit anderen Worten, ob in frisch hergestellten Flüssigkeitsoberflächen labile Zustände erfaßt werden können, in denen sich noch nicht der für die Oberfläche charakteristische Ordnungszustand hergestellt hat. Sollten solche Zustände bestehen, so gäben die genannten Methoden, wie oben gesagt,

---

[1] Ann. Physik **23**, 557 (1935) u. **26**, 659 (1936); ferner R. ʻPALLASCH: Ann. Physik **40**, 463 (1941).

[2] Proc. physic. Soc. **47**, 549 (1935).

[3] Philos. Mag. J. Sci. **22**, 970 (1936).

[4] Trans. Roy. Soc. Canada, Sect. III, **9**, 133 (1915); **28**, 117 (1934); **29**, 105 (1935).

die Möglichkeit, den zeitlichen Verlauf der Einstellung des neuen Ordnungszustandes messend zu verfolgen[1].

Wenn die Moleküle einer chemisch einheitlichen Flüssigkeit untereinander alle gleich sind, so daß zwischen Oberfläche und Innerem sich keine Konzentrationsgefälle verschiedener Molekülsorten ausbilden können, und wenn ferner auch der Ordnungszustand dieser untereinander gleichen Moleküle in der Oberfläche und im Innern der gleiche ist, d. h. m. a. W., wenn die spezifische Wärme der Oberfläche gleich Null ist, besteht, hinreichend schnellen Temperaturausgleich bei der Oberflächenvergrößerung vorausgesetzt, offenbar keine Möglichkeit einer solchen „Alterung" der Oberfläche. Wenn dagegen die spezifischen Wärme $c_\sigma\,(=d\Sigma/dT)$, wie bei vielen organischen Stoffen (siehe Tab. 13) von Null verschieden ist, ist grundsätzlich die Voraussetzung dafür gegeben, daß die Oberflächenspannung einer frisch bereiteten Oberfläche eine Zeitabhängigkeit erkennen läßt, sei es nun, daß ein in der Flüssigkeit zwischen Einfach- und Mehrfachmolekülen bestehendes Assoziationsgleichgewicht sich neu einstellen muß, sei es, daß ein Rotationsisomerengleichgewicht Umstellungen erfährt, oder sei es schließlich, daß die Moleküle in der Oberfläche sich in besonderer Weise zueinander und zur Oberfläche orientieren. Daß solche Effekte zu erwarten sind, folgt bereits aus unseren früheren Überlegungen über die Temperaturabhängigkeit der freien und der gesamten Oberflächenenergie. Wir können diese im Anschluß an HARKINS, CLARK und ROBERTS[2] sowie ADAM[3] noch wie folgt ergänzen:

Die Zerreiß- oder Kohäsionsarbeit, die nach unseren früheren Überlegungen gleich der doppelten Oberflächenspannung ist, unterscheidet sich wie Tab. 3 und 19 zeigen, für die verschiedensten aliphatischen Verbindungen von derjenigen der reinen, unsubstituierten Paraffine nur relativ wenig; demgegenüber variiert die Adhäsionsarbeit dieser Verbindungen gegen Wasser, die gegeben ist (siehe später) als diejenige Arbeit, die erforderlich ist, um eine Fläche von 1 cm² von der Grenze dieser Flüssigkeiten gegen Wasser abzuheben, wie ebenfalls Tab. 19 zeigt, sehr stark mit der polaren Gruppe und ist durchgehend wesentlich größer als die Adhäsionsarbeit der Paraffine zu Wasser. Polare Gruppen von der Art der OH- oder COOH-Gruppe würden aber untereinander etwa mit der gleichen Stärke in Wechselwirkung treten wie Wassermoleküle. Daraus folgt, daß beim Zerreißen von Alkoholen, Säuren oder Nitrilen die Wechselwirkung zwischen den polaren Gruppen keine entscheidende Rolle spielt, sei es nun, daß diese infolge Molekülorientierung mitein-

---

[1] Nach FREUNDLICH: Kapillarchemie, 4. Aufl., Bd. 1, Leipzig 1930, S. 62, können z. B. mit der Methode des schwingenden Strahls Zeiteffekte von der Größenordnung von 0,01 Sekunden verfolgt werden.

[2] J. Amer. chem. Soc. **1920**, 702.   [3] Physics and Chemistry of Surfaces, Oxford 1941.

ander nur relativ selten direkt zusammenkommen, sei es, was wahrscheinlicher ist, daß sie infolge von Assoziation tief in den Übermolekülkomplex eingelagert und so von Kohlenwasserstoffresten umgeben sind, daß sie sich in der Kohäsionsarbeit nicht unmittelbar äußern können. In jedem Falle sind aber auch damit die Voraussetzungen dafür angezeigt, daß mit dem Übergang in die Oberfläche Umordnungen, sei es im Assoziationsgleichgewicht, sei es in Grad und Art der Orientierung

Tabelle 19

	Kohäsions-arbeit	Adhäsions-arbeit
	dyn/cm	
Paraffine . . .	37—48	40—48
Alkohole . . .	45—60	92—97
Mercaptane . .	44	69
Methylketone .	50	85—90
Fettsäuren . . .	ca. 55	ca. 95
Nitrile	55	90
Äther	33	87

verbunden sind. In allen diesen Fällen wäre dann aber, wenn ein solcher Effekt nachweisbar wäre, zu erwarten, daß die Oberflächenspannung der frischen Oberfläche größer ist als diejenige nach erfolgter Umordnung; denn es ist immer damit zu rechnen, daß die Ordnung in der Oberfläche in der Weise von derjenigen im Innern abweicht, daß bei der Bildung der Oberfläche möglichst viel Arbeit gewonnen wird. Solche Umordnungen dürften aber i. allg. recht schnell verlaufen.

Nun sind tatsächlich öfter Änderungen der Oberflächenspannung mit der Zeit beobachtet worden. Soweit diese sich über Stunden und Tage erstrecken, dürfte es sich aber um Einflüsse ganz anderer Art handeln, wie etwa um die Salzbildung von Aminen mit der Kohlensäure der Luft oder die Aufnahme von oberflächenaktiven Stoffen aus der Umgebung, die bereits in sehr geringer Konzentration die Oberflächenspannung sehr stark erniedrigen. So hat z. B. DUCLAUX[1] beobachtet, daß die Oberflächenspannung von Wasser durch Fettspuren aus der Luft langsam erniedrigt wird. Es wurden auch langsame Zunahmen von Oberflächenspannungen mit der Zeit beobachtet[2], die etwa durch Verseifung von Estern eintreten können. Hier interessieren aber nicht diese durch äußere Einflüsse hervorgerufenen langsamen, sondern lediglich die nicht zufälligen, mit der Natur der betreffenden Flüssigkeiten und ihrer Oberflächen notwendig verbundenen zeitlichen Änderungen der Oberflächenspannung.

Versuche, diese an chemisch einheitlichen Flüssigkeiten nachzuweisen, haben im Anschluß an eine Anregung LENARDs und eine diesbezügliche Untersuchung von HISS, F. SCHMIDT und H. STEYER[3] und E. KLEINMANN[4] ausgeführt. Die in einer Capillare stehende Flüssigkeit

---

[1] Ann. Chim. et Phys. **13**, 80 (1878).
[2] BIGELOW u. WASHBURN: J. physic. Chem **32**, 321 (1028).
[3] Ann. Physik **79**, 442 (1926). Siehe hierzu auch K. L. SUTHERLAND: Rev. appl. Chem. **1**, 35 (1951).   [4] Ann. Physik **80**, 245 (1926).

wird bei diesen Versuchen durch Überblasen eines nicht zu schwachen Luftstromes zu einer dauernden und stetigen Erneuerung der Meniscus-oberfläche gezwungen. Wird, während der Luftstrom in Gang ist, beobachtet, so findet man eine höhere Lage des Meniscus in der Capillaren, als bei normaler statischer Oberflächenspannung zu erwarten wäre. Wird der Luftstrom abgestellt, so fällt der Meniscus schnell auf die der statischen Oberflächenspannung entsprechende Höhe. Nach diesen Beobachtungen, die an Lösungen deutliche Effekte ergaben, liegt bei Benzol und Nitrobenzol kein nachweisbarer Einfluß des Alters der Oberfläche vor. Dagegen wurde an reinem Wasser, wie Tab. 20 zeigt, unter dem Einfluß des Luftstromes eine Erhöhung um über 30% über den normalen statischen Wert beobachtet, die nach Aufhören des Luftstromes im Verlauf von etwa 0,01 Sekunden zurückging. Da indes nicht auszuschließen ist, daß der

Tabelle 20. *Zeitabhängigkeit der Oberflächenspannung von reinem Wasser*

Sekunden nach Abstellen des Luftstromes	Oberflächen-spannung (erg/cm^2)
0,0000	97
0,0010	88
0,0035	78
0,0049	76
0,0071	75
Endwert	74

hydrodynamische Sog der Luft sowie eine durch die Verdampfung bedingte Abkühlung der Oberfläche im Sinne einer Erhöhung mitwirkten, wird man aus diesen Beobachtungen vorläufig nicht mehr entnehmen können, als daß eine Wasseroberfläche spätestens 0,01 Sekunden nach ihrer Herstellung bereits den Gleichgewichtszustand hergestellt hat. Einschränkend kommt hinzu, daß SEITH[1] mit der Methode der schwingenden Strahlen einen entsprechenden Effekt an Wasser nicht feststellen konnte. Auch G. PICCARD und E. FERRONI[2], die mit der Abreißmethode die Oberflächenspannung von Flüssigkeiten maßen, deren Oberfläche durch Rotation zweier konzentrisch übereinander angeordneter Trichter von bekannter, die Erneuerungszeit bestimmender Drehzahl stetig erneuert wurde, konnten an Wasser keinen Effekt feststellen. An wäßrigen Salzlösungen stellt sich die Gleichgewichtsoberflächenspannung nach BOND und PULS[3] in weniger als 0,003 Sekunden ein. Aus diesem mit dem BOND-PULSschen Verfahren, mit der Methode des schwingenden Strahles und mit derjenigen der Glocken[4] gewonnenen Befund ist zu schließen, daß bei reinem Wasser sich das Oberflächengleichgewicht ebenfalls spätestens in dieser Zeit herstellt[5].

---

[1] Z. physik. Chem. **117**, 264 (1925).

[2] Ann. Chimica **41**, 3 (1951) u. **42**, 328 (1952).

[3] Philos. Mag. J. Sci. **24**, 864 (1937).

[4] PALLASCH, R.: Ann. Physik **40**, 403 (1941).

[5] Über eine entsprechende Anwendung der Methode der Capillarwellen siehe H. E. R. BECKER: Ann. Physik **36**, 385 (1939).

C. Die Oberfläche von festen Stoffen

§ 11. Die Oberflächenspannung

Wie in Flüssigkeiten sind auch in Festkörpern die Moleküle der Oberfläche teilweise von Nachbarn entblößt, so daß sie infolge einseitiger Wirkung der zwischenmolekularen Kräfte einen Zug nach innen erfahren, demzufolge auch dem Festkörper das Bestreben eignet, seine Oberfläche soweit wie möglich zu verkleinern. Grundsätzlich haben also auch Festkörper eine Oberflächenspannung, die, wie wir bereits früher erwähnten, jeweils in etwa eben dem Maße derjenigen ihrer flüssigen Phase entspricht wie ihre Sublimationswärme der Verdampfungswärme. Während indes die Flüssigkeiten infolge der leichten Verschiebbarkeit der Bausteine molekularer Größe dem Einfluß der Oberflächenspannung so weitgehend unterliegen, daß ihre äußere Gestalt durch sie entscheidend bestimmt ist, wird die Form der Festkörper, deren Bausteine weniger beweglich und in den kristallin-festen Körpern der weitreichenden Ordnung des Raumgitters fest eingefügt sind, durch die Oberflächenspannung i. allg. nur so wenig beeinflußt, daß deren Wirkung nicht wie bei den Flüssigkeiten in einer Fülle auffallender Erscheinungen unmittelbar, sondern lediglich in Effekten geringerer Ordnung mittelbar erkannt werden kann.

Den gewöhnlichen Flüssigkeiten recht ähnlich verhalten sich noch die uneigentlich-festen, d. h. die nichtkristallinen oder glasartigen Stoffe. Hier vermögen die Bausteine molekularer Größe bei ähnlicher Nahordnung wie in den Flüssigkeiten infolge einer wesentlich größeren Zähigkeit, wie dem Einfluß äußerer deformierender Kräfte, so auch dem Einfluß der Oberflächenspannung, nur langsam zu folgen. Stoffe dieser Art zeigen bei Beobachtung über hinreichend lange Zeit die gleichen Erscheinungen wie die gewöhnlichen Flüssigkeiten; zur Bestimmung ihrer Oberflächenspannung können grundsätzlich die gleichen Verfahren angewandt werden wie bei diesen, wenn nur darauf geachtet wird, daß der Einfluß der Zähigkeit eliminiert und elastische Nachwirkungen ausgeschaltet werden. So ist es zu verstehen, daß z. B. die Oberflächenspannung von Pech aus der Tropfengröße ermittelt werden konnte[1]. Ja, die höhere Zähigkeit kann sogar, wie das folgende auf BERGGREN[2] zurückgehende Verfahren zeigt, vorteilhaft zur Abwandlung der oben genannten Methoden ausgenutzt werden: Ein senkrecht hängender zylindrischer Faden — etwa aus Pech oder Glas — ist der konkurrierenden Wirkung der Oberflächenspannung und der Schwerkraft ausge-

---

[1] Auf diese Weise bestimmte z. B. IGNATIEW [Beibl. zu Ann. Physik **37**, 24 (1013)] die Oberflächenspannung von Pech zu 30 erg/cm².

[2] Ann. Physik **44**, 61 (1914).

setzt. Bei einer bestimmten Länge l, welche durch die der Gl. (51) analoge Beziehung

$$\sigma = r\, l\, \varrho\, g/2$$

bestimmt ist, halten sich beide das Gleichgewicht, so daß kein Fließen mehr stattfindet. Die Länge l kann durch fortgesetztes Verkürzen des Fadens ermittelt werden. Die auf diese Weise gefundenen Werte der Oberflächenspannung (für Pech bei Zimmertemperatur 50, für Bleiglas bei 500° C 70 erg/cm²) liegen in der gleichen Größenordnung wie diejenigen der gewöhnlichen Flüssigkeiten.

Die Bestimmung der Oberflächenspannung kristallin-fester Körper gelang bisher in einem analogen Verfahren nur bei den Metallen durch Messung der Länge dünner, schwach belasteter Drähte nach längerem Erhitzen kurz unterhalb des Schmelzpunktes; dabei wurden für Kupfer 1650, für Silber 1130 und für Gold 1350 erg/cm² gefunden[1]. Im übrigen ist aber die Frage nach Art und Größe der Oberflächenspannung bei den kristallin-festen Stoffen wesentlich problematischer als bei den Flüssigkeiten und Gläsern. In den kristallin-festen Körpern sind alle Bausteine, auch diejenigen der Oberfläche, der Fernordnung des Raumgitters eingefügt; sie sind infolgedessen, soweit nicht Fehl- und Lockerstellen es ermöglichen, kaum mehr beweglich, sondern führen nur noch Schwingungen um ihre Ruhelagen aus, so daß Verformungen jeder Art, auch wenn sie mit Verkleinerung der Oberfläche verbunden wären, elastische Gegenkräfte widerstehen. Die Auswirkungen der Oberflächenspannung bleiben dadurch so schwach, daß sie nur bei sorgfältigster Beobachtung nachgewiesen oder gar gemessen werden können. Doch gibt es eine Reihe von Erscheinungen, die einen solchen Nachweis gestatten und, wenn nicht eine genaue Messung, so doch eine Abschätzung der Größe der Oberflächenspannung zulassen.

Als die Arbeit zur Vergrößerung der Oberfläche um die Einheit kann die Oberflächenspannung auch bei kristallin-festen Körpern grundsätzlich bestimmt werden aus der Arbeit A, die erforderlich ist zum mechanischen Spalten eines Kristalls vom Querschnitt q; sie ist dann nach Gl. (2) gegeben zu $A/2q$. Eine solche Messung setzt scharfe Trennung in molekularglatter Schnittfläche voraus. Die praktische Ausführung, etwa durch Spalten eines Einkristalls mit einer Rasierklinge, wird, da lediglich Spaltarbeit geleistet werden soll, stets unvollkommen bleiben, so daß Messungen dieser Art immer nur orientierenden Charakter haben dürften; hinzu kommt, daß für Spaltungen nach verschiedenen Gitterebenen verschiedene Werte zu erwarten sind. Auf diesem Wege

---

[1] UDIN, H., u. Mitarbeiter: J. Metals **3**, 401 (1952). Ein von G. N. ANTONOFF [Philos. Mag. J. Sci. **4**, 792 (1927)] angegebenes Verfahren zur direkten Messung der Oberflächenspannung fester Stoffe ist nach M. VOLMER [Die Physik **1**, 141 (1933)] theoretisch nicht haltbar.

wurde die Oberflächenspannung von Steinsalz[1] zu 130, diejenige von Glimmer[2] zu 5400 bzw. 2400 erg/cm² bestimmt[3].

Die an kristallin-festen Körpern mit Oberflächenvergrößerung verbundenen flächenspezifischen Arbeiten können indes nicht immer wie bei den Flüssigkeiten mit der freien Oberflächenenergie identifiziert werden[4], da z. B. bei der Oberflächenvergrößerung eines Festkörpers durch Dehnung anders als bei Flüssigkeiten elastische, durch die Größe des Elastizitätsmoduls bestimmte Kräfte mit im Spiel sind, zu denen auch die in der Oberfläche befindlichen Bausteine beitragen; die aus solchen Messungen erhaltenen „elastischen" Oberflächenspannungen entsprechen zwar einem mechanischen, nicht aber einem thermodynamischen Gleichgewicht und sind deshalb mit der flächenspezifischen freien Oberflächenenergie nicht zu identifizieren. Wir verstehen, indem wir hinsichtlich der dadurch bedingten Besonderungen auf die Literatur verweisen[5], in Übereinstimmung mit dem ursprünglichen Gebrauch bei Flüssigkeiten, auch unter der Oberflächenspannung eines kristallin-festen Stoffes weiterhin die (mittlere) Arbeit, welche erforderlich ist, um im Sinne von Gl. (2) einen Quadratzentimeter neuer Oberfläche zu erzeugen[6]. Man könnte demnach daran denken, die (mittlere) Oberflächenspannung fester Stoffe aus der für das Zerkleinern, also z. B. Vermahlen grobkörnigen Stoffes zu feinem Pulver, aufzuwendenden mechanischen Arbeit zu berechnen. Versuche dieser Art scheitern aber, abgesehen davon, daß es bei dem zur Erzielung hinreichender Effekte erforderlichen hohen Zerkleinerungsgrad oft nicht möglich ist, die Größe der Oberflächenänderung auch nur einigermaßen zuverlässig zu bestimmen, i. allg. daran, daß die Zerkleinerungsvorrichtungen, wie oben schon bemerkt wurde, sehr unrationell arbeiten und daß das gleichzeitige Auftreten von Arbeit verzehrenden Verformungen kaum auszuschließen ist.

---

[1] KUSKEZOW, W. D., u. W. M. KUDBJAWZEWA: Z. Physik. **42**, 302 (1927).

[2] OBREIMOFF, I. W.: Proc. Roy. Soc., Ser. A **127**, 290 (1930); V. P. LAZAREW: J. physik. Chem. USSR **7**, 320 (1936); ferner B. D. SAKSEW u. L. M. PANT: J. chem. Physics **18**, 305 (1950).

[3] Die Oberflächenspannung von Zucker schätzen R. VAN HOOK und E. J. KILMARTIN: Z. Elektrochem. angew. physik. Chem. **56**, 303 (1952) zu etwa 200 erg/cm².

[4] LENNARD-JONES, J. M.: Z. Kristallogr., Mineral., Petrogr. **75**, 215 (1930); siehe ferner E. OROVAN: Z. Physik **79**, 573 (1932).

[5] LENNARD-JONES, J. M., u. M. DENT: Proc. Roy. Soc., Ser. A **121**, 247 (1928); C. GURMAY: Proc. physic. Soc. **62**, 639 (1949); C. HERRING in dem Kapitel „The use of classical macroscopic concepts in surface-energie problems" und A. J. SHALER in dem Kapitel „The mechanical properties of crystallin metal surfaces" in der von R. GOMER u. C. S. SMITH herausgegebenen Monographie „Structure an proporties of solid surfaces", Chicago 1953.

[6] Feinheiten der Bestimmung der Zerreißarbeit von Festkörpern beobachtet und diskutiert A. SMEKAL: Nova Acta Leopoldina **11**, 1942.

Daß die Oberflächenspannungen der Flüssigkeiten und der kristallin-festen Körper von der gleichen Größenordnung und diejenige der festen Stoffe jeweils etwas größer sind als diejenige der zugehörigen Flüssigkeiten, ergibt das Größenverhältnis der Sublimations- und Verdampfungswärmen. Einzelwerte der Oberflächenspannungen fester Metalle berechnet aus den Sublimationswärmen (siehe § 7 und § 12) S. N. SADUMKIN[1]. Er findet für die im kubisch-flächenzentrierten Gitter kristallisierenden Metalle die Werte (in erg/cm^2) 1340 für Kupfer, 872 für Silber, 1190 für Gold, 220 für Strontium, 387 für Thallium, 928 für Aluminium, 418 für Blei, 1440 für γ-Eisen, 1770 für β-Kobalt, und 1770 für Platin, für die kubisch-raumzentriert kristallisierenden Metalle die Werte 288 für Natrium, 437 für Lithium, 123 für Kalium, 100 für Rubidium, 78 für Caesium, 1600 für Tantal und 2390 für Molybdän, für die hexagonal kristallisierenden Metalle die Werte 665 für Zink, 567 für Cadmium, 1490 für Hafnium, 3520 für Osmium und 3030 für α-Kobalt.

Fehlen somit auch weiterhin exakte Bestimmungen der Oberflächenspannung kristallin-fester Stoffe, so reichen die oben genannten Messungen und Abschätzungen, die später durch theoretische Berechnungen ergänzt werden, zum Beleg der Aussage, daß die Bausteine kristallin-fester Körper in der Oberfläche in ähnlichem oder noch höherem Grade potentielle Energie speichern wie diejenigen in der Oberfläche von Flüssigkeiten. Sie sind, wie dort gleichsam partiell verdampft, so hier partiell sublimiert und damit für die Teilnahme an solchen Vorgängen, in deren Vollzug sie noch stärker oder ganz von ihresgleichen getrennt werden, begünstigt. Das muß sowohl in Sublimations-, Schmelz- und Auflösungsvorgängen wie in chemischen Umsetzungen zum Ausdruck kommen, wenn nur die Zerteilung so weit getrieben ist, daß dadurch die Zahl der in Oberflächen befindlichen Gitterbausteine erheblich vermehrt ist.

Wie der Dampfdruck von Flüssigkeiten, so nimmt denn nach Gl. (38) bzw. der aus dieser durch Kombination mit Gl. (38a) folgenden Beziehung

$$\frac{\Delta \pi}{\pi} = \frac{2\,\sigma\,V_M}{r\,R\,T} \tag{38b}$$

auch der Sublimationsdruck kristallin-fester Stoffe mit dem Zerteilungsgrad zu. Einer quantitativen Auswertung der Gln. (38) steht hier aber die Schwierigkeit im Wege, daß kleine, durch Mahlen, Sublimieren oder Fällen bereitete Kristallkörner nichtkugelige, durch die Art des Kristallgitters und der Tracht bestimmte, oft auch noch variierende Formen

---

[1] Russ. J. physik. Chem **27**, 502 (1953) u. Ber. Akad. Wiss. UdSSR (N. S.) **92**, 115 (1953), beides zitiert nach Chem. Zbl. **1955**, 991. Die Werte sind bemerkenswert kleiner als die in Tab. 21 angegebenen.

haben. Wir verwenden deshalb an Stelle des aus Gl. (38 b) für die durch isotherme Destillation kleiner Tröpfchen vom Radius r (je Gramm) zu gewinnende Arbeit A_σ folgenden Ausdruckes

$$\frac{\Delta \pi}{\pi} \frac{R\,T}{M} = \frac{2\,\sigma}{r\,\varrho} \equiv A_\sigma \tag{76}$$

den der isothermen Destillation kleiner Kriställchen angepaßten allgemeineren Ausdruck

$$\frac{\Delta \pi}{\pi} \frac{R\,T}{M} = \frac{2\,\sigma}{d\,\varrho} \equiv A_\sigma , \tag{77}$$

in dem d einen von Größe und Gestalt der sublimierenden Teilchen abhängigen, von Fall zu Fall zu berechnenden Formfaktor darstellt.

Die nach den Gln. (38) und (77) bestehende Labilität kleiner Kriställchen gegenüber größeren muß dazu führen, daß diese — ähnlich wie kleine Flüssigkeitströpfchen — infolge ihres erhöhten Sublimationsdruckes zugunsten der größeren durch isotherme Destillation verschwinden. Beobachtungen an Stoffen wie p-Dichlorbenzol, Menthol oder Azobenzol zeigten das erwartete Ergebnis[1]; doch ist nicht auszuschließen[2], daß dieses durch Temperaturschwankungen beeinflußt ist. Bei sehr kleinen Kriställchen treten Schwierigkeiten auf, da die freie Oberflächenenergie nicht mehr definiert ist. Auch ist, da der Unterschied zwischen Fern- und Nahordnung entfällt, zwischen kristallinfestem und flüssigem Zustand nicht mehr zu unterscheiden[3].

Dem erhöhten Dampfdruck kleiner Kristalle korrespondiert, da diese mit der gleichen Schmelze im Dampfgleichgewicht stehen wie die größeren, eine Schmelzpunkterniedrigung[4]. Für diese erhalten wir, indem wir die relative Dampfdruckänderung $\Delta \pi / \pi$ über die CLAUSIUS-CLAPEYRONsche Gleichung durch die Schmelzwärme λ_{Sch} und die Schmelzpunktsänderung ΔT_{S} ersetzen, die Beziehung

$$A_\sigma = \frac{\lambda_{\mathrm{Sch}} \cdot \Delta T_S}{T} . \tag{78}$$

Die Gl. (78) entsprechende Abhängigkeit der Schmelztemperatur von der Korngröße wurde von PAWLOW[5] diskutiert und im Versuch bestätigt.

---

[1] KÜSTER, F. W.: Lehrbuch der physik. u. theor. Chemie 1906, S. 187, und P. PAWLOW: Z. physik. Chem. **68**, 316 (1910).

[2] MEISSNER, F.: Z. anorg. allg. Chem. **110**, 169 (1920).

[3] Siehe hierzu W. KOSSEL: Ann. Physik **21**, 457 (1934).

[4] KÜSTER, F. W.: Lehrbuch der allg. physik u. theor. Chemie **1906**, S. 189. Nach W. KUHN u. H. MAJER [Z. angew. Chem. **68**, 345 (1956)] wird eine Schmelzpunkterniedrigung auch dann beobachtet, wenn eine Flüssigkeit von einem Netzwerk von Fäden gelöster hochpolymerer Stoffe durchzogen ist, so daß beim Gefrieren nur kleinste Kristallbereiche auftreten können, deren Größe durch die Maschenweite bestimmt ist.

[5] Z. physik. Chem. **65**, 1 u. 545 (1909); **75**, 48 (1911) u. **76**, 450 (1911).

Eine zur quantitativen Erprobung hinreichende Versuchsanordnung entwickelte indes nach einem Vorschlag von TAMMANN[1] erst MEISSNER[2], indem er die Schmelze des zu untersuchenden Stoffes in dem keilförmigen Raum zwischen einer ebenen Metallplatte und einer Zylinderlinse zur Kristallisation brachte und das Schmelzen in einem parallel zur Achse der Linse erzeugten linearen Temperaturgefälle beobachtete. Die Isothermen liefen bei seiner Anordnung, in der nur die Metallplatte geheizt wurde, als Geraden unter einem stumpfen Winkel gegen die Richtung fortschreitenden Temperaturgefälles in die Schneide ein. Bei gleichbleibender Schmelztemperatur müßte dann die Grenze zwischen dem kristallisierten Stoff und seiner Schmelze mit einer solchen Isothermen zusammenfallen. Tatsächlich ist sie aber, infolge der mit fortschreitender Enge des keilförmigen Schmelzraumes zunehmenden Schmelzpunkterniedrigung gegen die Schneide zu in Richtung des Temperaturgefälles vorgebogen. Für Azobenzol mit einer Schmelztemperatur von 342°C und einer Schmelzwärme von 5,3 Kcal ergab sich eine Schmelzpunkterniedrigung von 0,355°, woraus sich der Arbeitsbetrag (78) zu 5,5 cal/Mol berechnet. Für die weitere Auswertung der Gl. (78) ist, da auch die Schmelze im Keil laminar verkleinert wird, an Stelle der Oberflächenspannung σ die Differenz $\Delta\sigma = \sigma_{\text{fest}} - \sigma_{\text{Schmelze}}$ zu setzen; der Formfaktor d ist, wenn d_1 und d_2 die Dicke der Kristalllamelle an zwei Stellen des Schmelzkeils bezeichnet, zwischen denen der Temperaturunterschied ΔT_0 besteht, gegeben zu $d_1 d_2/(d_1 - d_2)$. Auf diese Weise erhält man aus den genannten Beobachtungen einen Betrag von 60 erg/cm^2 für $\Delta\sigma$; ähnliche Werte ergeben sich für Myristinsäure und für Tristearin. Um soviel ist also die Oberflächenspannung des kristallin-festen Stoffes in diesen Fällen größer als diejenige seiner Schmelze[3]. Die Schichtdicke, von der an die Schmelzpunkterniedrigung meßbar wurde, lag bei diesen Versuchen[4] stets unterhalb von $1\,\mu$.

Eine weitere Gruppe von Versuchen an dünnen Lamellen fester Stoffe geht auf Beobachtungen von J. C. CHAPMAN und H. L. PORTER[5] zurück, nach denen dünnes Blattgold sich bei stetiger Erwärmung von einer bestimmten Temperatur an nicht mehr ausdehnt, sondern zu-

---

[1] Z. anorg. allg. Chem. **110**, 166 (1920).

[2] Z. anorg. allg. Chem. **110**, 169 (1920).

[3] Weitere Beobachtungen über den Unterschied der Oberflächenspannung von Festkörper und zugehöriger Schmelze siehe bei P. KUBELKA u. R. PROSCHKA: Kolloid-Z. **109**, 79 (1944). Diesen Untersuchungen sind auch die Werte der Tab. 1 entnommen.

[4] Über den Zusammenhang der Grenzflächenspannung Kristall gegen Kristallschmelze mit diesen Erscheinungen siehe RIE: Z. physik. Chem. **104**, 354 (1923). Über die Beeinflussung der Schmelzwärme durch die Oberfläche siehe GIRTLER: Ber. Wien. Akad. Wiss. **117**, IIA, 889 (1908).

[5] Proc. Roy. Soc., Ser. A **83**, 651 (1909).

sammenzieht. Dieses Verhalten ist dadurch bedingt, daß die Festigkeit mit steigender Temperatur stärker abnimmt als die Oberflächenspannung, so daß zufolge der erhöhten Beweglichkeit der Gitterbausteine diese schließlich bei einer bestimmten Temperatur die Oberhand gewinnt. SCHOTTKY[1] kam in Weiterführung derartiger, durch Betrachtungen TAMMANNs[2] theoretisch unterbauter Versuche an Hand von Messungen der Schrumpfungstemperatur zu einer Abschätzung der Oberflächenspannung von Silber; G. TAMMANN und W. BÖHME[3] erhielten für Gold bei 700°C einen Wert der Oberflächenspannung von 1230 erg/cm², der im Vergleich mit derjenigen des flüssigen Goldes (siehe Tab. 7) plausibler erscheint als der oben genannte von 1350 erg/cm² nahe der Schmelztemperatur. An diese Schrumpfungserscheinungen knüpft dann TAMMANN[4] eine — seitdem vor allem in der Metallographie weiterentwickelte — Theorie der Rekristallisation[5] und der Sinterung[6] an.

Dem Einfluß der von ihresgleichen auf sie ausgeübten Anziehungskräfte in besonders hohem Maße entzogen und bereits recht nahe dem Zustand vollzogener Sublimation sind die Gitterbausteine in Flächenkanten und Ecken von Kristallen als Stellen stärkster Krümmung. Einen dadurch gegenüber demjenigen der Kristallflächen abermals erhöhten Dampfdruck zu bestimmen, ist nicht möglich. Wohl aber sind derartige Einflüsse als die Ursache dafür anzusehen, daß Kanten und Ecken an kristallin-festen Körpern durch Umordnung dieser lockeren Gitterbausteine abgerundet werden. Von daher dürften auch an durch mechanische Zerkleinerung hergestelltem Kristallpulver auftretende Alterungserscheinungen zu verstehen sein, die sich z. B. darin äußern, daß frisch bereitete Pulver bei der unter der Wirkung oberflächenaktiver Zusätze (siehe später) erfolgenden Sedimentation in Flüssigkeiten und bei der Flotation sich anders verhalten können als einige Zeit nach der Bereitung. Auch für das Wachsen und Auflösen von

---

[1] Nernst-Festschrift 1912, S. 437 und Nachr. Ges. Wiss., Göttingen, math.-naturw. Kl. 1912, 480; siehe ferner A. K. SCHELLINGER: Science **111**, 693 (1950).

[2] Nernst-Festschrift 1912, S. 428.

[3] Ann. Physik **12**, 820 (1932). Bedenklich erscheint, daß der Temperaturkoeffizient sehr hoch — etwa dreimal so groß wie bei der Schmelze — gefunden wird. Wir verweisen auf den gleich zu nennenden Befund von HUANG und WILLIC, wonach bei Na der Temperaturkoeffizient des festen Stoffes nur wenig größer ist als derjenige der Schmelze.

[4] Lehrbuch der Metallographie, 3. Aufl., Leipzig 1923.

[5] ALTERTHUM: Z. Elektrochem. angew. physik. Chem. **28**, 347 (1922) und Z. physik. Chem. **110**, 1 (1924); F. SAUERWALD, in MÜLLER-POUILLETS Lehrbuch der Physik, 11. Aufl., Bd. 3/1, Braunschweig 1926, S. 573ff.

[6] HUETTIG, G.: Kolloid-Z. **98**, 263 (1942); J. P. ROBERTS: Metallurgia **42**, 123 (1950); C. HERRING in der oben genannten Monographie von GOMER und SMITH, Chicago 1953.

Kristallen (siehe später) und eine Reihe von weiteren Erscheinungen, wie z. B. den Einfluß der Beschaffenheit der Gefäßwände und fester Katalysatoren auf die chemische Reaktion und die elektrochemische Passivität sind diese mit zunehmendem Zerteilungsgrad relativ häufigeren Stellen oft von ausschlaggebender Bedeutung. Ebenso bringen sie für die ebenfalls später noch zu behandelnde Adsorption eine Reihe von Besonderungen, wie am Beispiel die elektronenoptische Aufnahme[1] von Abb. 50 illustriert, welche die bevorzugte Anlagerung kolloidaler Goldteilchen an den Kanten von Kaolinkristallen erkennen läßt.

Ähnlich wie auf den Dampfdruck wirkt Oberflächenkrümmung auch auf den Dissoziationsdruck fester Stoffe. Ob allerdings diesbezügliche Versuche von CENTNERZWER und KRUSTINSON[2] an Quecksilberoxyd und an Silbercarbonat mehr als eine Abschätzung der Größenordnung der Oberflächenspannung bedeuten, muß, solange sie nicht anderweitig bestätigt sind, dahingestellt bleiben[3].

Von Oberflächenspannungen einzelner Kristallflächen ist diejenige der mit CH_3-Gruppen besetzten 001-Fläche (etwa von Paraffinen) zu 3,7, diejenige der mit COOH-Gruppen besetzten 001-Fläche (etwa von Dicarbonsäuren) zu 39,3 erg/cm² berechnet worden[4]. Messend die Oberflächenspannungen einzelner Kristallflächen zu unterscheiden ist bei den Schwierigkeiten, die selbst der Bestimmung der mittleren Oberflächenspannung kristallin-fester Stoffe im Wege stehen, naturgemäß noch nicht gelungen. Doch gibt die nicht zu bezweifelnde und, wie sich zeigen wird, im einzelnen theoretisch zu stützende Tatsache, daß verschiedenen Kristallflächen verschiedene Werte der Oberflächenspannung zuzuordnen sind, zusammen mit der in Gl. (76) erfaßten und durch die voranstehend beschriebenen Versuche bestätigten Abhängigkeit der Oberflächenspannung vom Zerteilungsgrad die Möglichkeit zu allgemeinen Aussagen darüber, welche von den nach dem HAUYschen Gesetz

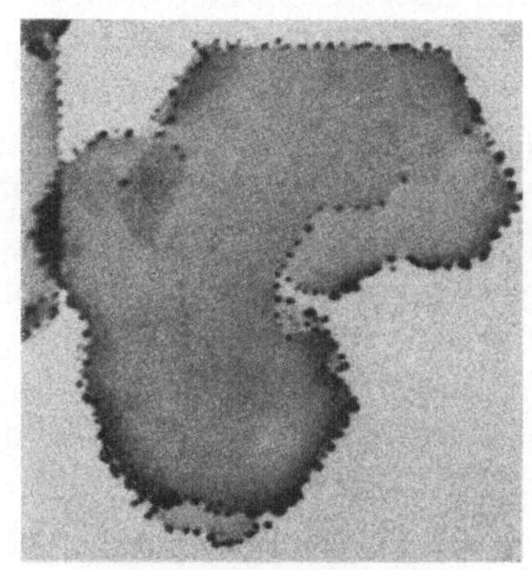

Abb. 50. Bevorzugte Anlagerung an Kristallkanten

---

[1] THIESSEN, P. A.: Z. Elektrochem. angew. physik. Chem. **48**, 575 (1942).

[2] Z. physik. Chem. **130**, 187 (1927).

[3] Das gleiche gilt für Versuche von G. M. POUND u. K. K. LAMER [J. chem. Physics **19**, 506 (1951)], aus der kritischen Übersättigung, die zur spontanen Bildung von Tröpfchen im Dampf führt, deren Oberflächenspannung zu bestimmen.

[4] THIESSEN, P. A., u. E. SCHOON: Z. Elektrochem. angew. physik. Chem. **46**, 170 (1940).

der rationalen Indices möglichen Flächen sich an einem mit seinem Dampf (oder seiner Lösung) im Gleichgewicht befindlichen Kristall stabil ausbilden oder, mit anderen Worten, welche äußere Gestalt ein Kristall gegebener Gitterstruktur unter dem Einfluß der Oberflächenspannung bei Bedingungen annimmt, bei denen Flüssigkeiten die Kugelform zukommt.

Wie bei Flüssigkeiten die Kugel als die Form kleinster Oberflächenenergie die stabile Gleichgewichtsform darstellt, so erfolgt an dem von ebenen Flächen begrenzten Kristall die Ausbildung dieser Flächen in der Art, daß die gesamte, d. h. die über alle Flächen genommene Oberflächenarbeit ein Minimum, oder, wenn die einzelnen Flächen durch Indices i unterschieden werden, so daß

$$\delta \sum_i \sigma_i F_i = \sum \sigma_i \, \delta F_i = 0 \tag{79}$$

ist[1]. Um nun festzustellen, welche von den nach der Gitterstruktur eines Kristalles möglichen Flächen sich als stabile Gleichgewichtsflächen erweisen, gehen wir aus von einem Kristall, der diese Gleichgewichtsgestalt bereits darstellt und denken uns diesen weiter wachsend. Dieses Wachstum wird dann so erfolgen, daß die vorhandenen Flächen im Verhältnis ihrer bereits erreichten Größe weiter fortschreiten, also so, daß zwischen den Flächengrößen F_i und den Flächenzunahmen δF_i die Beziehung

$$F_1 : F_2 : F_3 \ldots F_i = \delta F_1 : \delta F_2 : \delta F_3 \ldots \delta F_i$$

besteht. Die bei einer differentiellen Vergrößerung den einzelnen Flächen aufgelagerten Wachstumsschichten der Dicke $d h_i$ bringen dann, wenn h_i die von einem Punkt im Innern des Polyeders bzw. des Schnittpolygons auf die einzelnen Flächen gezogenen Höhen bedeuten (siehe Abb. 52), eine Volumenvergrößerung

$$dV_i = d(h_i F_i)/3 = (F_i \, d h_i + h_i \, d F_i)/3$$

der den einzelnen Flächen zugehörigen Pyramidenkörper der Höhen h_i mit sich. Andererseits ist die differentielle Volumenvergrößerung

$$dV_i = F_i \, d h_i$$

und

$$\frac{d F_i}{d V_i} = \frac{2}{h_i}. \tag{80}$$

Der Ausdruck (80) ist bei der angenommenen differentiellen Vergrößerung analog dem bei der Ableitung der Gl. (32b) zu gewinnenden

---

[1] GIBBS, W.: Thermodynamische Studien, übersetzt von OSTWALD, Leipzig 1892, S. 376 ff.; P. CURIE: Bull. Soc. miner. France **8**, 145 (1885) u. Z. Kristallogr. Mineral., Petrogr. **12**, 651 (1887); einen eigenen Beweis dieses an sich evidenten Satzes gibt M. VOLMER: Kinetik der Phasenbildung, Leipzig u. Dresden 1939, S. 90 ff.; siehe ferner R. DEFAY: J. Physical Radium **19**, 1203 (1951).

Quotienten $\Delta F/\Delta V$ gleich $2/r$ für die differentielle Vergrößerung einer Kugel gebildet. Setzt man ihn an Stelle des Faktors $2/r$ in Gl. (38), so erhält man die Beziehung

$$\frac{\sigma_i}{h_i} = \frac{R\,T \cdot \ln \pi_i/\pi}{2\,V_M}. \tag{81}$$

Da bei dem vorausgesetzten Gleichgewicht die Dampfdrucke π_i über den verschiedenen Flächen einander gleich sein müssen, folgt schließlich aus (81) der zuerst von G. WULFF[1] abgeleitete, eine Beziehung zwischen den Oberflächenspannungen σ_i der einzelnen Flächen und der in den Höhen h_i erfaßten Gestalt des Kristalls daistellende WULFFsche Satz

$$\sigma_1 : \sigma_2 : \sigma_3 \ldots \sigma_i = h_1 : h_2 : h_3 \ldots h_i, \tag{82}$$

nach dem die Zentraldistanzen h_i den Oberflächenspannungen σ_i proportional sind. Dieser erlaubt, wenn die Oberflächenspannungen σ_i bekannt sind, wie folgt die Bestimmung der Gleichgewichtsform des Kristalles:

In einem Polyeder bzw. dessen ebenem Schnittpolygon, in welchem die Flächen bzw. die Seiten die durch das Gesetz der rationalen Indices geforderten Richtungen haben, fällt man von einem in dessen Innerem liegenden Punkt die Lote auf die Flächen (bzw. Seiten), greift

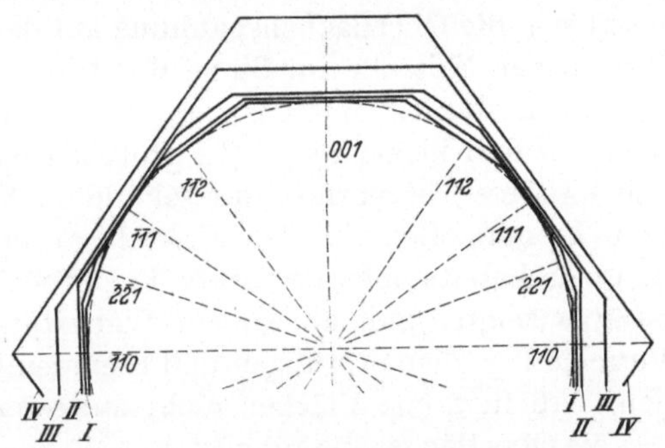

Abb. 51. Entwicklung eines K–Al–Alaun-Oktaeders aus der Kugel (nach SPANGENBERG)

von ihm aus die Strecken h_i in den durch das WULFFsche Gesetz (82) geforderten Verhältnissen ab und legt durch deren Endpunkte Parallele zu den Flächen bzw. Seiten des Ausgangspolyeders. Der auf diese Weise erhaltene Körper stellt dann die gesuchte Gleichgewichtsform des betreffenden Kristalles dar. Aus den Gln. (79) und (82) entnimmt man, daß eine Fläche um so schneller wächst und in der Gleichgewichtsfigur um so kleiner ausfällt, je größer ihre Oberflächenspannung ist. Das führt im Extremfall dazu, daß die Flächen mit den höchsten Oberflächenspannungen mit den übrigen überhaupt nicht mehr zum Schnitt kommen, in der Gleichgewichtslage also nicht auftreten, d. h. instabil sind. Läßt man, wie das u. a. SPANGENBERG und KOSSEL taten, einen mit möglichst allen nach dem Gesetz der rationalen Indices denkbaren Flächen aus-

---

[1] Z. Kristallogr., Mineral., Petrogr. **34**, 449 (1901).

gestatteten, d. h. am besten einen kugelförmig geschliffenen Kristall[1] langsam wachsen (siehe Abb. 51), so erfolgt die Anlagerung vorzüglich auf den instabilen Flächen, so daß diese allmählich „wegwachsen" und nur die schwächer anlagernden stabilen Flächen übrigbleiben.

Einzelne Gleichgewichtsformen auf Grund des WULFFschen Satzes zu berechnen, ist nicht möglich, solange die Oberflächenspannungen σ_i der verschiedenen Flächen nicht bekannt sind. Seine praktische Bedeutung könnte indes darin bestehen, daß aus den bekannten Gleichgewichtsformen das Verhältnis der Oberflächenspannungen der verschiedenen Flächen zueinander bestimmt werden könnte. Doch ist der Unterschied $\Delta\pi/\pi\,(=\ln\pi_i/\pi)$ der Dampfdrucke bei makroskopischen Kristallen nur außerordentlich klein; er beträgt, wie eine Größenordnungsabschätzung nach Gl. (38) ergibt, für Kristalle von der Ausdehnung von Zentimetern nur etwa 10^{-6} bis 10^{-8}. Da also auch die chemischen Potentiale $RT\cdot\ln\pi_i$ in Gl. (81) sich nur sehr wenig von demjenigen der unendlich großen Fläche des Dampfdruckes π unterscheiden, wirkt sich die Oberflächenspannung auf die Bildung der Gleichgewichtsformen der Kristalle im Sinne des WULFFschen Satzes i. allg. nur bei Kristallen mikroskopischer oder gar submikroskopischer Ausdehnung (einige μ und kleiner) aus. Bei größeren Kristallen setzen sich dagegen, wie VALETON[2] hervorhob, oft sekundäre Einflüsse, z. B. die Adsorption von Fremdstoffen, in der Kristallisationsgeschwindigkeit durch, wie u. a. die bereits oben erwähnte Trachtbeeinflussung durch Fremdstoffzusätze zeigte. Bei langsamem Wachstum aus dem Dampfraum und Vermeidung aller Störungen und Fremdeinflüsse mag wohl erreicht werden, daß instabile Flächen nicht auftreten; quantitative Rückschlüsse auf die Oberflächenspannungen werden damit aber noch nicht gewonnen.

Daß bei sehr kleinen Kristallen eine Verarmung an Flächen eintritt und Kanten und Ecken stabil werden, die an größeren Kristallen nicht mehr beobachtet werden, wiesen STRANSKI und KAISCHEW[3] nach. Bringt man einen makroskopischen Kristall in stark übersättigten Dampf, so bilden sich auf den bei kleineren Kristalldimensionen relativ instabilen Flächen in großer Zahl halbkristallitische Aufwachsungen (s. Abb. 52) kleinster Erstreckung mit Ecken und Kanten, welche sich aus dem Überschneiden der stabilen Flächen (nach Abb. 51) ergeben würden. Dadurch erhalten die bei kleinen Kristallen verschwindenden Flächen am makroskopischen Kristall, wie STRANSKI[4] in Versuchen an Cadmium-

---

[1] SPANGENBERG, K.: Handwörterbuch der Naturwissenschaft, 2. Aufl., Bd. 10, 1934.

[2] Verh. sächs. Akad. Wiss., math.-physik. Kl., **67**, 1 (1915) u. Physik. Z. **21**, 606 (1920).

[3] Z. physik. Chem., Abt. B **26**, 81 u. 312 (1934).

[4] Z. physik. Chem., Abt. B **38**, 451 (1938); Ber. dtsch. chem. Ges. **72**, 141 (1939).

kristallen bestätigte, ein gegenüber den anderen Flächen mattes Aussehen; auf diese Weise ist es möglich, Gleichgewichtsformen für bestimmte Kristallitgrößen zu finden. Eine detaillierte Behandlung solcher Gleichgewichtsbedingungen ist, wie schon EHRENFEST[1] vermutete, auf Grund molekulartheoretischer Betrachtung (siehe § 12) möglich. Da bei sehr kleinen Kristallen die Zahl der in Ecken und Kanten befindlichen Gitterbausteine, wie Abb. 53 am Beispiel von α-Eisen (nach HUETTIG) zeigt, neben derjenigen der in Flächen befindlichen nicht mehr vernachlässigbar ist, wird man hier ohnehin gezwungen, neben der makroskopisch definierten freien Energie der Kristallflächen auch die freien Kanten- und Eckenenergien zu berücksichtigen[2] und damit auf die molekulare Betrachtung verwiesen.

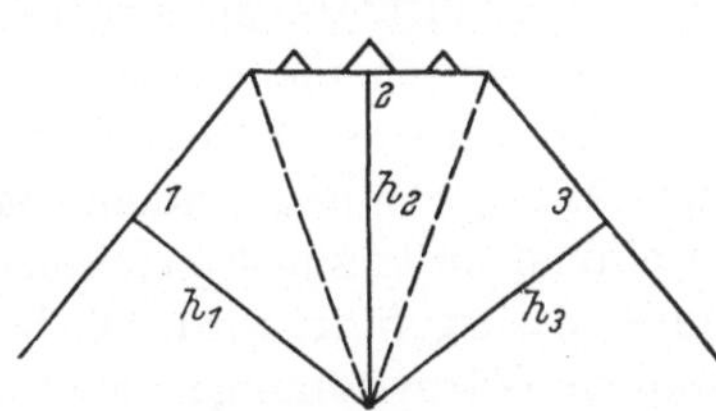

Abb. 52. Zum Wachstum aus übersättigtem Dampf

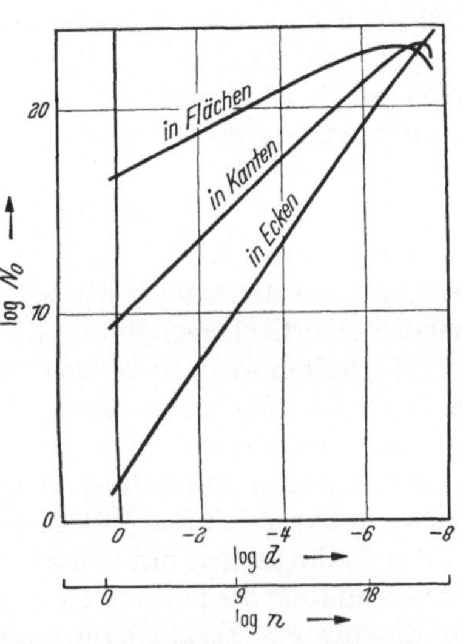

Abb. 53. Zahl N_o der Oberflächen-, Kanten- und Eckenatome eines Grammatoms Eisen in Abhängigkeit vom Dispersitätsgrad. Es bedeutet n die Anzahl der Würfel der Kantenlänge d

Über die bei Flüssigkeiten so eingehend untersuchte Temperaturabhängigkeit der Oberflächenspannung ist infolge der Schwierigkeit der Messung der Oberflächenspannung kristallin-fester Körper so gut wie nichts bekannt. Theoretisch fanden HUANG und WILLIC[3] für den Unterschied der gesamten und der freien Oberflächenenergie von Natrium einen Wert von 34 erg/cm^2 bei 700° C; der daraus folgende Temperaturkoeffizient $-d\sigma/dT$ von 0,11 erg/(cm^2 und grad) liegt nahe bei dem zu 0,08 beobachteten (siehe Tab. 21) des flüssigen Natriums. Auf analogem Weg findet HAUL[4] für festes Gold, Silber und Blei die Werte 0,10;

---

[1] Ann. Physik **48**, 360 (1915).

[2] Die ersten Hinweise auf die Notwendigkeit der Berücksichtigung der Ecken und Kanten gab wohl BRILLOUIN [Ann. Chim. et Phys. **6**, 540 (1895)]; ferner PAWLOW: Z. Kristallogr., Mineral., Petrogr. **40**, 189 (1905) u. Z. physik. Chem. **72**, 385, (1910).

[3] Proc. physic. Soc., Ser. A **62**, 180 (1949).

[4] Z. physik. Chem., Abt. B **53**, 331 (1943); siehe auch R. F. RICKE: ebenda, Abt. B **52**, 284 (1942).

0,10 und 0,075, die den Werten der geschmolzenen Metalle praktisch gleich sind; ob dieses Ergebnis allerdings nicht eine Folge der den Berechnungen zugrunde liegenden Prämisse ist, daß die Differenz der Entropien an der Oberfläche und im Innern sich zu derjenigen im Innern in beiden Aggregatzuständen gleich verhalte, bleibt noch zu prüfen; allerdings legen die Betrachtungen des § 6 die Vermutung nahe, daß der Entropieunterschied s_σ bei den Metallen Null oder nahe gleich Null ist, womit dann die genannten Berechnungen gerechtfertigt wären.

Über die Druckabhängigkeit der Oberflächenspannung kristallinfester Stoffe ist nichts bekannt. Dagegen liegen einige Hinweise auf den Zusammenhang zwischen Oberflächenspannung und Härte vor[1].

§ 12. Die Oberflächenenergie

Die gesamte Oberflächenenergie Σ, die bei Flüssigkeiten im allgemeinen aus Messungen der bei festen Körpern nur schwer zu bestimmenden Oberflächenspannung und deren Temperaturabhängigkeit nach Gl. (2) erhalten wird, ist bei kristallinfesten Körpern leichter zu ermitteln als deren Oberflächenspannung. Ihr — über die verschiedenen Kristallflächen gemittelter — Wert wird calorimetrisch aus der Differenz der Wärmetönungen von Umsetzungen jeder Art gewonnen, indem die gleiche Reaktion einmal mit grobem und einmal unter sonst gleichbleibenden Bedingungen mit feinkörnigem Material ausgeführt wird. Die bei der Anwendung des feineren Materials gefundene Wärmetönung ist jeweils um die für die Zerkleinerung aufzuwendende Energie größer als bei Anwendung des gröberen, so also, daß endotherme Umsetzungen schwächer endotherm, exotherme stärker exotherm erscheinen; die Umrechnung der Energiedifferenz auf die Änderung der Oberfläche des Ausgangsmaterials um die Flächeneinheit ergibt dann unmittelbar die gesamte flächenspezifische Oberflächenenergie Σ. Die zu erwartenden Effekte sind bei Ausnutzung der bei calorimetrischen Messungen erreichbaren Genauigkeit sehr wohl meßbar; doch muß, sollen genauere Werte erhalten werden, die Zerkleinerung — etwa mit Hilfe der Schwingmühle — meist recht weit getrieben werden, wodurch die Bestimmung der Oberflächenänderungen mit Unsicherheiten behaftet wird, die sich ihrerseits im Endresultat auswirken. So ist es zu verstehen, daß trotz gut gelungenen Nachweises der in Frage stehenden calorischen Effekte die Versuche zur quantitativen Bestimmung der gesamten Oberflächenenergie meist doch nur den Charakter von Abschätzungen behalten. Dazu kommt, daß sich bei kleinen festen Teilchen auf Grund von deren

---

[1] DUNDON, M. L.: J. Amer. chem. Soc. **45**, 2658 (1924); W. v. ENGELHARDT: Ges. Wiss. Göttingen Nachr., math.-naturw. Kl. 1943; über Oberflächenspannung und Härte von Legierungen siehe J. P. ALTYNOW: Ber. Akad. Wiss. UdSSR (N. S.) **93**, 845 (1953), zitiert nach Chem. Zbl. **1955**, 29.

Bereitung, sei es, daß diese durch Kondensation aus dem Dampf oder der Lösung, sei es, daß sie durch mechanische Zerkleinerung größerer Teilchen erfolgt, stets relativ mehr Gitterbausteine in nichtregulären Lagen befinden als bei gröberen; da diese aber der völligen Lostrennung geneigter sind als die in regulären Gitterpunkten befindlichen, ist stets damit zu rechnen, daß die nach dem zur Erörterung stehenden Prinzip bestimmten Oberflächenenergien zu groß sind.

Der Nachweis des Einflusses der Korngröße auf die Verbrennungswärme wurde von R. S. JESSUPP[1] an Diamant erbracht; bei einer mittleren Korngröße von 39 μ wurde eine Verbrennungswärme von 395,281, bei einer solchen von 25 μ eine Verbrennungswärme von 395,771 kilojoule je Gramm gefunden. Daß die Lösungswärme durch feine Verteilung des zu lösenden Stoffes erhöht wird, zeigten, nachdem schon ältere Beobachtungen an pyrophor zerteilten Metallen darauf hinwiesen[2], S. G. LIPSET, P. M. G. JOHNSON und O. MAASS[3] am Beispiel der Auflösung von Steinsalz in Wasser. Das feinkörnige Natriumchlorid wurde für diese Versuche durch Destillation im Luftstrom bereitet und die am weitest getragenen, also kleinsten Kriställchen gesammelt, die mit einer mittleren Korngröße von 1,3 μ zur Verwendung kamen. Als Lösungswärme wurden —884 cal/mol gemessen gegenüber einem Wert von —896 cal/mol am groben Korn. Aus dieser Differenz wird die Oberflächenenergie von festem Natriumchlorid zu rund 400 erg/cm² berechnet. In analoger Weise hat FRICKE[4] die Oberflächenenergien von Metallen, Oxyden und Hydroxyden bestimmt, das von ihm verwandte Korn war noch feinteiliger; die Teilchengrößenbestimmung erfolgte röntgenographisch. Gegen die Bestimmung der Teilchengröße aus der Verbreiterung der Röntgeninterferenzen ist jedoch einzuwenden, daß man mit ihr wohl die mittlere Größe der kohärent streuenden Bereiche erhält, daß diese aber keineswegs voneinander getrennt bestehende Kriställchen darstellen müssen, sondern auch als gegeneinander versetzte Gitterblöcke demselben Kristallverband angehören können. Die röntgenographisch bestimmte Oberfläche würde damit nach oben verfälscht, die berechneten Oberflächenenergien also zu klein gefunden. Eine Elimination dieser Unsicherheit dürfte durch eine Kombination der röntgenographischen mit der elektronenmikroskopischen Methode zu erreichen sein[5].

Daß, wie der Dampfdruck kleiner Kriställchen, so auch deren Löslichkeit gegenüber größeren erhöht ist, bemerkte erstmals W. OST-

---

[1] Bur. Standards J. Res. **21**, 475 (1938).

[2] GUNTZ u. FERÈE: Bull. Soc. chim. France **15**, 132 (1896).

[3] J. Amer. chem. Soc. **49**, 925 u. 1940 (1927); **50**, 2701 (1928).

[4] Z. angew. Chem. **51**, 805 (1938); Z. physik. Chem., Abt. A **181**, 409 (1938).

[5] HAUL, R., u. TH. SCHOON: Z. Elektrochem. angew. physik. Chem. **45**, 667 (1939); R. FRICKE, TH. SCHOON u. W. SCHRODER: Z. physikal. Chem., Abt. B **50**, 13 (1941).

Wald[1], der auch die der Gl. (38) analoge Beziehung ableitete. Weitere Beobachtungen dieser Art machten C. A. Hullet[2], M. L. Dundon[3] und A. Parapetrou[4]. Wir werden auf diese Untersuchungen[5] später im Zusammenhang mit der Frage nach der Grenzflächenspannung fester Stoffe gegen Flüssigkeiten zurückkommen.

Weiterreichend als bei den Flüssigkeiten sind bei den kristallinfesten Körpern, da hier die regelmäßige Anordnung der Bausteine im Gitter die Kenntnis der Koordinationszahlen Z_i und der Abstände d_{ij} der Gitterpunkte voneinander zu bestimmen gestattet, die Möglichkeiten, die Oberflächenenergie aus den im Gitter wirkenden zwischenmolekularen Kräften zu berechnen. Wir gehen, um auf diesem Wege zur Kenntnis der Oberflächenenergien zu kommen, aus von der die gesamte molare Oberflächenenergie und die Verdampfungswärme verbindenden Gl. (30). Ersetzen wir in ihr die molare innere Verdampfungswärme λ_{iM} durch die molare innere Sublimationswärme S_{iM}, so erhalten wir, wenn wieder Z_i und X_i Koordinationszahlen der i-ten Sphäre und a_i Trennungsarbeiten eines zentralen Gitterbausteins von einem Nachbarn der i-ten Sphäre bezeichnen, die für kristallin-feste Stoffe[6] gültige Beziehung

$$\Sigma_M = \frac{(Z_i - X_i)\, a_i}{Z_i\, a_i} \cdot S_{iM}. \tag{83}$$

Mit ihrer Hilfe behandeln wir zunächst den einfachen, an den festen Edelgasen und — mit gewissen Einschränkungen[7] — auch an den Metallen verwirklichten Fall, daß das von einzelnen Gitterbausteinen ausgehende Kraftfeld kugelsymmetrisch sei, daß die zwischenmolekularen Kräfte nur eine kurze Reichweite haben, so daß nur die Wirkung der unmittelbaren Nachbarn erster Sphäre in Rechnung zu setzen ist, und daß schließlich die zwischen je zwei benachbarten Gitterbausteinen wirkende Kraft unabhängig davon sei, wieviel weitere Gitterbausteine mit diesen ebenfalls in Wechselwirkung stehen, so daß jeder Gitterbaustein sich in einer dichtesten Kugelpackung mit möglichst vielen Nachbarn zu umgeben befähigt und bestrebt ist. An Stelle der Gl. (83) tritt dann die zu Gl. (31) analoge Beziehung

$$\Sigma_M = \frac{Z - X}{Z} \cdot S_{iM}, \tag{84}$$

---

[1] Z. physik. Chem. **34**, 503 (1900).

[2] Z. physik. Chem. **37**, 385 (1901) u. **47**, 357 (1904).

[3] J. Amer. chem. Soc. **45**, 2479 u. 2659 (1924).

[4] Z. Kristallogr., Mineral., Petrogr. **92**, 89 (1935).

[5] Kritische Bemerkungen dazu macht W. Kossel: Ann. Physik **21**, 461 (1934).

[6] Kossel, W.: Ann. Physik **49**, 229 (1916); M. Volmer: Kinetik der Phasenbildung, Dresden u. Leipzig 1939; K. L. Wolf u. R. Grafe: Kolloid-Z. **98**, 257 (1942); R. Haul: Z. physik. Chem., Abt. B **53**, 331 (1943).

[7] Siehe A. Eucken: Lehrbuch der chemischen Physik, 2. Aufl., Bd. 2 (II), Leipzig 1943, S. 528, 566 u. 1178.

in der Z als Koordinationszahl erster Sphäre die Zahl nächster Nachbarn eines Gitterbausteins im Innern des Gitters, X die entsprechende Zahl in dessen Oberfläche bezeichnet. Wir erhalten dann für die verschiedenen an Gittern dichtester Kugelpackung mit der Koordinationszahl $Z = 12$ auftretenden Flächen folgende allgemeine Werte für die gesamte molare Oberflächenenergie:

Würfelfläche (100) des kubisch-flächenzentrierten Gitters. . . . . $X = 8; \; \Sigma_M = S_{iM}/3$

Oktaederfläche (111) des kubisch-flächenzentrierten Gitters . . . . $X = 9; \; \Sigma_M = S_{iM}/4$

Basisfläche (0001) des hexagonalen Prismas . $X = 9; \; \Sigma_M = S_{iM}/4$

Übrige Flächen des Gitters hexagonal dichtester Packung. . . . . $X = 8; \; \Sigma_M = S_{iM}/3$

Die für einige Edelgase und Metalle auf diesem Wege berechneten molaren gesamten Oberflächenenergien sind in Tab. 21 wiedergegeben. Die Werte sind erwartungsgemäß durchweg höher als bei den flüssigen Stoffen bei vergleichbarer Temperatur, bei den Metallen teilweise fast doppelt so groß.

Tabelle 21

Stoff	T °abs.	Sublimationswärme S_{iM} kcal/mol	Mol. ges. Oberflächenenergie Σ_M 10^2 joule/mcl		Spez. ges. Oberflächenenergie Σ erg/cm²	
			(100)	(111)	(100)	(111)
Argon	0	1,85	25,8	19,3	29,6	25,6
	84	1,69	23,6	17,7	26,2	22,7
Krypton . . .	0	2,68	37,4	28,0	39,4	34,2
	116	2,34	32,7	24,5	32,1	27,8
Xenon	0	3,79	52,9	39,7	45,7	39,6
	161	3,27	45,6	34,2	39,4	34,1
Silber	0				1934	1683
	298	68,5	956	717	1911	1655
	1234	65,0	907	680	1715	1485
Gold	0				2539	2210
	298	89,9	1254	941	2515	2178
	1336	86,0	1200	900	2310	2000
Blei	0				886	771
	298	45,8	639	479	870	753
	600	44,7	623	468	832	720

Ist die Gitterkonstante d bekannt, so kann die Besetzungsdichte der einzelnen Flächen und damit die von N_L-Bausteinen beanspruchte, den einzelnen Flächen zuzuordnende Molfläche F_M berechnet werden.

Diese beträgt für die (100)-Fläche des kubisch-flächenzentrierten Gitters $\frac{d^2 N_L}{2}$, für dessen (111)-Fläche $\frac{\sqrt{3}\, d^2 N_L}{4}$. Es ist also die flächenspezifische gesamte Oberflächenenergie der Würfelfläche gegeben zu $\Sigma_{(100)} = \frac{2\, \Sigma_M}{d^2 N_L} = \frac{2}{3}\, \frac{\lambda_{iM}}{d^2 N_L}$, diejenige der Oktaederfläche zu $\Sigma_{(111)} = \frac{4\, \Sigma_M}{\sqrt{3}\, d^2 N_L} = \frac{1}{\sqrt{3}}\, \frac{\lambda_{iM}}{d^2 N_L}$.
Die auf diesem Wege unter Verwendung der bekannten Gitterkonstanten berechneten Werte sind in den letzten beiden Spalten der Tab. 21, welche auch von FRICKE[1] für den absoluten Nullpunkt berechnete Werte enthält, mit aufgeführt[2]. Die spezifischen Oberflächenentropien lassen sich, wenn man die Temperaturabhängigkeit bei den Festkörpern, was sicher richtig ist, in der gleichen Größenordnung wie diejenige der zugehörigen Flüssigkeiten annimmt, abschätzen. Sie sind bei den Edelgasen und den Metallen etwa gleich groß. Der mit ihrer Hilfe berechnete Anteil $T \cdot ds/dT$ an der spezifischen gesamten Oberflächenenergie fällt aber bei den Metallen entsprechend dem großen Werte der gesamten Oberflächenenergie nur sehr wenig ins Gewicht und macht nur einige Prozente dieser aus, so daß die um etwa 5% erniedrigten Werte der letzten Spalte der Tab. 21 mit guter Annäherung die freien Oberflächenenergien, d. h. die Oberflächenspannung der festen Metalle darstellen dürften.

Die Werte der Tab. 21 geben nunmehr eine Möglichkeit, zu entscheiden, welche Flächen an einem Kristall gegebener Gitterstruktur sich als die stabilsten vorzüglich ausbilden. So ist z. B. nach den obigen Überlegungen das Verhältnis der Oberflächenenergie $\Sigma_{(100)}$ bzw. der Oberflächenspannung $\sigma_{(100)}$ der Würfelfläche eines im kubisch-flächenzentrierten Gitter kristallisierenden Stoffes um den Faktor $2/\sqrt{3}$ oder 1,155 größer als die Oberflächenenergie $\Sigma_{(111)}$ bzw. Oberflächenspannung $\sigma_{(111)}$. Das besagt aber, daß die Oktaederfläche bei Stoffen dieser Art im Sinne des CURIE-GIBBS-WULFFschen Satzes als die stabilere vor der Würfelfläche ausgezeichnet ist. Dem entspricht es, daß z. B. Kristalle von kolloidalem Gold im Elektronenmikroskop Oktaedergestalt erkennen lassen und daß ganz allgemein im kubisch-flächenzentrierten Gitter kristallisierende Stoffe vorzüglich in Form von Oktaedern auftreten. Man kann die gleichen Überlegungen in analoger Weise für andere Gittertypen anstellen. Man sieht dann, daß z. B. beim

---

[1] Kolloid-Z. **96**, 211 (1941); Z. physik. Chem., Abt. B **52**, 284 (1942).

[2] Der Einfluß der übernächsten Nachbarn beträgt bei Edelgasen und Metallen, wie in § 6 schon gesagt wurde, höchstens 4%. Setzt man also, damit den Extremfall fassend, den Beitrag der Nachbarn zweiter Sphäre mit 4% an, also das Verhältnis $Z_1 a_1 : Z_2 a_2 = 96 : 4$, so erhält man für die (100)-Fläche des kubisch-flächenzentrierten Gitters ($Z_1 = 12$, $Z_2 = 6$, $X_1 = 8$, $X_2 = 5$) für das Verhältnis λ_{iM}/Σ_M anstatt 3 den Wert 2,98.

einfachen kubischen Gitter	die Würfelfläche (100)
kubisch-raumzentrierten Gitter	die Rhombendodekaederfläche (110)
kubisch-flächenzentrierten Gitter	die Oktaederfläche (111)
hexagonal dichten Gitter	die Basisfläche (0001)

Flächen geringster Oberflächenenergie sind. Auf diese Weise wird schließlich auch verständlich, warum in den einfachen Fällen die Stoffe mit streng kugelsymmetrischen Gitterbausteinen (Edelgase) von den beiden in Hinsicht ihrer energetischen Verhältnisse im Kristallinnern gleichwertigen Gittern dichtester Kugelpackung in Oktaedern kristallisierend stets das kubische vorziehen: Bei der Bildung der Kristalle werden der voranstehenden Rechnung gemäß die von lauter Flächen geringster Oberflächenenergie begrenzten Oktaeder bevorzugt gegenüber hexagonalen Kristallen, deren meiste Flächen entsprechend der Koordinationszahl 8 nicht Flächen minimaler Energie sind. Wohl fallen diese Unterschiede bei großen Kristallen neben dem weitaus überwiegenden Einfluß der in beiden Fällen gleichen Energie der Bausteine im Innern der Kristalle nicht mehr ins Gewicht. Da aber, wenn die Keime einmal oktaedrisch angelegt sind, kein Grund besteht, daß beim weiteren Wachstum Umlagerungen eintreten, bleibt die Oktaederform auch an den makroskopischen Kristallen bestehen.

An Hexamethylentetramin (Urotropin), in dem die Molekülschwerpunkte ein raumzentriertes Würfelgitter bilden, konnten STRANSKI und HONIGMANN[1] an makroskopischen Kristallen die Einstellung der Gleichgewichtsformen beobachten. Es überwiegen die Rhombendodekaederflächen 011; daneben treten Würfelflächen und schwächer auch noch 112-Flächen auf, während die Oktaederflächen vollständig fehlen. Die Wachstumsformen von Wolfram, Tantal und Molybdän, die im gleichen Gitter kristallisieren, wurden im Feldelektronenmikroskop beobachtet[2]; da die abgebildeten Kathodenspitzen mit Radien von der Größenordnung von 10^{-5} cm kleiner sind als die durch die Blockstruktur bedingten Gitterunregelmäßigkeiten, werden Störungen umgangen. Auch hier überwiegen dann unter den scharfkantig auswachsenden Flächen die nach unserer obigen Rechnung für kubisch-raumzentrierte Gitter zu erwartenden Rhombendodekaederflächen bei weitem; daneben treten, wie beim Hexamethylentetramin, 001-Flächen auf.

Diese Beobachtungen sind wie folgt zu verstehen: Die wirksamen zwischenmolekularen Kräfte sind Dispersionskräfte bzw. die diesen analogen Kräfte der metallischen Bindung; daneben dürften im Urotropin noch Multipolkräfte zur Geltung kommen. Berücksichtigt man

---

[1] Z. physik. Chem. **194**, 180 (1950). Ferner B. HONIGMANN: Z. Elektrochem. angew. physik. Chem. **58**, 322 (1954).

[2] HONIGMANN, B., E. W. MÜLLER u. I. N. STRANSKI: Z. physik. Chem. **196**, 6 (1951).

bei der Berechnung der im Sinne des WULFFschen Satzes stabilen Flächen nur die nächsten Nachbarn, so sollte die Gleichgewichtsform, wie oben gezeigt wurde, nur von Rhombendodekaederflächen begrenzt sein. Berücksichtigung auch der zweitnächsten Nachbarn läßt auch die Würfelflächen stabil erscheinen. Bei Berücksichtigung auch noch der drittnächsten Nachbarn sollten schließlich zugleich mit den 112-Flächen auch die Oktaederflächen an der Gleichgewichtsform auftreten. Da diese aber mit Sicherheit nicht beobachtet werden, ist die Mitwirkung der drittnächsten Nachbarn auszuschließen; das Auftreten der 112-Flächen muß also durch besondere, nur bei dieser und nicht auch bei der 111-Fläche mögliche Einflüsse bedingt sein. Die beiden Flächenarten unterscheiden

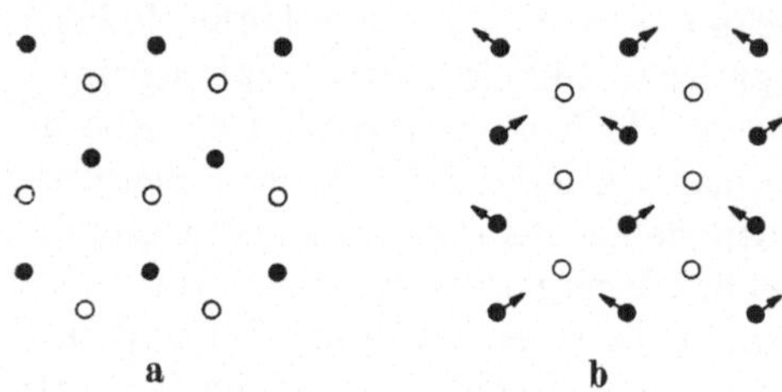

a   b

Abb. 54. Bausteine der oberen und der darunterliegenden Netzebene. Die zwei obersten Netzebenen der 111- und der 112-Fläche

sich nun aber in der Symmetrie der Anordnung der Gitterbausteine in den Netzebenen. Die völlig regelmäßig im Abstand drittnächster Nachbarn angeordneten Bausteine der Oktaedernetzebene ruhen nach Art des Schemas 54a symmetrisch auf erstnächsten Nachbarn in der Unterlage; jede Verzerrung der Netzebenen würde also zu einer Vergrößerung der spezifischen Oberflächenenergie führen. Dagegen sind die Bausteine der 112-Ebene weniger symmetrisch verteilt, nämlich nach Art der Abb. 54b in dichten Ketten, die ihrerseits untereinander den Abstand drittnächster Nachbarn haben; jeder Baustein der obersten Netzebene hat zwei erst- und zwei zweitnächste Nachbarn in der darunterliegenden. Hier kann eine Netzebenenverzerrung, etwa von der im Schema 54b angedeuteten Art, zu einer energetisch günstigeren Anordnung[1] und damit zu einer Abnahme der spezifischen Oberflächenenergie führen. Auf diese Weise ist die Stabilisierung der 112-Flächen im Sinne des WULFFschen Satzes verständlich.

Im Ätzabbau des im kubisch-flächenzentrierten Gitters kristallisierten Aluminiums, bei dem nach obigen Rechnungen Kuboktaeder zu erwarten wären, fanden STRANSKI und MAHL[2] nur Würfelflächen. Indes konnte gezeigt werden, daß beim Abbau der oxydfreien Oberfläche tatsächlich die zu erwartenden Kuboktaederformen auftreten[3].

---

[1] Eine solche durch Zunahme des Schwingungsvolumens bedingte Verzerrung stellt eine zweidimensionale Modifikationsänderung dar.

[2] MAHL, H., u. I. N. STRANSKI; Z. physik. Chem., Abt. B **51**, 319 (1942).

[3] POLITYCKI, A., u. H. FISCHER: Z. Elektrochem. angew. physik. Chem. **56**, 326 (1952).

So wirkt sich, wie diese Beispiele zeigen, die Oberflächenspannung schließlich doch noch auf die äußere Gestalt der Kristalle aus. Die Verwirklichung der unter ihrem Einfluß zu erwartenden Gleichgewichtsformen ist wohl durch Gitterstörstellen und Adsorption von Fremdstoffen gefährdet, so daß sich an makroskopischen Kristallen Wachstumsverzerrungen geltend machen. Bei Beobachtung hinreichend kleiner Kristalle oder Züchtung größerer unter sorgfältigen Bedingungen lassen sich aber stets die zu erwartenden Gleichgewichtsflächen nachweisen.

Flüssigkeitsoberflächen entwickeln keine Ecken und Kanten; die stetige Krümmung ihrer Oberfläche mittelt, indem sie jeden Baustein in gleicher Weise schwach aus der ebenen Oberfläche heraushebt, gleichsam über alle kristallographisch möglichen Ebenen, so daß mit der Betrachtung der Flächenenergie und ihrer Abhängigkeit vom Krümmungsradius dort die Überlegung abgeschlossen werden konnte. Die kristallin-festen Körper bilden dagegen neben Flächen, in denen wie in der Flüssigkeitsoberfläche jeder Baustein in der gleichen Lage zu seinem Nachbarn ist, noch Ecken und Kanten aus, in denen die Bausteine dem Einfluß der Nachbarn in ganz anderer und für die verschiedenen Ecken und Kanten charakteristischer Weise entzogen sind als in den Flächen. Es ist also notwendig, bei kristallin-festen Körpern neben der auf die verschiedenen Flächen bezogenen Flächenenergie auch noch die Kanten- und Eckenenergien zu betrachten. Wir exemplifizieren wiederum am kubisch-flächenzentrierten Gitter. Ein in der Würfelecke befindlicher — annähernd kugelförmiger — Baustein hat hier 3, ein in der Oktaederecke befindlicher 4 und ein solcher in der Kante 5 bzw. 6 nächste Nachbarn. Entsprechend erhält man für die ,,Außen‘‘energien je Baustein in der genannten Reihenfolge die Werte $3\lambda_{iM}/4N_L$, $2\lambda_{iM}/3N_L$, $7\lambda_{iM}/12N_L$ und $1\lambda_{iM}/2N_L$ erg je Ecken- bzw. Kanten-Baustein. Unter Einsetzen der Gitterkonstanten d gewinnt man daraus analog zu der in erg/cm² zu messenden flächenspezifischen die kantenspezifische Außenenergie in erg/cm; für Silber, dessen flächenspezifische Energie nach Tab. 21 $2\lambda_{iM}/3d^2N_L$ oder unter Verwendung der Gitterkonstanten von 4,08 AE 1911 erg/cm² beträgt, ergeben sich so die Werte von 6,77 bzw. $6,20 \cdot 10^{-5}$ erg/cm.

Anders als bei den Edelgasen oder Stoffen von der Art des Hexamethylentetramins und den Metallen gestaltet sich die Berechnung der Oberflächenenergien bei Stoffen, die in Ionengittern kristallisieren, in denen der Kristallverband im wesentlichen durch weiterreichende, dem Coulombschen Gesetz entsprechende elektrostatische Kräfte zusammengehalten wird. Auch hier sind die vom einzelnen Baustein ausgehenden Felder kugelsymmetrisch. Trotzdem tritt aber eine Kugelpackung der Koordinationszahl $Z = 12$ hier nicht ein, weil der zur Vermeidung von Ladungsanhäufungen innerhalb des Kristalls erforderliche Ladungsausgleich die Art der Koordination mit bestimmt: Im Falle gleichwertiger Ionen müssen in der unmittelbaren Nachbarschaft eines Kations ebenso viele Anionen sein wie in derjenigen eines Anions Kationen; im Falle verschiedener Wertigkeiten stehen die diesbezüglichen Koordinationszahlen im Verhältnis der Wertigkeiten. Die im Kristall realisierbaren Koordinationen hängen dann weiter noch ab vom Verhältnis r_A/r_K bzw. r_K/r_A der Radien r_A und r_K der (als kugelförmig vorausgesetzten) Ionen. Im Falle binärer Verbindungen mit lauter gleichwertigen Ionen erhält man so, wenn der genannte Radienquotient größer als $\sqrt{3}-1$, d. h. größer als 0,73 ist, i. allg. das raumzentrierte kubische Gitter der Koordinationszahl 8 vom CsCl-Typus, sonst das gewöhnliche kubische Gitter der Koordinationszahl 6 vom NaCl-Typus und, wenn der Radienquotient kleiner als $\sqrt{2}-1$, d. h. kleiner als 0,41 ist, i. allg. Gitter der Koordinationszahl 4 vom Zinkblende- oder Wurtzit-Typus.

Die Stabilität der Lagerung eines Ions in und an Grenzflächen polarer Kristalle kann dann, bei in erster Näherung zulässiger Vernachlässigung der Dispersions- und Induktionskräfte, nach dem Vorgehen von Kossel und Stranski[1] in einfacher Weise berechnet werden. Im Falle des gewöhnlichen kubischen Gitters der Koordinationszahl 6 gestaltet sich diese Rechnung wie folgt: Unter Zugrundelegung des Coulombschen Kraftansatzes wird die zur Loslösung eines Ions aus den in Abb. 55 bezeichneten charakteristischen Lagen erforderliche Arbeit berechnet. Da im Ionengitter auf ein Ion außer den unmittelbaren Nachbarn entgegengesetzter Ladung auch die entfernteren Ionen gleicher und entgegengesetzter Ladung noch merklich wirken, ist zur Berechnung des Potentials eines in oder auf der Oberfläche befindlichen Ions über alle Teilarbeiten zu summieren, welche gegen die von den Ionen des Kristalls auf das betrachtete Oberflächenion ausgeübten Kräfte zu leisten sind. Als Maßeinheit der Loslösearbeiten bzw. Bindeenergien wählt man dabei, sofern es sich um einwertige Ionen handelt, zweckmäßig die zu e^2/d gegebene Loslösearbeit eines Ions der Ladung e von einem im Abstand der Gitterkonstante d gelegenen nächsten Nachbarn. Die gesamte Ablösearbeit D eines Ions von irgendeiner der bezeichneten Stellen der Oberfläche zerlegen wir in drei Teilbeträge D', D'' und D''', von denen der erste die Wirkung der linearen Ionenkette erfaßt, welcher das betrachtete Ion selbst angehört, der zweite denjenigen der seitlich von dem Ion in der gleichen Ebene liegenden Ionenschicht und der dritte denjenigen des unterhalb dieser Ebene liegenden restlichen Blocks. Für die in Abb. 55 durch die Zahl 0,8735 gekennzeichnete Lage, die da-

---

[1] Kossel, W.: Leipziger Vorträge 1928; Naturwiss. **18**, 901 (1920); I. N. Stranski: Z. physik. Chem. **136**, 259 (1928); weitere Literatur Z. Physik **119**, 22 (1942), u. H. Räther: Reichsb. Physik **1**, 161 (1945).

durch ausgezeichnet ist, daß der Ablösevorgang an einem ausgedehnten Kristall in fortlaufendem Abbau beliebig oft wiederholbar ist, erhält man die Werte

$$D' \; = \ln 2\, e_0^2/d = 0{,}6931\, e_0^2/d \, , \qquad (85\,\mathrm{a})$$

$$D'' \; = 0{,}114\, e_0^2/d \qquad (85\,\mathrm{b})$$

und

$$D''' = 0{,}0662\, e_0^2/d \, , \qquad (85\,\mathrm{c})$$

zusammen also für die Ablösearbeit D_w eines Ions „vom halben Kristall“ den Wert $D_w = 0{,}8737 e^2/d$. In der gleichen Weise können die Potentiale der übrigen Ionenlagen be-rechnet werden. So ist z. B. die Ablösearbeit D_E für ein in der Würfelecke liegendes Ion, wie man leicht an Hand der Abbildung überlegt, ge-geben zu[1]

$$\begin{aligned} D_E &= D' + (D'/2 + D''/2) + \\ &\quad + (D'/4 + D''/4 + D'''/4) \\ &= 7\,D'/4 + {}^3\!/_4\, D'' + D'''/4 \\ &= 1{,}344\, e^2/d \, . \qquad (86) \end{aligned}$$

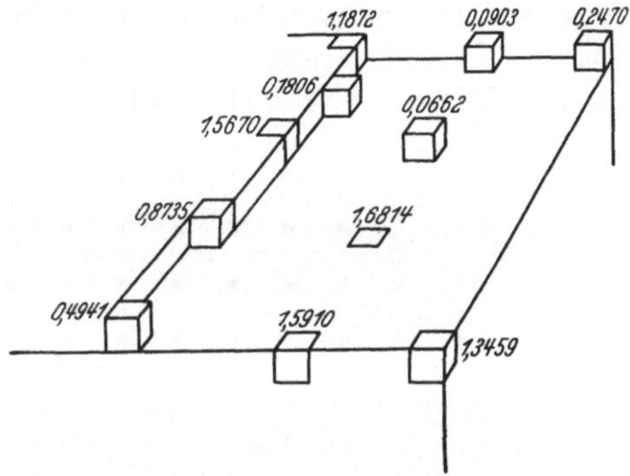

Abb. 55. Ablösearbeit vom binären Ionenkristall

Weitere, für andere Ionenlagen in analoger Weise zu gewin-nende Zahlen können der Abb. 55 entnommen werden. Diese zeigen u. a., daß die in Würfelecken und Würfelkanten gebundenen Ionen sich in recht stabilen Lagen befinden.

Ebenso kann man die Rechnungen für einen nur von Rhombendodekaederflächen be-grenzten Kristall durchführen. Die Flächen werden hier in der aus dem Schema 56 zu er-sehenden Art von im Abstand d parallel zuein-ander verlaufenden Reihen positiver und nega-tiver Ionen gebildet; der Abstand der Ionen innerhalb dieser Reihen beträgt $d \cdot \sqrt{2}$. Trotz dieser anderen Art der Oberflächenbesetzung erhält man für den wiederholbaren Schritt der Ablösearbeit vom halben Kristall hier die

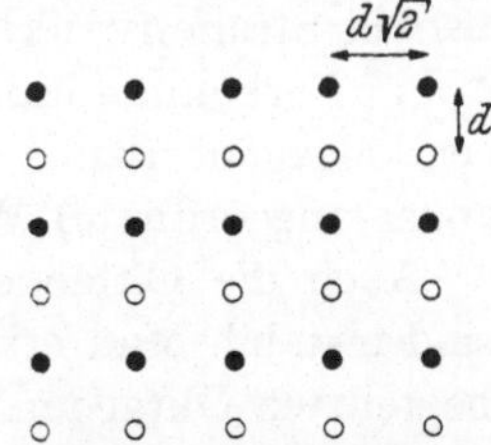

Abb. 56. Anordnung der Ionen in der Rhombendode-kaederebene eines einfachen kubischen Gitters (positive und negative Ionen sind als ● und ○ unterschieden)

gleiche Arbeit, da die dauernde Wiederholung des stets gleichen Schrittes ebenso zum Abbau des ganzen Kristalls führt wie diejenige des wiederhol-baren Schrittes in der Würfelebene, so daß, da die Arbeit zum Abbau des ganzen Kristalls bei gleicher Größe die gleiche sein muß, auch der wieder-

---

[1] Zur Berechnung siehe ferner O. EMERSLEBEN: Z. physik. Chem. **204**, 43 (1955).

holbare Schritt die gleiche Ablösearbeit erfordert. Dagegen erhält man für ein über der Mitte einer Würfelfläche in der Dodekaederecke liegendes Ion den relativ kleinen Wert von $0{,}332\,e^2/d$. Das in einer solchen Ecke befindliche Ion ist also im Vergleich zu dem in der Würfelecke befindlichen nur locker gebunden und wird leicht, unter Heraustreten der Würfelfläche, abgebaut oder umgelagert werden können. Die Instabilität der Rhombendodekaederflächen selbst ersieht man leicht daraus, daß das Potential eines frei auf ihr liegenden Ions mit $0{,}208\,e^2/d$ erheblich größer ist als das oben zu $0{,}0662\,e^2/d$ (siehe Abb. 55) berechnete eines in analoger Lage auf der Würfelfläche befindlichen Ions. Die Rhombendodekaeder verschwinden also beim Wachstum zugunsten der Würfelflächen, die sich ihrerseits als Gleichgewichtsflächen erweisen. Daß eine solche Verdrängung der (110)-Flächen erfolgen muß, sieht man unmittel-

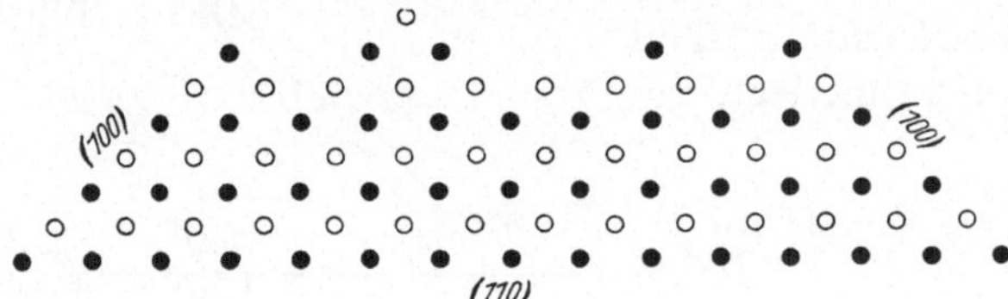

Abb. 57. Streifenwachstum auf der Rhombendodekaederfläche eines NaCl-Kristalls

barer auch wie folgt: Läßt man auf eine Rhombendodekaederfläche Ionen beider Art aufwachsen, so findet die Anlagerung, wie das Schema 57 im Schnitt zeigt, jeweils in der Mitte zwischen zwei entgegengesetzten Ionen statt. Dadurch entstehen auf der Ausgangsfläche Ionenketten, so daß die Rhombendodekaederflächen beim Weiterwachsen des Kristalls alsbald Streifenstruktur annehmen. Da die Flächen dieser Streifen, wie Abb. 57 erkennen läßt, Würfelflächen darstellen, wird die ganze Rhombendodekaederfläche schließlich durch (zunächst treppenförmig zueinander angeordnete) Würfelflächen überdeckt.

Auch die Oktaederflächen der hier betrachteten polaren Kristalle sind instabil. Man erkennt diese Instabilität des nur von (111)-Flächen begrenzten Oktaeders unmittelbar wie folgt: Die Oktaederflächen sind entweder nur ganz von positiven oder nur von negativen Ionen besetzt. Es lagern sich auf diesen Flächen also Ionen der anderen Ladungsorte über den Schwerpunkten der aus drei Ionen der Fläche gebildeten gleichseitigen Dreiecke an. Das hat aber zur Folge, daß eine solche — etwa künstlich bereitete — Oktaederfläche sich mit zahlreichen Würfelchen überdeckt und der Kristall schließlich, auch wenn die äußere Oktaederform noch bewahrt ist, tatsächlich doch nur von Würfelflächen begrenzt ist. Daß die in Oktaederecken befindlichen Ionen noch leichter abzulösen sind als diejenigen in den Ecken von Rhombendodekaedern, bestätigt die Instabilität der Oktaeder.

Aus den Oberflächenpotentialen kann man die spezifische Oberflächenenergie wieder dadurch ableiten, daß man mit der Besetzungsdichte $1/d^2$ multipliziert. Man erhält also z. B. für die Würfelfläche den Ausdruck

$$\Sigma_{(100)} = 0{,}0662\, e_0^2/d^3 \,. \tag{87}$$

Dabei wurden die Ionen als starr angesehen und von Dispersions- und Induktionskräften abgesehen. Da aber die langsam mit der Entfernung abfallenden COULOMBschen Kräfte sich infolge des entgegengesetzten Ladungssinnes der Ionen gegenseitig teilweise kompensieren, erfordert eine genauere Betrachtung sowohl den Ersatz der starren Ionenradien durch Abstoßungskräfte wie auch die Ergänzung der COULOMBschen durch die schneller mit der Entfernung abfallenden Dispersions- und Induktionskräfte. Rechnet man, indem man zunächst die Abstoßungskräfte berücksichtigt, anstatt nur mit dem COULOMBschen Ansatz $K = \pm\, e_0^2/r^2$ mit dem Kraftansatz $K = \pm\, e^2/r^2 - C/r^m$ und setzt den Abstoßungsexponenten $m = 9$, so erhält man nach dem Vorgehen von BORN und STERN[1] anstatt des gerade angegebenen Wertes von $0{,}0662\, e^2/d^3$ für $\Sigma_{(100)}$ den Ausdruck $0{,}0310\, e^2/d^3$.

Die Berücksichtigung der Polarisation der Ionen wirkt sich, da die in den Anionen und Kationen der Oberfläche durch die darunter liegenden Ionen induzierten Dipole jeweils eine solche Richtung haben, daß sie auf eine ihnen in der Art, daß Anionen über Kationen zu stehen kommen, genäherte gleichartige Fläche im Sinne einer Abstoßung wirken, verkleinernd auf die Werte der Oberflächenenergie aus. Berechnungen dieser Art hat J. BIEMÜLLER[2] durchgeführt. Da der durch diese Polarisation bedingte Einfluß aber durch die im Sinne einer Vergrößerung der Oberflächenenergie einzusetzende Wirkung der Dispersionskräfte etwa kompensiert wird, kann man die nach STERN und BORN berechneten Werte als hinreichend ansehen. Unter Einsatz der Gitterkonstanten $d = 2{,}81$ ÅE erhält man dann für die Würfel- und für die Rhombendodekaederfläche von Natriumchlorid die Zahlenwerte $\Sigma_{(100)} = 150$ und $\Sigma_{(110)} = 400$ erg/cm². Für die Oktaederfläche erhielte man noch größere Werte als für die Rhombendodekaederfläche.

Setzt man, was wegen der Kleinheit des Temperaturkoeffizienten $d\sigma/dT$ nur einen Fehler von einigen Prozenten ausmachen dürfte, die so berechneten Oberflächenenergien gleich den Oberflächenspannungen, so folgt, da der Quotient $\sigma_{(110)}/\sigma_{(100)}$ größer ist als das größtmögliche Verhältnis der Lote $h_{(110)}$ und $h_{(100)}$ am WULFFschen Polyeder, nach dem WULFFschen Satz, daß Rhombendodekaederflächen (und damit erst recht Oktaederflächen) bei polaren Kristallen von der Art des Steinsalzes als Gleichgewichtsflächen nicht auftreten können. Die oben an-

---

[1] Ber. Berl. Akad. **1919**, 901.
[2] Z. Physik **38**, 759 (1926) u. Göttinger Dissertation.

gegebenen experimentellen Werte für festes und flüssiges Steinsalz stimmen mit dem hier für die Würfelfläche berechneten Wert so gut überein, wie es bei der Art der Berechnung erwartet werden konnte.

Auf elektrostatischer Grundlage hat ferner O. EMERSLEBEN[1] die Abhängigkeit der Loslösearbeit von der Korngröße berechnet. Danach ist die Zunahme der Oberflächenenergie an würfelförmigen Kriställchen vom Steinsalztypus für die Kantenlänge l (in μ) gegenüber großen Kristallen gegeben zu

$$\Delta E = 0{,}783 \cdot n^2 \cdot 16{,}6/l \quad \text{(cal/Mol Salz)} \tag{88}$$

unabhängig von der Größe der Gitterkonstanten und der Art der Ionen. Dabei bedeutet n die Wertigkeit der Ionen. Bei Änderung des Gittertypus ist der numerische Faktor der Gl. (87) entsprechend zu modifizieren. Die so berechneten Unterschiede der Lösungswärme von Steinsalz in Wasser betragen für eine Korngröße von $1{,}14\,\mu$ 11,4 cal, in hinreichender Übereinstimmung mit dem für die gleiche Korngröße von LIPSET, JOHNSON und MAASS (siehe oben) experimentell zu 12,1 cal bestimmten Wert. Wenn die Kantenlänge l nicht mehr groß gegenüber der Gitterkonstanten ist, kommen die von der Flächenenergie abweichenden Werte der Kanten- und Eckenenergie in dem Werte von ΔE merklich zur Geltung; der Ausdruck (88) ist dann von der Gitterenergie nicht mehr allein abhängig.

Auf analogem Wege hat G. M. SCHWAB[2] die elektrostatischen Energieunterschiede zwischen Störstellen (Leerstellen, Zwischengitterplätzen, Fremdionen) im Innern und auf den Würfel-, Oktaeder- und Rhombendodekaederflächen von Gittern vom Steinsalztypus berechnet. Auf der Würfelfläche sind Leerstellen bevorzugt, höherwertige Fremdionen benachteiligt; auf der Dodekaederfläche kehrt sich dieses Verhältnis um. Meist treten Leerstellen und höherwertige Ionen aber paarweise auf und haben dann die gleiche Energie wie im Innern, so daß sie gleichmäßig verteilt sind.

§ 13. Die Oberflächen

Flüssigkeiten haben (siehe § 7) von thermischen, im Bereich molekularer Dimensionen bleibenden Schwankungen überlagerte, mit dem überstehenden Dampfraum in lebhaftem molekularem Austausch befindliche Oberflächen überall gleichen Potentials. Bei festen Körpern sind wohl die einzelnen Flächen — etwa an sorgfältig gezüchteten Einkristallen oder kleinsten Kriställchen — oder wenigstens zusammenhängende Teilstücke derselben der Anlage nach äquipotential, auch sie natürlich stets wieder überlagert von thermisch bedingten, nunmehr

---

[1] Z. physik. Chem. **199**, 170 (1952); **200**, 1 (1952).
[2] Z. Elektrochem. angew. physik. Chem. **56**, 297 (1952).

aber vorzüglich oszillatorischen Schwankungen der Gitterbausteine und in dauerndem, wenn auch, dem geringeren Sublimationsdruck entsprechend, weniger lebhaftem Austausch mit dem Dampf begriffen. Aber selbst der vollkommene Einkristall weist, ganz abgesehen von den Unterschieden im Potential verschieden indizierter Flächen, an seinen Kanten und Ecken immer Stellen ausgezeichneter Potentiale auf (siehe § 12). Bis in molekulare Dimensionen vollkommen ebene Flächen sind indes selten und nur schwer zu erzeugen. Im allgemeinen sind die Oberflächen kristallin-fester Körper auch dann, wenn sie, wie viele durch sorgfältige Züchtung aus dem Dampf, durch Spalten oder durch elektrolytische Ätzung dargestellte, im üblichen Sinne als besonders glatt erscheinen, rauh, sei es nun, daß sie mehr oder weniger regelmäßig von Stufen molekularer Dicke überzogen sind, sei es, daß sie einmal „eingefrorene" unterkühlte labile Zustände infolge der schweren Beweglichkeit der Gitterbausteine lange bewahren und in komplizierter und mannigfacher Weise von der Vor- und Nachbehandlung bestimmte Profilierungen aufweisen.

Diese durch Unregelmäßigkeiten beim Wachstum oder durch die mechanische Herstellung und Bearbeitung verursachte Profilierung bestimmt viele Eigenschaften der festen Körper, wie Glanz oder Benetzbarkeit, in entscheidender Weise. Sie ist bald, wie etwa vielfach bei der Bereitung fester Katalysatoren oder bei der statischen Reibung, erwünscht, bald, wie bei allen Vorgängen, die der Schmierung bedürfen, unerwünscht. Ihre Bestimmung und quantitative Charakterisierung ist schwierig. Sie gründete sich bis vor kurzem in meist recht unsicherer und teilweise problematischer Weise auf indirekte, etwa auf der Messung der Menge adsorbierter Stoffe oder auf elektrochemischen Verfahren beruhende Methoden. Erst in neuerer Zeit haben interferometrische Messungen die Beobachtung der im wesentlichen durch die obersten Netzebenen verursachten Streuung bzw. Beugung von Elektronen[1] und vor allem elektronenmikroskopische Aufnahmen sichere und vollständigere Aufschlüsse ermöglicht[2]. So konnte u. a. gezeigt werden, daß durch langes Glühen getemperte und gealterte Wolframoberflächen immer noch von Stufen von der Dicke einer oder mehrerer Atomschichten überzogen sind[3]. Durch Verdunsten aus gesättigten Lösungen gewonnene Kristalle von Ammonium-, Natrium- und Kaliumsalzen

---

[1] Untersuchungen mit Röntgenstrahlen geben dagegen, da diese auch tieferliegende Schichten mit erfassen, über die Beschaffenheit der Oberflächen keine Auskunft.

[2] Wir verweisen auf die beiden kürzlich erschienenen Monographien von H. MAYER, „Aktuelle Forschungsprobleme aus der Physik dünner Schichten", München 1950, und „Physik dünner Schichten", Stuttgart 1950. Besonders bewährt sich dabei das Abdruckverfahren von MAHL (1941).

[3] RIDEAL, J. B., u. I. LANGMUIR: Physic. Rev. **44**, 423 (1933).

haben nach Ausweis elektronenmikroskopischer Untersuchung der auf sie aufgedampften und dann durch Auflösen der Salze freigelegten Metallhäutchen strukturlose Oberflächen; erfolgt jedoch die Kristallisation

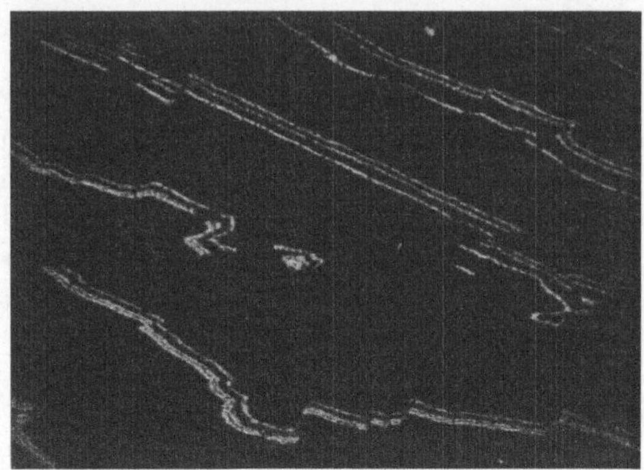

Abb. 58. Interferenzbild der Oberfläche eines Diamantkristalls bei hohem Auflösevermogen

in Gegenwart von Fremdzusätzen, wie z. B. von Farbstoffen oder Schwermetallsalzen, so lassen die Oberflächen unregelmäßige Stufungen und Schichtungen erkennen[1]. An Oberflächen von Diamantkristallen

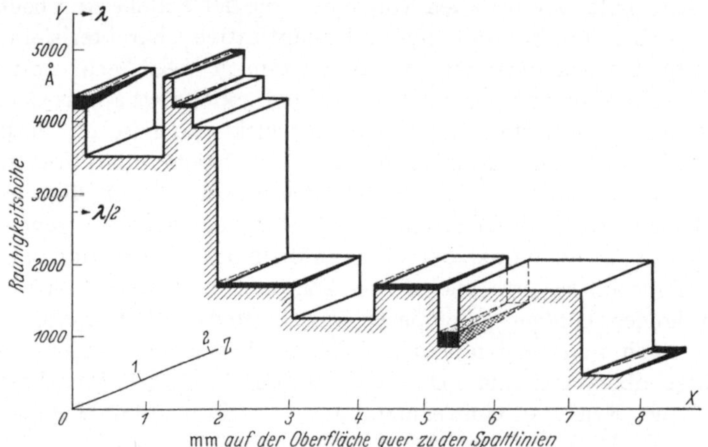

Abb. 59. Schnitt durch eine Selenitspaltfläche (nach TOLANSKY)

werden Unebenheiten beobachtet (siehe Abb. 58), Spaltflächen von Glimmer und Selenit weisen Stufen auf (siehe Abb. 59), deren Höhen-

---

[1] AMES, J., T. L. CORTELL u. A. M. D. SAMPSON: Trans. Faraday Soc. **46**, 938 (1950).

unterschiede ganzzahlige Vielfache der hier etwa 10 bis 20 ÅE betragenden Moleküllänge ausmachen[1].

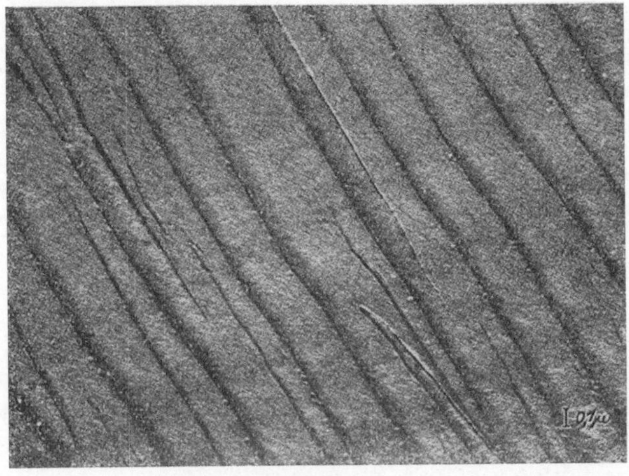

Abb. 60. Struktur der Randzone einer durch Schlag erzeugten Bruchfläche von Rubinglas (Vergrößerung 30000)

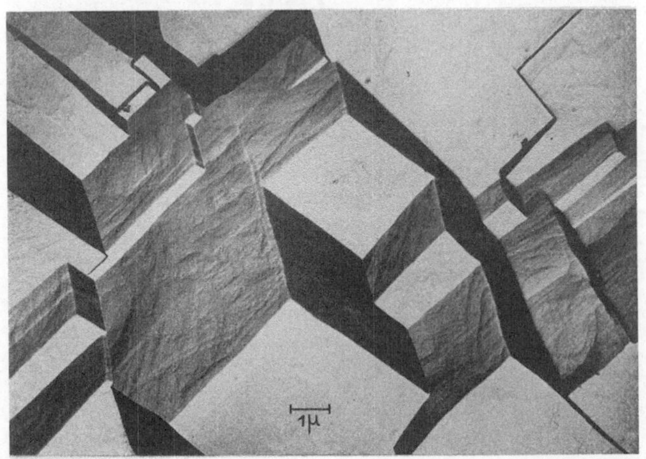

Abb. 61. Angeätzte Aluminiumfläche (Reinaluminium mit HCl und HNO_3 geätzt)

Unregelmäßiger, grober und vielfältiger als an natürlichen Oberflächen und Spaltflächen ist das Profil von Bruch-, Ätz- und Kor-

---

[1] MARCELIN, A., u. S.BOUDIN: C. r. **190**, 1946 (1930) und **191**, 31 (1930); S. TOLANSKY: Proc. Roy. Soc, Ser. A 1945 bis 1947; Philos. Mag. J. Sci. **37**, 390 u. 453 (1946).

10*

rosionsflächen (siehe Abb. 60 bis 65)[1] und das vor allem dann, wenn, wie normalerweise, nicht Oberflächen von Einkristallen, sondern solche

Abb. 62. Perlitoberflache

Abb. 63. Stahlschliff (poliert)

von Aggregaten fest miteinander verwachsener kleiner und kleinster Kristalle und Kristallbruchstücke vorliegen. Selbst in einigermaßen glatt

---

[1] Abb. 60 nach einer Aufnahme von BEYERSDORFER und von JAKOB u. MAIIL, wiedergegeben nach H MAYDRS oben genannter Monographie; die Abb. 61 bis 65 sind Werkaufnahmen der Firma Zeiss, die mir Herr H. VOLKMANN zur Verfügung stellte.

erscheinenden Oberflächen treten hier Höhenunterschiede auf, die an die Größenordnung von Zehntelmillimeter heranreichen[1]. Zur Charakterisierung solcher Oberflächenrauhigkeiten hat die Technik Verfahren ausgebildet, die Höhenunterschiede bis herunter in die Größenordnung von Mikrons[2] oder Zehntelmikrons[3] zu erfassen gestatten. Hinsichtlich dieser Verfahren mag der Hinweis genügen. Dagegen muß auf die Fragen des Polierens und Schleifens und der Kaltbearbeitung überhaupt und

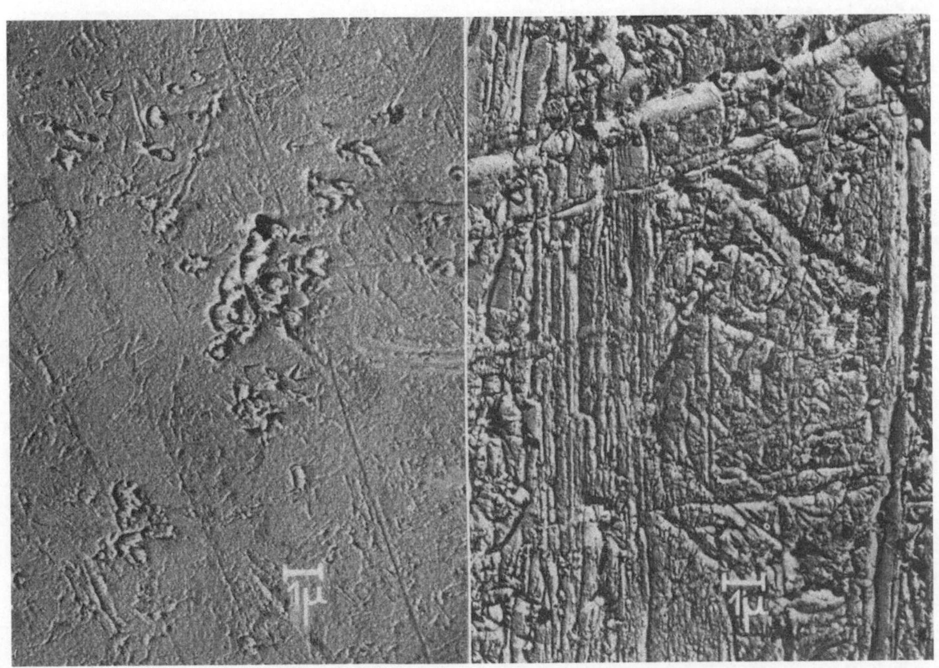

a   b

Abb. 64. Polierte Metallflächen aus Kugellagern.
a ölpoliert, b salzpoliert

deren Einfluß auf die Oberflächenbeschaffenheit etwas näher eingegangen werden.

Es ist eine alte und alltägliche Erfahrung, daß es möglich ist, durch fortgesetztes Reiben fester Oberflächen mit Stoff oder Leder diesen höheren Glanz und größere Glätte zu verleihen und daß feste Stoffe,

---

[1] Weiteres über Herstellung ebener Flächen siehe auch D. W. PASHLEY: Proc. physic. Soc., Ser. A **64**, 1113 (1951); V. F. G. TULL: Proc. Roy. Soc., Ser. A **206**, 219 (1951). [2] SCHMALTZ, G.: Technische Oberflächenkunde, Berlin 1936.

[3] MENZEL, E.: Naturwiss. **38**, 332 (1951); S. TOLANSKY: Z. Elektrochem. angew. physik. Chem. **56**, 263 (1932).

auf denen andere feste Stoffe längere Zeit gleiten, wie das Beispiel von Wetzstein und Messer ebenso zeigt wie das gegenseitige Einschleifen von Welle und Lager im Motor, in bestimmter Art oberflächlich verändert werden können. Seit RAYLEIGHS[1] und G. BEILBYS[2] Untersuchungen sind die mit dem Polieren und Schleifen verbundenen Vorgänge und Erscheinungen — nicht zuletzt auch im Hinblick auf Fragen der technischen Reibung und Schmierung — Gegenstand exakter Beobach-

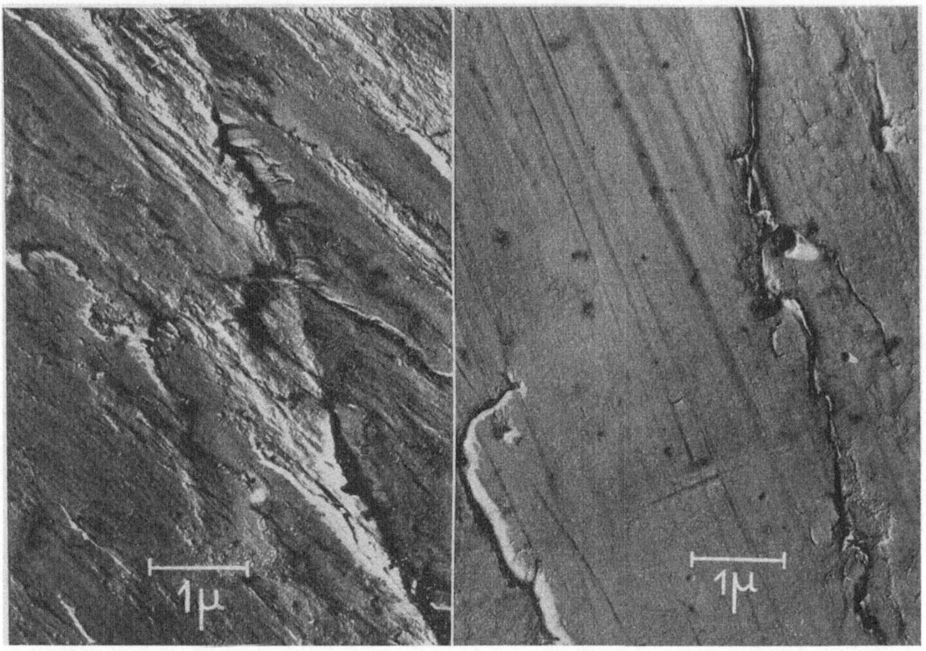

a   b

Abb. 65. Stahllaufflächen. a gedreht, b eingelaufen

tungen geworden. Nach BEILBYS Untersuchungen erscheinen polierte und aufeinander eingeschliffene Oberflächen auch bei stark auflösender mikroskopischer Beobachtung so, als sei eine dünne Schicht einer zähen Flüssigkeit über dem festen Untergrund erstarrt. Veränderungen dieser Art reichen, wie z. B. die Beobachtungen über das Lösen solcher Oberflächenschichten durch Säuren an Calcit zeigen, viele Molekülschichten (bis etwa 50 ÅE) in die Tiefe, deutliche Zeichen der Bearbeitung machen sich bis etwa 500, Spuren derselben sogar bis in Schichten, die einige tausend ÅE unter der Oberfläche liegen, bemerkbar.

[1] Nature **64**, 385 (1901).
[2] Aggregation and Flow in Solids, London 1921, Stück V.

Noch mehr ins einzelne gehende Aufschlüsse geben auch hier elektronenoptische Messungen[1]. Unpolierte Metalloberflächen liefern z. B. im streifend einfallenden Elektronenstrahl das gewöhnliche Beugungsbild des Kristalls, das hervorgerufen wird durch die seitliche Durchstrahlung der unregelmäßigen Erhebungen der Oberfläche. Nach vorsichtiger, ohne Verwendung fester Schleifmittel erzielter Politur treten an Stelle dieses normalen Beugungsbildes diffuse Ringe von der gleichen Art, wie sie sonst an Flüssigkeiten und Gläsern beobachtet werden. Das besagt in guter Ergänzung zu den oben genannten mikroskopischen Beobachtungen, daß die Netzebenen der oberen Schichten durch die Politur an Präzision der Gitterstruktur verloren haben und in einen Zustand geringerer molekularer Ordnung überführt worden sind[2]. Dabei werden oft zwei Ringe beobachtet, deren Radien sich wie 1:1,85 verhalten, d. h. ebenso wie — entsprechend einer gleichmäßig-statistischen Verteilung kugelförmiger Atome — die Beugungsringe von Röntgenstrahlen an flüssigem Quecksilber. Die Dicke der minder geordneten, der Nahordnung der Flüssigkeiten angeglichenen Schichten beträgt, wie sukzessive Entfernung im Vakuum[3] und elektrolytische Ablösung[4] ergänzend und übereinstimmend bestätigen, einige zehn ÅE. Dabei fällt die Größe der Kristallite von innen nach außen stetig ab; in den obersten Schichten ist die Ordnung meist so stark gestört, daß von individuellen Kriställchen kaum mehr gesprochen werden kann.

Man bezeichnet den Zustand dieser durch mechanische Bearbeitung erzeugten Metalloberflächen oft als amorph. Doch dürfte es sich wohl immer mehr um eine die Fernordnung des Kristallgitters störende und sie der Nahordnung der Gläser nähernde Verzerrung der Netzebenen handeln[5]. In noch höherem Maße gilt das für nichtmetallische kristallinfeste Stoffe, wie etwa Salze; bei diesen scheint die Politur i. allg. etwas weniger scharf in das Kristallgefüge einzugreifen[6]. Doch fehlen gerade bei dieser Gruppe von Stoffen noch systematische Beobachtungen, bei denen der Einfluß der mechanischen und thermischen Eigenschaften von polierendem und zu polierendem Stoff konsequent variiert sind; definitive Aussagen sind also hier noch nicht möglich.

---

[1] FINCH, G. J.: J. chem. Soc. **1938**, 1137; DOBINSKI: Philos. Mag. J. Sci. **23**, 397 (1937); W. COCHRANE: Proc. Roy. Soc. Ser. A **166**, 228 (1938); H. RAETHER: Z. Physik **86**, 82 (1933); Ergebn. exakt. Naturwiss. **24**, 96 (1951).

[2] SCHOON, TH.: Metallwirtsch., Metallwiss., Metalltechn. **17**, 167 (1938).

[3] HOPKINS: Trans. Faraday Soc. **31**, 1096 (1935).

[4] KEES: Trans. Faraday Soc. **31**, 1102 (1935).

[5] Siehe z. B. GLOCKER u. HENDUS: Z. Elektrochem. angew. physik. Chem. **48**, 327 (1942).

[6] FINCH, G. J.: Trans. Faraday Soc. **33**, 425 (1937); K. H. LEISE: Z. Physik **124**, 258 (1946); HOPKINS: Philos. Mag. J. Sci. **21**, 820 (1938).

Die „amorphen" Oberflächenschichten verdanken ihre Entstehung dem Zusammenwirken verschiedener Einflüsse. Stets treten jedenfalls bei der Begegnung der aus den rauhen Oberflächen herausragenden Spitzen starke Scherkräfte auf, die, wenn das Poliermittel härter ist als der zu polierende Stoff, zu bleibenden plastischen Veränderungen Anlaß geben können. Ist der davon betroffene Stoff, wie z. B. Gold, dehnbar, so kann allein so schon eine starke Wirkung erzielt werden. Im allgemeinen ist aber, solange wir nur die Trockenpolitur bzw. Trockenreibung im Auge haben, also von den — erst später zu behandelnden — flüssigen Schleifmitteln absehen, der Unterschied der Schmelztemperaturen für eine wirksame Politur entscheidender als derjenige der Härten[1]. Die Beobachtung lokaler Oberflächentemperaturen, vor allem mit Hilfe gut verteilter Thermoelemente, zeigt, daß bei der großen mechanischen Beanspruchung der Spitzen örtlich so hohe Temperaturen erzeugt werden, daß diese Spitzen zum Schmelzen kommen. Das Geschmolzene füllt dann die Unebenheiten aus und erstarrt so in einem unterkühlten Zustand, der in manchen Fällen nach kürzerer oder längerer Zeit wieder rekristallisieren kann[2]. Das scheint vor allem dann einzutreten, wenn, wie bei Wismut oder Selen, die Gitterabstände der Atome im kristallin-festen Zustand merklich von denjenigen der dichten Kugelpackung verschieden sind[3]; bei Metallen, die im flächenzentrierten kubischen oder hexagonalen Gitter kristallisieren, dürfte die Unterscheidung zwischen einem Zustand kleinster Kriställchen und dem glasigen Zustand kaum möglich sein.

Da die Temperatur, sobald an einer Stelle das Schmelzen einsetzt, dort nicht mehr weiter steigt, tritt der durch die Scherkräfte hervorgerufene Schmelzvorgang jeweils nur bei dem niedriger schmelzenden Partner ein. Das Poliermittel muß also im allgemeinen einen höheren Schmelzpunkt haben als der zu polierende Stoff. Dieser Schluß wird durch die Beobachtung bestätigt, daß Campher (Schmelzpunkt 178° C) Woodsches Metall (60°) wohl, nicht aber Zinn (232°) oder Blei (327°), Oxamid (417°) aber Zinn und Blei poliert; im gleichen Sinne ist es zu verstehen, daß Calcit (1339°) von Kupferoxyd (1235°) nicht, sehr wohl aber von Zinnoxyd (1625°) poliert wird. Einflüsse dieser Art sind es wohl auch, welche vorzüglich die Eignung bestimmter Metalle bzw. Metallkombinationen für Lager und Welle in Maschinen u. dgl. bestimmen.

Durch Polieren, Ziehen oder sonstige Kaltbearbeitung bereitete Oberflächen unterscheiden sich in ihren Eigenschaften meist merklich von

---

[1] MACAULY: Nature **119**, 279 (1927); BOWDEN: Proc. Roy. Soc. **154**, 640 (1936) und **160**, 575 (1937).

[2] BOWDEN u. K. E. RIDLER: Proc. Roy. Soc., Ser. A **154**, 640 (1936).

[3] KRANERT, W., u. H. RAETHER: Z. Naturforsch. **1**, 512 (1946); siehe aber DARBYSHIRE u. DIXIT: Philos. Mag. J. Sci. **18**, 961 (1933).

denjenigen des nichtbearbeiteten Materials. Sie sind i. allg. härter und leichter löslich und verhalten sich auch in elektrochemischer Hinsicht auf ihre eigene Art. Metalle, die der normale Kristall nicht aufnimmt, pflegen solche Oberflächenschichten in sich zu lösen; fremdes Metall, auf eine solche Schicht aus dem Dampfraum aufgebracht, zeigt zunächst die für es charakteristischen Interferenzringe; doch verschwinden diese meist in sehr kurzer Zeit. Bei wiederholtem Aufdampfen bleiben sie, wie am Beispiel der Auflagerung von Zink auf Kupfer beobachtet wurde, schließlich bestehen[1]. Die Lösungswärme kaltbearbeiteter Metalloberflächenschichten ist im Sinne einer durch die mechanische Bearbeitung erfolgten Energiespeicherung vergrößert[2], polierte Glasoberflächen sind aus dem gleichen Grunde oft doppelbrechend[3]. Veränderungen gleicher Art vollziehen sich auch beim Einlaufen von Maschinenteilen, etwa von Zylindern in Verbrennungsmotoren[4]. Während die ungebrauchten Stücke noch die normale Elektronenbeugung des mikrokristallinen Metalls erkennen lassen, beobachtet man nach längerem Gebrauch die eine verringerte Ordnung der Kristallbausteine anzeigenden Änderungen, die sich bis in relativ tiefe Schichten erstrecken können. Bei allen Beobachtungen dieser Art ist aber stets zu beachten, daß auch die bei solcher Art der Beanspruchung leicht sich vollziehende Aufnahme von Sauerstoff mit für die Veränderungen in der Oberfläche verantwortlich sein kann[5].

Die den (bearbeiteten und nichtbearbeiteten) Oberflächen kristallinfester Körper eigene Rauhigkeit hat zur Folge, daß die tatsächliche, etwa für Adsorption von Fremdstoffen zur Verfügung stehende Oberfläche fester Körper i. allg. wesentlich, oft sogar um ein Vielfaches größer ist, als ihre makroskopische geometrische Ausmessung erwarten läßt. Die Bestimmung der wahren, z. B. für die Berechnung der oberflächenspezifischen und der molaren Größen notwendigen Oberflächen ist naturgemäß nur schwer und meist nur recht ungenau durchzuführen. Auf die zu ihrer Ermittlung geeigneten, vorzüglich auf Adsorptionsmessungen angewiesenen Methoden wird später einzugehen sein. Von besonderer Bedeutung werden solche Messungen der wahren Oberfläche bei Stoffen, die wie feinkristallinische Kohle organischen Ursprungs (Holz- und Tierkohle) die Zellstruktur des Ausgangsstoffes bewahrt haber und schwammartig von einem Netzwerk feiner und feinster Poren durchzogen sind; Ähnliches gilt für viele

---

[1] FINCH, G. J., QUARELL u. ROEBUCK: Proc. Roy. Soc., Ser. A **145**, 676 (1934).

[2] DESCH: Chemistry of Solids, 1934.

[3] ZOCHER u. COPER: Z. physik. Chem. **132**, 295 (1928).

[4] FINCH, QUARELL u. WILMANS: Trans. Faraday Soc. **31**, 1078 (1935).

[5] Siehe z. B. A. J. W. MOORE u. W. J. MACTEGART: Proc. Roy. Soc., Ser. A **212**, 458 (1932).

keramische Körper und durch Sintern bereitete Stoffe. Hier ist zu beachten, daß neben der (inneren und äußeren) Oberfläche selbst auch noch die Porenweiten und deren Verteilung von Bedeutung sind. Als Beispiel geben wir das Resultat von Untersuchungen an einer Aktivkohle[1]. Bei dieser wurden etwa 50% des gesamten Porenvolumens von engen Poren von 5 bis 10 ÅE Durchmesser gebildet, die anderen 50% von solchen mit Durchmessern von der Größenordnung von 10^4 ÅE. Die von den engen Poren gebildete innere Oberfläche beträgt dabei rund 1000 m²/g, die von den weiten gebildete dagegen nur einige Quadratmeter. Für das Grenzflächenverhalten solcher Stoffe spielen also die in der Volumbeanspruchung nicht mehr als die weiten hervortretenden engen Poren die fast allein ausschlaggebende Rolle. Dabei können auch, indem Fremdstoffe mit größeren Molekülen erst von einer bestimmten Porenweite an innerlich adsorbiert werden können, sehr spezifische Effekte auftreten, die bei sehr kleinen Porenweiten bis nahe an die bei den sogenannten Einschlußverbindungen[2] beobachteten Effekte heranreichen. Auf die Methoden zur Bestimmung von Porengröße, Porenzahl und Verteilung der Poren auf verschiedene Größen, die u. a. auf der Durchlässigkeit poröser Körper für Gase und Flüssigkeiten unter verschiedenen Drucken und auf der elektrokinetischen Wirksamkeit solcher Körper beruhen, wird später im Zusammenhang zurückzukommen sein.

Die Betrachtung über die Oberflächen fester Körper abschließend dürfen wir nicht versäumen, auf die Möglichkeit hinzuweisen, daß auch im vollkommen ausgebildeten Einkristall die Oberfläche noch Besonderheiten in der Netzebenstruktur gegenüber dem Kristallinnern aufweist. Man ist geneigt, im Sinne einer gewissen Stetigkeit des Übergangs vom Festkörper zum Dampfraum damit zu rechnen, daß die Netzebenen nahe der Oberfläche etwas weitere Abstände voneinander haben als im Kristallinnern; andererseits sollen z. B. nach Berechnungen von LENARD-JONES[3] auf Grund der in den Ionen der Oberflächenschicht induzierten Dipole die Gitterabstände senkrecht zur Oberfläche in den oberen Schichten von Ionenkristallen gegenüber denjenigen im Innern um einige Prozente verringert sein. Die vorliegenden Beobachtungen[4] sprechen bisher eher im Sinne einer Gitteraufweitung nahe der Oberfläche. Endgültige Aussagen dieser Art sind aber noch nicht möglich.

---

[1] WICKE, E.: Kolloid-Z. **86**, 167 (1938).

[2] CRAMER, F.: Einschlußverbindungen, Berlin 1954.

[3] LENARD-JONES, J. E., u. M. DENT: Proc. Roy. Soc., Ser. A **121**, 247 (1928).

[4] HOFFMANN, U., u. D. WILM: Z. Elektrochem. angew. physik. Chem. **44**, 504 (1936); W. HARDING: Philos. Mag. J. Sci. **23**, 271 (1937); TH. SCHOON: Z. Elektrochem. angew. physik. Chem. **42**, 498 (1938); K. MOLIÈRE, W. RATHJE u. I. N. STRANSKI: Trans. Faraday Soc. **1949**, 21.

D. Die Grenzfläche von Flüssigkeiten und Festkörpern gegen Gase und Dämpfe

§ 14. Die Grenzfläche von Flüssigkeiten und Festkörpern gegen Gase

Die bisherigen Betrachtungen galten Oberflächen, d. h. Grenzflächen gegen den stoffleeren Raum (siehe Abb. 9). Es war dabei aber stets bewußt, daß es solche Oberflächen als Gleichgewichtsformen der Stoffe grundsätzlich bei endlichen Temperaturen nicht gibt. Was an chemisch einheitlichen flüssigen und festen Stoffen als Grenzfläche beobachtet wird, ist vielmehr stets die Grenzfläche gegen den eigenen Dampf. Unter Vorwegnahme der Erkenntnis, daß die Grenzflächenenergie gegen den leeren Raum sich von derjenigen gegen den eigenen Dampf, wenigstens solange der Dampfdruck nicht abnorm groß ist, und von derjenigen gegen — in bezug auf den betrachteten Stoff chemisch indifferente — Gase, wenigstens bei Drucken bis zur Größenordnung der Atmosphäre, nur unmerklich unterscheidet, konnten wir die Grenzflächenspannung gegen den eigenen Dampf bzw. gegen Luft und ähnliche Gase kurzweg als Oberflächenspannung ansehen.

Daß aber die Grenzflächenspannung gegen angrenzende Gase und Dämpfe grundsätzlich von der Oberflächenspannung im strengen Sinne zu unterscheiden, und zwar stets kleiner als diese anzusetzen ist, lehrt schon die einfache Fortführung der Überlegung, die uns eingangs unserer Betrachtung das Wesen der die Grenzflächenspannung verursachenden Kräfte verstehen lehrte: Ein Molekül, das aus dem Innern einer Flüssigkeit oder eines Festkörpers an die Oberfläche kommt, wird dem Einfluß eines Teils der ihm artgleichen, mit ihm durch zwischenmolekulare Anziehungskräfte verbundenen Nachbarn entzogen; seine Überführung in die Oberfläche ist also mit einer Potentialerhöhung, d. h. mit Aufwand von Arbeit verbunden, die, auf die Flächeneinheit bezogen, das Maß der Oberflächenspannung gibt. Sind nun aber jenseits der die Flüssigkeit oder den Festkörper begrenzenden Fläche ebenfalls Moleküle vorhanden, sei es des eigenen Dampfes, sei es eines artfremden Gases, so wird ein Molekül beim Übergang in die Grenzfläche zwar der Einwirkung der Nachbarn im gleichen Maße entzogen wie beim Übergang in die Oberfläche gegen den stoffleeren Raum, tritt aber dort mit Molekülen des angrenzenden Raumes in neue Wechselwirkung, die entsprechend einer zwischenmolekularen Anziehung einen Teil des mit dem Austritt aus dem Innern der Flüssigkeit oder des Festkörpers verbundenen Potentialgewinnes wieder kompensiert. Die zur Überführung in die Grenzfläche aufzuwendende Arbeit, d. h. aber die Grenzflächenspannung ist also notwendig kleiner als die auf Vakuum als Grenzflächenpartner bezogene Oberflächenspannung.

Im Versuch läßt sich das mit der bereits früher (siehe Abb. 27) angegebenen Anordnung zum Nachweis des Krümmungsdruckes unmittelbar verifizieren: In dem am Boden mit einem feinen Loch versehenen Reagensglas habe sich die Wassersäule auf die durch die Oberflächenspannung des Wassers bestimmte Gleichgewichtshöhe eingestellt. Bringen wir nun unter das Reagensglas ein Schälchen mit Äther, so daß der an der Öffnung hängende Halbtropfen an eine mit Ätherdampf gesättigte Atmosphäre grenzt, so beginnt das Wasser alsbald von neuem abzutropfen, bis die dem neuen, einer verringerten Grenzflächenspannung entsprechenden Gleichgewicht zugehörige Höhe der Flüssigkeitssäule erreicht ist. Bei Eintauchen des unteren Reagensglasendes in den flüssigen Äther wiederholt sich das gleiche Spiel; die sich nunmehr einstellende, abermals geringere Höhe der Wassersäule zeigt die gegenüber der Grenzfläche Wasser-Äther-Dampf abermals geringere Grenzflächenspannung Wasser–flüssiger Äther an. Auch dieser Befund erscheint im Sinne unserer Überlegung verständlich: Die Konzentration des Äthers in der mit seinem Dampf gesättigten Atmosphäre ist verhältnismäßig gering. Die durch Wechselwirkung der in der Grenze befindlichen Wassermoleküle mit Äthermolekülen des Dampfraumes bedingte Verminderung des Oberflächenpotentials ist also nur klein. Grenzt das Wasser dagegen an flüssigen Äther, so tritt jedes Wassermolekül an der Grenze mit Äthermolekülen in Wechselwirkung; die Potentialverminderung durch den flüssigen Äther ist dementsprechend größer als diejenige durch den Dampf.

So einfach dieser Versuch erscheint, so komplex erweisen sich indes die in ihm zutage tretenden Erscheinungen gegenüber einer quantitativen Auswertung. Der Äther wird, wenn er mit dem Wasser in Berührung kommt, in diesem bis zur Sättigung bzw. bis zu der durch den Druck des Dampfes bestimmten Löslichkeit gelöst. Was gemessen wird, ist also nicht mehr die Grenzflächenspannung von Wasser gegen Ätherdampf bzw. flüssigen Äther, sondern die Grenzflächenspannung einer wäßrigen Lösung von Äther gegen den Dampf oder gegen den flüssigen Äther. Hinzu kommt, und das zeigt die im Vergleich zu derjenigen durch den flüssigen Äther relativ hohe Erniedrigung der Oberflächenspannung durch den Dampf, daß an der Grenzfläche Wasser-Äther-Dampf Äther adsorptiv angereichert wird. Damit führt unser Versuch, die Grenzflächenspannung chemisch einheitlicher Stoffe gegeneinander zu bestimmen, bereits hier in den Bereich der Lösungen und der Adsorption.

Echte Grenzflächenspannungen chemisch einheitlicher Stoffe gegeneinander werden nur in den seltenen Fällen praktisch völlig fehlender Löslichkeit und Adsorption beobachtet. Reine Werte dieser Art gegen Gase und Dämpfe sind am ehesten bei Quecksilber zu erwarten, das nichtmetallische Gase und Dämpfe im allgemeinen sehr wenig löst. Seine Oberflächenspannung gegen den stoffleeren Raum erweist sich, wenn Oxydation und die oben erwähnten, durch Verunreinigungen aus Glasgefäßen bedingten Fehler ausgeschlossen werden, von der Grenzflächenspannung gegen indifferente Gase wie Luft oder Stickstoff unter nicht zu großen Drucken als nur unmerklich verschieden; soweit Unterschiede überhaupt nachweisbar sind, gehen sie in die erwartete Richtung indem die Oberflächenspannung gegen den stoffarmen Raum größer ist als die Grenzflächenspannungen[1]. Ebenso im Sinne der theoretischen Erwartung nimmt die Grenzflächenspannung von Quecksilber gegen Luft und gegen Wasserstoff mit steigendem Gasdruck ab[2]. Steigender CO_2-Gehalt der Luft bewirkt zunächst eine Abnahme, oberhalb eines CO_2-Gehaltes von 3% aber ein Ansteigen der Grenzflächenspannung[3]; die starke Wirkung von CO_2 tritt deutlich dadurch hervor, daß in Edelgas–CO_2-Gemischen fallende Quecksilbertropfen das CO_2 in Bruchteilen einer Sekunde selektiv in monomolekularer Schicht aufnehmen[4]. Versuche mit organischen Dämpfen ergeben, obwohl auch sie vom Quecksilber nicht gelöst werden, insofern nicht die Grenzflächenspannung im einfachen Verstande, als diese im allgemeinen an der Grenzfläche adsorptiv angereichert werden[5]. Nach Beobachtungen von H. CASSEL und F. SALDITT[6] ist die Adsorption von Kohlenwasserstoffen an Quecksilber wesentlich stärker als an Wasser; Stoffe wie Benzol oder Hexan werden bei 50° C und Drucken, die weit unterhalb der Dampfdrucke liegen, so stark angereichert, daß bereits die Hälfte der — hier ja genau bekannten — Oberfläche mit organischen Molekülen bedeckt ist. Die wirksamen Kräfte sind in diesem Falle ausschließlich oder überwiegend Dispersionskräfte. Die ins einzelne gehende Betrachtung des Verhaltens der Grenzfläche zwischen Quecksilber und den Dämpfen organischer Stoffe muß derjenigen der speziellen Phänomene der Adsorption vorbehalten bleiben.

---

[1] HARKINS u. EWING: J. Amer. chem. Soc. **42**, 2539 (1920); HOGNESS: ebenda **43**, 1621 (1921). Damit sind ältere Beobachtungen von G. MEYER [Wied. Ann. **66**, 123 (1898)], nach denen die Oberflächenspannung des Quecksilbers kleiner sein sollte als die Grenzflächenspannung gegen indifferente Gase, gegenstandslos geworden; J. FORYST: Chem. Abstr. **47**, 785 (1953).

[2] KUNDT, W.: Wied. Ann. **12**, 538 (1881).

[3] BOSWORTH: Trans. Faraday Soc. **35**, 1353 (1939); über den Einfluß von CO_2 auf flüssiges Gallium siehe DAVIS, MACK u. BARTELL: J. physic. Chem. **45**, 846 (1941).

[4] OLIPHANT: Philos. Mag. J. Sci. **6**, 422 (1928); BOSWORTH: Trans. Faraday Soc. **28**, 896 (1932).

[5] IREDALE: Philos. Mag. J. Sci. **45**, 1988 (1923); **48**, 177 (1924); **49**, 603 (1925); M. VOLMER u. F. MAHNERT: Z. physik. Chem. **105**, 239 (1923).

[6] Z. physik. Chem., Abt. A **155**, 321 (1931); KEMBALL u. RIDEAL: Proc. Roy. Soc., Ser. A **187**, 53 (1946).

Auch die Grenzflächenspannung von Wasser[1] und organischen Flüssigkeiten[2] nimmt, wie vor allem KUNDT durch Ausdehnung der Beobachtungen bis zu Drucken von 200 Atmosphären zeigte, mit steigendem Gasdruck ab; dabei werden Erniedrigungen bis zu 50% beobachtet. Auch durch Dämpfe organischer Stoffe wird die Oberflächenspannung von Wasser herabgesetzt[3]. Doch ist hier immer mit einer Zunahme der Löslichkeit der Gase und Dämpfe mit steigendem Druck zu rechnen. Immerhin ergibt sich, daß auch in diesen Fällen die Oberflächenspannung gegen Vakuum, soweit sie überhaupt meßbar von den Grenzflächenspannungen abweicht, stets größer ist als diese[4]. Bei Messungen mit Methan als Druckgas bis zu 15000 Atm. wird eine Abnahme von mehr als 50 % beobachtet; bei sehr hohen Drucken steigt die Grenzflächenspannung wieder an[5].

Für die Messung der Grenzflächenspannung von Flüssigkeiten gegen Gas und Dämpfe stehen die gleichen Methoden zur Verfügung wie zur Messung der Oberflächenspannung. Die Unterschiede zwischen statischen und dynamischen Verfahren dürften hier jedoch, wenn Löslichkeiten oder Anreicherungen an der Grenzfläche auftreten, stärker ins Gewicht fallen. Es ist also die Möglichkeit gegeben, durch Anwendung dynamischer Methoden und eventuelle Extrapolation auf die Zeit Null auch in solchen Fällen, in denen Löslichkeiten oder Adsorptionen bei den statischen Methoden nur die Grenzflächenspannung der gesättigten Lösungen oder der adsorptiv beladenen Grenzflächen ergeben, die Grenzflächenspannung der chemisch einheitlichen Stoffe gegeneinander zu ermitteln. Auf die weitere Möglichkeit, die Differenz $\sigma_1 - \gamma_{12}$ der Oberflächenspannung σ_1 gegen den eigenen Dampf und der Grenzflächenspannung γ_{12} gegen die auch mit dem Dampf eines anderen, in der Oberfläche adsorptiv angereicherten Stoffes gesättigte Atmosphäre in dem sogenannten Oberflächendruck p_σ zu bestimmen und von da her bei Kenntnis der Oberflächenspannung σ_1 die Grenzflächenspannung γ_{12} zu berechnen, weisen die Adsorptionserscheinungen hin. Dort, wo die adsorptive Verdichtung so groß ist, daß die Grenzfläche mit einer mono- oder mehrmolekularen Schicht des Stoffes aus dem Gasraum bedeckt wird, führen die statischen Methoden unmittelbar in den Bereich der Grenzflächen von Flüssigkeiten gegeneinander.

---

[1] BÖNICKE: Diss., Münster 1915; MAGINI: Atti R. Accad. naz. Lincei, Rend. **20**, I, 30 (1911).

[2] KUNDT, l. c., WHATMOUGH: Z. physik. Chem. **39**, 129 (1903); FERGUSON: Philos. Mag. J. Sci. **20**, 402 (1914).

[3] KORAN: Recueil Trav. chim. Pays-Bas **44**, 466 (1925).

[4] LENARD: S.-B. Heidelberger Akad. Wiss. **1910**, 18, S. 6; RICHARDS, T. W., u. CARVER: J. Amer. chem. Soc. **43**, 847 (1921).

[5] HOUGH, E. W., H. J. RZASA u. B. B. WOOD: J. Petr. Techn. **3**, 57 (1951).

Über den Unterschied der Oberflächenspannung von Festkörpern und ihrer Grenzflächenspannung gegen Gase und Dämpfe ist in Anbetracht der Schwierigkeiten der Bestimmung schon der Oberflächenspannung so gut wie nichts bekannt. Löslichkeiten, die bei den flüssigen Stoffen sich fast stets störend überlagern, dürften hier allerdings oft kaum ins Gewicht fallen. Dagegen ist die adsorptive Anlagerung, besonders bei Metallen, ebenso zu beachten; dabei bringt die Unkenntnis der wirklichen Oberflächen oft neue Unsicherheiten in die Betrachtung, die ebenso wie die Bestimmung der Differenz $\sigma_1 - \gamma_{12}$, d. h. des Oberflächendruckes p_σ, wiederum auf spezielle Fragen der Adsorption verweisen.

E. Die Grenzflächen von Flüssigkeiten gegen Flüssigkeiten

§ 15. Die Grenzflächenspannung

Wie die Grenzfläche einer Flüssigkeit gegen ein Gas, so besitzt auch die Grenzfläche zweier miteinander in Berührung stehender Flüssigkeiten freie Oberflächenenergie. Auf die Oberflächeneinheit bezogen mißt sie als Grenzflächenspannung γ_{12} die zur Vergrößerung der Grenzfläche um die Flächeneinheit aufzuwendende Arbeit (in erg/cm²). Wie die Moleküle in beiden Grenzflächenpartnern leicht verschiebbar sind, so zeigt auch die Grenzfläche zweier Flüssigkeiten das Bestreben, sich zu verkleinern und eine minimale Größe anzunehmen. Dementsprechend haben z. B. Öltröpfchen, welche in einer mit dem Öl nicht mischbaren Flüssigkeit frei schweben, wie wir eingangs schon zeigten, Kugelgestalt. Im übrigen gilt für die Form der Grenzfläche zwischen zwei Flüssigkeiten die der Gl. (54) analoge Beziehung

$$\gamma (1/r_1 + 1/r_2) = \Delta p_0 + g\,y(\varrho_1 - \varrho_2).\tag{89}$$

Alle an freien Flüssigkeitsoberflächen auftretenden Erscheinungen, wie Aufsteigen oder Depression in Capillaren, Tropfenkrümmung, Capillarwellen, schwingende Strahlen und schwingende Tropfen werden auch an der Grenze zweier Flüssigkeiten beobachtet. Dementsprechend sind grundsätzlich alle bei der Bestimmung der Oberflächenspannung von Flüssigkeiten erprobten Meßmethoden mutatis mutandis auf die Messung der Grenzflächenspannung zweier Flüssigkeiten übertragbar[1]. Dabei müssen in der Regel die in § 9 abgeleiteten Beziehungen nur Korrekturen hinsichtlich des — bei Angrenzung an den stoffarmen Raum vernachlässigbaren — Auftriebes erfahren. So tritt z. B. in den für die capillare Steighöhe gültigen Beziehungen (50) und (51) und allen aus ihnen

---

[1] QUINCKE, der zuerst auf die Ähnlichkeit der Erscheinungen hinwies, führte bereits 1870 [Pogg. Ann. **139**, 27 (1870)] Bestimmungen der Grenzflächenspannung zwischen Flüssigkeiten in größerem Umfang durch.

folgenden weiteren Beziehungen an Stelle der Dichte ϱ der *einen* Flüssigkeit die Differenz $\varrho_1 - \varrho_2$ der Dichten der beiden Flüssigkeiten. Positive Steighöhe wird immer dann beobachtet, wenn die spezifisch schwerere, negative Steighöhe (Depression) dann, wenn die spezifisch leichtere Flüssigkeit die Rohrwand benetzt. Zur Ausführung der Messung taucht man die mit aufgeätztem Maßstab versehene Capillare in eine mit den beiden Flüssigkeiten gefüllte Cuvette mit planparallelen Wänden und liest die Steighöhe unmittelbar an der Capillaren ab. Auf diese Weise wird leicht eine Meßgenauigkeit von einigen Prozenten erreicht. Bei höheren Anforderungen verwendet man vorteilhaft ein nach Art von Abb. 66 konstruiertes, mit einem capillaren und einem erweiterten Schenkel versehenes, oben durch ein Glasrohr geschlossenes U-Rohr. Die Ablesung der durch die Differenz der Höhen beider Meniscen bestimmten Steighöhen erfolgt mit dem Kathetometer. Das Verfahren wurde von HARKINS und HUMPHERY[1] und anderen[2] zur Ausführung von Messungen der Grenzflächenspannung zu hoher Genauigkeit entwickelt.

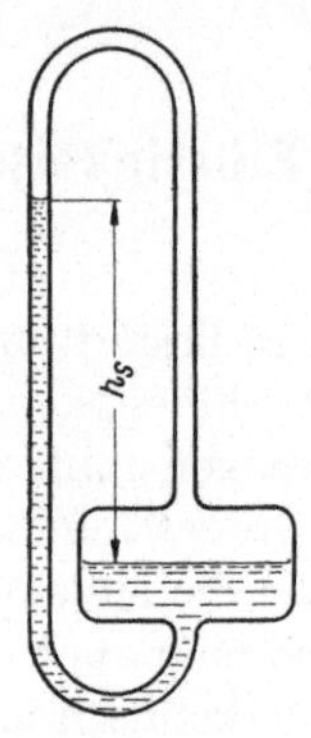

Abb. 66. Steighöhenmethode

Neben der Methode der capillaren Steighöhe und, soweit Schwierigkeiten in Hinsicht der Benetzung bestehen, vor dieser, eignet sich zur Durchführung von Messungen der statischen Grenzflächenspannung vor allem das Tropfengewichtsverfahren nach DUNKEN[3], der die Grenzflächenspannung von Quecksilber gegen Benzol, Cyclohexan und Hexadecan auf 0,1 % absolut bestimmen konnte, und dasjenige des hängenden Tropfens nach ANDREAS, HAUSER und TUCKER[4]. Bei der Auswägung der Tropfen müssen jetzt Auftriebskorrekturen in Rechnung gesetzt werden. Daneben mag sich das LENARDsche Abreißverfahren noch bewähren, dessen Übertragung in einfacher Weise möglich ist.

Von den dynamischen Methoden hat diejenige der Capillarwellen durch WATSON[5] die entsprechende Anwendung gefunden. Bei deren Übertragung auf Grenzflächen ist in der für die Oberflächenspannung

[1] J. Amer. chem. Soc. **1916**, 239. F. E. BARTELL, L. O. CASE u. H. BROWN: ebenda **1933**, 419.

[2] LERCH: Ann. Physik **9**, 434 (1902); VAN DER NOOT: Bull. Acad. Belg. **1911**, 493; W. C. REYNOLDS: J. Amer. chem. Soc. **1921**, 460; BARTELL u. Mitarbeiter: ebenda **1928**, 1961 und **1932**, 936; SPEAKMAN: J. chem. Soc. **1933**, 1449.

[3] Ann. Physik **41**, 567 (1942); ferner HARKINS u. Mitarbeiter: J. Amer. chem. Soc. **38**, 236 (1916); **42**, 2534 u. 2539 (1920).

[4] J. physic. Chem. **42**, 1001 (1938); E. A. HAUSER u. A. MICHAELS: J. phys. and coll. Chem. **52**, 1157 (1948); **55**, 408 (1951).

[5] Physic. Rev. **12**, 257 (1901); HARTRIDGE u. PETERS: Proc. Roy. Soc., Ser. A **101**, 354 (1922).

abgeleiteten Beziehung (72) im ersten der beiden Terme die Dichte ϱ durch die Summe $\varrho_1 + \varrho_2$, im zweiten durch die Differenz $\varrho_1 - \varrho_2$ der Dichten der beiden Flüssigkeiten zu ersetzen. Auch die Methode der schwingenden Tropfen eignet sich gut zur Messung der Grenzflächenspannung von Flüssigkeiten. Die durch den Auftrieb des in der leichteren Flüssigkeit fallenden Tropfens verringerte Fallgeschwindigkeit läßt dieses Verfahren hier sogar einfacher erscheinen als bei der Bestimmung von Oberflächenspannungen. Es eignet sich daneben auch zur Demonstration der Erscheinung, da man, indem man zwei miteinander nicht mischbare Flüssigkeiten fast gleicher Dichte verwendet, die Tropfenfallgeschwindigkeit so einstellen kann, daß der Schwingungsvorgang unmittelbarer Beobachtung zugänglich wird; dabei kann auch, da der Tropfen nur langsam fällt, die Bildung des Nachtropfens unmittelbar beobachtet werden[1]. Entsprechendes gilt für den schwingenden Strahl[2].

Indem er die Schwerkraft durch Verwendung nichtleitender Flüssigkeitsgemische der genau gleichen Dichte ganz ausschaltete, konnte BOEDEKER[3] die Grenzflächenspannung von Wasser gegen das Flüssigkeitsgemisch aus der durch elektrische Wechselfelder erzeugten Tropfenschwingung bestimmen.

Die Übertragung der anderen in § 9 behandelten Verfahren ist, wie gesagt, grundsätzlich auch möglich und in vielen Fällen erfolgt[4]. Doch dürften diese, wie vor allem das Analogon der Methode des maximalen Blasendruckes und der Flüssigkeitsglocken, einen Aufwand erfordern, der ihre Anwendung im allgemeinen nicht empfiehlt.

Bei Messungen an Stoffen wie Quecksilber ist sorgfältige Entgasung vor allem dann erforderlich, wenn die Partnerflüssigkeit, wie z. B. Wasser oder die niederen Alkohole, große Dielektrizitätskonstanten, d. h. stark dissoziierende Wirkung haben, da in diesen Fällen Sauerstoff oder Kohlendioxyd die Metalloberfläche angreifen und zusätzliche Elektrocapillarwirkungen auftreten können[5].

Die Zahlenwerte der Grenzflächenspannungen einiger miteinander nicht oder nur unmerklich mischbarer Flüssigkeiten sind in den Tab. 22 bis 24 angegeben. Sie sind, entsprechend der Gleichartigkeit der zwischenmolekularen Kräfte, von der gleichen Größenordnung wie die Ober-

---

[1] Nach eigenen Versuchen gemeinsam mit E. BISCHOFF.

[2] ADDISON, C. C.: Philos. mag. J. Sci. **36**, 73 (1945).

[3] Ann. Physik **46**, 505 (1915).

[4] Für Abreißmethoden A. POCKELS: Wied. Ann. **67**, 668 (1899); für Topfenkrümmung A. KÖNIG: ebenda **16**, 1 (1882) und LENKEWITZ: Diss., Münster 1914; für Tropfendruck CANTOR: Wied. Ann. **47**, 399 (1892); für schwingende Strahlen G. MEYER: Physik Z. **12**, 975 (1911). Einen Weg zur photoelektrischen Bestimmung von Grenzflächenspannungen gibt W. CHELSON [Nature **170**, 82 (1932)] an.

[5] BARTELL, F. A., u. R. J. BARD: J. physic. Chem. **56**, 532 (1952).

Tabelle 22. *Kohäsionsarbeit* ζ_{22}, *Grenzflächenspannung* γ_{12} *und Adhäsionsarbeit* ζ_{12} *verschiedener Flüssigkeiten gegen Wasser* $(\sigma_1 = 72{,}5 \ dyn/cm)$ *bei Zimmertemperatur in* erg/cm^2

Flüssigkeit	γ_{12}	$2\,\sigma_2 = \zeta_{22}$	ζ_{12}
Hexan	51,2	39,0	40,8
Heptan	50,7	40,6	42,1
Octan	50,9	43,4	43,3
Decan	51,2	47,8	45,2
Cyclohexan	51,0	49,4	46,2
Cis-Dekalin	51,8	64,4	53,1
Trans-Dekalin	51,4	59,8	51,0
1,2-Octylen	22,0	44,7	72,9
Schwefelkohlenstoff	48,3	60,4	54,4
Tetrachlorkohlenstoff	43,8	56,0	56,7
Chloroform	32,3	53,8	67,0
Trimethylchlormethan	23,5	39,2	66,8
Benzol	33,7	56,0	67,1
Toluol	35,7	59,0	66,3
Chlorbenzol	38,1	66,4	67,6
Brombenzol	39,3	74,0	70,2
Jodbenzol	41,5	78,8	70,4
Äthylcapronat	22,0	50,0	75,5
Nitrobenzol	25,5	87,4	90,7
Isobutylchlorid	24,1	43,8	70,3
Isoamylchlorid	15,2	47,0	80,8
Äthylmercaptan	25,5	43,0	68,5
Butanol	1,6	49,0	95,4
Octanol	8,5	54,0	91,0
Undecanol	8,6	58	93
Cyclohexanol	3,1	70,0	104,4
Heptylsäure	6,6	56,4	94,1
Ölsäure	11,3	66,6	94,5
Wasser	0	145,0	—

flächenspannungen[1]. Doch ist die Grenzflächenspannung zwischen zwei Flüssigkeiten stets kleiner als die Oberflächenspannung derjenigen von ihnen mit der größten Oberflächenspannung. Eben das ist aber im Sinne der zu Beginn des § 14 angestellten Überlegungen zu erwarten: Die Moleküle jeder der beiden Flüssigkeiten üben auf diejenigen der anderen, sobald sie an die Grenze kommen, Anziehungskräfte aus, so daß die Arbeit, die erforderlich ist, um Moleküle aus dem Innern in die Grenzfläche zu bringen, kleiner ist als die Oberflächenarbeit. Da bei jeder Grenzflächenvergrößerung aber Moleküle beider Partner in die Grenzfläche gebracht werden, folgt also, daß die Grenzflächenarbeit auf jeden Fall kleiner sein muß als die Oberflächenarbeit des Partners mit der größten Oberflächenspannung. Sie kann aber, wie Tab. 22 bestätigt, auch kleiner sein als die Oberflächenspannungen beider Partner, ja sie kann, wenn die Kräfte bei der Aufteilung der Koordinationssphären auf Moleküle beider Teile sich gerade kompensieren, auch gleich Null werden. In diesem Falle können die

---

[1] Quincke: Ann. Physik. **9**, 11 (1902).

Tabelle 23[1]. *Kohäsionsarbeit ζ_{22}, Grenzflächenspannung γ_{12} und Adhäsionsarbeit ζ_{12} verschiedener Flüssigkeiten gegen Quecksilber ($\sigma_1 = 480\ erg/cm^2$) bei Zimmertemperatur in erg/cm^2*

Flüssigkeit	γ_{12}	$2\,\sigma_2 = \zeta_{22}$	ζ_{12}
Hexan	380	39,0	119,5
Heptan	377	40,6	123
Octan	375	43,4	126,5
Nonan	372,5	45,8	130,5
Cyclohexan	378	49,4	126,5
Schwefelkohlenstoff	341	60,4	169,5
Tetrachlorkohlenstoff	358	56,0	150
Chloroform	357	53,8	150
Benzol	366	56,0	142
Toluol	357	59,0	152,5
o-Xylol	359	58,0	150
m-Xylol	357	58,0	152
p-Xylol	361	54,0	146
Chlorbenzol	352	66,4	161
Nitrobenzol	350	87,4	173,5
Anilin	341	87,0	182,5
Äthyljodid	322	56,2	186
Äthylmercaptan	340	43,0	161,5
Diäthyläther	379	33,2	117,5
Dioxan	377	66,0	136
Methylacetat	388	51,4	117,5
Äthylacetat	384	49,6	121
Propylacetat	380	48	124
Hexylacetat	365	52	141
Decylacetat	343	56	165
Aceton	369	46,6	134,5
Wasser	380	145,0	162,5
Methanol	384	45,0	118,5
Äthanol	383	44,6	119,5
Propanol	379	47,4	124,5
i-Propanol	384	42,8	117,5
Butanol	378	49,0	126,5
t-Butanol	384	40	116
Hexanol	369	52,8	137,5
Octanol	353	54,0	154
Essigsäure	331	55,0	176,5
Propionsäure	333	53,0	173,5
Buttersäure	334	53,2	172,5
Valeriansäure	333	53,8	174
Hexylsäure	334	56,2	174
Heptylsäure	335	56,4	173
Octylsäure	334	56,6	174,5
Nonylsäure	332	57,0	176,6
Ölsäure	326	66,6	187,5
Butylamin	355	44,0	147
Octylamin	356	52,4	150
Decylamin	357	55,6	151
Oleylamin	360		
Siliconöl 300	389	42,0	112
Quecksilber	0	960,0	

[1] Die Zahlenwerte der Grenzflächenspannungen beruhen, soweit sie nicht den üblichen Tabellenwerken entnommen sind, auf eigenen unveröffentlichten Messungen mit der Tropfengewichtsmethode bei 22° C.

Moleküle beider Partner ohne Arbeitsaufwand aus dem Innern in die Grenzfläche übertreten und ungehindert in das Innere des anderen Partners diffundieren; die beiden Flüssigkeiten mischen sich spontan. Negative Grenzflächenspannungen würden natürlich erst recht im Sinne der Mischbarkeit wirken. Doch bleibt problematisch, ob solche überhaupt möglich
sind, da in diesem Falle ja vorausgesetzt würde, daß sowohl die Moleküle
des ersten mit denen des zweiten wie die Moleküle des zweiten mit denen des
ersten Stoffes in stärkere zwischenmolekulare Wechselwirkung träten als
untereinander. Mit Sicherheit sind negative Grenzflächenspannungen bisher entsprechend noch nicht nachgewiesen worden, doch könnten sie, wenn
sie existierten, mit schnell arbeitenden dynamischen Methoden wohl erfaßt
werden. Bisher ergaben Messungen völlig miteinander mischbarer Flüssigkeiten bei dynamischer Messung stets sehr kleine, meist unterhalb
eines erg/cm^2 liegende positive Werte[1].

Die doppelte Oberflächenspannung gibt nach Gl. (2) das Maß der
Zerreiß- oder *Kohäsionsarbeit* ζ. Dieser entspricht an Grenzflächen die
Haft- oder *Adhäsionsarbeit* ζ_{12} als diejenige Arbeit, welche aufzuwenden
ist, um zwei chemisch verschiedene Stoffe, die sich in einer gemeinsamen
Grenze von 1 cm^2 Querschnitt berühren, voneinander mit glatten Oberflächen zu trennen. Bei diesem Arbeitsvorgang wird entsprechend der
Vernichtung von 1 cm^2 Grenzfläche Arbeit im Betrag der Grenzflächenspannung γ_{12} frei und entsprechend der Bildung von je 1 cm^2 neuer
Oberfläche der beiden Partner, die wir durch die Indices 1 und 2 kenn-
zeichnen, Arbeit im Betrag der Summe $\sigma_1 + \sigma_2$ von deren Oberflächenspannungen verbraucht. Die insgesamt für die Loslösung zweier Flüssigkeiten über den Querschnitt von 1 cm^2 aufzuwendende Arbeit ζ_{12} ist
also gegeben durch die auf DUPRÉ zurückgehende[2] Beziehung

$$\zeta_{12} = \sigma_1 + \sigma_2 - \gamma_{12} . \tag{90}$$

Für den Fall, daß beide Flüssigkeiten gleich sind, also σ_1 gleich σ_2
ist, und, entsprechend vollständiger Mischbarkeit einer Flüssigkeit mit
sich selbst, γ_{12} gleich Null ist, geht die Adhäsionsarbeit ζ_{12} in die Kohäsionsarbeit ζ_{22} über.

---

[1] FREUNDLICH (Kapillarchemie, Bd. 1, Leipzig 1930, S. 142) weist wohl mit
Recht darauf hin, daß, wenn negative Grenzflächenspannungen, wie bisweilen angenommen wurde, auftreten und Ursache der Löslichkeit sein sollten, der Lösungs-
vorgang unter Ausbildung faltiger Grenzflächen verlaufen müßte, während tatsächlich die Lösung sich mit Annäherung an die kritische Mischungstemperatur
bei positiver Grenzflächenspannung kontinuierlich vollzieht.

[2] Théorie Mécanique de la Chaleur, Paris 1869, S. 369ff.; siehe ferner Lord
RAYLEIGH: Philos. Mag. J. Sci. **30**, 462 (1890) und Proc. Roy. Soc. Ser. A **86**, 610
(1912); W. D. HARKINS: Physical Chemistry of Surface Films, New York 1952;
K. L. WOLF: Die Chemie **55**, 295 (1942) und Mitt. dtsch. Akad. Luftfahrtforsch.
Heft 16, 1942.

Tabelle 24. *Kohäsionsarbeiten* ζ_{11} *und* ζ_{22}, *Grenzflächenspannung* γ_{12} *und Adhäsionsarbeit* ζ_{12} *organischer Flüssigkeiten gegeneinander bei Zimmertemperatur (in erg/cm²)*

Flüssigkeit 1	Flüssigkeit 2	γ_{12}	$2\,\sigma_1 = \zeta_{11}$	$2\,\sigma_2 = \zeta_{22}$	ζ_{12}
Glycerin	i-Butanol	0,04	132,8	46,8	90
Schwefelkohlenstoff .	Methanol	0,082	60,4	45,0	52

Die Adhäsionsarbeiten sind in den Tab. 22 bis 24 ebenfalls angegeben. Die Werte sind von der gleichen Größenordnung wie die Zerreißarbeiten von Flüssigkeiten und von kristallinen Festkörpern, also in Zerreißfestigkeiten umgerechnet (siehe § 3), wiederum recht groß. Da alle drei Summanden der Gl. (90) bei chemisch einheitlichen, miteinander nicht mischbaren Flüssigkeiten mit der Temperatur abnehmen, können generelle Aussagen über die Temperaturabhängigkeit der Adhäsionsarbeit, wie wir hier schon vorwegnehmend bemerken, bei dem derzeitigen Stand unseres Wissens über die Temperaturabhängigkeit der Grenzflächenspannung noch nicht gemacht werden. Nach Beobachtungen von HARKINS (siehe Abb. 67)[1] scheint i. allg. mit der Temperatur eine Abnahme stattzufinden.

In den Haftarbeiten gegen das polare Wasser wirken sich Dipolricht- und Induktionskräfte stark aus; man erkennt dementsprechend an den in Tab. 22 gegebenen Beispielen deutlich den Einfluß polarer Gruppen oder starker und anisotroper Polarisierbarkeiten. Die Haftarbeit der

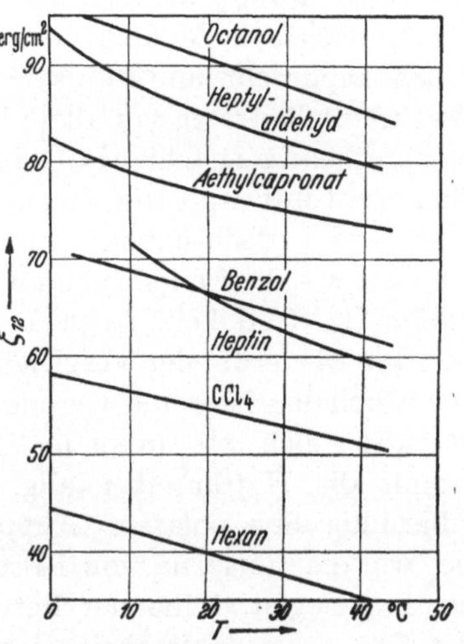

Abb. 67. Temperaturabhängigkeit der Adhäsionsarbeit gegen Wasser (nach HARKINS)

unpolaren und schwer polarisierbaren gesättigten Kohlenwasserstoffe ist kaum höher als ihre Kohäsionsarbeit. Endständige polare oder polarisierbare Gruppen erhöhen, wie das Beispiel der Halogenalkyle, Alkohole, Säuren, Amine und des Octylens zeigt, die Haftarbeit erheblich. Man kann daraus schließen, daß diese ihre polaren Gruppen dem Wasser zukehren, also zur Grenzfläche hin ausgerichtet sind. Dieser Schluß kann experimentell in einfacher Weise bestätigt werden[2]: In drei kleine Bechergläser wird über destilliertes Wasser je etwas festes Paraffin (Schmelzpunkt etwa 70°) bzw. Naphthalin bzw. Stearinsäure gegeben

---

[1] HARKINS, W. D.: The Physical Chemistry of Surface Films, New York 1952.

[2] WOLF, K. L., u. H. G. TRIESCHMANN: Praktische Einführung in die physikalische Chemie, 3. Aufl., Leipzig 1954, S. 194.

und erhitzt, bis diese geschmolzen sind und in einer zusammenhängenden Schicht von einigen mm Dicke auf dem Wasser schwimmen. Bespülen der erkalteten und abgenommenen Platten läßt erkennen, daß die Fettsäure jetzt auf der Seite, die dem Wasser zugekehrt war, benetzbar geworden ist, weil die polaren und hydrophilen Carboxylgruppen infolge der auf der Wasseroberfläche erfolgten Orientierung nach dieser gerichtet sind. Bei den beiden anderen Stoffen ist kein Anzeichen von Benetzbarkeit zu bemerken. Die große und anisotrope Polarisierbarkeit des Benzols drückt sich deutlich in dessen im Vergleich etwa zu derjenigen des Cyclohexans großer Haftarbeit aus. Der Schluß[1], auch die Benzolmoleküle seien zur Wasseroberfläche hin orientiert, erhält durch den gerade genannten Versuch mit Naphthalin, bei dem dieser Effekt verstärkt auftreten müßte, keine Stütze.

Anders als die Moleküle des Wassers sind die Quecksilberatome nicht polar. Dipolricht- und Induktionskräfte gehen also von ihnen nicht aus. An ihre Stelle treten vor allem Dispersions- und Spiegelbildkräfte. Dementsprechend zeigen die Haftarbeiten gegen Quecksilber ein völlig anderes Bild. Der Einfluß polarer Gruppen des Grenzflächenpartners tritt weniger kraß hervor, doch haben auch hier die Stoffe mit endständiger polarer Gruppe, wie die Amine, Säuren, Nitroverbindungen und Halogenide, die größte Haftfestigkeit. Auch der Einfluß der Polarisierbarkeit tritt hervor, wie wiederum der Vergleich etwa von Benzol mit Cyclohexan lehrt. Die Alkohole, Ester und Ketone mit gut abgeschirmten polaren Gruppen verhalten sich wie unpolare Stoffe. Innerhalb der homologen Reihen nimmt die Haftarbeit i. allg. mit wachsender Kettenlänge zu; Abschirmung der polaren Gruppe durch α-ständige Verzweigung setzt sie, wie die Beispiele von i-Propanol und t-Butanol zeigen, herab. In der homologen Reihe der Fettsäuren tritt die Kettenverlängerung in der Größe der Haftarbeit nicht in Erscheinung. Das könnte mit der starken Assoziation zu Doppelmolekülen zusammenhängen; andererseits läßt aber das dem gerade beschriebenen Nachweis der Orientierung auf Wasseroberflächen dienende Experiment, wenn man es auf Quecksilberoberflächen ausführt, eindeutig erkennen, daß die Fettsäuremoleküle in der auf Quecksilber geschmolzenen Fettsäureschicht zum Quecksilber hin mit polaren Gruppen ausgerichtet sind. Wie die Konstanz der Haftarbeiten in der Reihe der Fettsäuren zu verstehen ist, bedarf also noch der Aufklärung; vielleicht ist der relativ schwache Anstieg bei den homologen Aminen geeignet, Aufschluß zu geben. Dabei wird die später zu beschreibende komplexe Konzentrationsabhängigkeit der Grenzflächenspannung von Lösungen von Fettsäuren und Aminen in unpolaren Lösungsmitteln, in der deutliche und scharfe Minima hervortreten, herbeigezogen werden müssen.

---

[1] HARKINS, DAVIES u. CLARK: J. Amer. chem. Soc. **39**, 584 (1917).

Der Übergang von der spezifischen zur *molaren Grenzflächenspannung* γ_m analog Gl. (4) ist nicht ohne weiteres durchführbar, da die Molflächen der beiden Partner i. allg. verschieden sind. Es bleibt nur die Möglichkeit, je nach der Fragestellung, die auf den Partner 1 bezogene molare Grenflächenspannung γ_{1m2} oder die auf den Partner 2 bezogene γ_{12m} zu erfassen. Das kann bei der Betrachtung des Verhaltens einer größeren Gruppe von Stoffen, etwa einer homologen Reihe, gegen den gleichen Grenzflächenpartner sinnvoll sein. Ebenso mag es für andere Probleme, wie etwa das Analogon der an kristallinfesten Stoffen beobachteten isomorphen Aufwachsung, fruchtbar werden. Darüber hinaus verdienen vor allem aber die seltenen Fälle, in denen die beiden Molflächen annähernd gleich groß sind, Interesse, wie z. B. im Hinblick auf Fragen des Zusammenhangs zwischen Ausdehnungskoeffizient und Temperaturabhängigkeit der Grenzflächenspannung.

Für die analog zu definierende *molare Adhäsionsarbeit* ζ_{12m} bzw. ζ_{1m2} gilt mutatis mutandis das gleiche.

Die voranstehenden Betrachtungen über die Grenzflächenspannung chemisch einheitlicher Flüssigkeiten dürfen nicht abgeschlossen werden ohne den nochmaligen Hinweis darauf, daß zunächst stets praktisch fehlende Löslichkeit bzw. Lösung der Grenzflächenpartner ineinander vorausgesetzt ist. Auf die Modifikation, die durch die Löslichkeit gegeben ist, wird später (§ 19) im Zusammenhang einzugehen sein.

§ 16. Die Temperaturabhängigkeit der Grenzflächenspannung und die gesamte Grenzflächenenergie

Die Abhängigkeit der Oberflächenspannung der Flüssigkeiten von der Temperatur konnte insofern unter einem einheitlichen Gesichtspunkt verstanden werden, als die Oberflächenspannung chemisch einheitlicher Flüssigkeiten nach der kritischen Temperatur hin in jedem Falle gegen Null gehen muß. Eine anloge Gesetzmäßigkeit ist bei den (teilweise) mischbaren Flüssigkeiten auch für die Grenzflächenspannung in bezug auf die kritischen Mischungstemperaturen zu erwarten (siehe § 19). Sind, wie immer noch vorausgesetzt, die flüssigen Grenzflächenpartner nicht mischbar oder — etwa bei dynamischer Beobachtung — noch nicht gegenseitig partiell gelöst, so ist lediglich anzunehmen, daß die Grenzflächenspannung bei der kritischen Temperatur derjenigen der beiden Flüssigkeiten, für welche diese am niedrigsten ist, in die Grenzflächenspannung der anderen gegen das Gemisch der Dämpfe beider übergeht. Diesbezügliche Beobachtungen scheinen indes nicht vorzuliegen.

Die verhältnismäßig wenigen Messungen der Temperaturabhängigkeit der Grenzflächenspannung von nicht mischbaren Flüssigkeiten lassen, wie bei der Oberflächenspannung, i. allg. eine Abnahme mit der Temperatur erkennen. Sie werden in verhältnismäßig engen Temperaturbereichen in brauchbarer Näherung durch eine der Gl. (9) analoge Beziehung

$$\gamma = \gamma_0 - a(t - t_0) \tag{91}$$

dargestellt, wobei sich hier i. allg. die Temperatur von $0°$ C als Bezugstemperatur t_0 empfehlen dürfte. Bei den Messungen an unpolaren Flüssigkeiten gegen Quecksilber und gegen Wasser, bei denen am ehesten Fehlen der Mischbarkeit angenommen werden kann, ist der Temperaturkoeffizient $d\gamma/dT$, wie Tab. 25 und Abb. 68 zeigen, von der gleichen Größenordnung, aber doch i. allg. kleiner wie bei den Oberflächenspannungen. Doch ist die Linearität, wie auch Tab. 25 zeigt, nur beschränkt gewahrt. Beachtlich erscheint der kleine Temperaturkoeffizient gegen Quecksilber. Für Wasser-Kohlenwasserstoffe würde, gleichbleibende Linearität vorausgesetzt, die Grenzflächenspannung erst weit über $1000°$ C verschwinden, d. h. bei einer Temperatur, bei welcher sowohl die kritische Temperatur des Wassers wie der Kohlenwasserstoffe überschritten sind. Polare Stoffe mit endständiger polarer oder polarisierbarer Gruppe, bei denen gegenüber Wasser allerdings auch die Voraussetzung fehlender Mischbarkeit nur noch angenähert gelten dürfte, zeigen demgegenüber, wie Abb. 68 erkennen läßt, eine größere Mannigfaltigkeit; auffallend ist dabei besonders der relativ hohe und lineare Anstieg der Grenzflächenspannung von Octanol gegen Wasser[1]. Dieses Verhalten dürfte, abgesehen von dem eventuellen Einfluß der Änderung der Löslichkeit mit der Temperatur, dadurch bestimmt sein, daß Stoffe wie die höheren Alkohole in vielfältiger Weise Übermoleküle bilden und daß ihre Moleküle bereits auf der Oberfläche des chemisch einheitlichen Stoffes orientiert sind.

Im Sinne einer mit steigender Temperatur zurückgehenden Orientierung polarer Moleküle an der Grenzfläche sprechen Beobachtungen von Trillat und Mitarbeitern[2], die statische und dynamische Werte

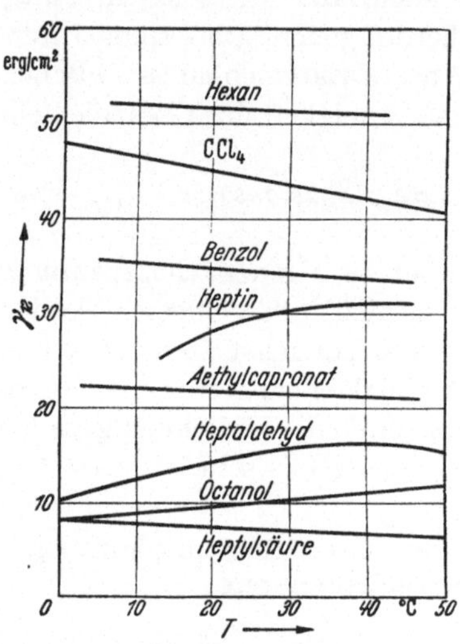

Abb. 68. Temperaturabhängigkeit der Grenzflächenspannung gegen Wasser (nach HARKINS)

____

[1] HARKINS, W. D., in seiner oben zitierten Monographie.

[2] TRILLAT, J. J., P. NARDIN u. J. BRIDONNET: C. r. **207**, 291 (1938); **225**, 1005 (1947).

der Grenzflächenspannung Wasser–Rizinusöl bestimmten. Die dynamischen Werte sind zwischen Null und 80° fast konstant, die statischen steigen unterhalb von 45° mit der Temperatur, fallen aber von 45° an mit den dynamischen zusammen. Die Erscheinung wird darauf zurückgeführt, daß oberhalb 45° keine merkliche Orientierung mehr bestehen soll.

Tabelle 25[1]. *Temperaturabhängigkeit der Grenzflächenspannung (in erg/cm² und Grad)*

Flüssigkeit 1	Flüssigkeit 2	T °C	γ_{12}	$-d\gamma/dT$	Γ_{12}
Quecksilber . .	Tetrachlorkohlenstoff	20	358		363
		26	357	0,017	362
		33	356	0,016	361
		40	355	0,016	360
		48	354	0,015	
Wasser	Tetrachlorkohlenstoff	0	47,0	0,100	74,3
		10	46,0	0,096	73,2
		20	45,0	0,096	73,2
		30	44,05	0,100	74,3
		40	43,05	0,100	74,3
	Hexan	10	51,3		59,8
		30	50,7	0,030	56,1
		40	50,5	0,018	
	Cyclohexan	20	51,0		62,7
		40	50,2	0,040	61,4
		70	49,2	0,035	
	Decan	20	51,25		65,9
		40	50,25	0,050	61,2
		50	49,9	0,035	
	cis-Dekalin	20	51,75		58,4
		40	51,1	0,032	59,3
		70	50,4	0,027	
	trans-Dekalin . . .	20	51,4		65,4
		40	50,4	0,046	60,9
		70	49,5	0,032	
	Benzol	10	35,6		52,6
		20	35,0	0,060	53,1
		30	34,3	0,062	48,5
		40	33,8	0,050	
	Chlorbenzol	20	38,1	0,030	38,7
		40	37,2	0,057	39,5
		60	35,8	0,085	40,9
		80	33,8	0,112	42,8
	Brombenzol	20	39,3	0,059	40,5
		40	38,0	0,075	41,0
		60	36,3	0,091	41,8
		80	34,3	0,107	42,9
	Jodbenzol	20	41,5	0,062	42,8
		40	40,1	0,077	43,2
		60	38,4	0,092	44,0
		80	36,4	0,107	45,0

[1] Die auf Wasser bezogenen Werte stammen von W. E. ROSE u. W. F. SEYER: J. physic. and colloid. Chem. **55**, 439 (1951); W. D. HARKINS u. Y. C. CHENG: J. Amer. chem. Soc. **43**, 35 (1921); J. J. JASPER u. T. D. WOOD: J. physic. Chem. **59**, 541 (1955); die auf Quecksilber bezogenen sind eigenen Beobachtungen mit der Tropfengewichtsmethode entnommen.

Die *gesamte spezifische Grenzflächenenergie* Γ ist durch die der Gl. (1b) analoge Beziehung

$$\Gamma = \gamma - T\, d\gamma/dT \tag{92}$$

definiert. Zahlenwerte sind in Tab. 25 mit angeführt. Bei Tetrachlorkohlenstoff mit kugelsymmetrischen unpolaren Molekülen nimmt γ linear mit der Temperatur ab; Γ ist entsprechend von der Temperatur unabhängig. Die zu $d^2\gamma/dT^2$ bestimmte spezifische Wärme der Grenzfläche ist hier gleich Null und zeigt an, daß sich in der Grenzfläche keine besonderen Ordnungszustände ausbilden. In allen anderen Fällen ist die spezifische Wärme der Grenzfläche verschieden von Null und die Grenzflächenenergie Γ (gegen Wasser) deutlich von der Temperatur abhängig. Noch ausgesprochener tritt dieses Verhalten bei den bereits erwähnten Kohlenwasserstoffen mit endständiger polarer oder ungesättigter Gruppe, wie z. B. den höheren Alkoholen, Aldehyden, Fettsäuren und Alkinen[1] hervor, wobei in Einzelfällen, wie z. B. bei Octanol–Wasser, positive Werte des Temperaturkoeffizienten $d\gamma/dT$ zu sehr kleinen Werten der gesamten Grenzflächenenergie führen können. Grenzflächenorientierungen und Verschiebungen der Assoziationsgleichgewichte[2] dürften hier eine Rolle spielen.

Wie der freien die gesamte Grenzflächenenergie, so entspricht der Adhäsionsarbeit ζ_{12} als der *freien Adhäsionsenergie die gesamte Adhäsionsenergie*

$$Z_{12} = (\sigma_1 - T\, d\sigma_1/dT) + (\sigma_2 - T\, d\sigma_2/dT) - (\gamma_{12} - T\, d\gamma_{12}/dT). \tag{93}$$

Sie kann, wenn die Grenzflächenpartner, wie viele geschmolzene Salze, Metalle und Fette und manche unpolaren Flüssigkeiten temperaturunabhängige Oberflächenenergie Σ haben, sofern auch noch die Grenzflächenspannung γ_{12} linear mit der Temperatur geht, über gewisse Temperaturbereiche konstant sein, wird aber, wenn nur eine dieser drei Bedingungen nicht zutrifft, mit der Temperatur veränderlich sein; das dürfte also immer schon dann eintreten, wenn Wasser oder polare organische Flüssigkeiten beteiligt sind. Genaue Untersuchungen der Temperaturabhängigkeit der gesamten Grenzflächenenergie dürften in höherem Maße als solche der Adhäsionsarbeiten geeignet sein, Auskunft zu geben über die Orientierung der Moleküle in Grenzflächen.

Die Abhängigkeit der Grenzflächenspannung vom Druck wird, sofern merkliche Löslichkeiten vorliegen, in erster Linie durch deren Abhängigkeit vom Druck bestimmt sein (siehe § 14 und 19). Für die Grenzflächenspannung der Kombination Quecksilber–Wasser, bei der ein Einfluß der Löslichkeiten am ehesten vernachlässigbar sein dürfte, ist der relative Druckkoeffizient $\dfrac{1}{\gamma} \cdot \dfrac{d\gamma}{dT}$ positiv und beträgt über einen großen Bereich

---

[1] HARKINS u. CHENG: J. Amer. chem. Soc. **43**, 35 (1921).
[2] WOLF, K. L.: Theoretische Chemie, 3. Aufl., Leipzig 1954, S. 559 f.

gleichbleibend 1%[1]; bei Benzol und gesättigten Kohlenwasserstoffen ist er zwischen 0 und 200 Atmosphären bei wesentlich kleineren Absolutwerten negativ[2].

Die *molare gesamte Grenzflächenenergie* Γ_m ist i. allg. ebensowenig eindeutig definiert wie die molare freie Grenzflächenenergie γ_m. Die Untersuchung ihrer Temperaturabhängigkeit, vor allem an Kombinationen von Flüssigkeiten annähernd gleicher Molvolumina, d. h. Molflächen, wären nicht nur im Hinblick auf Fragen des Zusammenhangs zwischen Grenzflächenenergie und chemischer Konstitution, sondern auch im Hinblick auf den durch die Gln. (24) und (25) gegebenen Zusammenhang der Grenzflächenenergie mit dem Flächenausdehnungskoeffizienten $(2/3) \cdot \alpha$ von besonderem Interesse. Vor allem würde ihre Kenntnis aber erst Verknüpfungen zur Mischungswärme ermöglichen, welche, ähnlich wie der Zusammenhang zwischen Oberflächenspannung und Verdampfungs- bzw. Sublimationswärme (siehe § 7 und § 12), das Gebiet in einem weiteren Umfang der theoretischen Behandlung aufschlösse. Dabei müßten vorzüglich dynamische Messungen der Grenzflächenspannungen auch mischbarer Flüssigkeiten mit in die Betrachtung gezogen werden.

§ 17. Die Spreitung

Nimmt eine einheitliche Flüssigkeit unter dem Einfluß ihrer Oberflächenspannung die bei den gegebenen Bedingungen jeweils kleinstmögliche Oberfläche an, so bestehen für zwei einander in einer gemeinsamen Grenze berührende Flüssigkeiten, da jetzt zwei Oberflächenspannungen und eine Grenzflächenspannung in dem Streben nach Minimalwirkungen miteinander in Konkurrenz stehen, je nach der Größe der beteiligten Ober- und Grenzflächenspannungen neue, bei einer einzigen Flüssigkeit nicht gegebene vielfältige Möglichkeiten. Bringt man einen Tropfen einer — spezifisch leichteren — Flüssigkeit auf die Oberfläche einer mit ihr nicht oder nur unvollständig mischbaren zweiten Flüssigkeit, so breitet dieser sich in bestimmten Fällen über die unterliegende aus, bei anderen bleibt er in Gestalt eines linsenförmigen Körpers auf dieser liegen. Die Voraussetzung der Ausbreitung oder *Spreitung* ist offenbar immer dann gegeben, wenn dabei Arbeit gewonnen wird, d. h. dann, wenn die Differenz der Oberflächenspannung σ_1 der verschwindenden Oberfläche der Unterlage und der Summe $\sigma_2 + \gamma_{12}$ aus der Oberflächenspannung der spreitenden Flüssigkeit und der Grenzflächenspannung der neu entstehenden Grenzfläche positiv ist. Die für den Spreitungsvorgang entscheidende Größe

$$p_{Sp\,12} = \sigma_1 - (\sigma_2 + \gamma_{12}) \tag{94}$$

<hr>

[1]. LYNDE: Physic. Rev. **22**, 181 (1906).

[2] HASSAN, M. E., R. F. NIELSON u. J. C. CALHOUN: J. Petr. Techn. **5**, 299 (1953); E. A. HAUSER u. A. S. MICHAELS: J. physic. and colloid. Chem. **55**, 408 (1951).

Tabelle 26. *Spreitungsdrucke* p_{Sp} *verschiedener Flüssigkeiten auf Wasser*
(in dyn/cm bei Zimmertemperatur)

Zweite Flüssigkeit	p_{Sp}	Zweite Flüssigkeit	p_{Sp}
Äthanol	50,0	Anisol	12,0
Propanol	49,0	Phenetol	10,5
Butanol	46,5	Benzol	10,8
Octanol	37,0	Toluol	7,5
Undecanol	35,0	o-Xylol	6,9
Cyclohexanol	34,5	m-Xylol	6,2
Äthylmercaptan	25,5	p-Xylol	7,0
Propionsäure	46,0	o-Nitrotoluol	4,2
Heptylsäure	37,5	m-Nitrotoluol	4,1
Ölsäure	24,5	Nitrobenzol	3,8
Dipropylamin	49,0	Chlorbenzol	1,2
Di-iso-Butylamin	40,5	Tetrachlorkohlenstoff	1,2
Acetonitril	44,0	Hexan	1,8
Butyronitril	34,5	Octan	0,0
Aceton	42,5	Decan	— 2,5
Methyl-Butyl-Keton	37,5	Cyclohexan	— 3,2
Äthyl-Propyl-Keton	35,5	Brombenzol	— 3,5
Methyl-Hexylketon	32,0	p-Bromtoluol	— 1,2
Heptaldehyd	32,0	o-Bromtoluol	— 4,2
Diäthyläther	45,5	sym. Dibromäthan	— 3,2
Äthylcapronat	25,6	Schwefelkohlenstoff	— 6,0
Heptin	22,5	Jodbenzol	— 8,4
Anilin	24,5	Bromoform	— 9,6
Äthylbromid	17,5	α-Chlornaphthalin	— 9,7
Chloroform	13,0	α-Bromnaphthalin	—14,0
Tetrachloräthan	6,5	Methylenjodid	—27,0

von der Dimension einer Kraft je Länge mißt die auf die Längeneinheit quer zur Fläche ausgeübte „Spreitungskraft"; wir verstehen die durch Gl. (94) definierte Größe p_{Sp} — in Analogie zur Definition des räumlichen Druckes p als einer Kraft je Fläche — als einen *Flächendruck* der Dimension Kraft je Länge und bezeichnen sie als *Spreitungsdruck*[1]. Dieser ist, wie aus der Kombination der Gl. (94) und (2) folgt, gleich der Differenz der Adhäsionsarbeit ζ_{12} und der Kohäsionsarbeit $2\sigma_2$ und mißt also gemäß der Beziehung

$$p_{Sp12} = \zeta_{12} - 2\sigma_2 \tag{95}$$

den Überschuß der Adhäsion über die Kohäsion der Flüssigkeit von der kleineren Oberflächenspannung. Ist der Spreitungsdruck positiv, so erfolgt Ausbreitung der in den Tab. 26 und 27 zweitgenannten Flüssigkeiten auf der Unterlage, ist er negativ, so bleibt ein aufgebrachter Tropfen als linsenförmiger Körper auf der Unterlage liegen; die negativen Spreitungsdrucke kann man also auch als **Kontraktionsdrucke** in bezug auf den Tropfen verstehen.

---

[1] Die Bezeichnungen Spreitungskoeffizient, die HARKINS, und Ausbreitungskoeffizient, die EUCKEN verwenden, erscheinen unzweckmäßig, da ein Koeffizient im üblichen Sinne durch Gl. (94) nicht definiert ist.

Tabelle 27. *Spreitungsdrucke p_{Sp} verschiedener Flüssigkeiten auf Quecksilber*
(in dyn/cm bei Zimmertemperatur)

Zweite Flüssigkeit	p_{Sp}	Zweite Flüssigkeit	p_{Sp}
Äthyljodid	130	Cyclopentanol	82
Essigsäure	121	Benzol	88
Propionsäure	120,5	o-Xylol	92
Buttersäure	119,5	m-Xylol	94
Valeriansäure	120	p-Xylol	92
Hexylsäure	118	Toluol	93,5
Heptylsäure	117	Nitrobenzol	86
Octylsäure	118	Anilin	95
Nonylsäure	119,5	Chlorbenzol	95
Ölsäure	121	Hexan	80,5
Äthylmercaptan	118	Heptan	82,5
Butylamin	103	Octan	83
Octylamin	98	Nonan	85
Decylamin	95,5	Cyclohexan	78
Schwefelkohlenstoff	109	Aceton	88
Chloroform	96	Methylacetat	66
Tetrachlorkohlenstoff	94	Äthylacetat	71,5
Methanol	74	Propylacetat	76
Äthanol	75	Hexylacetat	89
Propanol	77	Decylacetat	109
i-Propanol	75	Diäthyläther	85
Butanol	78	Dioxan	70
t-Butanol	76	Wasser	22,5
Hexanol	85	Siliconöl 300	70
Octanol	100		

Auf Wasser spreiten am stärksten wieder die paraffinischen Kohlenwasserstoffe mit endständiger polarer Gruppe; der Spreitungsdruck nimmt innerhalb der homologen Reihen merklich ab; polare hydrophile Gruppen, die auch die Löslichkeit in Wasser befördern, erhöhen hier die Adhäsion stärker als die Kohäsion. Mit kleinem Spreitungsdruck oder überhaupt nicht spreiten, entsprechend ihrem hydrophoben Charakter, paraffinische und aromatische Kohlenwasserstoffe und halogenreiche Kohlenstoffverbindungen. An der Grenze liegt Tetrachlorkohlenstoff, der bei nicht sorgfältigem Arbeiten schon leicht nicht spreitend gefunden wird.

Ein weitgehend anderes Bild ergibt sich für die gleichen Flüssigkeiten auf Quecksilber. Auf ihm spreiten, wie formal auf Grund seiner sehr großen Oberflächenspannung aus Gl. (94) zu verstehen ist, alle bisher untersuchten Flüssigkeiten. In den homologen Reihen werden sowohl mit der Kettenlänge ab- wie zunehmende Werte gefunden, je nachdem, ob diese sich stärker in der Adhäsion oder in der Kohäsion auswirkt. Halogenhaltige Verbindungen, die auf Wasser, wie gesagt, nicht spreitungsfreudig sind, verhalten sich auf Quecksilber, entsprechend der Affinität der Halogene zu diesem, meist recht aktiv.

Das Spreiten einer Flüssigkeit auf einer anderen ist nicht umkehrbar; vielmehr folgt aus Gl. (94), daß, wenn eine Flüssigkeit auf einer anderen spreitet, diese nicht auf jener spreitet. Bei einer gegebenen Kombination zweier Flüssigkeiten kann also nur erwartet werden, daß eine von ihnen auf der anderen oder daß keine von beiden spreitet, nicht aber, daß beide aufeinander spreiten. Die Voraussetzung des Vorganges ist immer, daß die unterliegende Flüssigkeit eine große Oberflächenspannung im Vergleich zu der spreitenden hat. Wie diese das allgemeine Spreiten auf Quecksilber ermöglicht, so ist sie auch die Ursache dafür, daß viele organische Flüssigkeiten auf Wasser mit der relativ hohen Oberflächenspannung von 72 erg/cm^2 zum Spreiten kommen.

Die unmittelbare Beobachtung bestätigt die aus den Spreitungsdrucken gezogenen Schlußfolgerungen durchweg insoweit, als in keinem Fall beobachtet wird, daß eine Flüssigkeit mit negativem Spreitungsdruck spreitet; sie zeigt aber darüber hinaus eine Reihe von Einzelerscheinungen, die der näheren Betrachtung bedürfen. So ergeben Versuche an Flüssigkeitskombinationen mit (mittleren oder kleinen) positiven Spreitungsdrucken oft entgegen der Erwartung kein Spreiten. Der Grund dafür dürfte, wenn nicht auf Löslichkeit, stets auf Verunreinigungen der verwandten Flüssigkeiten zurückzuführen sein, die, wenn sie oberflächenaktiv sind, ja schon in geringer Konzentration die Oberflächenspannung etwa des Wassers oder Quecksilbers stark herabsetzen. Kontrolle der im Versuch verwandten Flüssigkeiten durch Messung der Oberflächen- und Grenzflächenspannungen ergibt dann wohl immer, wenn die tatsächlich gemessenen Zahlenwerte in Gl. (94) eingesetzt werden, negative Werte für den Spreitungsdruck. In Bestätigung dieser Überlegung konnte HARKINS das Spreiten einer Reihe von Flüssigkeiten, die, wie Benzol oder Anisol, kleine Spreitungsdrucke in bezug auf Wasser haben, dadurch verhindern, daß er diesem etwas Campher zusetzte. Umgekehrt wirken Stoffe, die, nur in der Flüssigkeit mit der kleineren Oberflächenspannung löslich, deren Oberflächenspannung herabsetzen. So konnte AGNES POKKELS[1] zeigen, daß Petroleum, wenn es mastixhaltig ist, auf Wasser spreitet, und HARDY[2] beobachtete, indem er auf einen auf Wasser nicht spreitenden Öltropfen etwas Ölsäure gab, eine Reihe von Erscheinungen, die im wesentlichen darauf hinauslaufen, daß der Tropfen sich in mehrere kleinere Tröpfchen auflöst, die untereinander durch einen das Wasser bedeckenden Ölsäurefilm verbunden sind.

Besonderer Sorgfalt bedarf die Beobachtung des Spreitens von Wasser auf Quecksilber. Dieses hat nach Tab. 26 gegen Quecksilber

---

[1] Wied. Ann. **67**, 668 (1899).
[2] Proc. Roy Soc., Ser. A. **86**, 634 (1911) und **88**, 303 (1913).

den kleinsten Spreitungsdruck, der durch Verunreinigungen der Quecksilberoberfläche leicht in das negative Gebiet umschlägt. Dadurch sind viele ältere, sich widersprechende Beobachtungen — so z. B. von RAYLEIGH — zu verstehen[1]. Nur auf reinsten Quecksilberoberflächen kann der Vorgang beobachtet werden[2]. Und auch dann geschieht es, daß das schon gespreitete Wasser sich nach einiger Zeit wieder in linsenförmige Tröpfchen zusammenzieht; der Grund für dieses Verhalten dürfte in einer Veränderung der Quecksilberoberfläche unter dem Einfluß des Wassers[3], etwa einer Oxydation, liegen.

Die Angaben der Tab. 26 und 27 beziehen sich auf die Kombination der chemisch einheitlichen Flüssigkeiten. Gegenseitige Löslichkeit derselben — auch eine nur geringe — beeinflußt die Werte der Oberflächen- und Grenzflächenspannungen leicht so stark, daß dadurch, besonders wenn die Spreitungsdrucke ohnehin schon nicht groß sind, ein Umschlag in Nichtspreiten stattfinden kann (siehe Tab. 29). Während z. B. die meisten organischen Flüssigkeiten auf Wasser spreiten, wurde Wasser bisher nur auf Aceton spreitend beobachtet, was, da Aceton auf Wasser spreitet, nicht möglich sein sollte. Tatsächlich ist aber Aceton unter den in der Tabelle genannten Flüssigkeiten eine derjenigen, die sich mit Wasser am leichtesten mischen. Was beobachtet wird, ist also nicht die Spreitung von Wasser auf Aceton, sondern diejenige einer Lösung von Aceton in Wasser auf einer Lösung von Wasser in Aceton. Wie stark solche Einflüsse die Erscheinungen beeinflussen können, wird in § 19 noch zu besprechen sein.

Mit der Temperatur nimmt der Spreitungsdruck meist schwach zu. Immerhin ist es aber dadurch möglich, daß der Spreitungsdruck von Flüssigkeitskombinationen mit schwach negativen Werten positiv wird und so durch Steigerung der Temperatur zwischen zwei ursprünglich nicht spreitenden Flüssigkeiten Spreitung erreicht wird.

Die Beobachtung ergibt ferner, daß die Spreitung auf Quecksilber trotz der größeren Werte der Spreitungsdrucke langsamer in Gang kommt als auf Wasser. Die Größe des Spreitungsdruckes als einer freien Energie kann aber über die Geschwindigkeit des Vorganges ohnehin keinen Aufschluß geben. Dazu ist es vielmehr erforderlich, den der Spreitung zugrunde liegenden Transportmechanismus ins Auge zu fassen. Die Ausbreitung der spreitenden Moleküle auf einer flüssigen Unterlage wird durch die Wärmebewegung der Moleküle dieser Unterlage besorgt,

---

[1] BURDON: Proc. physic. Soc. **38**, 148 (1926).

[2] Spreiten von Wasser auf Quecksilber ist also ein Zeichen für dessen Reinheit.

[3] Nach Beobachtungen von J. L. v. EICHBORN [Kolloid-Z. **100**, 62 (1944)] zeigt eine Quecksilberoberfläche an Stellen, die einmal mit Wasser in Berührung waren, längere Zeit auffallende Hysteresiserscheinungen.

d. h. in erster Linie durch deren Translationsbewegung, auf Grund deren sie längs der Oberfläche fortwährend über längere Strecken diffundieren[1] und so die ihnen durch zwischenmolekulare Kräfte verbundenen Moleküle der spreitenden Flüssigkeit mit sich forttragen. Das geschieht in jedem Falle. Aber nur wenn die Ausbreitung über die unterliegende Oberfläche in Form eines dünnen Filmes einen Gewinn an freier Energie bringt, d. h. nur wenn der Spreitungsdruck positiv ist, bildet sich eine zusammenhängende stabile Bedeckung der Unterlage. Im anderen Falle stellt sich ein dynamisches Gleichgewicht ein in der Art, daß wohl auch von dem aufliegenden Tropfen Moleküle nach außen dringen, aber, da sie dort keine stabile Einordnung finden, alsbald wieder zurückkommen. Im Falle der Spreitung ist der eigentliche Spreitungsvorgang beendet, sobald die Unterlage mit einem Film molekularer Dicke bedeckt ist. Wenn sich die dann noch vorhandene, noch nicht gespreitete Flüssigkeit ebenfalls gleichmäßig über die Unterlage verteilt, so geschieht das, da der Einfluß der Moleküle der unterliegenden Flüssigkeit infolge der geringen Reichweite der Kräfte nun schon weitgehend ausgeschaltet ist, i. allg. nicht mehr in Form der echten Spreitung, sondern so, daß sie, da die Oberfläche auch dieser Flüssigkeit nun nicht mehr zunimmt, unter dem Einfluß der Schwerkraft gleichsam auf sich selbst zu einer gleichmäßig-ebenen Schicht auseinanderfließt, deren Dicke unter Umständen an sich ausbildenden Interferenzfarben abzulesen ist. Variationen können eintreten, wenn die Moleküle in dem durch Spreitung zunächst gebildeten Film besondere, von denjenigen in der Masse der Flüssigkeit abweichende, etwa durch Orientierung bedingte Ordnungszustände einnehmen. Dann geschieht es, daß zwar zunächst die gesamte aufliegende Flüssigkeitsmenge sich gleichmäßig auf der Unterlage verteilt, danach aber in einem sich oft über recht lange Zeiten erstreckenden und unter Umständen von Einstellung des Lösungsgleichgewichtes begleiteten Vorgang[2] einem Endzustand zustrebt, in dem eine größere Anzahl sichtbarer Tröpfchen, die sich schließlich doch wieder zu einem größeren Tropfen vereinigen, mit einem verbleibenden Film molekularer Dicke ins Gleichgewicht kommen[3].

Ist die spreitende Flüssigkeit leicht flüchtig, so kann sich ein solches Gleichgewicht nicht einstellen; durch die Spreitung wird die Oberfläche so stark vergrößert, daß schnelle Verdampfung eintritt. In welchem Maße die Oberflächenvergrößerung die Verdampfungsgeschwindigkeit erhöht, kann man leicht unmittelbar anschaulich machen, indem

---

[1] LANGMUIR, I.: Trans. Faraday Soc. **17**, 673 (1922).

[2] HARDY, W. B.: Proc. Roy. Soc. **88**, 316 (1913).

[3] DEVEAUX: J. Physique Radium **2**, 891 (1912); TAYLOR: Ann. Physique **1**, 134 (1924); FEACHEM u. RIDEAL: Trans. Faraday Soc. **29**, 409 (1933).

man je einen Tropfen der gleichen, leicht flüchtigen Flüssigkeit einmal auf Quecksilber bringt und einmal auf eine feste Unterlage, auf der er nicht spreitet; der Tropfen auf Quecksilber verdampft in einem Bruchteil der Zeit, die der andere zum Verdampfen benötigt. Auf dem gleichen Vorgang beruht es, daß, wie HARDY[1] beobachtete, Flüssigkeiten mit relativ kleinem Dampfdruck auf Quecksilber schnell verdampfen. Den gleichen Effekt kann man hinsichtlich der Lösungsgeschwindigkeit an Grenzflächen beobachten[2].

Der auf der Translationsbewegung der Moleküle der unterliegenden Flüssigkeit beruhende Mechanismus der Spreitung macht es verständlich, warum die Spreitung auf Wasser, dessen Moleküle sich entsprechend ihrer kleinen Masse schneller bewegen als die langsam translatierenden Quecksilberatome, schneller vor sich geht als auf Quecksilber. Für eine erschöpfende Behandlung reicht indes dieser eine Umstand nicht aus, da die Spreitungsgeschwindigkeit außer von der Unterlage auch in einer noch nicht zu übersehenden Weise von der Art der spreitenden Flüssigkeit abhängt[3]. Auf Wasser liegen die Spreitungsgeschwindigkeiten i. allg. in der Größenordnung von 10 cm/sec, sind aber in manchen Fällen wesentlich kleiner[4]. Auf Quecksilber dürften sie entsprechend der auch sonst sich zeigenden größeren Vielfalt der Erscheinungen[5] breiter streuen als auf Wasser. Auf gekrümmten Oberflächen erfolgt die Spreitung nach Beobachtungen von BURDON langsamer, auch elektrische Felder beeinflussen die Spreitungsgeschwindigkeit.

§ 18. Schwimmende Tropfen

Ein Tropfen schwimme, sei es, daß er noch nicht, sei es, daß er überhaupt nicht spreitet, auf der Oberfläche einer — spezifisch schwereren oder, was in gewissen Grenzen bei hinreichender Oberflächenspannung der Unterlage ebenfalls möglich ist, spezifisch leichteren — Flüssigkeit. An den dadurch gegebenen Ober- bzw. Grenzflächen wirken dann drei Grenzflächenspannungen, nämlich die Oberflächenspannung σ_1 der unterliegenden Flüssigkeit, die Oberflächenspannung σ_2 der Flüssigkeit des Tropfens und die Grenzflächenspannung γ_{12} zwischen beiden Flüssigkeiten, jede in dem Sinne, daß sie die zugehörige Grenzfläche zu verkleinern strebt. Zwischen diesen drei, gemäß der Dimension dyn/cm als Flächendrucke auffaßbaren Kräften muß sich in der Oberfläche an dem gesamten

---

[1] Proc. Roy. Soc. Ser. A **88**, 316 (1913).

[2] Siehe K. L. WOLF u. H. G. TRIESCHMANN: Praktische Einführung in die physikalische Chemie, 3. Aufl., Leipzig 1951, S. 190.

[3] BRINKMANN: Biochem. Z. **139**, 279 (1923); RIDEAL: Proc. Roy. Soc., Ser. A **109**, 312 (1925); RAMDAS: Proc. Ind. Ass. Cult. Sc. **10**, 1 (1926).

[4] WOOG: Graissage, Ontuosité, Influences moléculaires 1926, S. 88.

[5] BURDON: Trans. Faraday Soc. **23**, 205 (1927).

Umfang der kreisförmigen Berührungslinie beider Flüssigkeiten, wenn der Tropfen stabil sein soll, ein Gleichgewicht einstellen. Charakterisiert man, was formal, wie eingangs gesagt wurde, in gewissem Umfange möglich ist, die drei an einem Punkte P des Berührungskreises wirkenden Kräfte durch parallel zu den Grenzflächen liegende Vektoren, so folgt nach dem Parallelogramm der Kräfte die Gleichgewichtsbedingung

$$\sigma_1 = \sigma_2 \cos(\pi - \beta) + \gamma_{12} \cos(\pi - \alpha) \tag{96}$$

oder, da im Gleichgewicht auch $\sigma_2 \sin\beta = \gamma_{12} \sin\alpha$ sein muß[1], entsprechend dem Satz, daß die Größe von jeder der drei sich in einem Punkt das Gleichgewicht haltenden Spannungen proportional sei dem Winkel zwischen den beiden anderen (siehe Abb. 69), die (96) gleichwertige, in den Winkelargumenten vereinfachte Beziehung

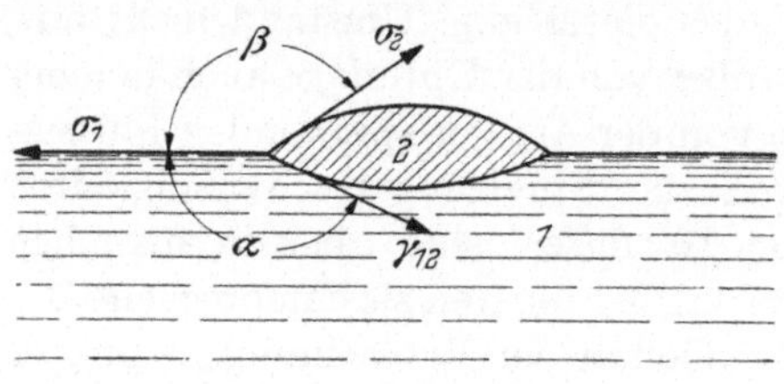

Abb. 69. Schwimmender Tropfen

$$\frac{\sigma_1}{\sin(\alpha + \beta)} = \frac{\sigma_2}{\sin\alpha} = \frac{\gamma_{12}}{\sin\beta} \, . \tag{97}$$

Aus diesen Beziehungen muß zunächst, wenn ihre Voraussetzungen richtig sind, die oben abgeleitete Bedingung der Spreitung, d. h. der Instabilität des Tropfens, folgen. Das trifft auch zu; denkt man sich nämlich bei gegebenen Werten von σ_2 und γ_{12} die Oberflächenspannung σ_1 stetig wachsend, so gehen $\cos\alpha$ und $\cos\beta$ gegen 1. Es folgt also für große Werte der Oberflächenspannung der Unterlage aus (96) die Ungleichung

$$\sigma_1 \gtreqqless \sigma_2 + \gamma_{12} \tag{98a}$$

oder

$$\sigma_1 - (\sigma_2 + \gamma_{12}) \equiv p_{sp} \gtreqqless 0 , \tag{98b}$$

d. h. die oben abgeleitete Bedingung der Spreitung.

Ist $\sigma_1 < \sigma_2 + \gamma_{12}$, so bleibt der Tropfen in Form eines um die Senkrechte rotationssymmetrischen linsenförmigen Körpers liegen, und zwar, wenn nur die Oberflächenspannung der Unterlage groß und der Tropfen hinreichend klein ist, auch dann, wenn seine Dichte wesentlich größer ist als diejenige der Flüssigkeit, auf der er schwimmt[2]. Die Kontaktwinkel sollen dann durch Gl. (96) bestimmt sein. Die Prüfung dieser bereits 1864 von F. NEUMANN ausgesprochenen und alsbald, so u. a. von QUINCKE und von RAYLEIGH angezweifelten

---

[1] Ableitung s. z. B. J. L. v. EICHBORN: Kolloid-Z. **107**, 119 (1944).

[2] So konnten N. K. ADAM [Nature **123**, 413 (1929)] und REHBINDER u. SERBA-SERBINA [J. physic. Chem. UdSSR **2**, 763 (1931)] Quecksilber, das mit Schwefel- und Chromsäure bzw. mit Alizarinrot behandelt war, und KREMNEV [Kolloid-Z. **68**, 21 (1934)] Tetrachlorkohlenstoff auf Wasser zum Schwimmen bringen.

Beziehung ist recht schwierig, zumal die Kontaktwinkel sich mit der Zeit ändern, wohl in erster Linie, aber nicht unbedingt ausschließlich, infolge von gegenseitiger Sättigung der Flüssigkeiten. Doch scheint sie nach neueren Messungen von N. FUCHS[1] sich zu bestätigen. Da, wenn nur eine der drei Grenzflächenspannungen σ_1, σ_2 oder γ_{12} bekannt ist, durch Messung der Winkel nach (96) die anderen beiden berechnet werden können, böte sich damit eine weitere Möglichkeit zur Bestimmung von Oberflächen- und — was praktisch bedeutsamer wäre — von Grenzflächenspannungen, wobei die Verfolgung der zeitlichen Änderungen unter Umständen der gleichzeitigen Ermittlung der Werte der chemisch einheitlichen und der gegenseitig gesättigten Flüssigkeiten nützlich zu machen wäre.

Auch zwischen Festkörpern und auf diesen nicht spreitenden Flüssigkeiten stellen sich bestimmte, durch die Oberflächen- und Grenzflächenspannungen gegebene Winkel ein (siehe § 22). Aber selbst in diesem einfacheren Falle, in dem der Winkel α stets 180° beträgt, so daß nur ein dem Winkel β entsprechender „*Randwinkel*" auftritt, erstehen infolge merkwürdiger Hysteresiserscheinungen praktische und in theoretischer Hinsicht grundsätzliche Schwierigkeiten, auf die bei der Behandlung der Grenzflächen zwischen festen Körpern und Flüssigkeiten näher einzugehen sein wird. Dazu kommt bei dem schwimmenden Tropfen, daß an dem den Kontakt der beiden Flüssigkeiten und der Luft herstellenden Kreis der — naturgemäß ohnehin schon kleine — Tropfen stark gekrümmt ist, so daß gerade an dem für die Überlegung des Kräftegleichgewichts entscheidenden Punkt der Abb. 69 mit zusätzlichen Wirkungen zu rechnen ist. Dem entspricht es, daß LYONS[2] und LANGMUIR[3], um zu einer Beziehung zwischen Spreitungsdruck p_{Sp}, Linsenradius r und Linsendicke d zu kommen, eine am Linsenkörperumfang angreifende zusätzliche „lineare Spannung" s einführen mußten. Nach LANGMUIR ist die Dicke des — bei hinreichender Größe als flach anzusehenden — Tropfenkörpers gegeben zu

$$d^2 = - \frac{2\,\varrho_1}{g\,\varrho_2\,(\varrho_1 - \varrho_2)} \cdot \left(p_{Sp} - \frac{s}{r} \right). \tag{97}$$

Setzt man in Gl. (97) $s = 0$, so erhält man die hypothetische Dicke d_0, die der Tropfen ohne die Zusatzspannung s hätte. Daß die Tropfendicke nach (97) nur bei negativem Spreitungsdruck positiv erhalten wird, entspricht dem Umstand, daß nur dann stabile Tropfen bestehen. Der Zahlenwert der Spannung s wurde von BRADLEY[4] experimentell an schwingenden Linsen bestimmt; er liegt in der Größenordnung von einem dyn.

---

[1] Kolloid-Z. **52**, 202 (1930).
[2] J. chem. Soc. **1930**, 623.   [3] J. chem. Physics. **1**, 756 (1933).
[4] Trans. Faraday Soc. **1940**, 999.

Für noch spreitende und für im Gleichgewicht mit einem monomolekularen Film befindliche Tropfen, von denen weiter oben die Rede war, gilt mutatis mutandis das gleiche. Dabei ist im ersten dieser beiden Fälle bei der Übertragung von Gl. (97) sowohl mit zeitlich veränderlichen Oberflächenspannungen wie mit zeitlich veränderter Zusatzspannung, im zweiten mit einer durch den Film abgewandelten Oberflächenspannung $\sigma_1' < \sigma_1$ zu rechnen. Nicht primär durch Oberflächenwirkungen bedingt ist nach GOSSARD[1] die häufig zu beobachtende Erscheinung, daß über einer Flüssigkeit versprühte Tropfen sich auf dieser eine Zeitlang erhalten; Erscheinungen dieser Art beruhen vielmehr auf dem Leidenfrostphänomen.

Dem schwimmenden Tropfen analog ist die Luftblase an der Grenze zweier Flüssigkeiten (siehe Abb. 70), z. B. zwischen Wasser und Anilin. Für sie gilt die der Gl. (96) entsprechende Beziehung

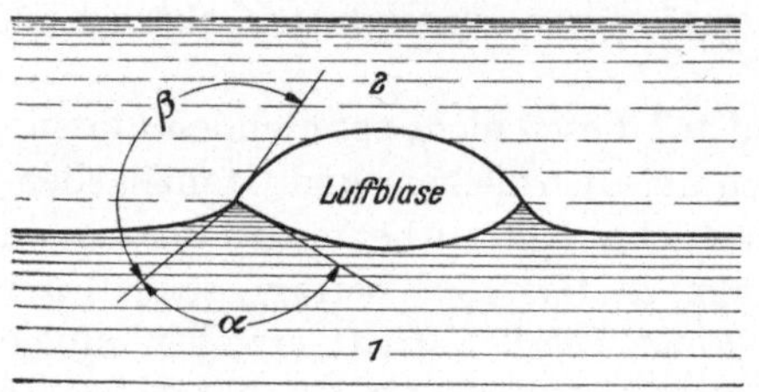

Abb. 70. Luftblase an der Grenze zweier Flüssigkeiten

$$\gamma_{12} = \sigma_1 \cos(\pi - \alpha) + \sigma_2 \cos(\pi - \beta) . \tag{96a}$$

Ist der eine der beiden Winkel gleich 0, der andere gleich 180°, so wird $\gamma_{12} = \sigma_1 - \sigma_2$, der Spreitungsdruck also gleich Null; die Blase wird dann von einer der beiden Flüssigkeiten ganz umschlossen[2].

§ 19. Die Grenzflächenerscheinungen zwischen gegenseitig gesättigten Flüssigkeiten

Die Grenzflächenerscheinungen zwischen zwei miteinander nicht vollständig mischbaren Flüssigkeiten weichen dadurch von denjenigen zwischen den reinen Flüssigkeiten, deren Grenzflächenspannung i. allg. nur dynamisch erfaßt werden kann, ab, daß Oberflächenspannungen und Grenzflächenspannung in jedem Falle dadurch beeinflußt werden, daß eine, wenn auch noch so geringe gegenseitige Löslichkeit besteht. Will man echte Gleichgewichtszustände quantitativ beschreiben, so gehen also in die in den voranstehenden Abschnitten abgeleiteten Beziehungen anstatt der Oberflächenspannungen σ_1 und σ_2 die Oberflächenspannungen $\sigma_{1(2)}$ und $\sigma_{2(1)}$ der jeweils mit der anderen Flüssigkeit gesättigten Flüssigkeiten ein; für die Grenzflächenspannung, deren Änderungen weniger ins Gewicht fallen mögen, soll aber unbescha-

---

[1] Ann. Chim. Phys. **4**, 391 (1895); siehe ferner SETH, ANAND u. MARAJAN: Philos. Mag. J. Sci. **7**, 247 (1929).

[2] Fox: J. chem. Physics **10**, 621 (1942).

det des Umstandes, daß auch sie etwas modifiziert sein könnten, in den folgenden Betrachtungen das einfache Symbol γ_{12} beibehalten werden, mit dem jetzt stets die statisch bestimmten Werte bezeichnet sein sollen. Die genannten Einflüsse machen sich auch bei äußerst geringer Löslichkeit bemerkbar; die Oberflächenspannung von Lösungen nimmt nämlich meist nicht linear mit den Konzentrationen zwischen dem größeren Extremwert σ_1 und dem kleineren σ_2 ab (gestrichelte Linie in Abb. 71), sondern fällt schon bei sehr kleinen Konzentrationen der Flüssigkeit 2 sehr viel stärker ab, als es der Linearität entspricht, und erreicht oft schon bei sehr kleinen Konzentrationen derselben praktisch den Wert σ_2 (Abb. 71, ausgezogene Kurve). Diese später noch im einzelnen zu behandelnde Erscheinung der *Oberflächenaktiviät* ist im wesentlichen dadurch zu verstehen, daß die Moleküle des gelösten Stoffes kleinerer Oberflächenspannung sich in der Oberfläche der Lösung, damit deren freie Oberflächenenergie erniedrigend, in wesentlich stärkerer Konzentration vorfinden als im Innern des Lösungspartners, so daß dessen Oberfläche schon bei sehr kleinen Lösungskonzentrationen verhältnismäßig dicht mit Molekülen des gelösten Stoffes besetzt ist. Solcher Anreicherung entspricht es, daß z. B. mit Ölsäure ($\sigma_1 = 33$ erg/cm^2) gesättigtes Wasser eine Oberflächenspannung $\sigma_{2\,(1)}$ von nur 41 und mit Äther ($\sigma_1 = 16{,}5$ erg/cm^2) gesättigtes eine solche von nur 28 erg/cm^2 besitzt, während mit nicht oberflächenaktivem Octan ($\sigma_2 = 22$ erg/cm^2) gesättigtes Wasser eine Oberflächenspannung von 72,2 erg/cm^2 hat. Weitere Werte dieser Art gibt Tab. 28.

Tabelle 28. *Oberflächenspannungen von Flüssigkeitspaaren im Lösungsgleichgewicht bei 20° C in (erg/cm²)*

Flüssigkeit 1	Flüssigkeit 2	σ_1	$\sigma_{1\,(2)}$	σ_2	$\sigma_{2\,(1)}$
Wasser	i-Amylalkohol	72,7	26,0	23,5	23,5
	Heptanol	72,7	29,5	26,5	26,5
	Heptylsäure	72,7	30,0	28,2	28,3
	Ölsäure	72,7	41,0	33,3	33,3
	Diäthyläther	72,7	27,8	16,6	17,1
	Äthylacetat	72,7	29,5	24,0	23,5
	Nitrobenzol	72,7	68,0	44,0	43,0
	Anilin	72,7	46,2	42,5	43,0
	Chloroform	72,7	59,5	27,0	27,1
	Tetrachlorkohlenstoff .	72,7	70,0	28,0	27,0
	Benzol	72,7	63,4	28,3	28,8
	Hexan	72,7	69,5	19,7	19,7
	Octan	72,7	72,2	21,9	21,9
Quecksilber . .	Schwefelkohlenstoff . .	480	370	30,5	30,5
	Octanol	480		27,3	27,3
	Diäthyläther	480	389	16,6	(16,6)
	Benzol	480	394	28,3	28,3
	Hexan	480		19,7	19,7
	Wasser	480		72,7	72,7

Die Oberflächenspannungen zweier miteinander gesättigter, nur teilweise mischbarer Flüssigkeiten gleichen sich bei Annäherung an die kritische Mischungstemperatur einander stark an, so daß sie sich, wie WHATMOUGH[1] und ANTONOW[2] zeigten, oft bereits weit unterhalb des kritischen Mischungspunktes nur noch um Bruchteile von erg unterscheiden. So beträgt z. B. nach Messungen von GOARD und RIDEAL[3] der Unterschied zwischen gesättigter Phenol–Wasser- und gesättigter Wasser–Phenol-Lösung bei 17° C nur 0,26 und bei 30° C, d. h. etwa 40° unterhalb der kritischen Mischungstemperatur, nur 0,20 erg/cm²; ebenso sind die Oberflächenspannungen von Wasser–Isobuttersäure-Gemischen, wie man der Abb. 72 entnehme, schon einige Grade unter-

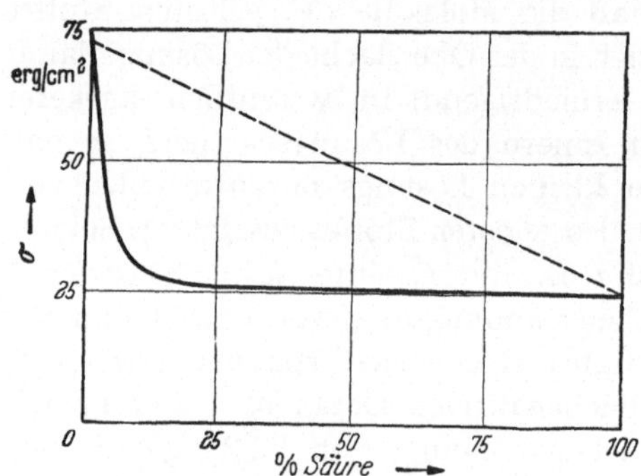

Abb. 71. Konzentrationsabhängigkeit der Oberflächenspannung von Lösungen von Isobuttersäure in Wasser bei 26°C

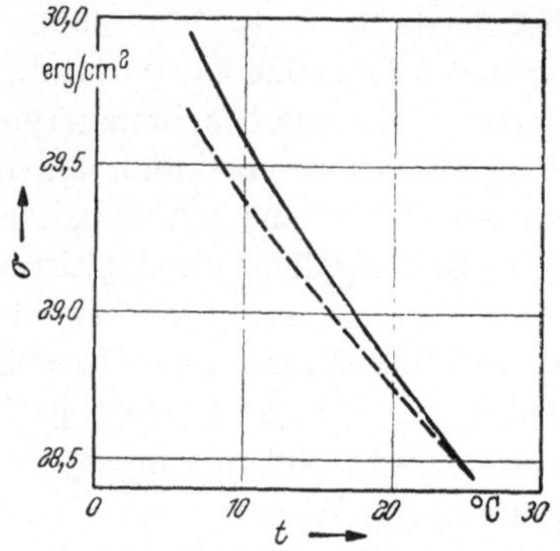

Abb. 72. Temperaturabhängigkeit der Oberflächenspannung der gesättigten Lösungen von Wasser in Isobuttersäure (gestrichelt) und von Isobuttersäure in Wasser (ausgezogen)

halb der bei 24° C liegenden kritischen Mischungstemperatur fast gleich und nähern sich einander, wie Abb. 72 zeigt, mit Annäherung an diese immer mehr. Da die beiden Oberflächen demnach bereits unterhalb des kritischen Mischungspunktes einander sehr ähnlich sind, ist auch ihre Grenzflächenspannung, die bei der Mischungstemperatur entsprechend der hier erreichten vollständigen Mischbarkeit gleich Null sein muß, schon beträchtlich unterhalb derselben sehr nahe gleich Null. So ergibt sich, daß, ähnlich wie die Oberflächenspannung chemisch einheitlicher Flüssigkeiten bei der kritischen Temperatur mit horizontaler Tangente in den Nullwert der (σ, T)-Kurve mündet (siehe Abb. 12), mit der Grenzflächenspannung γ_{12} zweier partiell mischbarer Flüssigkeiten auch die Ableitung $d\gamma_{12}/dT$ bei der kritischen Mischungs-

[1] Z. physik. Chem. **39**, 129 (1902).   [2] J. Chim. physique **5**, 364 (1907).
[3] J. chem. Soc. **127**, 786 (1925); siehe aber auch L. MORGAN u. E. W. EVANS: J. Amer. chem. Soc. **39**, 2152 (1917).

temperatur gleich Null wird. Die dem Verhalten chemisch einheitlicher Flüssigkeiten analoge Gesetzmäßigkeit wird also nicht etwa an der Grenzfläche zweier chemisch einheitlicher Flüssigkeiten, sondern erst an der Grenze der miteinander im Lösungsgleichgewicht befindlichen gesättigten Flüssigkeiten gefunden.

Ist die spezifische Adhäsionsarbeit ζ_{12} zwischen chemisch einheitlichen Flüssigkeiten bestimmt durch die Beziehung (90), in welche die Oberflächenspannungen σ_1 und σ_2 der reinen Flüssigkeiten eingehen, so tritt an ihre Stelle, will man die Adhäsionsarbeit $\zeta_{1(2)2(1)}$ zwischen zwei partiell mischbaren, gegenseitig gesättigten Flüssigkeiten bestimmen, die Beziehung

$$\zeta_{1(2)\,2(1)} = \sigma_{1(2)} + \sigma_{2(1)} - \gamma_{12}\,. \tag{98}$$

Dieser kommt insofern im Zusammenhang mit der Adhäsionsarbeit ζ_{12} eine besondere Bedeutung zu, als man, wenn man zwei chemisch einheitliche Flüssigkeiten unter Freisetzung der spezifischen Arbeit ζ_{12} miteinander in Kontakt gebracht hat und sie sich in diesem Zustand gegenseitig sättigen, will man sie wieder trennen, als *Trennarbeit* dann Arbeit im — namentlich bei Auftreten von Oberflächenaktivität wesentlich — kleineren Betrag von $\zeta_{1(2)2(1)}$ aufzuwenden hat. Die in den Spalten 3 und 4 der Tab. 29 einander gegenübergestellten Zahlenwerte lassen erkennen, daß die Unterschiede, vor allem dann, wenn endständige polare Gruppen beteiligt sind, recht beträchtlich sein können.

Wie die Adhäsionsarbeit, so wird auch der Spreitungsdruck p_{Sp12} zwischen chemisch einheitlichen Flüssigkeiten durch gegenseitige Sätti-

Tabelle 29. *Adhäsionsarbeiten ζ_{12}, Trennarbeiten $\zeta_{1(2)\,2(1)}$, Spreitungsdrucke $p_{Sp\,12}$ und Kontraktionsdrucke $-p_{Sp\,1(2)\,2(1)}$ verschiedener Flüssigkeiten in bezug auf Wasser und Quecksilber bei 20°C (in erg/cm²)*

Flüssigkeit 1	Flüssigkeit 2	ζ_{12}	$\zeta_{1(2)\,2(1)}$	$p_{Sp\,12}$	$p_{Sp\,1(2)\,2(1)}$
Wasser	i-Amylalkohol . . .	91	44,5	44	— 2,5
	Heptanol	91	47	38	— 6
	Heptylsäure	94,5	52	37,5	— 5
	Ölsäure	94,5	63	24,5	— 3,5
	Diäthyläther	78,5	34,5	45,5	— 0
	Äthylacetat	90,5	47	42,5	— 0
	Nitrobenzol	91	86,5	3,5	— 0,5
	Anilin	111	82	24	— 1
	Chloroform	67	50	13	— 0
	Tetrachlorkohlenstoff	57	54,5	1,5	— 0
	Benzol	67,5	58,5	11	— 1
	Hexan	41	38	2	— 1,5
	Octan	43	42,5	0	— 0,5
Quecksilber . .	Schwefelkohlenstoff .	170	60	109	— 1
	Diäthyläther	118	29	85	— 6
	Benzol	143	57	87	— 0,5

gung geändert. An seine Stelle tritt dann der Spreitungsdruck

$$p_{sp\,1(2)\,2(1)} = \sigma_{1(2)} - (\sigma_{2(1)} + \gamma_{12})\,, \tag{99}$$

der nach Einstellung des Lösungsgleichgewichtes allein wirksam bleibt. Übergang zur Sättigung bedeutet stets eine Verkleinerung des Spreitungsdruckes; das ergibt sich ähnlich wie bei den Adhäsionsarbeiten daraus, daß die Sättigung in jedem Falle eine Verminderung der größeren Oberflächenspannung σ_1 und eine (oft nur unbeachtliche) Erhöhung der Oberflächenspannung σ_2 mit sich bringt, so daß der Spreitungsdruck insgesamt abnimmt.

Der Vorgang der Ausbreitung einer Flüssigkeit auf einer anderen geht — unbeschadet des Umstandes, daß er meist sehr turbulent verläuft —, wenn er langsam geleitet werden kann, also so vor sich, daß bei positivem Spreitungsdruck und Kontaktwinkel Null zunächst Spreitung erfolgt. In dem Maße, wie die Sättigung angenähert wird, nimmt der Spreitungsdruck dann ab; der Kontaktwinkel bleibt dabei weiterhin gleich Null, bis der Spreitungsdruck selbst gleich Null geworden ist. Bei noch weiterer Verminderung der Oberflächenspannung σ_1 würde der Spreitungsdruck negativ werden, die Spreitung also vor Erreichung des Lösungsgleichgewichtes aufhören. Tatsächlich ist der mit dem Lösungsgleichgewicht sich einstellende Spreitungsdruck, wie die in Tab. 29 gegebene Gegenüberstellung der Spreitungsdrucke p_{sp12} und $p_{sp1(2)2(1)}$ erkennen läßt, innerhalb der — durch Differenzbildung wesentlich größerer Zahlen erhaltenen — Meßfehler fast durchweg gleich Null. Nur einige Stoffe, wie Alkohole und Fettsäuren, scheinen negative Werte zu erreichen.

Wenn zwei Flüssigkeiten bereits im chemisch einheitlichen Zustand keine Spreitung zeigen, wird durch Einsetzen des Lösungsvorganges der ohnehin schon negative Spreitungsdruck noch kleiner und der Kontaktwinkel größer; Spreitung setzt dann also erst recht nicht ein.

Der Befund, nach dem der Spreitungsdruck zwischen gegenseitig gesättigten Flüssigkeiten gleich Null ist, deckt sich mit dem Inhalt einer schon 1907 von ANTONOW[1] ausgesprochenen Regel, nach welcher entsprechend der für diesen Fall mit Gl. (94) identischen Gleichung

$$\gamma_{12} = \sigma_{1(2)} - \sigma_{2(1)}\,, \tag{100}$$

die Grenzflächenspannung zwischen zwei im Lösungsgleichgewicht befindlichen Flüssigkeiten gleich der Differenz ihrer Oberflächenspannungen $\sigma_{1(2)}$ und $\sigma_{2(1)}$ sein soll. Eine allgemeine Begründung dieser Regel ist noch nicht gefunden. Am besten versteht man sie, wenn man Gl. (100) mit der DUPRÉschen Gl. (90) kombiniert. Es wird dann nämlich entsprechend der aus dieser Kombination folgenden Beziehung

$$\zeta_{1(2)\,2(1)} = 2\,\sigma_{2(1)} \tag{101}$$

___
[1] J. Chim. physique **5**, 372 (1907).

die Adhäsionsarbeit zwischen den gesättigten Flüssigkeiten gleich der Kohäsionsarbeit $2\sigma_{2(1)}$ derjenigen mit der kleineren Oberflächenspannung. Das aber ist wohl so zu verstehen, daß die Oberflächen beider Flüssigkeiten nach erfolgter gegenseitiger Sättigung beider Flüssigkeiten sich in bezug auf die zwischenmolekularen Kräfte gleich geworden sind.

Die ANTONOWsche Regel ist von REYNOLDS[1] und später von FUCHS[2] in bezug auf Wasser, von BARTELL, CASE und BROWN[3] in bezug auf Quecksilber bestätigt worden. Die Fälle, in denen sie nach Tab. 29 nicht bestätigt zu sein scheint, beziehen sich — mit Ausnahme der Kombination Quecksilber–Äther — ausschließlich auf Alkohole und Säuren. Es ist vermutet worden, der Grund für diese Abweichungen sei in Grenzflächenorientierungen der Moleküle dieser Stoffe zu suchen[4]; wahrscheinlicher ist indes deren starke Neigung zur Assoziation dafür verantwortlich zu machen. Daß die Gl. (100) bei schon im chemisch einheitlichen Zustand nicht aufeinander spreitenden Flüssigkeitspaaren nicht zutrifft, haben HARKINS und GINSBERG[5] bestätigt[6]. EUCKEN[7] ist der Meinung, die ANTONOWsche Regel könne, da thermodynamisch nicht begründet, nicht allgemein gelten; ANTONOW[8] hält daran fest, daß sie im Falle des Gleichgewichts bei fehlender Spreitung ausnahmslose Gültigkeit habe.

F. Die Grenzfläche von Festkörpern gegen Flüssigkeiten

§ 20. Die Grenzflächenspannung

Wie die Grenzflächen von Festkörpern gegen Gase oder den stoffarmen Raum oder von Flüssigkeiten gegen andere Flüssigkeiten, so müssen bei der grundsätzlichen Gleichartigkeit der in Frage kommenden zwischenmolekularen Kräfte auch die Grenzflächen zwischen Festkörpern und Flüssigkeiten freie Grenzflächenenergie besitzen, die wiederum durch eine Grenzflächenspannung γ_{12} quantitativ charakterisiert werden kann. Aus dem gleichen Grunde und in höherem Maße als bei den Grenzflächenspannungen von Flüssigkeiten und Festkörpern gegen Gase und Dämpfe ist bei den Grenzflächenspannungen von Festkörpern gegen Flüssigkeiten zu erwarten, daß sie kleiner sind als die Oberflächenspannungen der betreffenden Festkörper gegen den stoffarmen Raum. Doch stehen quantitativen Bestimmungen erhebliche Schwierigkeiten ent-

---

[1] J. chem. Soc. **1921**, 466.   [2] Kolloid-Z. **52**, 202 (1930).

[3] J. Amer. chem. Soc. **1933**, 2769.

[4] CARTER u. JONES: Trans. Faraday Soc. **30**, 1027 (1934).

[5] Bericht über das sechste Kolloidsymposion, 1928, S. 23f.

[6] Hinsichtlich der Gültigkeit der ANTONOWschen Regel bei Anwesenheit eines dritten, in den beiden anderen gelösten Stoffes siehe WOODMAN: J. physic. Chem. **31**, 1742 (1927).

[7] Lehrbuch der chemischen Physik, Bd. 2, II, Leipzig 1944, S. 1288f.

[8] J. physic. Chem. **46**, 497 (1942).

gegen, da ebensowenig wie die Oberflächenspannung die Grenzflächenspannungen die Oberflächengestaltung der Festkörper unmittelbar und primär bestimmen. Am einfachsten wäre wohl die Methode der Spaltung des in die Flüssigkeit eingelagerten Körpers; brauchbare Messungen dieser Art liegen aber nicht vor.

Indirekt macht sich die Grenzflächenspannung hier ebenso bemerkbar wie die Oberflächenspannung. So sind z. B. kleine Kriställchen in Flüssigkeiten besser löslich als größere. Für die Abhängigkeit der Löslichkeit von der — bei Vernachlässigung des Unterschiedes der verschieden indizierten Kristallflächen in erster Näherung durch einen „Halbmesser" r zu kennzeichnenden — Korngröße gilt, wenn man an Stelle der Dampfdrucke π die osmotischen Drucke π_{os} setzt und beachtet, daß diese den Löslichkeiten L proportional sind, wie zuerst WILHELM OSTWALD[1] zeigte, die den Gln. (38) und (76) analoge Beziehung

$$\ln(L_r/L) = \ln(\pi_{os\,r}/\pi_{os}) = 2\,\sigma\,V_M/r\,RT \tag{102}$$

oder

$$L_r = L(1 + 2\sigma V_M/r\,RT). \tag{103}$$

Qualitativ bestätigte OSTWALD diese Erwartung durch die Beobachtung, daß von zwei nur durch ihre Korngröße unterschiedenen — früher für polymorph gehaltenen — Formen des Quecksilberoxydes, einer roten und einer gelben, die feinkörnigere gelbe in Wasser stärker löslich ist als die rote; die größere elektromotorische Kraft, welche bei Verwendung des gelben Oxydes beobachtet wird, ist ebenfalls Ausdruck von dessen besserer Löslichkeit. Auch sonst äußert sich die Zunahme der Löslichkeit mit dem Zerkleinerungsgrad in der Größe der elektromotorischen Kraft von Elektroden zweiter Art, etwa bei Normalelektroden, die unter Verwendung sehr fein gepulverten Kalomels oder bei Normalelementen, die unter Verwendung feinkörnigen Quecksilbersulfates hergestellt sind[2]. Dabei ist entsprechend der größeren Löslichkeit die mit dem feineren Pulver bedeckte Elektrode positiv gegenüber einer solchen mit dem gröberen; dem Wachsen größerer Tropfen auf Kosten kleinerer entspricht hier eine — offenbar sehr langsam verlaufende — Umwandlung des feineren in das gröbere Pulver[3]. Durch Löslichkeitsänderungen bedingte Gleichgewichtsverschiebungen liegen schließlich auch den Beobachtungen von PODUS[4] zugrunde, nach denen bei hinreichender Zerkleinerung

---

[1] Z. physik. Chem. **14**, 503 (1900); die von OSTWALD angegebene Beziehung zwischen Löslichkeit und Korngröße enthält irrtümlich an Stelle des Zahlenfaktors 2 der Gl. (102) den Faktor 3. Über den Grund dieses Irrtums siehe H. FREUNDLICH: Kapillarchemie, Bd. 1, Leipzig 1930, S. 218.

[2] SAUER: Z. physik. Chem. **17**, 160 (1904); v. STEINWEHR: Z. Elektrochem. angew. physik. Chem. **12**, 578 (1906); ALLMAND: J. chem. Soc. **97**, 603 (1910); Z. Elektrochem. angew. physik. Chem. **16**, 254 (1910).

[3] LIPSET, JOHNSON u. MASS: J. Amer. chem. Soc. **49**, 925 (1927),

[4] Z. physik. Chem. **92**, 227 (1917).

sonst praktisch unlösliche Metalloxyde sich merklich in konzentrierter Salzsäure lösen.

Die quantitative Auswertung von Beobachtungen dieser Art mit dem Ziele der Bestimmung der Grenzflächenspannung ist, wenn nur die Korngrößen hinreichend klein sind (nach § 8 kleiner als 1 μ) grundsätzlich wohl möglich. So berechnete G. A. HULETT[1] für Gips der mikroskopisch zu 0,3 μ bestimmten Teilchengröße aus Leitfähigkeitsmessungen eine Erhöhung der Löslichkeit um 20%, woraus W. E. JONES[2] unter Berücksichtigung der Konzentrationsabhängigkeit des Dissoziationsgrades auf einen Wert der Grenzflächenspannung Wasser–Gips von 1050 erg/cm² schloß. Eine entscheidende Unsicherheit bringen aber in Bestimmungen dieser Art — abgesehen von anderen, von Fall zu Fall verschiedenen Fehlerquellen — die Schwierigkeiten, welche der Bestimmung der Größe der — zudem nicht kugelförmigen — Teilchen entgegenstehen[3]. Jede Herstellungsart, beruhe sie nun auf mechanischer Zerkleinerung oder auf Fällung, liefert ein Gemisch von Teilchen verschiedener Größe; eine fraktionierende Auslese ist bei der geringen erforderlichen Teilchengröße von der Größenordnung von 0,1 μ nicht möglich. Man muß also mit einer mittleren, etwa mikroskopisch zu ermittelnden Teilchengröße rechnen. Das aber führt zu schwer abzuschätzenden Fehlern, weil nicht die Teilchen mittlerer Größe, sondern, wenn die Kristallisation schneller verläuft als die Auflösung, die größten, wenn sie langsamer verläuft, die kleinsten Teilchen die Löslichkeit bestimmen[4]. So kann denn auch den aus Löslichkeitsänderungen berechneten Grenzflächenspannungen fester Stoffe gegen Wasser, die in Tab. 30 zusammengestellt sind[5], nur der Charakter einer orientierenden Übersicht zugeschrieben werden. Wie groß die Unsicherheit der Zahlenwerte ist, möge die starke Differenz der von zwei verschiedenen Beobachtern ermittelten Angaben für die Grenzflächenspannung von Gips zeigen[6].

Für das Wachstum von Kristallen und für die Ausbildung der Gleichgewichtsformen an Kristallen und Kriställchen in ihren gesättigten

---

[1] Z. physik. Chem. **37**, 385 (1901).

[2] Z. physik. Chem. **82**, 448 (1913); Ann. Physik **41**, 441 (1913).

[3] BALAREW: Z. anorg. allg. Chem. **145**, 1926 (1925); **163**, 213 (1927).

[4] Es erscheint deshalb nicht ratsam, bei Kenntnis der Grenzflächenspannung eines Stoffes gegen eine Flüssigkeit durch Messung der geänderten Löslichkeit über die daraus sich ergebende geänderte Grenzflächenspannung Korngrößenbestimmungen durchzuführen, wie es M. JONES u. PARTINGTON [J. chem. Soc. **107**, 1019 (1915)] versuchten. Siehe dazu auch DUNDON u. MACK: J. Amer. chem. Soc. **45**, 2658 (1923).

[5] GLADSTONE: J. chem. Soc. **119**, 1689 (1922); DUNDON: J. Amer. chem. Soc. **45**, 658 (1923).

[6] Ob und inwieweit sich durch die Zerkleinerung verursachte Unterschiede im Kristallwassergehalt in diesen Werten bemerkbar machen, ist aus den Angaben nicht zu ersehen.

Lösungen gilt mutatis mutandis das gleiche wie für die entsprechenden Vorgänge im Dampfraum. Die Grenzflächenspannungen der verschieden indizierten Kristallflächen aus der Gestalt der makroskopischen Kristalle zu bestimmen, gelingt hier ebensowenig wie dort. Ein unmittelbarer Einfluß der Grenzflächenspannung auf die Kristallform ist auch hier erst bei sehr kleinen Kristallen zu erwarten; die verschieden indizierten Flächen eines makroskopischen Kristalls haben, wie VALETON[1] an Alaunkristallen zeigen konnte, die gleiche Löslichkeit.

Tabelle 30. *Grenzflächenspannung einiger Salze gegen ihre gesättigte wäßrige Lösung bei Zimmertemperatur*

Salz	Mittlerer Teilchendurchmesser in μ	Zunahme der Löslichkeit in %	γ_{12} (erg/cm^2)
PbJ_2 . . .	0,4	2	130
Ag_2CrO_4 . .	0,3	10	575
PbF_2 . . .	0,3	9	900
$CaSO_4 \cdot 2H_2O$	0,2—0,5	4—20	370 1050
$SrSO_4$ . . .	0,25	26	1400
$BaSO_4$ . . .	0,1	80	1250
CaF_2 . . .	0,3	18	2500
PbO_2 . . .	0,7	11	1800

Aus den Oberflächenspannungen σ_s der Festkörper und der Haftspannung σ_{sf} (siehe § 22) gegen Wasser bestimmen THIESSEN und SCHOON[2] die Grenzflächenspannung der 001-Fläche (Blättchenebene) der Paraffine gegen Wasser zu 24,5, diejenige der Dicarbonsäuren zu —11 erg/cm^2. Negative Werte der Grenzflächenspannung treten an der Grenzfläche zwischen zwei Flüssigkeiten nicht auf, da dem ihnen entsprechenden Bestreben der Oberflächenvergrößerung durch Zerteilung bis zur Löslichkeit nachgegeben werden kann; an der Grenzfläche festflüssig mögen dagegen negative Grenzflächenspannungen tatsächlich bestehen[3].

Die Angaben der Tab. 30 beziehen sich auf die Grenzflächen gegen die gesättigte Lösung. Natürlich ist auch bei festen Körpern zwischen der Grenzflächenspannung gegen die chemisch einheitliche Flüssigkeit und derjenigen gegen die gesättigte Lösung zu unterscheiden; doch sind Einzelheiten über deren Unterschiede nicht bekannt. Der theoretischen Berechnung der Grenzflächenspannungen nach Art der oben für die Oberflächenspannung fester Körper durchgeführten dürften die Grenz-

---

[1] Physik. Z. **21**, 606 (1920).

[2] Z. Elektrochem. angew. physik. Chem. **46**, 170 (1940).

[3] Siehe hierzu auch B. DERJAGIN: Acta physicochim. USSR **5**, 1 (1936); **10**, 153 (1939) und **12**, 182 (1940).

flächenspannungen gegen die chemisch einheitlichen Flüssigkeiten eher entgegenkommen.

Über die *Temperaturabhängigkeit* der Grenzflächenspannung von festen Körpern gegen Flüssigkeiten ist nichts bekannt. Auch hier wird, wie bei den Flüssigkeiten, der Einfluß der Änderung der Löslichkeit mit der Temperatur jeweils wohl von der eigentlichen Abhängigkeit der Grenzflächenspannung selbst zu sondern sein.

Für die *molare Grenzflächenspannung* zwischen einem Festkörper und einer Flüssigkeit gilt das gleiche, was oben (§ 15) über die molare Grenzflächenspannung zwischen zwei Flüssigkeiten gesagt wurde. Auch die *gesamte Grenzflächenenergie* ist ebenso wie dort definiert; doch ist ihre Bestimmung über Gl. (4) mangels Kenntnis der Temperaturabhängigkeit der Grenzflächenspannungen derzeit nicht möglich.

Die *Adhäsionsarbeit* ζ_{12} als die Arbeit, die aufzuwenden ist, um Flüssigkeit vom Festkörper über einen Querschnitt von 1 cm^2 in glatter Fläche abzuheben, ist wiederum definiert durch die DUPRESCHE Gleichung (90). Wir geben ihr unter Ersatz der früher verwandten Indices 1 und 2 durch die Indices s für den Festkörper und f für die Flüssigkeit für den Fall fest-flüssiger Grenzflächen zweckmäßig die Form

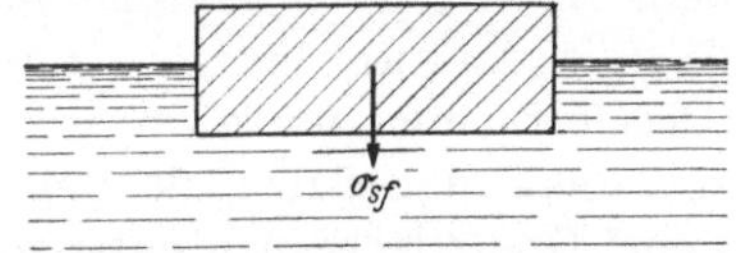

Abb. 73. Zur Definition der Benetzungsspannung

$$\zeta_{sf} = \sigma_s + \sigma_f - \gamma_{sf}. \tag{104}$$

Der Gl. (104) kommt, da sich sowohl die Oberflächenspannung σ_s wie vor allem die Grenzflächenspannung γ_{sf} i. allg. der Messung entziehen, zunächst nur die Bedeutung einer Definitionsgleichung zu. Direkter[1] und, wie bei Behandlung der Randwinkel sich zeigen wird, indirekter (siehe § 22) Messung zugänglich ist dagegen sehr wohl die Differenz der einzeln nicht meßbaren Grenzflächenspannungen σ_s und γ_{sf}. Dieser Größe, die wir als *Benetzungsspannung* oder (nach FREUNDLICH) weniger zweckmäßig als *Haftspannung* bezeichnen, kommt die anschauliche Bedeutung derjenigen Arbeit (flächenspezifische „Taucharbeit") zu, die (reversibel) gewonnen wird, wenn ein etwa nach Art von Abb. 73

---

[1] RÖNTGEN: [Wied. Ann. **3**, 324 (1878)] und TANGL [Ann. Physik **34**, 1221 (1911)] versuchten die Haftspannung $\sigma_s - \gamma_{sf}$ direkt zu bestimmen, indem sie Kautschukmembranen einmal in Luft und einmal unter Flüssigkeit dehnten. Mit Paraffin bzw. Metallen überzogene Membranen wurden zur Ermittlung der Haftspannung dieser Stoffe (gegen Wasser) verwandt. Die Ergebnisse, welche völlige Benetzbarkeit voraussetzen, sind nicht eindeutig. Ein theoretisch einwandfreieres Verfahren zur Bestimmung der Grenzflächenspannung bei völliger Benetzbarkeit gaben F. E. BARTELL u. TH. J. OSTERHOF [Z. physik. Chem. **130**, 715 (1927)]; wir werden darauf weiter unten zurückkommen.

in die Flüssigkeit teilweise eintauchender Festkörper um soviel tiefer in diese versenkt wird, daß 1 cm² fest-flüssiger Grenzfläche neu entsteht oder wenn ein feinkörniger oder poröser fester Stoff von insgesamt 1 cm² Oberfläche in die Flüssigkeit eingebracht wird. Unter Verwendung dieser zu

$$\sigma_{sf} = \sigma_s - \gamma_{sf} \tag{105}$$

definierten *Benetzungsspannung* nimmt Gl. (104) die Form

$$\zeta_{sf} = \sigma_{sf} + \sigma_f \tag{106}$$

an, welche die Grundlage zur Bestimmung der Adhäsionsarbeiten an fest-flüssigen Grenzflächen bildet.

Zur Benetzungsspannung σ_{sf} verhält sich wie die gesamte zur freien Grenzflächenenergie die durch die Beziehung

$$\Sigma_{sf} = \sigma_{sf} - T \cdot \frac{d\sigma_{sf}}{dT} \tag{107}$$

definierte flächenspezifische *Benetzungswärme* Σ_{sf}. Sie stellt diejenige Energie dar, welche insgesamt umgesetzt wird, wenn bei Einbringen eines (etwa auch feinkörnigen oder porösen) festen Stoffes in die Flüssigkeit, ohne daß dabei die freie Flüssigkeitsoberfläche vergrößert wird, 1 cm² Grenzfläche neu entsteht. Auf diese wichtige Größe wird weiter unten (§ 23) noch im einzelnen einzugehen sein.

Bei der Berührung von drei Stoffen, einem Festkörper und zwei Flüssigkeiten, treten an Stelle der Benetzungsspannung oder Taucharbeit σ_{sf} die Umbenetzungsspannung oder Umtaucharbeit

$$\sigma_{sf_1f_2} = \gamma_{sf_1} - \gamma_{sf_2} \tag{105a}$$

und an Stelle der Adhäsions- oder Haftarbeit ζ_{sf} die Umhaftarbeit

$$\zeta_{sf_1f_2} = \gamma_{sf_1} + \gamma_{f_1f_2} - \gamma_{sf_2} = \sigma_{sf_1f_2} + \gamma_{f_1f_2}. \tag{104a}$$

§ 21. Die Spreitung

Wie bei der Berührung zweier Flüssigkeiten konkurrieren auch bei der Berührung einer Flüssigkeit und eines Festkörpers zwei Oberflächenspannungen[1] und eine Grenzflächenspannung im Sinne einer Minimalwirkung. Ein auf den im folgenden, da dadurch keine Spezialisierung bedingt ist, der Einfachheit halber als eben angenommenen Festkörper gebrachter Flüssigkeitstropfen bleibt bei bestimmten Kombinationen von Flüssigkeit und Festkörper als (abgeplatteter) Tropfen auf diesem liegen, bei anderen breitet er sich, ihn damit benetzend, auf diesem aus. Die Voraussetzung des Spreitens ist wiederum dann gegeben, wenn dabei

---

[1] Genauer wäre, da der Dampfdruck des Festkörpers i. allg. vernachlässigbar ist, die Oberflächenspannung σ_f der Flüssigkeit und die Grenzflächenspannung γ_{sf} des Festkörpers gegen den gesättigten Dampf der Flüssigkeit zu berücksichtigen.

Arbeit gewonnen wird, d. h. wenn die Differenz der Oberflächenspannung σ_s der verschwindenden Festkörperfläche und der Summe $\sigma_f + \gamma_{sf}$ aus der Oberflächenspannung σ_f der Flüssigkeit und der Grenzflächenspannung γ_{sf} der neu entstehenden Grenzfläche oder, m. a. W., wenn die früher als Spreitungsdruck

$$p_{Sp} = \sigma_s - (\sigma_f + \gamma_{sf}) \tag{108}$$

bezeichnete Größe p_{Sp} größer als Null ist. Führen wir durch Kombination von Gl. (105) mit Gl. (108) die Benetzungsspannung σ_{sf} ein, so entnimmt man der dadurch gewonnenen Beziehung

$$p_{Sp} = \sigma_{sf} - \sigma_f, \tag{109}$$

daß benetzende Spreitung dann erfolgt, wenn die Benetzungsspannung größer ist als die Oberflächenspannung σ_f der Flüssigkeit. Durch Kombination der Gl. (108) mit der DUPRÉschen Gleichung (90) erhält man die der Beziehung (96) entsprechende Gleichung

$$p_{Sp} = \zeta_{sf} - 2\sigma_f, \tag{110}$$

nach der Spreitung dann eintritt, wenn die durch die Adhäsionsarbeit ζ_{sf} gemessene Adhäsion zwischen Flüssigkeit und Festkörper größer ist als die Kohäsion der Flüssigkeit in sich.

Es können aber nicht nur Flüssigkeiten auf Festkörpern, sondern, sofern nur $\zeta_{sf} > 2\sigma_f$ ist, auch Festkörper auf Flüssigkeiten spreiten. Aus Gl. (108) folgt, daß dieses Verhalten aber nicht umkehrbar ist. Bei einer gegebenen Kombination kann also nur erwartet werden, daß entweder die Flüssigkeit auf dem Festkörper oder der Festkörper auf der Flüssigkeit spreitet oder Spreitung überhaupt nicht vorkommt. Die Voraussetzung des Spreitens ist, wie bei dem Spreiten zweier Flüssigkeiten aufeinander, daß der als Unterlage dienende beider Stoffe eine große Oberflächenspannung im Vergleich zu derjenigen des spreitenden Stoffes hat. So ist es zu verstehen, daß viele organische Flüssigkeiten, die i. allg. eine verhältnismäßig kleine Oberflächenspannung haben, auf anorganischen Festkörpern, die wie Salze und Metalle eine große Oberflächenspannung haben, spreiten. Andererseits spreiten organische feste Stoffe, wie z. B. Campher, Benzoesäure, Stearinsäure, Atropin u. a.[1], auf solchen Flüssigkeiten, die wie Wasser und vor allem Quecksilber eine große Oberflächenspannung haben; die in diesen Fällen meist vorhandenen (endständigen) polaren Gruppen dürften dabei insofern eine Rolle spielen, als sie die Grenzflächenspannung erniedrigen und damit die Adhäsionsarbeit und die Haftspannung erhöhen.

---

[1] Ebenso sind die schon seit langem [LIEGEOIS: Arch. Physiol. **1**, 236 (1868)] bekannten Bewegungen zu verstehen, welche zerriebene Stückchen von Blüten oder Blättern von Pflanzen aufzeigen, welche wie Minzen, Kamillen oder Melissen ätherische Öle enthalten. Ebenso dürften auch die Bewegungen der Samen mancher Gräser auf Wasser zu verstehen sein.

Beim Spreiten fester Stoffe auf Flüssigkeiten treten die unter dem Namen Camphertanz bekannten unregelmäßigen Bewegungen der spreitenden Festkörperchen auf; sie sind durch die (im Unterschied zur rotationssymmetrischen Form spreitender Tropfen hier vorhandenen) Unregelmäßigkeiten im Berührungsquerschnitt zwischen Festkörper und Flüssigkeit zu erklären[1].

Alle diese Spreitungsvorgänge werden wiederum nur beobachtet, wenn die spreitende Unterlage völlig rein und nicht schon durch einen, u. U. auch aus dem Dampfraum adsorbierten, Film verunreinigt ist. Besondere Erwähnung verdient in diesem Zusammenhang die zunächst überraschende Tatsache, daß die Schmelzen fester Stoffe in manchen Fällen auf bestimmten Flächen der eigenen Kristalle — es sind dann immer langsam wachsende Flächen — auch bei peinlicher Vermeidung von Verunreinigungen nicht spreiten[2]. Wie weit hier durch Potentialschwellen zwischen den Gitterpunkten idealer Netzebenen und den Teilchen molekularer Größe in der Schmelze bedingte Hemmungen und wie weit tatsächlich negative Spreitungsdrucke vorliegen (siehe § 22), wird in jedem einzelnen Fall zunächst noch festzustellen sein.

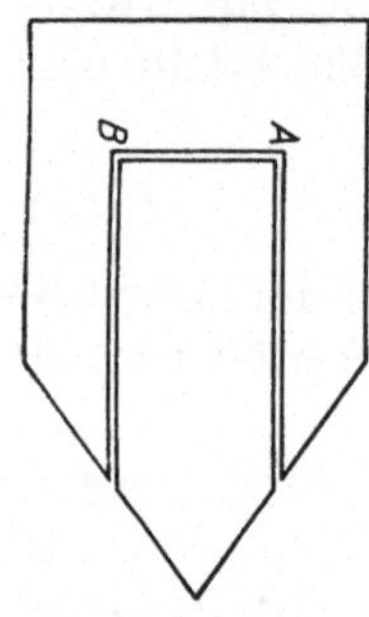

Abb. 74. Zur Demonstration der Molekülspreitung

Feste Körper spreiten auf flüssiger Unterlage — wie Flüssigkeiten — oft sehr schnell, so daß deutliche Rückstoßwirkungen auf den spreitenden Körper wahrgenommen werden können, die sich unreguliert und unregelmäßig in der oben erwähnten Erscheinung des Camphertanzes äußern und sich mit verhältnismäßig einfachen Mitteln in instruktiver Form der Beobachtung unmittelbar zugänglich machen lassen. Wir nennen von den vielen Formen, in denen solche Versuche durchgeführt werden können, zwei besonders eindrucksvolle. Bei dem ersten von ihnen läßt man zwei paraffinierte, ineinander eingepaßte Holzstückchen in der aus Abb. 74 zu ersehenden Anordnung auf Wasser schwimmen; bringt man nun in den längs der Strecke $A–B$ befindlichen Spalt eine Spur Stearinsäure, Olsäure oder Octanol oder einen anderen festen oder flüssigen Stoff ähnlicher Art, so treibt der Strom der auf dem Wasser spreitenden Moleküle das keilförmige Holzstückchen nach Art einer Rückstoßrakete aus dem „Rohr". Soll der Versuch wiederholt werden, so sind, da die Wasseroberfläche durch den Spreitungsvorgang verunreinigt ist, Gefäß und Holz gründlich zu reinigen. Bei dem anderen Versuch läßt man eine nach Art von Abb. 75 aus feinem Draht aufgewickelte Spirale

---

[1] RAMDAS. Proc. Ind. Assoc. Sci. **10**, 1 (1926).
[2] Siehe M. VOLMER u. O. SCHMIDT: Z. physik. Chem., Abt. B **35**, 467 (1937) und I. N. STRANSKI u. E. K. PAPED: ebenda **38**, 451 (1938).

auf Wasser schwimmen; gibt man nun in das Zentrum der Spirale etwas Stearinsäure, Seife oder Octanol, so beginnt die Spirale unter dem Einfluß der alsbald einsetzenden Spreitung in dem durch den Pfeil angedeuteten Sinne zu rotieren. Wenn der Spreitungsvorgang so weit fortgeschritten ist, daß die Wasseroberfläche mit einem Film des spreitenden Stoffes bedeckt ist, kommt die Bewegung zum Stillstand; die Wiederholung des Versuches gelingt ebenfalls nur nach gründlicher Reinigung. Durch Variation der Spirale und der Größe der Wasseroberfläche wird die Dauer des Vorgangs beeinflußt, ein Umstand, der quantitativen Beobachtungen nützlich gemacht werden kann.

Die verhältnismäßig große Geschwindigkeit der Spreitung auf flüssiger Unterlage wurde oben (§ 17) bereits auf Grund eines im wesentlichen mit der translatorischen Wärmebewegung der Moleküle der Unterlage gekoppelten Transportvorganges verstanden. Beim Spreiten auf fester Unterlage scheidet ein solcher Mechanismus als Träger des Spreitungsvorganges aus; die Spreitung verläuft hier wesentlich langsamer. Bei der Frage nach dem Mechanismus der Spreitung auf festen Stoffen zwingen aber die Erscheinungen zu der Annahme, daß auch hier seitliche Bewegungen entlang der Oberfläche stattfinden. Wohl könnte man zunächst daran denken, daß die Benetzung der festen Oberfläche nicht durch direkte Wanderung der Moleküle längs der Oberfläche des Festkörpers, sondern auf dem Umweg über den Dampfraum erfolgte. Diese

Abb. 75. Zur Demonstration der Molekülspreitung

Überlegung wird gestützt durch Beobachtungen von HARDY[1], nach denen niedere Alkohole und Fettsäuren mit ihrem verhältnismäßig hohen Dampfdruck in Tropfenform auf eine feste Unterlage gebracht in Zeiten, in denen bei Verwendung ihrer höheren Homologen noch keinerlei Wirkung zu erkennen ist, die Oberfläche überziehen. Dem steht aber entgegen, daß auch schwer flüchtige Stoffe auf Metallen eindeutig Spreitung erkennen lassen[2]. Bei der Ausbreitung von Quecksilber auf Gold[3] und Zinn[4] kann man das langsame und stetige Fortschreiten der Oberflächenamalgamierung verfolgen; ihre Ausbreitungsgeschwindigkeit ist größer als die Diffusionsgeschwindigkeit im kompakten Metall. Auf polierten Flächen erreicht sie die Größenordnung von Millimetern in der Minute. Da dieser Vorgang unter Mineralöl, d. h. bei Ausschluß des Umweges über den Dampf kaum langsamer verläuft als in Luft, folgt überzeugend, daß echte, auf Oberflächenwanderung der Atome beruhende Spreitung längs fester Oberflächen möglich ist.

[1] Proc. Roy. Soc., Ser. A **100**, 573 (1922).
[2] WOOG: Graissage, Ontuosité, Influences Moléculaires, Paris 1926, S. 92.
[3] BEILBY: Aggregation and Flow in solids, 1921, S. 27.
[4] ALTY u. CLARK: Trans. Faraday Soc. **31**, 688 (1935).

Den unmittelbaren Nachweis, daß Atome und Moleküle auf der Oberfläche fester Körper wandern, hat VOLMER durch eine Reihe sinnreicher Versuche erbracht. In einem nach Art von Abb. 76 konstruierten Glasgefäß G befindet sich eine kleine Menge Quecksilber, das ebenso wie der darüber befindliche Dampfraum auf $-10°$ gehalten wird. An der Bodenfläche B des auf etwa $-60°$ gekühlten Kühlrohres K schlagen sich flache hexagonale Quecksilberkriställchen nieder, deren Dicke bei einer größten Breite der Basisfläche von etwa 0,1 mm nur etwa 10^{-5} mm beträgt. Die Kriställchen wachsen also senkrecht zu den schmalen Endflächen rund 10^4mal schneller als senkrecht zu den breiten Basisflächen[1].

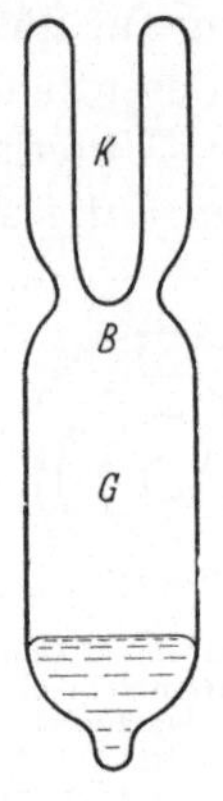

Abb. 76. Wachstum von Quecksilberkriställchen im Dampf

Der Vergleich mit der Zahl der unter den gegebenen Bedingungen nach gaskinetischen Berechnungen die einzelnen Flächen treffenden Atome lehrt nun, daß die schmalen Endflächen tausendmal soviel Atome anlagern, als in der gleichen Zeit aus dem Dampfraum auf sie treffen, während die Wachstumsgeschwindigkeit senkrecht zu den Basisflächen etwa zehnmal kleiner ist, als sie bei voller Ausnutzung aller sie aus dem Dampfraum erreichenden Atome sein könnte. Dieses Verhalten ist so zu verstehen, daß die Atome bei Auftreffen auf den Kristall nicht sofort die gesamte bei der endgültigen Einordnung in eine Netzebene frei werdende Energie abgeben und dadurch befähigt sind, Potentialschwellen auf den Netzebenen verhältnismäßig leicht zu überwinden. So bleiben sie auf den Kristallflächen beweglich, bis sie unter Verlust ihrer Beweglichkeit in einen regulären Gitterpunkt einschwingen. Das geschieht aber infolge der Verschiedenheit der Bindungsenergie im vorliegenden Falle i. allg. erst dann, wenn sie auf ihrer Wanderung die schnell vorwärts wachsende Endfläche erreichen.

Im gleichen Sinne ist die weitere Beobachtung[2] zu verstehen, daß nadelförmig aus ihrer Schmelze oder Lösung sich bildende Kristalle über die Flüssigkeitsoberfläche hinauswachsen; da ein Flüssigkeitsfilm an den aus der Schmelze oder Lösung herausragenden Flächen nicht wahrzunehmen ist, muß geschlossen werden, daß innerhalb der Flüssigkeit dem Kristall frisch angelagerte Bausteine auch hier zunächst beweglich bleiben, bis sie schließlich bevorzugten Flächen endgültig eingebaut werden. Einen weiteren Nachweis der Oberflächenwanderung stellen die Beobachtungen von COCKCROFT[3] über die Kondensation von Metallen

[1] VOLMER, M., u. I. ESTERMANN: Z. Physik 7, 13 (1921).
[2] VOLMER, M., u. G. ADHIKARI: Z. Physik 35, 170 u. 722 (1925); Z. physik. Chem. 119, 46 (1926).
[3] Proc. Roy. Soc., Ser. A 119, 93 (1928).

an Glaswänden dar. Stellt man einen Metalldraht in den Weg eines sich im Hochvakuum ausbreitenden Atomstrahls, so ist der „Schatten", den dieser auf der auffangenden Wand wirft, nicht vollständig, und das offenbar deshalb, weil Atome oder Moleküle von Bereichen außerhalb des zu erwartenden Schattenraumes in diesen einwandern[1].

Daß nicht nur frisch angelagerte Atome oder Moleküle auf festen Oberflächen wandern können, zeigen Versuche von VOLMER und ADHIKARI, bei denen fertig ausgebildete Kristalle ganz oder teilweise aufgelöst werden. Läßt man z. B. Quecksilber an Benzophenonkristallen streifend vorbeitropfen oder -strömen, so wird Benzophenon auch von Stellen abgewaschen, die abseits der Berührungszone liegen, was wiederum nur durch Wanderung der Moleküle auf der festen Oberfläche zu verstehen ist. Noch deutlicher wird das aus der weiteren Beobachtung, daß Benzophenon auch dann abgewaschen wird, wenn dieses sich, ohne selbst mit dem Quecksilber in direkten Kontakt zu kommen, nahe der Kante einer Glasplatte befindet, die von Quecksilber streifend bespült wird. Auch das ist nur möglich, wenn Benzophenonmoleküle auf den Oberflächen wandern; die Wanderungsgeschwindigkeit über eine Lücke

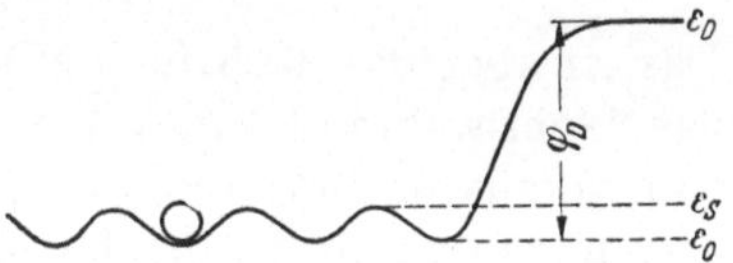

Abb. 77. Energiestufen bei der Oberflächenwanderung

von 0,01 mm beträgt dann allerdings nur noch ungefähr 10^{-3} g in der Stunde.

Den Vorgang der Wanderung eines Atoms auf einer Kristallfläche hat man sich etwa so vorzustellen. Die Netzebene erscheint energetisch als eine von Energiemulden, -Bergen und -Sätteln überzogene Fläche. Ein in einem durch ein Minimum an potentieller Energie ausgezeichneten Gitterpunkt der Fläche befindliches Atom A (siehe Abb. 77) bedarf also, soll es wandern können, der zur Überwindung dieser Energiestufen erforderlichen Aktivierungsenergie. Besitzt ein Atom, sei es, daß es sie von der beginnenden Kondensation her noch zur Verfügung hat, sei es, daß sie ihm thermisch zur Verfügung kommt, die zur Überwindung der Sättel erforderliche Platzwechselenergie $\varphi_S = \varepsilon_S - \varepsilon_0$, die i. allg. wesentlich kleiner sein dürfte als die Verdampfungsenergie φ_D, so kann es auf der Fläche über lange Strecken entlang bestimmter Höhenlinien wandern.

Auf dieser Grundlage[2] kann man mit VOLMER[3] im Anschluß an dessen Versuche mit Quecksilberkristallen abschätzen, wie oft endgültiger Ein-

---

[1] Weitere hierher gehörige Beobachtungen und Überlegungen siehe bei ESTERMANN: Z. Physik **33**, 320 (1925) und SEMENOFF u. SCHALNIKOFF: Trans. Faraday Soc. **28**, 169 (1932).

[2] Siehe LENARD-JONES: Trans. Faraday Soc. **28**, 333 (1932) und Proc. Roy. Soc., Ser. A **158**, 242 (1937).

[3] Kinetik der Phasenbildung, Dresden u. Leipzig 1939, S. 50 f.

bau eines frisch auf eine Oberfläche stoßenden Atoms nach Auftreffen
an anderer Stelle und Wanderung zur Wachstumsstelle, wie oft er
unmittelbar nach Auftreffen an der Wachstumsstelle erfolgt. Ein (nicht-
polarer) Kristall befinde sich im Gleichgewicht mit seinem Dampf; die
Zahl der in der Zeiteinheit dem Gitter eingelagerten Atome sei also
gleich der Zahl der es in der gleichen Zeit durch Sublimation verlassen-
den. Bezeichne ε_0 die potentielle Energie des in einer Energiemulde
ruhenden, ε_D diejenige des freien Atoms im Dampf und ε_S diejenige des
auf dem Sattel zwischen zwei Mulden befindlichen Atoms (siehe Abb. 77),
so ist die Wahrscheinlichkeit für die Verdampfung bzw. für den Platz-
wechsel proportional $e^{-(\varepsilon_D-\varepsilon_0)/kT}$ bzw. $e^{-(\varepsilon_S-\varepsilon_0)/kT}$. Das Verhältnis q der
mittleren Verweilzeiten des Atoms auf der Fläche und auf einem durch
die Mulde bezeichneten Platz der Fläche ist also gegeben zu

$$q = e^{-(\varepsilon_D-\varepsilon_S)/kT}. \tag{111}$$

Das ist aber das Maß für die mittlere Zahl von Platzwechseln, welche
das Atom während seines Aufenthaltes auf der Fläche vornimmt. Setzt
man voraus, daß φ_D etwa gleich der Verdampfungsenergie, $\varphi_S = \varepsilon_S - \varepsilon_0$,
aber nur etwa die Hälfte bis ein Drittel derselben ausmache, so erhält
man für 500° eine Platzwechselzahl von rund $5 \cdot 10^4$ für die Netzebene
dichtester Packung. Das ist aber die gleiche Zahl wie das für entsprechende Versuchsbedingungen berechnete Verhältnis der in gleicher Zeit
durch Oberflächenwanderung und der direkt aus dem Dampf zur Wachstumsstelle kommenden Atome. Aufbauend auf Untersuchungen von
I. N. STRANSKI und R. SUHRMANN[1] sowie von E. W. MÜLLER[2] konnte
dann neuerdings M. DRECHSLER[3] die Platzwechselenergien für verschiedene Lagen (siehe Abb. 78) auf unpolaren kubisch-raumzentrierten Kristallen durch Berücksichtigung der Wechselwirkung einschließlich der
fünf- bzw. drittnächsten Nachbarn berechnen. Sie erweisen sich als
flächenspezifisch und sind vom Verhältnis der Radien r_1 und r_2 der Atome
von Auflage- und Trägerstoff abhängig.

Die weitere quantitative Behandlung der Oberflächenwanderung erfordert vor allem genaue Bestimmungen der Aktivierungsenergie und der
Oberflächendiffusionskoeffizienten. Einen über die bisher besprochenen
experimentellen Verfahren hinausgehenden Schritt in dieser Richtung
bedeutet die auf LANGMUIR[4] zurückgehende Beobachtung der Verstär-
kung der Elektronenemission durch Aufbringen dünner Schichten elek-
tropositiver Metalle auf Metalle hoher Elektronenaustrittsarbeit, also

---

[1] Ann. Physik **1**, 169 (1947); ferner A. EISENLÖFFEL u. I. N. STRANSKI: Z.
Metallkunde **41**, 10 (1950).

[2] Z. Physik **120**, 642 (1949).

[3] Z. Elektrochem. angew. physik. Chem. **58**, 327 (1954).

[4] LANGMUIR, I., u. W. ROGERS: Physic. Rev. **4**, 544 (1914).

etwa von Alkalien oder Erdalkalien auf Wolfram mit einer maximalen
Wirkung bei nicht ganz vollständiger monomolekularer Bedeckung. Auf

Abb. 78. Ausgezeichnete Lagen eines Bausteines auf Flächen des kubisch-raumzentrierten Gitters.
(Nach Drechsler)

diesem Wege ist es möglich, kleinste Mengen etwa von Kalium, Caesium
oder Barium auf fester metallischer Unterlage glühelektrisch, licht-
elektrisch oder feldelektronenoptisch mit großer Empfindlichkeit nach-

zuweisen und diesen Nachweis der messenden Beobachtung von Oberflächenwanderungen nützlich zu machen. Des glühelektrischen Nachweises bediente sich J. A. BECKER[1]. Dabei wird so verfahren, daß etwas
Barium (oder Kalium oder Thorium) auf die eine Seite eines Wolframbandes gebracht wird, das kurze Zeiten, während derer die thermoionische Emission gemessen werden kann, auf höhere Temperatur (700° C)
erhitzt wird. Elektronenemission wird dabei anfänglich nur auf der Seite
beobachtet, auf welche das Barium (oder allgemeiner das elektropositive
Metall) gebracht worden war, setzt dann, entsprechend der Oberflächenwanderung der Bariumatome, auch auf der Rückseite ein und erreicht hier
schließlich die gleiche Stärke wie auf der Ausgangsseite. Auf diesem Wege
konnte zugleich die theoretische Erwartung bestätigt werden, daß die
Beweglichkeit auf der Oberfläche mit wachsender Temperatur zunimmt.
Mit Hilfe des lichtelektrischen Effektes arbeitet R. C. L. BOSWORTH[2].
Auf einen fest umgrenzten Bezirk einer elektrisch heizbaren metallischen
Oberfläche wird eine bekannte kleine Menge des elektropositiven Metalls
in dünner, nicht vollständig monomolekularer Schicht gebracht. Setzt bei
Erwärmung Oberflächenwanderung ein, so breitet sich ein bestimmter,
von Temperatur und Konzentration abhängiger Bruchteil des aufgebrachten Metalls über den ursprünglichen Bedeckungsbereich hinaus
aus. Die Konzentration c kann an jeder beliebigen Stelle der Oberfläche
dadurch bestimmt werden, daß ein schmaler Strahl von Licht solcher
Wellenlänge, das nur aus den durch Bedeckung mit Atomen des elektropositiven Metalls empfindlich gewordenen Stellen Lichtelektronen auslösen kann, über die Oberfläche geführt wird.

Aus der so gemessenen Stärke der durch Wanderung zur Zeit t am
Ort x erreichten Bedeckung kann über die den Vorgang beschreibende
Differentialgleichung

$$\frac{dc}{dt} = D \cdot \frac{d^2 c}{dt^2} \tag{112}$$

der Oberflächendiffusionskoeffizient D und über dessen zu

$$D_T = D_0 \cdot e^{-E/T} \tag{113}$$

gegebene Temperaturabhängigkeit die Aktivierungsenergie E berechnet
werden. Dieses Verfahren kann durch Verwendung unterteilter und
verschiebbarer Elektroden auch auf die glühelektrische Emission angewandt werden[3]; jedoch hat die lichtelektrische Messung den Vorteil,
daß die zur Erzielung von Oberflächenwanderung erforderliche Temperatur nur vorübergehend hergestellt zu werden braucht, die Messung

---

[1] Physic. Rev. **28**, 341 (1926); Trans. Faraday Soc. **28**, 148 (1932); Philos.
Mag. J. Sci. **29**, 129 (1940).

[2] Proc. Roy. Soc., Ser. A **150**, 158 (1935) und **154**, 112 (1936).

[3] TAYLOR, J. B. u. I. LANGMUIR: Physic. Rev. **44**, 425 (1933).

selbst aber nach Abkühlen und Einfrieren des Wanderungsvorgangs vorgenommen werden kann. Mit diesen Verfahren wurde die Aktivierungsenergie für Kalium auf Wolfram zu 15,9, für Caesium auf Wolfram zum 14,1 kcal/mol bestimmt; demgegenüber beträgt die Verdampfungswärme von Caesium auf Wolfram bei gleicher Bedeckungsdichte 65 kcal/mol. Messung der Beweglichkeit einer zweiten Bedeckungsschicht läßt erkennen, daß die Beweglichkeit von Caesium auf Caesium bei einer Aktivierungsenergie von nur 4,6 kcal/mol wesentlich größer ist als auf Wolfram; der Diffusionskoeffizient D ist in diesem Falle gegeben zu $\log D = -15{,}9 + 1000/T$ gegenüber $-15{,}90 + 3082/T$ für Caesium auf Wolfram. Die Platzwechselzahl q der Gl. (111) ist nach diesen Ergebnissen noch um 1 bis 2 Zehnerpotenzen höher als die oben angegebene.

Das feldelektronenmikroskopische Verfahren gibt schließlich die Möglichkeit, die Oberflächenwanderung auf Metallen schrittweise unmittelbar zu verfolgen, wie das J. BENJAMIN und R. O. JENKINS[1] für Barium und für Thorium auf Wolfram taten. Ein weiteres Verfahren zum Nachweis der Oberflächenwanderung gründet sich auf die Verwendung radioaktiver Stoffe; es wurde von K. SCHWARZ[2] an Polonium auf Silberunterlage erprobt. Quantitative Ergebnisse wurden damit noch nicht gewonnen.

Aus Untersuchungen der beschriebenen Art ergeben sich weiter Anhaltspunkte dafür, daß für die Oberflächenwanderung auf Kristallflächen Richtungen bevorzugter Diffusion bestehen. Theoretisch ergibt sich eine solche Abhängigkeit, wenn man beachtet, daß nach einem Ansatz von SMEKAL[3] der Diffusionskoeffizient D gemäß der Beziehung

$$D = A \cdot e^{-\varphi_s/kT}, \tag{113a}$$

von der ihrerseits richtungsabhängigen Platzwechselenergie φ_s bestimmt wird. Anschließend an diese Untersuchungen konnte dann DRECHSLER[4] durch Berechnung der Platzwechselenergien φ_s und der reziproken Verweilzeiten

$$1/\tau = A' \cdot e^{-\varphi_s/kT} \tag{113b}$$

das Auftreten von Diffusionsvorzugsrichtungen, die durch die Wege von Mulden über Sättel unter Umgehung der Energiespitzen festgelegt sind und aus den Flächenmodellen der Abb. 79 für das kubisch-raumzentrierte Gitter unmittelbar zu entnehmen sind, theoretisch und experimentell im einzelnen bestätigen. Dabei erweisen sich diese Vorzugsrichtungen als

---

[1] Proc. Roy. Soc., Ser. A **180**, 224 (1942).

[2] Z. physik. Chem., Abt. A **168**, 241 (1934).

[3] Ergebn. exakt. Naturwiss. **15**, 106 (1936); Die Physik 8 (1940).

[4] Z. Elektrochem. angew. physik. Chem. **58**, 334 u. 340 (1954); über den Zusammenhang von D und $1/\tau$ siehe z. B. A. EUCKEN: Lehrbuch der chemischen Physik, 2. Aufl., Bd. II/2, Leipzig 1944, S. 1378.

Abb. 79. Platzwechselverzugsrichtungen auf Flächen kubisch-raumzentrierter Gitter.
(Nach DRECHSLER)

— im Gegensatz zu den Platzwechselwahrscheinlichkeiten $1/\tau$ — von den Radien der wandernden Atome weitgehend unabhängig. Das alles gilt für die Oberflächendiffusion auf Einkristallen; bei Wanderung über polykristalline Bereiche wird eine durch die Textur bestimmte Richtungsabhängigkeit vermutet. Die Vorzugsrichtungen der Diffusion auf Einkristallflächen konnte an in $^1/_{50}$ monomolekularer Schicht auf Wolfram aufgetragenem Barium (und an Tantal) bei 400° C mit Hilfe des Feldelektronenmikroskops gelegentlich auf dem Leuchtschirm über Bruchteile von Sekunden und Strecken von 20 bis 200 ÅE direkt mit dem Auge verfolgt und auch indirekt aus Wachstumsringen erschlossen werden. Die experimentell erhaltenen Platzwechselenergien stimmen mit den berechneten überein, die — nunmehr nicht wie bei den früheren Messungen auf polykristallines Material, sondern auf Einkristallflächen bezogenen — Oberflächendiffusionskoeffizienten auf den Flächen eines Einkristalls unterscheiden sich um Zehnerpotenzen. Auch die Potentialschwellen an den Rändern der Flächen haben Einfluß auf die Richtung der Wanderung, indem der Rand einer Fläche vorzugsweise an Abschnitten geringer Kantenenergie überschritten wird. So ist es zu verstehen, daß auf eine Einkristallfläche aufgebrachte Atome sich so verhalten, als befänden sie sich in einer Potentialwanne, deren Wall sie dort bevorzugt überschreiten, wo er am niedrigsten ist. In diesem Sinne sind offenbar übermikroskopische Beobachtungen von J. A. AHEARN und J. H. BECKER[1] zu deuten, nach denen Thorium auf einer 112-Fläche von Wolfram vorzugsweise in Richtung 111 wandert. Auf eine Kristallfläche gebrachte Atome können also auch ohne Konzentrationsgefälle gerichtet wandern. Grundsätzlich folgt aus diesen Beobachtungen schließlich noch, daß die herkömmliche Beschreibung der Oberflächendiffusion durch eine auf die Fläche reduzierte kinetische Gastheorie der Differenzierung und Erweiterung bedarf, insofern nämlich die diffundierenden Teilchen sich nicht wie in einem zweidimensionalen Gas bewegen, sondern in einem durch die Gitterstruktur der Unterlage flächenspezifisch vorgeschriebenen dichten Wegesystem wandern.

§ 22. Der Randwinkel

Ein Tropfen einer nichtspreitenden Flüssigkeit liege auf seiner festen Unterlage. Ähnlich wie bei dem auf flüssiger Unterlage ruhenden Tropfen (siehe § 18) bestimmen die Verhältnisse zwischen den zwischen der Unterlage und dem auf ihr liegenden rotationssymmetrischen flüssigen Körper wieder drei Grenzflächenspannungen, nämlich die Oberflächenspannung σ_s des festen Körpers, die Oberflächenspannung σ_f der Flüssigkeit und die Grenzflächenspannung γ_{sf} zwischen ihnen. Das an der

---

[1] Physic. Rev. **54**, 448 (1938).

gemeinsamen Berührungszone beider Stoffe mit dem überstehenden Gasraum bestehende Gleichgewicht wird, da der dem Winkel α der Abb. 69 entsprechende Winkel jetzt notwendig[1] gleich 180° ist (siehe Abb. 80) durch die der Gl. (96) analoge Beziehung

$$\sigma_s = \gamma_{sf} + \sigma_f \cos(\pi - \beta) \tag{114}$$

oder, wenn wir den in der Flüssigkeit gemessenen Winkel $(\pi - \beta)$ als *Randwinkel* ϑ bezeichnen, durch die Beziehung

$$\sigma_s = \gamma_{sf} + \sigma_f \cos \vartheta \tag{115}$$

bestimmt. Während also an flüssig-flüssigen Grenzflächen zwei voneinander unabhängige Kontaktwinkel die zur Beschreibung der Gleichgewichtsformen erforderlichen Parameter darstellen, so daß alle drei beteiligten Oberflächenarbeiten unabhängig voneinander die Haftarbeit

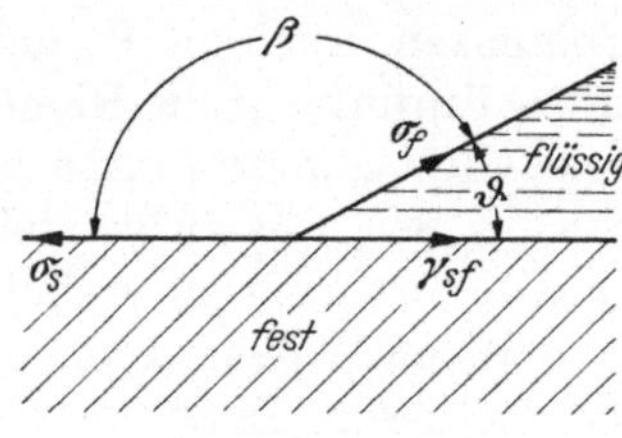

Abb. 80. Randwinkel

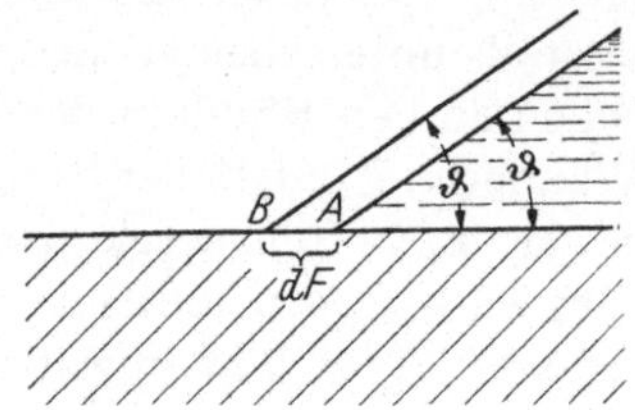

Abb. 81 Zur Definition des Randwinkels

bestimmen, gehen bei flüssig-fester Grenzfläche die zwei auf die feste Oberfläche bezogenen Grenzflächenarbeiten σ_s und γ_{sf} nur als Differenz in die Adhäsion ein. Unmittelbar und unter Umgehung des wohl formal, aber nicht physikalisch haltbaren Bildes von parallel zu den Grenzflächen wirkenden Kräften erhält man die gleichen Beziehungen wie folgt: Bei Gleichgewicht muß die durch eine kleine Verrückung der Grenzlinie entlang der festen Oberfläche bedingte Energieänderung gleich Null sein. Einer solchen Verrückung (von A nach B in Abb. 81) entspreche eine Vergrößerung der Grenzfläche zwischen dem Festkörper und der Flüssigkeit um das Flächenelement dF und die ebenso große Abnahme der Oberfläche des Festkörpers; dann nimmt die Oberfläche der Flüssigkeit (siehe Abb. 81) gleichzeitig um den Betrag $dF \cdot \cos \vartheta$ zu. Es ist also

$$\gamma_{sf} dF + \sigma_f dF \cdot \cos \vartheta - \sigma_s dF = \text{Null}$$

oder, in Übereinstimmung mit Gl. (115)

$$\cos \vartheta = (\sigma_s - \gamma_{sf})/\sigma_f. \tag{116}$$

---

[1] Beim Aufliegen von Tropfen spezifisch leichter Flüssigkeiten, wie z. B. Wasser, auf dem spezifisch schweren Quecksilber können bei auch flüssiger Unterlage die gleichen Verhältnisse angenommen werden. Siehe hierzu A. FRUMKIN, A. GORODETZKAJA, B. KABONOW und N. NEKRASSOW: Physik. Z. Sowjetunion **1**, 255 (1932).

Aus diesen Randwinkelbedingungen folgt auch hier die Bedingung der Spreitung. Denkt man sich nämlich wiederum bei gegebenen Werten der Oberflächenspannung σ_f und der Grenzflächenspannung γ_{sf} die Oberflächenspannung σ_s der Unterlage fortgesetzt wachsend, so geht $\cos\vartheta$ gegen 1. Für große Werte der Oberflächenspannung des Festkörpers folgt also aus Gl. (114) die Ungleichung

$$\sigma_s > \gamma_{sf} + \sigma_f \tag{117a}$$

oder

$$\sigma_s - (\gamma_{sf} + \sigma_f) \equiv p_{Sp} > 0 , \tag{117b}$$

d. h. die oben abgeleitete Bedingung der Spreitung. Ist $\sigma_s < \gamma_{sf} + \sigma_f$, so bleibt der Tropfen als rotationssymmetrischer Körper liegen; der sich einstellende Randwinkel ϑ ist durch Gl. (116) bestimmt.

Nach Gl. (115) ist die Benetzungsspannung σ_{sf} gegeben zu

$$\sigma_{sf} = \sigma_f \cos\vartheta . \tag{118}$$

Durch Kombination von Gl. (118) mit den Gln. (109) bzw. (106) erhält man für den Spreitungsdruck p_{Sp} die Beziehung

$$p_{Sp} = \sigma_f(\cos\vartheta - 1) \tag{119}$$

und für die Adhäsionsarbeit ζ_{sf} die Beziehung[1]

$$\zeta_{sf} = \sigma_f(\cos\vartheta + 1) . \tag{120}$$

Bei Anwesenheit eines dritten Stoffes (Flüssigkeit oder Dampf) tritt an Stelle von Gl. (120) entsprechend Gl. (104a) die Beziehung

$$\zeta_{sf_1f_2} = \gamma_{f_1f_2}(\cos\vartheta_{f_1} + 1). \tag{120a}$$

Die durch die Gln. (119) und (120) dargestellten Zusammenhänge sind bei der früher erwähnten Unzugänglichkeit der Oberflächenspannung σ_s von Festkörpern insofern bedeutsam, als sie eine Möglichkeit bieten, die durch die Gln. (106) und (109) definierten Größen auch ohne explizite Kenntnis der Oberflächenspannung der beteiligten Festkörper zu ermitteln.

Gl. (119) schließt ihrerseits die bereits erwähnte Bedingung der Spreitung ein, insofern sie zeigt, daß der Spreitungskoeffizient für alle Randwinkel größer als Null negativ ist und erst beim Randwinkel Null zu positiven Werten übergeht. Die Gl. (119) selbst ist nur auf die Fälle fehlender Spreitung anwendbar, in denen sie die Möglichkeit einer quantitativen Bestimmung des Spreitungskoeffizienten bietet. Sie ist aber, worauf S. J. GREGG[2] hinweist, insofern auch für Fragen der Spreitung von Bedeutung, als aus Änderungen des Wertes des zunächst negativen Spreitungskoeffizienten mit der Temperatur oder (bei Lösungen) mit

---

[1] POCKELS, A.: Physik. Z. **15**, 39 (1914); E. EDSER: 4th Rep. of Coll. Chem. **1922**, 263.

[2] The Surface Chemistry of Solids, London 1951, S. 189.

der Konzentration Rückschlüsse auf den Übergang zur Spreitung gewonnen werden können.

In der auf die Gl. (115) von T. Young[1] und auf die Gl. (104) von A. Dupré[2] zurückgehenden Gl. (120)[3] tritt die physikalische Bedeutung des Randwinkels klarer hervor als in den Gln. (115) und (116). Sie zeigt nämlich, daß der Randwinkel bestimmt ist durch das Verhältnis der Adhäsionsarbeit zwischen Flüssigkeit und Festkörper zur Kohäsionsarbeit der Flüssigkeit in sich (siehe Abb. 82). Wenn der Randwinkel gleich Null ist, wird die Adhäsionsarbeit nach Gl. (120) gleich der Kohäsionsarbeit und die Benetzungsspannung nach Gl. (118) gleich der Oberflächenspannung σ_f. Auch dann, wenn die Adhäsion der Flüssigkeit zum Festkörper größer ist als ihre Kohäsion, bleibt der Randwinkel gleich Null. Einem Randwinkel von 90° entspricht der Fall, daß die Adhäsion der Flüssigkeit zum Festkörper halb so groß ist als ihre Kohäsion und die Benetzungsspannung, die bei Winkeln über 90° negativ wird, gleich Null ist. Ein Randwinkel von 180° bezeichnet schließlich den Zustand völligen Fehlens der Adhäsion zwischen Flüssigkeit und Festkörper. Da ein solches Verhalten mit dem Wesen der zwischenmolekularen Kräfte nicht verträglich ist, muß geschlossen werden, daß Randwinkel von 180°, die ohnehin von solchen von null Grad nicht zu unterscheiden wären, nicht vorkommen[4].

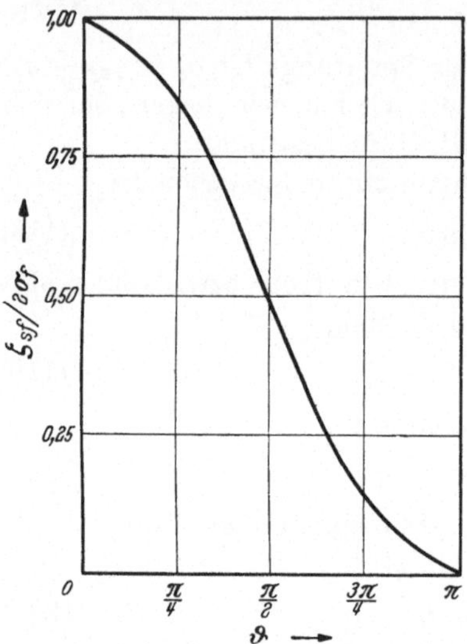

Abb. 82. Verhältnis der Adhäsionsarbeit zur Kohäsionsarbeit nach der Young-Dupréschen Gleichung

Dieser Schluß gilt, wie die an Gl. (120) anschließenden Überlegungen überhaupt, nur, wenn dynamisch gemessen werden, oder wenigstens nur so lange, wie die Voraussetzung gemacht werden kann, daß die Oberflächenspannung σ_s des Festkörpers von seiner Grenzflächenspannung γ_{sD} gegen den Dampf der beteiligten Flüssigkeit nicht merklich verschieden ist. Für Kombinationen wie diejenige von festen Paraffinen und Wasser mag das zutreffen. Wenn dagegen adsorptive

[1] Philos. Trans. 1805, 84.

[2] Théorie mécanique de la chaleur, Paris 1869, S. 393.

[3] Pockels, A.: Physik. Z. 15, 39 (1914); E. Edser: 4th Rep. of Coll. Chem. 1922, 263.

[4] Über die an die Größe des Randwinkels anschließenden Versuche einer quantitativen Definition der Benetzbarkeit siehe § 24.

Anreicherung aus dem Dampfraum stattfindet, ist γ_{sD} um einen, dem oben erwähnten Oberflächendruck auf Flüssigkeiten entsprechenden, u. U. aus Adsorptionsisothermen berechenbaren Betrag p_σ kleiner als die Oberflächenspannung σ_s des entgasten Festkörpers im stoffarmen Raum. Der Randwinkel ist dann also gemäß der Beziehung

$$\cos \vartheta = \frac{(\sigma_s - p_\sigma) - \gamma_{sf}}{\sigma_f}. \tag{116a}$$

größer (siehe Abb. 83) als der auf die durch adsorptive Anreicherung aus dem Dampfraum nicht veränderte feste Oberfläche bezogene Randwinkel nach Gl. (116). Dieser Schluß wird bestätigt durch Beobachtungen von D. H. BANGHAM und Z. SAWERIS[1], die zeigen, daß Methylalkohol auf frisch entgastem Glimmer in Luft spreitet, daß aber die Spreitung infolge der nach Gl. (116a) zu erwartenden Vergrößerung des Randwinkels zurückgeht, wenn die Luft durch eine mit Methylalkohol übersättigte Atmosphäre ersetzt wird. Da nun aber die Adhäsionsarbeit definitionsgemäß Adsorption am Festkörper ausschließt[2], wäre im Falle der Adsorption die Adhäsionsarbeit anstatt nach Gl. (120) durch die eine modifizierte Adhäsionsarbeit definierende Gleichung

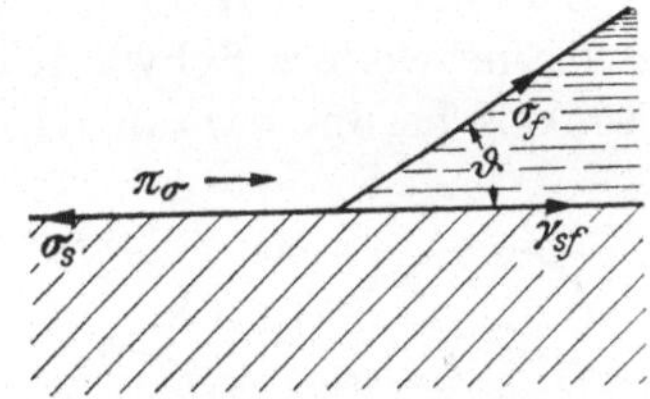

Abb. 83. Einfluß des Oberflächendruckes auf das Randwinkelgleichgewicht

$$\zeta_{s(D)f} = \sigma_f(\cos \vartheta + 1) + p_\sigma \tag{121}$$

zu ersetzen. Diese würde im Falle eines Randwinkels von 180° aber nicht gleich Null, sondern gleich p_σ.

Die Bedeutung des Randwinkels für das Verhalten von Flüssigkeiten auf festen Oberflächen ist sehr groß. Trotzdem erschienen sowohl die Verfahren zu seiner experimentellen Bestimmung wie das Verständnis für das Zustandekommen definierter Winkel unter dem Gesichtspunkt des molekularen Aufbaues der Stoffe lange Zeit so problematisch, daß noch 1938 mit gutem Grund die Meinung vertreten werden konnte[3], daß Randwinkel, sofern ihnen überhaupt Realität zukomme, zu undefiniert seien, als daß sie in der wissenschaftlichen Behandlung von Grenzflächenfragen überhaupt ernst genommen werden könnten; auf jeden Fall aber scheine bei Verwendung älterer Messungen und Aussagen äußerste Skepsis am Platze.

---

[1] Trans. Faraday Soc. **34**, 554 (1938).

[2] Diese Unterscheidung einer nach Gl. (120) definierten, aber experimentell nur schwer bestimmbaren und einer praktisch leichter zugänglichen Art von Adhäsionsarbeit hatten wohl D. H. BANGHAM u. R. I. RAZOUK [Trans. Faraday Soc. **33**, 1469 (1937)] im Sinn.

[3] Siehe z. B. J. W. WARK: Principles of Flotation Melbourne 1938, S. 115.

Die erwähnten Schwierigkeiten, die sich der experimentellen Bestimmung sowohl wie dem molekulartheoretischen Verständnis von Randwinkeln entgegenstellen, sind in der Tat groß und von vielerlei Art. Zunächst ist der Randwinkel außerordentlich empfindlich gegen Verunreinigungen der Flüssigkeit durch oberflächenaktive Stoffe, also etwa durch Spuren von Fetten, da diese bei i. allg. geringerem Einfluß auf die Grenzflächenspannung γ_{sf} bzw. auf die Benetzungsspannung σ_{sf} zugleich mit der Oberflächenspannung σ_f der Flüssigkeit nach Gl. (116) bzw. (118) auch den Randwinkel stark nach unten drücken können. Es liegt also nahe, bei divergierenden Angaben über die Größe eines Randwinkels, sofern nicht die Reinheit der zur Messung verwandten Flüssigkeit nach Berührung mit dem Festkörper durch Angabe ihrer Oberflächenspannung verbürgt ist, dem jeweils größeren Werte mehr Vertrauen zu schenken.

Eine weitere Schwierigkeit für Definition und Messung des Randwinkels beruht darauf, daß die Randlinie i. allg. Verschiebungen einen

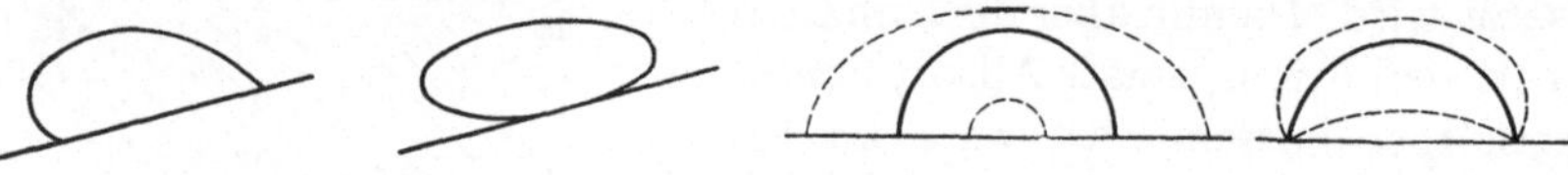

Abb. 84. Randwinkelhysterese an schief-   Abb. 85. Aussaugen und Auffüllen liegender Tropfen
liegenden Tropfen   (links ohne, rechts mit Randwinkelhysterese)

gewissen Widerstand entgegensetzt, also gleichsam klebt. Wenn Schubkräfte an der Grenze zwischen Festkörper und Flüssigkeit angreifen, schwenkt infolgedessen die Flüssigkeitsoberfläche um die Randlinie als Achse, bis nach Erreichen eines maximalen oder minimalen Wertes des Randwinkels die Randlinie zu wandern, d. h. die Flüssigkeit über die feste Fläche zu fließen beginnt. Beim Versuch der Randwinkelmessung bleibt also ein gewisser Spielraum, innerhalb dessen jeder Winkel als Ruherandwinkel beobachtet werden kann. Man kann diese von H. L. Sulman[1] als *Randwinkelhysterese*, nach J. L. v. Eichborn[2] besser als *Randlinienhysterese* bezeichnete Erscheinung leicht beobachten, wenn man einen Tropfen Wasser auf eine Wachsplatte oder einen Tropfen Quecksilber auf eine Stahlplatte legt und diese langsam neigt; wenn der Tropfen sich zu bewegen beginnt, ist der Winkel ϑ zwischen Festkörper und Flüssigkeitsoberfläche am vorderen Rand, also dort, wo die Flüssigkeit noch nicht mit der Unterlage in Berührung war, deutlich größer als der Rückzugsrandwinkel an der von der Bewegungsrichtung abgekehrten Seite (siehe Abb. 84). Man nimmt die gleiche Erscheinung wahr, wenn man einen liegenden Tropfen preßt (Vordrückwinkel) und

---

[1] Trans. Min. Met. **29**, 44 (1920).
[2] Eichborn J. L. v.: Kolloid-Z. **107**, 107 (1944).

ihn dann wieder freigibt (Rückzugsrandwinkel). Das Auftreten verschiedener Randwinkel je nach der Bewegungstendenz der Flüssigkeit bedingt eine dynamische Hysterese. Daneben gibt es eine statische, die sich in mechanischen Nachwirkungen, etwa Änderungen des Randwinkels durch mechanische Erschütterungen äußert[1]. So alltäglich diese Erscheinung ist, die man ohne jedes Hilfsmittel wahrnimmt, wenn Regentropfen an trockenen Fensterscheiben herunterlaufen, so scheint sie doch erst spät[2] im Zusammenhang mit wissenschaftlichen Beobachtungen beachtet worden zu sein.

Als Maß der Randwinkelhysterese mag der Unterschied derjenigen Winkel angenommen werden, die an einer mit der Flüssigkeit noch nicht in Berührung gekommenen Stelle der reinen Unterlage (als Vordrückwinkel) und an einer solchen Stelle derselben (im Sinne von Rückzugswinkeln) gemessen werden, die mit der Flüssigkeit bereits in Berührung stand; sie beträgt in einzelnen Fällen bis zu 40° und mehr[3]. Durch entsprechende Behandlung der festen Oberfläche, vor allem durch Erhitzen derselben im Vakuum, wird die Hysterese des Randwinkels in vielen Fällen, wie schon A. POCKELS bemerkte, vermindert, ja in manchen Fällen offenbar fast ganz zum Verschwinden gebracht[4], in andern aber auch so nicht aufgehoben. Nach Beobachtungen von F. E. BARTELL und A. D. WOOLEY[5] hängt nur der Vordrückwinkel von der Vorbehandlung ab und kann so bisweilen dem Rückzugswinkel fast vollständig angenähert werden. Damit wird auch die Vorstellung, das Mittel beider Winkel könne für den rechten Wert genommen werden[6], hinfällig. Die Hysteresis ist offenbar um so kleiner, je reiner die Oberfläche des Festkörpers ist. Nachträgliche Adsorption, auf deren Einfluß oben hingewiesen wurde, kann also nicht die Ursache dafür sein, daß der — offenbar richtigere — Winkel, der nach Berührung mit der Flüssigkeit gemessen wird, kleiner ist als der Winkel vor Berührung mit der Flüssigkeit; sie würde vielmehr, da sie die freie Energie der Oberfläche und damit σ_s herabsetzt, nach Gl. (116) eine Vergrößerung des Winkels zur Folge haben. Dagegen ist anzunehmen, daß eine bei Berührung des Festkörpers mit der Flüssigkeit erfolgende Verdrängung von an diesem noch adsor-

---

[1] BARTELL, F. E., u. K. E. BRISTOL: J. physic. Chem. **38**, 503 (1934); C. EVANS u. H. MARTIN: J. Pomol. horticult. Sci. **13**, 261 (1935).

[2] Lord RAYLEIGH: Philos. Mag. J. Sci. **30**, 397 (1890); A. POCKELS: Physik. Z. **15**, 39 (1914).

[3] Nach BARTELL u. HATCH: J. physic. Chem. **39**, 11 (1935) treten Werte bis zu 90° auf.

[4] Die Hysterese kann aber deshalb nicht, wie PH. SIEDLER u. E. WAGNER: Metall u. Erz **35**, 3 (1938) fordern, ganz geleugnet werden. Siehe ferner P. REHBINDER: Trans. Faraday Soc. **36**, 295 (1940).

[5] J. Amer. chem. Soc. **1933**, 3518.

[6] ABLETT: Philos. Mag. J. Sci. **46**, 244 (1923).

bierten Stoffen, seien es nun oberflächenaktive Stoffe von der Art der Fette oder indifferentere von der Art der Luft, eine Reinigung der Oberfläche und infolge der dadurch bedingten Erhöhung der Oberflächenspannung σ_s einen Rückgang des Randwinkels bewirkt. Diese Überlegung wird bestätigt durch Versuche von F. E. BARTELL und P. H. CARDWELL[1], die an Hand von Messungen des Randwinkels von Wasser gegen Silber, das im Vakuum vorbehandelt war, zu dem Ergebnis kommen, daß die Hysterese durch Adsorption von Luft und deren Verdrängung durch die Flüssigkeit, die erst so mit dem Festkörper in Kontakt kommt, bedingt sei und diesen Schluß ergänzen durch die Bemerkung, daß der Randwinkel von Wasser gegen feste — meist unpolare — Stoffe kleiner Oberflächenspannung weniger veränderlich ist als derjenige gegen Stoffe, die, wie Metalle, eine größere Oberflächenspannung und ein größeres Adsorptionsvermögen haben. Eine Verdrängung eingeschlossener Fremdstoffe, etwa von Luft, durch die Flüssigkeit dürfte erst recht bei porösen Stoffen Anlaß zu Hysteresiseffekten geben.

Mögen also sehr wohl Adsorption und Desorption am Festkörper Ursachen für Hysterese sein, so ist doch anzunehmen, daß sich auch noch andere Effekte im Sinne einer Randwinkelhysterese auswirken.

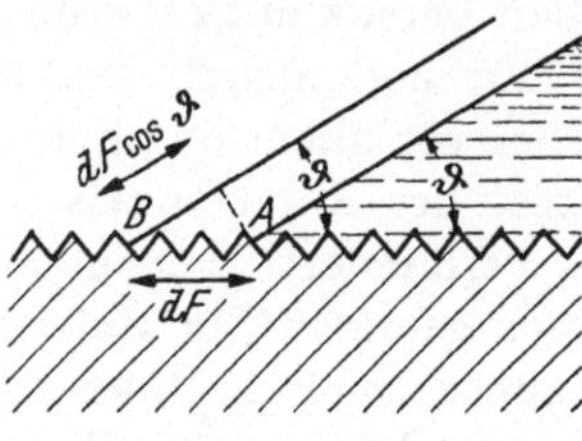
Abb. 86. Einfluß der Oberflächenrauhigkeit auf das Randwinkelgleichgewicht

So ist z. B. der Randwinkel von Wasser auf Festkörpern (Glas, Messing) größer, wenn in der Oberfläche infolge zu schnellen Abkühlens Spannungen bestehen oder wenn der Festkörper unter äußerem mechanischem Druck steht. Auf Messingplatten kann auf diese Weise der Randwinkel von 45° auf 60° herauf „gedrückt" werden[2]. Aber auch sonst hängt der Randwinkel in hohem Maße von der Struktur der festen Oberfläche, z. B. von ihrer Rauhigkeit, ab. Ein Einfluß der Rauhigkeit kann schon unmittelbar von der Ableitung der Randwinkelgleichung (116) her erwartet werden. Es sei (Abb. 86) die glatte Oberfläche, wie sie bei der Ableitung der Gl. (116) vorausgesetzt war, durch eine rauhe ersetzt, deren wahre Oberfläche a mal größer sei als ihre makroskopisch ausmeßbare scheinbare. Es werde wieder die Flüssigkeit parallel zur Grenzfläche um die kleine Strecke $A–B$ verschoben; dann entspricht dieser Verschiebung jetzt eine Änderung der Grenzfläche um das Flächenelement $a\,dF$. Im Falle des Gleichgewichtes ist also

$$\gamma_{sf}\,a\,dF + \sigma_f\,dF\cos\vartheta' - \sigma_s\,a\,dF = 0$$

<hr>

[1] J. Amer. chem. Soc. **64**, 494 (1942); siehe auch C. C. DE WITT: ebenda **57**, 775 (1935).

[2] BARTELL, F. E., J. L. CULBERTSON u. N. A. MÜLLER: J. physic. Chem. **19**, 881 (1936).

oder

$$\cos \vartheta' = a\,(\sigma_s - \gamma_{sf})/\sigma_f. \tag{122}$$

Der auf der rauhen Oberfläche sich bei sonst gleichen Bedingungen einstellende Winkel ϑ' ist also mit dem auf der glatten Oberfläche zu beobachtenden verbunden durch die Beziehung

$$\cos \vartheta' = a \cos \vartheta, \tag{123}$$

die besagt, daß der für die glatte Oberfläche definierte Randwinkel ϑ durch Oberflächenrauhigkeit in dem Sinne beeinflußt wird, daß der Betrag von $(\pi - \vartheta)$ vergrößert wird[1]. Dieser Winkel ϑ', der, auch wenn er präzise gemessen werden kann, keinesfalls an Stelle des wahren Randwinkels ϑ zur Berechnung der Adhäsionsarbeit nach Gl. (120) taugt, ist nach ADAMS[2] so zu verstehen, daß, wenn der wahre Randwinkel kleiner als 90° ist, die Flüssigkeit in die feinen Oberflächenvertiefungen eindringen kann, wenn er dagegen größer als 90° ist, diese unter Einschluß der Luft überbrückt, so daß die der Flüssigkeit sich darbietende Oberfläche zum Teil mit Luft gefüllt ist, deren Adhäsion zu den Flüssigkeiten klein ist. CASSIE und BAXTER[3] geben für den Einfluß von in porösen Oberflächen eingeschlossener Luft anstatt (123) die Beziehung

$$\cos \vartheta' = f_1 \cos \vartheta - f_2, \tag{124}$$

in der f_2/f_1 das Verhältnis von Luft–Flüssigkeit–Kontaktfläche zu Luft–Festkörper–Kontaktfläche bedeutet. Für Entenfedern finden sie f_2/f_1 gleich fünf; der Winkel ϑ' beträgt dabei 150°, obwohl der am glatten Material gemessene Winkel ϑ unter 90° liegt[4]. Im Sinne der Gl. (123) sprechen Beobachtungen von COGHILL und ANDERSON[5], R. N. WENZEL und ADAMS, nach denen z. B. ein Randwinkel von 100° auf glatter Oberfläche bei Granulierung derselben auf 160° vergrößert wird.

Nach R. SHUTTLEWORTH und G. L. BAILEY[6] gibt auch die Rauhigkeit Anlaß zur Hysterese, indem sie zusätzliche, oberhalb des dem wahren Randwinkel entsprechenden Minimums der freien Energie liegende Potentialmulden bietet, die sich bei längerer Berührung der rauhen Oberfläche mit der Flüssigkeit weniger stark äußern als bei der ersten Berührung. Das bedeutet, daß man bei Messung von Randwinkeln Gleichgewichtswerte u. U. erst einige Zeit nach Herstellung der Grenzfläche zu erwarten hat. Ob, was zu prüfen von hier aus naheläge, auch atomare Energiestufen von der Art, wie sie in den Abb. 77 bis 79

---

[1] WENZEL, R. N.: Ind. Engng. Chem. **28**, 988 (1936).

[2] Physics and Chemistry of Surfaces, Oxford 1941, S. 186.

[3] U. A. Bureau of Mines, Tech. Pap. **262**, 47 (1923).

[4] Das Wasser läuft danach von den Federn nicht nur wegen Unbenetzbarkeit des Materials ab, sondern auch infolge der Struktur der Federoberflächen.

[5] Nature **155**, 21 (1945).   [6] Trans. Faraday Soc. **1948**, 15.

skizziert sind, in ähnlicher Weise im Sinne einer Randwinkelhysterese wirken, ist nicht bekannt. Sollte es so sein, so käme einem Ansatz von N. K. Adam und G. Jessop[1], nach dem die Randwinkelhysterese durch eine Art Reibung begriffen wird, über die ihm von Adams zugeschriebene formale eine echte physikalische Bedeutung zu, derzufolge die Hysterese bei Beobachtungen an Einkristallen von der Bewegungsrichtung auf der Netzebene abhängen sollte. Auf jeden Fall zeigen die Zusammenhänge zwischen Randwinkel und Oberflächenrauhigkeit, daß nicht nur Desorption, sondern auch Oberflächenstrukturen Ursache solcher Erscheinungen sein können, die unter dem Gesichtspunkt der Randwinkelhysterese zu

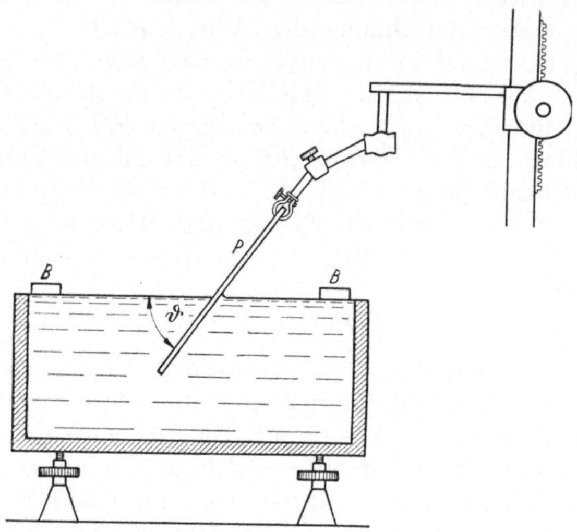

Abb. 87. Plattenmethode zur Messung von Randwinkeln (nach Adam)

betrachten sind. Die für die experimentelle Ermittlung genauer Randwinkelwerte lästigen Phänomene, die unter dem Begriff der Hysterese subsumiert sind, sind komplexer Natur und bedürfen noch mancherlei Aufklärung, und das um so mehr, als neuerdings auch an Wasser auf flüssigem Quecksilber Randwinkelhysteresen beobachtet wurden[2].

Für die *Messung der Randwinkel*, bei der stets auf Hysteresiserscheinungen zu achten ist, sind eine Anzahl von Verfahren ausgearbeitet worden. Als allen Ansprüchen genügende handlichste Methode mag wohl das von Adam und Jessop[3] angegebene und mehrfach modifizierte

---

[1] J. chem. Soc. **1925**, 1865.

[2] Eichborn, J. L. v.: Kolloid. Z. **109**, 62 (1944). Es bleibt dabei unwesentlich, daß u. U. erst der große Dichteunterschied dieses Verhalten ermöglicht, in dem hier der Winkel α der Abb. 69 wie bei Festkörpern gleich 180° wird.

[3] J. chem. Soc. **1925**, 1855; Adam u. Morell: J. Soc. chem. Ind. **53**, 255 (1934); W. D. Harkins u. F. M. Fowkes: J. chem. Soc. **1925**, 1865.

Plattenverfahren angesehen werden. Es beruht im Prinzip darauf, daß eine Platte P aus dem festen Stoff nach Art von Abb. 87 in die Flüssigkeit eingetaucht und um eine zur Ebene der Abb. 87 senkrecht zu denkende horizontale Achse solange gedreht wird, bis die Flüssigkeit ohne jede Krümmung horizontal an die Platte stößt. Indem die Platte auch noch parallel zu sich verschiebbar angebracht wird, kann sowohl der vorschreitende wie der Rückzugswinkel bestimmt werden. Beide Winkel dürfen erst einige Zeit nach der Einstellung — nach ADAMS nach 1 Minute — gemessen werden; in einzelnen Fällen soll bei hinreichend langer Wartezeit — HARKINS nennt eine halbe Stunde — die Hysterese ganz verschwinden. Bei mäßigen Ansprüchen an die Meßgenauigkeit kann der Winkel unmittelbar abgelesen werden. Bei kleinen Winkeln und wenn größere Genauigkeit verlangt wird, bedarf es zu seiner Bestimmung feinerer optischer Hilfsmittel. So bewährt sich z. B. die Reflexion eines beleuchteten, schräg zur Berührungslinie zwischen Flüssigkeit und Platte aufgestellten Spaltes, der, so lange die Flüssigkeitsoberfläche noch nicht genau horizontal an die Platte stößt, in deren Nähe gekrümmt erscheint. Auch eine unterhalb des Flüssigkeitsspiegels schräg zur Kontaktlinie angebrachte gerade Linie erscheint nahe der Platte gekrümmt, solange die Flüssigkeit noch nicht völlig eben ist. Ein von der Platte *und* der Flüssigkeit reflektiertes Spaltbild erscheint gebrochen, so lange die Flüssigkeit in Plattennähe noch gekrümmt ist[1]. Bei Flüssigkeiten mit hoher Oberflächenspannung, die, wie Wasser, leicht durch oberflächenaktive Stoffe verunreinigt werden, ist der bis zum Rand gefüllte Flüssigkeitstrog mit nichtbenetzten verschiebbaren Barrieren (B in Abb. 87) zu versehen, mit deren Hilfe Verunreinigungen der Flüssigkeitsoberfläche beiseite geschoben werden und die Flüssigkeit während der Messung saubergehalten werden kann. Eine dieser Barrieren kann zugleich als Arm einer Oberflächenfilm-Waage der laufenden Kontrolle der Reinheit der Oberfläche dienen. Will man, was HARKINS[2] empfiehlt, dafür sorgen, daß der Meßraum immer mit dem Dampf der Flüssigkeit gleichmäßig gesättigt ist, so ist dieser schließlich noch mit einem dicht schließenden Deckel zu versehen.

Auf dem gleichen Prinzip wie die Plattenmethode beruht das Zylinderverfahren von ABLETT[3]. Ein präzise gearbeiteter Zylinder aus dem festen Stoff wird, um eine horizontal gelagerte Achse drehbar, in die Flüssigkeit so weit eingetaucht, bis diese ihn gerade horizontal berührt;

---

[1] RICHARDS u. CARVER: J. Amer. chem. Soc. **1921**, 827; weitere optische Verfahren zur Kontrolle des Randwinkels geben u. a. A. POKKELS: Physik. Z. **15**, 39 (1919; BOSANQUET u. HARTLEY: Philos. Mag. J. Sci. **42**, 456 (1921); HERSTEDT: Kolloid-Z. **55**, 109 (1931); LANGMUIR: J. Amer. chem. Soc. **1937**, 2405.

[2] J. Coll. Sc. **1**, 244 (1946).

[3] Philos. Mag. J. Sci. **46**, 244 (1923).

durch Vor- und Rückwärtsdrehen des Zylinders kann der vorschreitende und der Rückzugswinkel gemessen werden. Der Wert des Randwinkels wird aus der Eintauchtiefe h und dem Radius r des Zylinders ermittelt. Das Verfahren arbeitet bei der Bestimmung mittlerer Randwinkelwerte sehr genau.

Nach dem Prinzip der horizontalen Einmündung können bei mikroskopischer Beobachtung auch Messungen an dünnen Drähten und an Fäden, etwa von Textilien, durchgeführt werden. Die so erhaltenen Werte stimmen nach ADAM und SHUTE[1] gut mit den bei Verwendung ebener Platten erhaltenen überein. Das Verfahren kann, indem der Faden eine Grenzfläche zweier Flüssigkeiten schneidet, auch zur Bestimmung des Randwinkels an der Grenzfläche zweier Flüssigkeiten benutzt werden.

Randwinkel mittlerer Größe können unter Umgehung der Höhenmessungen auch durch Bestimmung des scheinbaren Gewichtes einer in die Flüssigkeit hängenden, auf- und abwärts bewegbaren Kugel gemessen werden. Bei der Lage, in welcher die Flüssigkeit bis zum Berührungskreis mit der Kugel gerade horizontal bleibt, ist der Auftrieb unabhängig von der Oberflächenspannung nur durch das eingetauchte Volumen der Kugel bestimmt. Aus Eintauchtiefe h und Radius r wird der Randwinkel erhalten. Mit diesem Verfahren hat YARNOLD[2] den Randwinkel von Glas und Stahl gegen Quecksilber gemessen. Aus Senktiefe und Winkeleinstellung an freischwimmenden kleinen Glaskugeln mit Radius von 0,2 bis 0,6 mm bestimmte W. v. ENGELHARDT[3] Randwinkel (siehe Abb. 101 in § 23).

Ein weiteres Verfahren zur Bestimmung des Randwinkels beruht auf der Beobachtung der Steighöhe h_s von Flüssigkeiten in Capillaren. Es ist nach Gl. (50)

$$2\,\sigma_f \cos \vartheta = 2\sigma_{sf} = g\,\varrho\,h_s r, \tag{124}$$

wobei r den Capillarenradius und ϱ die Dichte der Flüssigkeit bedeuten. Je nachdem, ob die Flüssigkeit steigend oder fallend zur Gleichgewichtseinstellung kommt, erhält man den vorschreitenden oder den Rückzugswinkel. Wenn der feste Stoff, aus dem die Capillare gefertigt ist, undurchsichtig ist, kann die Steighöhe röntgenographisch festgestellt werden; auf diesem Wege wurde z. B. aus der einem Randwinkel von mehr als 90° zukommenden Depression der Randwinkel von Quecksilber gegen Stahl bestimmt[4]. Eine Abart des Steighöhenverfahrens, bei dem der Druck gemessen wird, der erforderlich ist, um die Flüssigkeit entlang der horizontal gelagerten Capillaren zu bewegen, hat HALLER[5] angegeben.

---

[1] Symp. on Wetting and Detergency, 1937, S. 53.
[2] Proc. physic. Soc. **58**, 120 (1946).
[3] Proc. of the 4th World Petroleum Congress, Sect. I/C, Repr. 4, S. 399 (1956).
[4] OWEN u. DUFTON: Proc. physic. Soc. **38**, 204 (1925).
[5] HALLER: Kolloid-Z. **54**, 7 (1931).

Auch das früher schon bei den Methoden zur Bestimmung der Oberflächenspannung von Flüssigkeiten angegebene Verfahren der Vermessung der Scheitelhöhe von liegenden Tropfen oder von Gasblasen unter einer ebenen festen Oberfläche kann auf die Randwinkelmessung übertragen werden. Wenn der Tropfen bzw. die Blase wieder so groß ist, daß die Scheitelkrümmung gleich Null gesetzt werden kann, besteht für den Randwinkel die Beziehung[1]

$$1 + \cos \vartheta = g\,\varrho\,h^2/2\,\sigma \quad \text{für Blasen} \tag{125a}$$

bzw. $$1 - \cos \vartheta = g\,\varrho\,h^2/2\,\sigma \quad \text{für Tropfen,} \tag{125b}$$

wobei h die gesamte Tropfen- bzw. Blasenhöhe ist. Unbestimmt bleibt bei diesem Verfahren das Verhalten hinsichtlich der Hysterese; doch dürfte der an Blasen gemessene Winkel näher bei dem Rückzugswinkel, der an Tropfen gemessene nahe bei dem vorschreitenden Winkel liegen[1].

Alle diese Verfahren setzen voraus, daß der feste Stoff in hinreichend großer Fläche und in geeigneter Form bereitet werden kann. Ist das, wie bei vielen für die Schwimmaufbereitung (Flotation) in Frage kommenden Mineralien, nicht der Fall, so bedarf es anderer Verfahren. Sind ebene Flächen noch solcher Größe vorhanden, daß mit einem mäßig vergrößernden Mikroskop beobachtet werden kann, so kann der Randwinkel an mit Hilfe einer Capillaren aufgebrachten Tropfen oder Blasen (siehe Abb. 88 u. 89) direkt vermessen werden. TAGGART[2] und WARK[3] bringen die am unteren Ende der Capillaren befindliche Blase mit der unter der Flüssigkeit bereiteten festen Oberfläche in Berührung und ziehen dann die Capillare langsam zurück; wenn der Randwinkel nicht zu nahe bei Null Grad liegt, bleibt die Blase am Mineral haften. Die Winkelwerte werden mikroskopisch oder an der vergrößerten Photographie abgelesen; auch hat WARK eine Beziehung zwischen Blasenvolumen, Berührungsfläche und Randwinkel gegeben[4]. P. A. THIESSEN und E. SCHOON[5] setzen Tropfen auf und vermessen diese; doch verdient nach ihren Angaben die Blase insofern den Vorzug, als sie über Tage unveränderlich bleibt, während der Tropfen, auch wenn für Sättigung gesorgt ist, sich infolge Verdunstung schnell ändert. Will man Vordrück- und Rückzugswinkel bestimmen, so mißt man gleichzeitig Tropfen und Blasen aus. Wenn die Tropfen hinreichend klein sind (bei Wasser kleiner als 1 mm), hat nach G. L. MACK die Verformung durch die Schwerkraft noch

[1] POYNTING u. THOMSON: Proporties of Matter, 1909, S. 186.
[2] TAGGART, TAYLOR u. INCE: Amer. Inst. min. metallurg. Engr., Tech. Pap. **1929**, 204.; F. E. BARTELL u. E. J. MERRILL: J. physic. Chem. **36**, 1178 (1932).
[3] Amer. Inst. min. metallurg. Engr., Tech. Pap. **1932**, 461; PH. SIEDLER: Kolloid-Z. **68**, 39 (1934).
[4] J. physic. Chem. **1933**, 623.
[5] Z. Elektrochem. angew. physik. Chem. **46**, 170 (1940).

keinen merklichen Einfluß[1]. In diesem Fall ist aber die Scheitelkrümmung notwendig stark, so daß die Messungen mit systematischen Fehlern behaftet sein dürften, die bei Blasen im umgekehrten
Sinne liegen wie bei Tropfen; Korrekturen wären dann im gleichen
Sinne anzubringen wie bei der Bestimmung der Oberflächenspannung

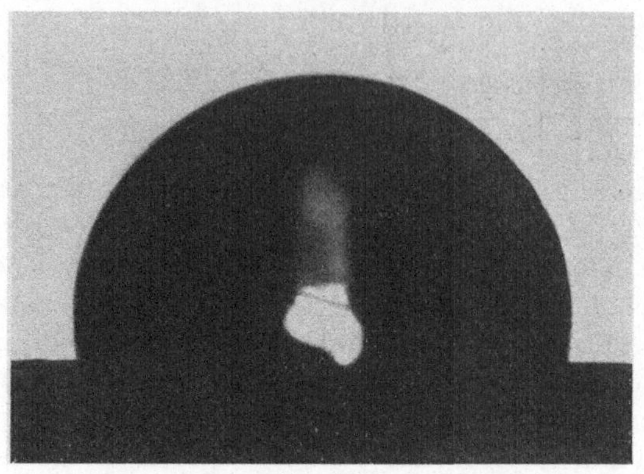

Abb. 88. Randwinkel von Wasser gegen Stearinsäure (oben Wassertropfen, unten Luftblase in Wasser)

aus der Tropfengestalt (§ 9). Unabhängig von diesen die Frage der
Absolutwerte angehenden Korrekturen dürfte dem Verfahren aber
Bedeutung für die Praxis der Flotation zukommen, deren Bedingungen
es nahekommt.

Unmittelbare Auskunft qualitativer Art über das Randwinkelver-
halten gibt die Beobachtung von Pulvern auf Flüssigkeitsoberflächen.

[1] J. physic. Chem. **40**, 159 (1936); W. H. NUTALL: Soc. chem. Ind. **39**, 671 (1920).

Liegt der Randwinkel nahe bei oder über 90°, so kann das schwimmende Pulver durch leichtes Blasen beiseite geschoben werden; schwimmt es tiefer eintauchend und läßt sich nicht so leicht durch Blasen bewegen, so ist der Randwinkel näher bei Null, sinkt es gar durch die Oberfläche, so ist der Winkel nahe bei Null. Quantitative Auswertung etwa der —

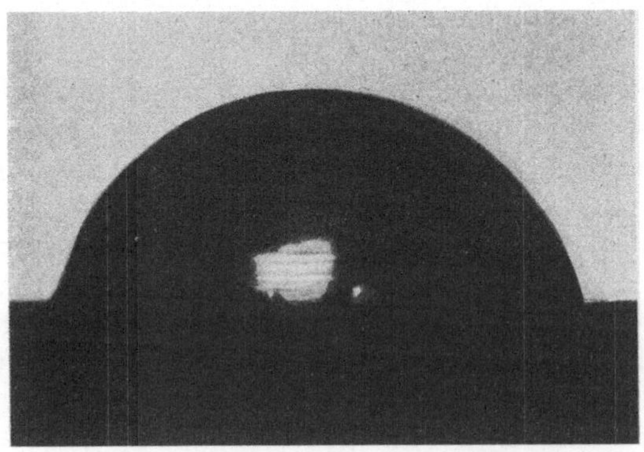

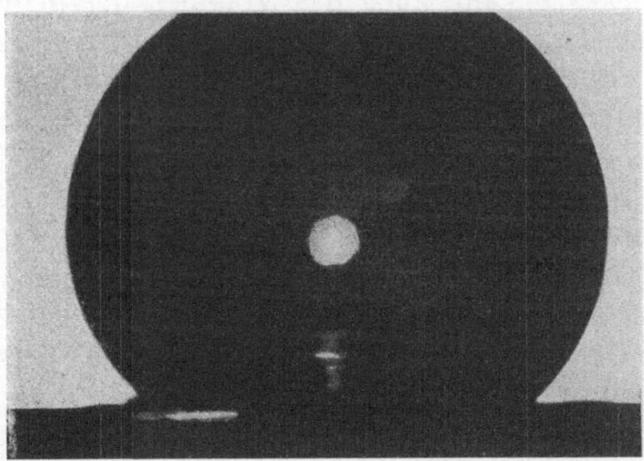

Abb. 89. Randwinkel von Wasser gegen die Dicarbonsäure HOOC·(CH₂)₁₄·COOH (oben Tropfen, unten Luftblase in Wasser)

selbst bei verschieden bereiteten Pulvern des gleichen Stoffes — oft sehr verschiedenen[1] Absinkzeiten haben aber wohl nur im gleichen Maße informatorischen Charakter wie die Bestimmungen der Einsauggeschwindigkeit von Flüssigkeiten in abgewogene Pulvermengen, mit denen die Flüssigkeit durch poröses Sinterglas[2] oder durch vorgelegtes Filtrierpapier in Berührung tritt. Exaktere Ergebnisse verspricht dagegen das

---

[1] WOLF, K. L.: Dtsch. Farben-Z. **1955**, 380.
[2] FREUNDLICH, ENSLIN u. LINDAU: Kolloid-Beih. **37**, 242 (1933).

auf F. E. BARTELL und seine Mitarbeiter zurückgehende, an die Methode der Steighöhe anschließende Verfahren[1]. Gemessen wird dabei i. allg. der Druck p, der von einer in das zu einem Zylinder zusammengepreßten Pulver eindringenden Flüssigkeit auf Grund der Haftspannung σ_{sf} ausgeübt wird. Bestände der Zylinderinhalt aus lauter gleichartigen Capillaren vom Radius r, so wäre der Druck bestimmt zu

$$p = 2\,\sigma_{sf}/r = 2\,\sigma_f \cos\vartheta/r \,. \tag{126}$$

Um das Verfahren auf gepreßte Pulver mit unregelmäßigen und nichtzylindrischen Capillarräumen anwenden zu können, bestimmt man nach dem Vorgehen von F. E. BARTELL und H. J. OSTERHOF[2] durch Eichung mit einer völlig benetzenden Flüssigkeit bekannter Oberflächenspannung ($\cos\vartheta = 1$) einen effektiven mittleren „Radius" und kann dann durch Messung des Druckes p bei nicht vollständig benetzenden Flüssigkeiten bekannter Oberflächenspannung σ_f Randwinkel über Gl. (126) berechnen. Mißt man den Druck, der aufzuwenden ist, um zu verhindern, daß Flüssigkeit in das Pulver eindringt, so erhält man den vorschreitenden, mißt man den Druck, der aufzuwenden ist, um bereits eingedrungene Flüssigkeit zurückzudrängen, so erhält man den Rückzugswinkel[3]. An Stelle des Druckes p kann auch das Volumen der in der Zeiteinheit unter gegebenem Druck durch das Pulver gepreßten Flüssigkeitsmenge als Grundlage der Randwinkelbestimmung dienen.

Dieses Verfahren, das durch vergleichende Messungen mit anderen Methoden sich als zuverlässig erweist, kann auch dazu dienen, die Haftspannung σ_{sf} und Adhäsionsarbeit ζ_{sf} solcher Kombinationen von Flüssigkeiten und festen Körpern zu bestimmen, die über die Gln. (118) bzw. (120) auf Grund von Randwinkelmessungen deshalb nicht erhalten werden, weil die Randwinkel gleich Null sind[4], so daß über Gl. (120) nur eine untere Grenze des Wertes der Adhäsionsarbeit berechnet werden kann. Es sei σ_{sf_1} die Haftspannung einer unvollständig benetzenden Flüssigkeit an einem gegebenen Festkörper, etwa an Kohle, und σ_{sf_2} die Haftspannung einer den gleichen Festkörper besser benetzenden Flüssigkeit 2. Überschichtet man diese mit der erstgenannten, so ist die an der gemeinsamen Grenzfläche beider Flüssigkeiten gegen den Festkörper wirksame, diese in einer Capillaren emporziehende Kraft (je Längeneinheit) gleich $\sigma_{sf_2} - \sigma_{sf_1}$. Der zum Verhindern des Emporsteigens des Grenzflächenmeniscus erforderliche Druck p_{12} ist aber nach

---

[1] Z. physik. Chem. **130**, 715 (1927); mit M. A. MÜLLER: Ind. Engng. Chem. **21**, 1102 (1929); J. physic. Chem. **34**, 1399 (1930); BELL, CUTTER u. PRICE: Symp. on Wetting and Detergency, London 1937, S. 19; auch C. W. WALTON: J. physic. Chem. **30**, 503 (1934).

[2] J. physic. Chem. **36**, 3115 (1932); **38**, 495 (1934).

[3] BARTELL u. MERRILL: J. physic. Chem. **36**, 1178 (1932).

[4] BARTELL u. OSTERHOF: Z. physik. Chem. **130**, 715 (1927).

Gl. (126) gegeben zu

$$p_{12} = 2(\sigma_{sf_2} - \sigma_{sf_1})/r \qquad (127\,\text{a})$$

oder nach Kombination mit Gl. (126)

$$\sigma_{sf_2} = r(p_{12} + p_1)/2\,. \qquad (127\,\text{b})$$

Sei nun die Flüssigkeit 2 eine solche, die vollständig benetzt, so daß $\cos\vartheta = 1$, also $p_2 = 2\sigma_{f_2}/r$ ist, so erhält man schließlich die gesuchte Haftspannung σ_{sf_2} zu

$$\sigma_{sf_2} = \sigma_{f_2}(p_{12} + p_1)/p_2\,. \qquad (127\,\text{c})$$

Auf diese Weise wird z. B. für die Kombination Benzol–Kohle unter Verwendung von Wasser als unvollständig benetzender Flüssigkeit 1 über die Werte $p_1 = 12{,}0$, $p_2 = 6{,}2$ und $p_{12} = 5{,}8$ Atmosphären die Haftspannung $\sigma_{\text{Kohle–Benzol}}$ zu 81 erg/cm² bestimmt[1]. Die Haftspannung des Wassers gegen Kohle erhält man aus der aus den Gl. (126) folgenden Beziehung

$$\sigma_{sf_1} = \sigma_{sf_2} p_1/p_2 \qquad (126\,\text{d})$$

entsprechend zu 55 erg/cm².

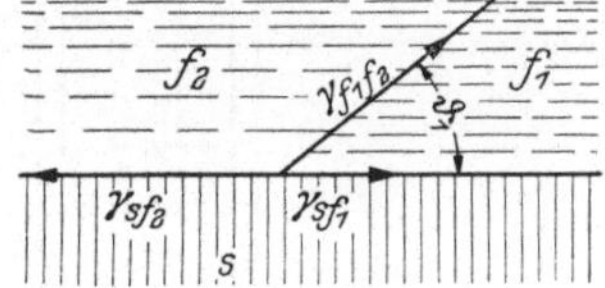

Abb. 90. Randwinkel zwischen zwei Flüssigkeiten und einem Festkörper

Der bei dieser Art der Ermittlung der Haftspannung auftretende Fall, daß zwei Flüssigkeiten einen Festkörper in gemeinsamer Grenzlinie berühren, ergibt allgemeiner folgende Erweiterungen der oben abgeleiteten Beziehungen: Es ist in Analogie zu Gl. (115), wie sich unmittelbar aus Abb. 90 ergibt,

$$\gamma_{sf_2} - \gamma_{sf_1} = \gamma_{f_1 f_2}\cos\vartheta_1\,. \qquad (128)$$

Ferner gilt, wenn mit ζ_{sf} wieder Haftarbeiten bezeichnet werden, für die Adhäsionsarbeiten definitionsgemäß

$$\zeta_{sf_1} = \sigma_{f_1} + \sigma_s - \gamma_{sf_1} = \sigma_{f_1} + \sigma_{sf_1} \qquad (129\,\text{a})$$

und

$$\zeta_{sf_2} = \sigma_{f_2} + \sigma_s - \gamma_{sf_2} = \sigma_{f_2} + \sigma_{sf_2} \qquad (129\,\text{b})$$

oder

$$\begin{aligned}\zeta_{sf_1} - \zeta_{sf_2} &= \sigma_{f_1} - \sigma_{f_2} + \sigma_{sf_1} - \sigma_{sf_2} \\ &= \sigma_{f_1} - \sigma_{f_2} - \gamma_{sf_1} + \gamma_{sf_2}\,. \end{aligned} \qquad (130)$$

Daraus folgt durch Kombination mit Gl. (128) die Beziehung

$$\zeta_{sf_1} - \zeta_{sf_2} = \sigma_{f_1} - \sigma_{f_2} + \gamma_{f_1 f_2}\cos\vartheta_1\,, \qquad (131)$$

die, wenn die Flüssigkeit 2 durch Luft ersetzt wird ($\zeta_{sf_2} = \sigma_{f_2} = 0$, $\gamma_{f_1 f_2} = \sigma_{f_1}$) in die früher abgeleitete Gl. (120) übergeht. Aus den oben

---

[1] Eine Kritik des Verfahrens (Vernachlässigung der Dampfadsorption entspr. dem Unterschied der Gln. (120) und (121) gibt E. LANDT [Z. physik. Chem. **202**, 66 (1953)]; nach E. LANDT u. H. GETTMAN [Naturwiss. **39**, 279 (1952)] beträgt die Haftspannung Kohle–Benzol 104 und entspr. Kohle–Wasser 132 erg/cm².

angegebenen Werten der Haftspannungen für Benzol und für Wasser
an Kohle erhält man nach (129) für die zugehörigen Adhäsionsarbeiten
die Werte $81 + 28 = 109$ und $55 + 72 = 127$ erg/cm².

Die Abhängigkeit des zwischen der Grenzfläche zweier Flüssigkeiten
und einem Festkörper sich einstellenden Randwinkel von den verschiedenen Kombinationen von Flüssigkeiten und Festkörpern kann in einem
instruktiven Versuch unmittelbar dadurch anschaulich gemacht werden,
daß man in einer planparallelen Cuvette mehrere miteinander nicht
mischbare Flüssigkeiten, etwa Nitrobenzol–Wasser–Hexan, überein-
anderschichtet und Platten verschiedener fester Stoffe darin aufstellt.

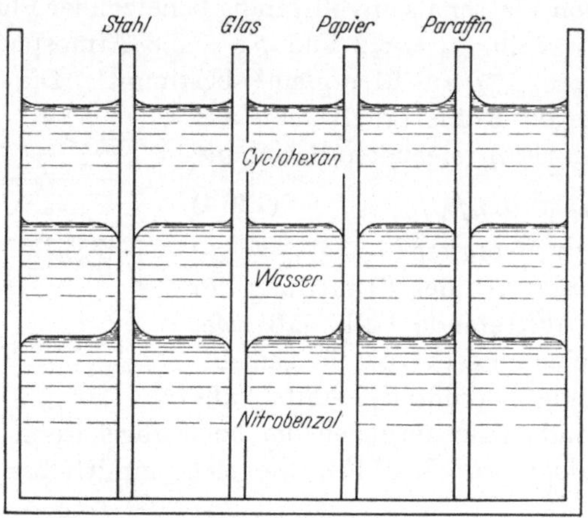

Abb. 91. Randwinkel an der Grenze von Flüssigkeiten und Festkörpern

Man übersieht dann sofort die für eine qualitative Orientierung wesentlichen Verschiedenheiten der Randwinkel (siehe Abb. 91) und kann
diese auch mit mäßiger Genauigkeit ablesen. Für genauere Messungen
schichtet man jeweils nur zwei Flüssigkeiten übereinander und bestimmt
die Randwinkelwerte nach dem oben beschriebenen Platten- oder
Zylinderverfahren. Die wenigen bisher vorliegenden diesbezüglichen
Messungen[1] ergaben sehr starke Hysteresiseffekte. Diese dürften zum
Teil dadurch hervorgerufen sein, daß ein von einer der Flüssigkeiten
an der Platte einmal gebildeter Film von der anderen Flüssigkeit nur
langsam verdrängt wird. Dazu kommt, daß bei derartigen Beobachtungen die sich berührenden Flüssigkeiten — vor allem wenn ihre Oberflächenspannungen sehr verschieden sind — sich auch bei geringer gegenseitiger Löslichkeit merklich beeinflussen. Ähnlich wie bei der Messung
der Grenzflächenspannung zweier Flüssigkeiten gegeneinander muß man

---

[1] HOFMANN: Z. physik. Chem. **83**, 393 (1913); SCARLETT, MORGAN u. HILDE-
BRAND: J. physic. Chem. **31**, 1566 (1927).

also auch hier sorgfältig unterscheiden zwischen den mit chemisch einheitlichen und den mit im Lösungsgleichgewicht befindlichen Flüssigkeiten gewonnenen Zahlen.

Systematische Angaben über die Größe der Randwinkel und ihre Abhängigkeit von der Natur der beteiligten Stoffe sind in Anbetracht der Unsicherheit fast aller vorliegenden Angaben noch nicht möglich. Einige Angaben macht die Tab. 31, in der auch die Benetzungsspannungen und Adhäsionsarbeiten mit aufgeführt sind. Diese Zusammenstellung kann indes nur orientierenden Charakter haben. Im einzelnen ist zu ihr folgendes ergänzend zu bemerken. Die Adhäsionsarbeit von Wasser gegen festes Paraffin ist mit 54 erg/cm² etwa ebenso groß wie diejenige flüssiger paraffinischer Kohlenwasserstoffe gegen Wasser (siehe Tab. 22); in diesem Wert kommt also die Adhäsion der Kohlenwasserstoffgruppen zum Wasser zum Ausdruck. Daß bei den langkettigen festen Fettsäuren (und Alkoholen) etwa die gleichen Werte gefunden werden (Tab. 31), zeigt, daß auch hier nur die Wechselwirkung des Wassers mit den Kohlenwasserstoffresten, nicht aber eine solche mit den — durch Übermolekülbildung im Kristall geschützten — polaren Gruppen erfaßt wird. Dabei beziehen sich die in Tab. 31 angegebenen Werte von 100 (bzw. 90°) auf die an der Luft erstarrten festen Stoffe. Schneidet man diese durch, so variieren die Randwinkel je nach dem Schnitt zwischen 50 und 100°; dem Randwinkel von 50° entspricht eine Adhäsionsarbeit von etwa 100 erg/cm², deren annähernde Gleichheit mit der Adhäsionsarbeit der flüssigen Fettsäuren und Alkohole zu Wasser (siehe Tab. 22) sie einem Schnitt zuordnet, bei dem polare Gruppen nach außen offen liegen. Dieser Schluß wird bestätigt durch Messungen der Adhäsionsarbeit von Wasser zu den mit polaren Gruppen besetzten 001-Flächen (Blättchenebenen) der Dicarbonsäuren (siehe Tab. 31)[1]. Bei den festen langkettigen Halogenalkylen wird eine solche Abhängigkeit von der Schnittrichtung so nicht beobachtet[2]; das ist in Übereinstimmung mit dem früheren Befund, daß die Halogene keine ausgezeichnete Affinität zu Wasser zeigen. Es ist zu erwarten, daß der Randwinkel der höheren Fettsäuren gegen Wasser, wenn man sie wie oben beschrieben

---

[1] THIESSEN, P. A. u. E. SCHOON berechnen im Anschluß an ihre Randwinkelmessungen fur die Kombination von Wasser mit den 001-Flächen von Paraffinen und langkettigen Fettsäuren auch die Oberflächenspannungen der 001-Ebenen (Blättchenebenen) der Paraffine und der Dicarbonsäuren; sie erhalten die Werte 3,7 bzw. 39,3 erg/cm²; die Grenzflächenspannungen gegen Wasser ergeben sich daraus zu 24,5 bzw. — 11 erg/cm². Das entspricht Haftspannungen von — 21 bzw. 50 erg/cm² in guter Übereinstimmung mit den direkt aus den Randwinkeln erhaltenen Werten (siehe Tab. 31) Z. Elektrochem. angew. physik. Chem. **46**, 170 (1940).

[2] ADAM u. JESSOP: J. chem. Soc. **1925**, 1863; NIETZ: J. physic. Chem. **32**, 620 (1928).

Tabelle 31.
Randwinkel, Benetzungsspannungen, Spreitungsdrucke und Adhäsionsarbeiten

Flüssigkeit	Festkörper	Rand-winkel Grade	Be-netzungs-spannung	Sprei-tungs-druck	Ad-häsions-arbeit
Wasser	Paraffine	ca. 105	−19	−92	54
	Cetylpalmitat	105	−19	−92	54
	langkettige Fettsäuren	104	−18	−91	53
	langkettige Alkohole	ca. 90	0	−73	73
	Silicon[1]	90	0	−73	73
	Talkum	88	4	−69	77
	Graphit[2]	86	5	−68	79
	Azobenzol	77	15	−58	88
	langkettige Dicarbon-säuren	45	50	−23	123
		(Vordr. 75	16	−57	89)
	langkettige Aminhydroxyde	45	50	−23	123
	Kohle	41	55	−18	127
	Nickel	27	64	−9	133
	Platin	0	≥73	≥0	≥145
	Kupfer	0	≥73	≥0	≥145
	Glas	0	≤73	≥0	≥145
	Quarz	0	88	15	160
	Anatas	0	260	190	330
	Mineralien	10−60	35−70	−3−−38	105−145
		(60−90	0−36	−73−−37	73−110)
	Wolle	160			
	Eis	0	≥73	≥0	≥145
Quecksilber	Stahl	154	−430	−910	50
	Glas	140	−350	−830	130
	Amalg. Kupfer	0	≥480	≥0	≥960
	Mangan	0	≥480	≥0	≥960
Na−K-Legierung	Glas	90	0		
Nitrobenzol	Quarz	0	57	13	101
	Kieselsäure	0	61	14	106
	Ruß	0	80	36	124
Äthylacetat	Kohle	0	60	35	85
Tetrachlorkohlen-stoff	Quarz	0	36	8	64
	Ruß	0	86	58	114
Schwefelkohlenstoff	Quarz	0	41	11	71
Hexan	Quarz	0	29	10	48
Heptan	Anatas	0	66	46	86
Ölsäure	Glas	30	29	−4	62
	Eis	ca. 45	23	−10	58
Glycerin	Glas	0	≥67	≥0	≥134
	Platin	0	≥67	≥0	≥134
Fette	Wolle	0			
Schwefelwasserstoff	Eis	0	≥30	0	≥60
Benzol	Glas	6	28	−1	57
	Kohle[3]	0	61	32	109

auf Quecksilber[1] erstarren läßt, so daß die polaren Gruppen nach außen
weisen, ganz auf Null heruntergeht. Die in Tab. 31 für Mineralien (in
Werten des Vordrück- und des Rückzugswinkels) angegebenen Randwinkel gegen Wasser gehen auf Messungen von EDSER[2] zurück. Nach
neueren Untersuchungen von WARK[3] sind diese Werte zu groß; nach
dessen Angaben haben die meisten Mineralien, auch die sulfidischen,
sehr kleine Randwinkel gegen Wasser. Daß die Randwinkel von Quecksilber und anderen flüssigen bzw. geschmolzenen Metallen gegen Glas
und viele andere feste Stoffe groß sind, ist aus der großen Kohäsion
der Metalle zu begreifen. Das Verhalten der festen Metalle gegen Quecksilber ist noch unklar. Bricht man Eisen unter Quecksilber, so wird es
besser benetzt, als wenn der Bruch in Luft vorgenommen wird, und
das auch dann, wenn das Eintauchen in das Quecksilber unmittelbar
nach dem Bruch erfolgt. Nach Beobachtungen von TAMMANN und
HINÜBER[4] werden außer Mangan auch Antimon und Wismut von
Quecksilber unter dem Randwinkel Null benetzt, nicht dagegen Arsen,
Tantal und Vanadium. Gegen Glas scheinen von organischen Flüssigkeiten die unpolaren oder schwach polaren, wie Benzol, Schwefelkohlenstoff oder Äther unter endlichem Randwinkel anzustoßen.

Ein Ausdruck der Verschiedenheit des Randwinkels sind die MOSER-
schen[5] Hauchbilder, die durch ihr Aussehen und ihre Form Fettspuren
auf Glasplatten anzeigen. Ihnen entsprechen in der Laboratoriumspraxis
die sogenannten Sprühteste, bei denen Farbstofflösungen auf das auf
Oberflächenreinheit zu untersuchende Objekt gesprüht werden[6]. Dieses
Verfahren gibt die Möglichkeit, kleine und kleinste Mengen von Fettsäuren oder Aminen auf Metallen nachzuweisen oder bei Aufsprühen

[1] ADAM (Physics and Chemistry of Surfaces, S. 187) verweist auf einen diesbezüglichen Versuch mit auf Wasser erstarrter Fettsäure. Nach meinen Erfah-
rungen ist aber der erstrebte Orientierungseffekt bei Erstarren auf Quecksilber
ebenfalls zu erreichen.

[2] Vierter Colloid Report, 1922, S. 290.

[3] Amer. Inst. min. metallurg. Engr., Techn. Publ. **461**, 12 (1932).

[4] Z. anorg. allg. Chem. **160**, 264 (1927).

[5] Pogg. Ann. **56**, 177 (1842); **57**, 1 (1842); WAIDELE: ebenda **59**, 255 (1843);
ferner RAYLEIGH: Nature **86**, 416 (1911); AITKEN: ebenda S. 516.

[6] LINDFORD, H. B., u. E. B. SAUBESTRE: ASTM Bulletin Mai 1953, S. 47.

[1] Mit Silicon behandelte Glaskugeln nach W. v. ENGELHARDT: Proc. of The
4th World Petroleum Congress, Sect. I/C, Repr. **4**, S. 399 (1956).

[2] REHBINDER, P., L. LIPETZ, M. RIMSKAJA u. A. TAUBMANN: Kolloid-Z. **68**,
268 (1933), finden einen wesentlich kleineren Wert. Doch ist der oben angegebene
nach HARKINS, Phys. Chem. of Surface Films, New York 1952, S. 286, seitdem
durch JURA noch einmal bestätigt.

[3] LANDT: Naturwiss. **39**, 279 (1952) berichtigt diese Zahlen für die Benetzungsspannung zu 104 (anstatt 61) und für die Adhäsionsarbeit zu 133 anstatt 110.
Siehe auch Z. physik. Chem. **202**, 66 (1953).

von Lösungen dieser Stoffe auf Metalle deren Gehalt bis zu so kleinen Konzentrationen quantitativ zu bestimmen wie mit keinem anderen analytischen Verfahren (siehe Abb. 92)[1]. Beim Gehäusebau der Amöben spielt der Randwinkel, den das frische Protoplasma vor dem Erstarren mit dem Gehäusematerial bildet, nach RHUMBLER[2], eine ausschlaggebende Rolle, worauf weiter unten noch einmal zurückzukommen sein wird. Wie weit Analoges auch beim Gehäusebau höherer Tiere eine Rolle spielt, wäre zu untersuchen.

Im ganzen dürfte die Frage nach Wesen und Bestimmung von Randwinkeln nach Überwindung der meisten der oben genannten Schwierigkeiten jetzt so weit geklärt sein, daß durch systematische Beobachtungen bei Berücksichtigung aller Vorsichtsmaßnahmen endgültige Ergebnisse erhalten werden können. Diese Erwartung wird dadurch gestützt, daß es nunmehr, wie wir die speziellen Betrachtungen über Randwinkel abschließend zeigen wollen, möglich ist, das Auftreten wohldefinierter, kombinationstypischer Randwinkel auch molekular-theoretisch zu verstehen.

So vertraut das Auftreten konstanter Winkel zwischen den Flächen eines Kristalls ist, so überraschend ist zunächst die Vorstellung, daß auch zwischen Kristallflächen und Flüssigkeitsoberflächen sich wohldefinierte konstante Winkel ausbilden sollen. Bei dem rein formalen Charakter, mit dem solche Winkel in die Ableitung der YOUNGschen Gl. (115) und damit der DUPRÉschen Gl. (120) als Randwinkel eingehen und bei der Unsicherheit und Unschärfe, unter denen die Versuche des experimentellen Nachweises lange litten, erscheint die molekulartheoretische Erfassung und Präzisierung dieses Phänomens als von grundsätzlicher Bedeutung. Die Ausbildung von Randwinkeln als Gleichgewichtsformen an der Grenze zwischen Flüssigkeit und Festkörper ist ähnlich wie das Auftreten stabiler Flächen und konstanter Winkel an Kristallen zu verstehen und demzufolge in Analogie zu den früheren Überlegungen über den Zusammenhang zwischen der räumlichen Koordination der Moleküle in der Nahordnung der Flüssigkeit und ihrer Oberflächenenergie (siehe § 7) sowohl wie an die entsprechende Berechnung der Stabilität bestimmter Flächen in den Gleichgewichtsformen von Kristallen (siehe § 12) zu begreifen[3]. Wir gehen dabei im Anschluß an Überlegungen von R. HAUL[4] von angenommenen Formen der Oberflächengestaltung an der Grenze von Flüssigkeit und Festkörper, d. h. von einem dem Festkörper aufliegenden Modellflüssigkeitstropfen aus und entfernen nacheinander alle Moleküle, deren Bindungsenergie kleiner ist

---

[1] KRAEMER, H., u. H. HEISS: Fette, Seifen, Anstrichmittel **58**, 87 (1956).
[2] Ergebn. Physiol. **14**, 507 ff. (1914).
[3] EICHBORN, J. L. v.: Kolloid-Z. **107**, 127 (1944).
[4] Z. Elektrochem. angew. physik. Chem. **54**, 152 (1950).

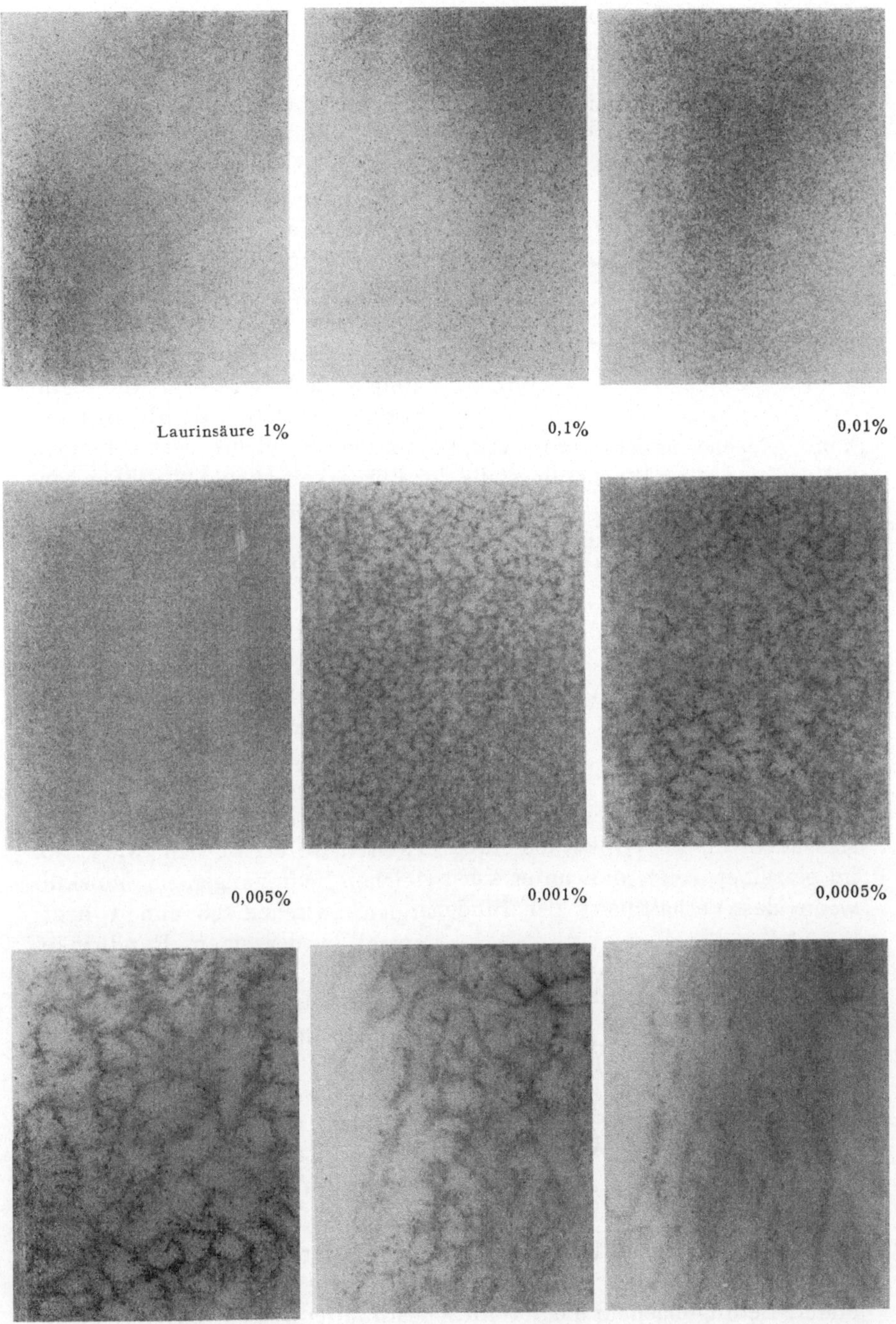

Abb. 92. Sprühbilder von Laurinsäurelösungen verschiedener Konzentration auf Aluminiumfolie

als diejenige des wiederholbaren Schrittes an der „Wachstumsstelle" im Aufbau der Flüssigkeit, die N_L mal summiert die molare innere Verdampfungswärme der Flüssigkeit (bei $T = 0°$) ergibt, verfahren also im Grunde ebenso wie KOSSEL und STRANSKI bei ihren Untersuchungen zum Kristallwachstum. Im ein-

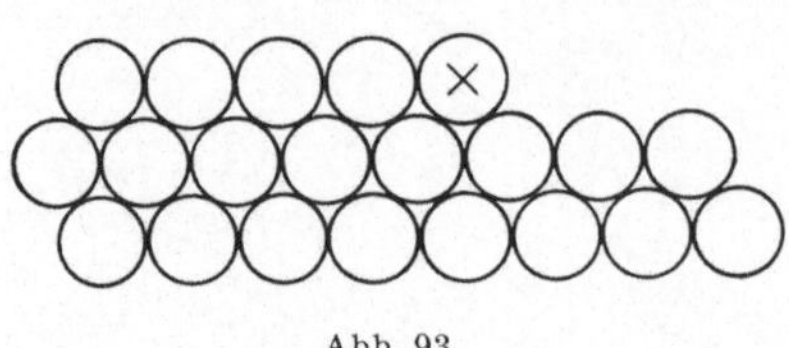

Abb. 93

fachsten Falle gleicher Größe der Moleküle in Flüssigkeit und Festkörper und dichtester Packung in beiden Zuständen erhält man das Ergebnis, daß volle Benetzung, d. h. Randwinkel Null, dann vorliegt, wenn ein am Flüssigkeitsrand gelegenes Molekül (x in Abb. 94) mindestens ebenso fest gebunden ist wie ein an der Wachstumsstelle der Flüssigkeit (x in Abb. 93) gelegenes. Das ist bei der vorausgesetzten Einheitlichkeit in Größe und Anordnung der Moleküle in beiden Zuständen identisch mit der Be-

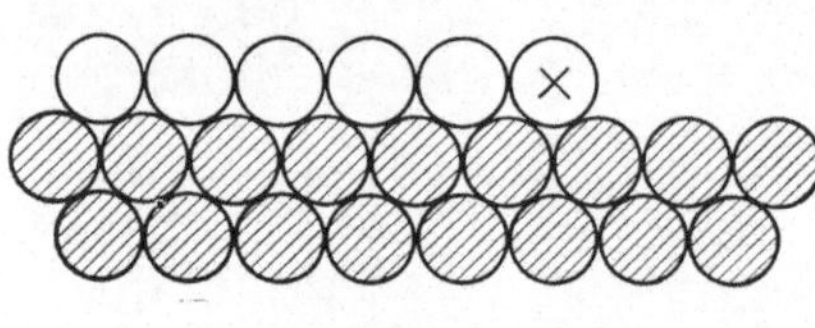

Abb. 94

dingung, daß die Bindungsenergie ε_{12} zwischen einem Molekül der Flüssigkeit und einem solchen des Festkörpers gleich oder größer als diejenige zwischen zwei Molekülen der Flüssigkeit, das Verhältnis $f \equiv \varepsilon_{12}/\varepsilon_{22}$ also gleich oder größer als 1 sein muß.

Untersucht man in gleicher Weise, ob bei Änderung des Verhältnisses f sich auch andere Winkel als stabil erweisen, so ergibt sich, wie HAUL im einzelnen zeigt, daß unter sonst gleichen Bedingungen ein Molekül, wenn das Verhältnis f der Bindenergien zwischen 0,5 und 1 liegt,

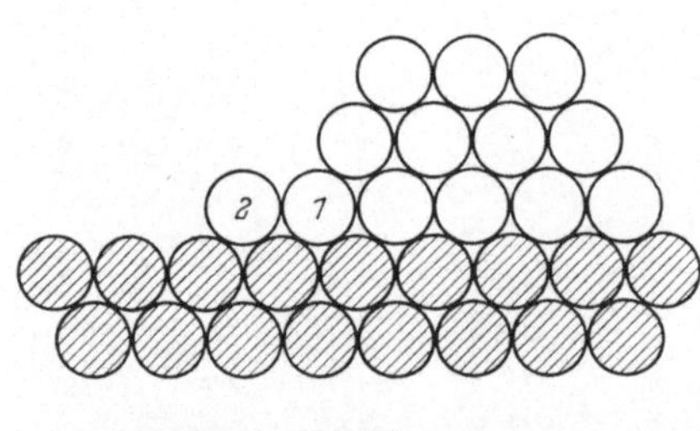

Abb. 95

wohl in der einem Randwinkel von 60° entsprechenden Lage (*1* in Abb. 95), nicht dagegen in der dem Winkel Null (*2* in Abb. 95) oder dem Winkel 120° entsprechenden Lage, stabil ist. Ebenso findet man Stabilität des Randwinkels 120° für den Fall, daß f zwischen 0 und 0.5 liegt, und des Randwinkels 180°

für den Fall, daß f gleich Null ist. Variiert man Größenverhältnis und Anordnung der Moleküle in beiden Zuständen, so erhält man entsprechend andere Bedingungen für die Stabilität bestimmter Randwinkel. So ist z. B. bei dichtester Kugelpackung der Flüssigkeit über einem kubischen Gitter bei gleicher Molekülgröße für ebene Auflage (Abb. 96) der Winkel Null wieder bevorzugt, wenn das Verhältnis f größer als 1 ist, ein solcher von 60°, wenn f zwischen 0,5 und 1 liegt; bei dichter Auflage (Abb. 97) der Winkel Null dagegen, wenn f gleich oder größer als 1,7 ist, 60°, wenn f zwischen 0,9 und 1,7 liegt. Das Ergebnis, das sich bei Weitertreiben der Rechnung auf noch engere Intervalle des Verhältnisses f einengen läßt, ist in Tab. 32 noch einmal zusammengefaßt. Es kann auch so dargestellt werden, daß man berechnet, welche Winkel bei vorgegebenem Verhältnis f einem Minimum der Grenzflächenenergien zugeordnet sind und damit Stabilitätsformen darstellen. Das mit dem-

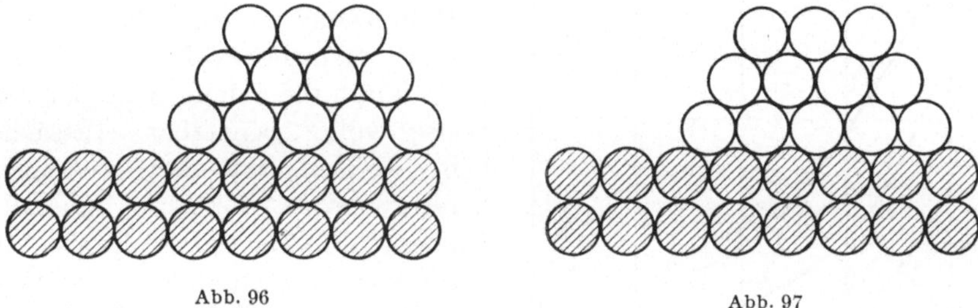

Abb. 96　　　　　　　　　　　　　　Abb. 97

jenigen der oberen Hälfte der Aussagen von Tab. 32 sich deckende Ergebnis ist in Abb. 98 zusammengefaßt.

Tabelle 32. *Randwinkelstabilitäten*

Fall der Abbildung	Randwinkel in Graden	Energieverhältnis f
94 u. 95	0	≥ 1
	45	zwischen 0,8 und 0,9
	60	zwischen 0,5 und 0,9
	90	0,5
	120	zwischen 0 und 0,5
	180	0
96	0	≥ 1
	60	zwischen 0,5 und 1
97	0	$\geq 1,7$
	60	zwischen 0,9 und 1,7
99	0	1
	60	zwischen $\geq 0,5$ und 1
100	0	1,5
	60	zwischen 0,8 und 1,5

Die Angaben der Tab. 32 und der Abb. 98 zeigen, daß das Phänomen konstanter, kombinationsspezifischer Randwinkel an der Grenze von Festkörpern gegen Flüssigkeiten molekulartheoretisch grundsätzlich

ebenso zu begreifen ist wie das Auftreten konstanter und für die Kristallklasse spezifischer Winkel an Kristallen. Die Größe des Randwinkels
hängt von der Größe und Anordnung der Moleküle und von dem Verhältnis der in den inneren Bindenergien erfaßten zwischenmolekularen
Kräfte ab, für die bei den obigen Berechnungen ein Abfallen mit r^{-6}
angenommen ist.

Wir erläutern das an einem weiteren Beispiel. Nach der von TAMMANN[1]
entwickelten Vorstellung vollzieht sich das Schmelzen eines Kristalls
an dessen Grenzfläche in der Art, daß der Kristall sich in seiner Schmelze auflöst. Dabei war zunächst vorausgesetzt, sämtliche Kristallflächen seien durch die Schmelze in gleicher Weise völlig benetzbar. Tatsächlich erweisen sich aber, wie oben bereits gesagt, einzelne Kristallflächen, und zwar immer die dichter besetzten und stabileren, als von ihrer Schmelze oft nur unvollkommen benetzbar[2]. Die Auflösung des Kristalls muß sich danach also vorzüglich an den mit Molekülen weniger dicht besetzten, vollkommen, d. h. unter dem Randwinkel Null benetzbaren Flächen vollziehen; die weniger gut benetzbaren können schwach

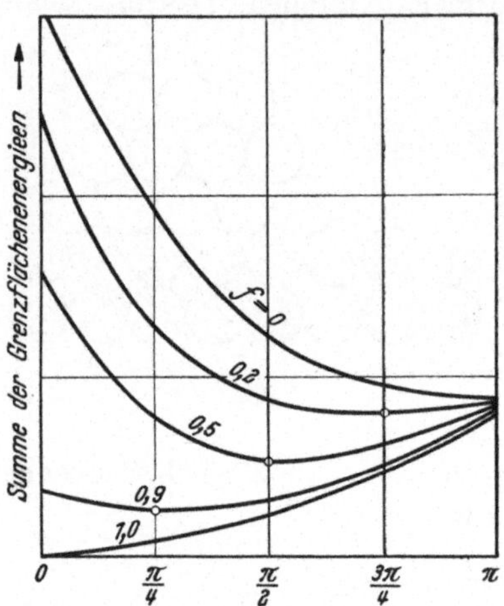

Abb. 98. Zur Erklärung der Stabilität von Randwinkeln

überhitzt werden. Den Grund für dieses Verhalten muß man darin sehen,
daß die flüssige Schmelze infolge ihrer größeren Raumbeanspruchung
auf die dichter besetzten Kristallflächen geometrisch schlechter paßt.
Im Sinne unserer Gleichgewichtsbetrachtungen heißt das, daß die verhältnismäßig große Oberflächenenergie der lockerer mit Molekülen belegten Kristallflächen durch Bedeckung mit der Flüssigkeit stärker erniedrigt wird als die ohnehin kleinere Oberflächenspannung der dichter
besetzten Netzebenen. Das Quantitative zeige wieder die Betrachtung
am zweidimensionalen Modell: Die Schmelze sei nach der Art dichtester
Kugelpackung geordnet, die mit ihr in Berührung stehende Kristallfläche einmal nach Art der 111-Fläche, einmal nach Art der weniger
dicht besetzten 100-Fläche des kubisch-flächenzentrierten Gitters. Dem
größeren Raumbedarf der Moleküle in der Schmelze, der bei Metallen
3 bis 5, bei Kohlenstoffverbindungen 5 bis 10 und bei Edelgasen etwa

[1] Z. physik. Chem. **68**, 205 (1910).
[2] Siehe z. B. M. VOLMER u. O. SCHMIDT: Z. physik. Chem., Abt. B **35**, 996
(1937) und I. N. STRANSKI u. E. K. PAPED: ebenda **88**, 451 (1938).

15% ausmacht, werde dadurch Rechnung getragen, daß die effektiven Radien der Moleküle in der Schmelze im Verhältnis 4/3 größer angesetzt werden als im Kristall. Vergleicht man jetzt wieder die Bindungsenergien von Flüssigkeitsmolekülen auf den Netzebenen mit derjenigen einer „Wachstumsstelle" der Flüssigkeit, so erhält man das Ergebnis, daß der Randwinkel Null auf der weniger dichten 100-Fläche (siehe Abb. 99) sich wieder einstellt, wenn $f \geq 1$ ist, und der Winkel von 60° für einen Wert von f zwischen 0,5 und 1, während auf den 111-Flächen (siehe Abb. 100) der Randwinkel von 0° ein Verhältnis der Bindungsenergien ε_{12} und ε_{22} von mindestens 1,5, der Randwinkel von 60° ein solches zwischen 0,8 und 1,5 erfordert. Empirisch wird

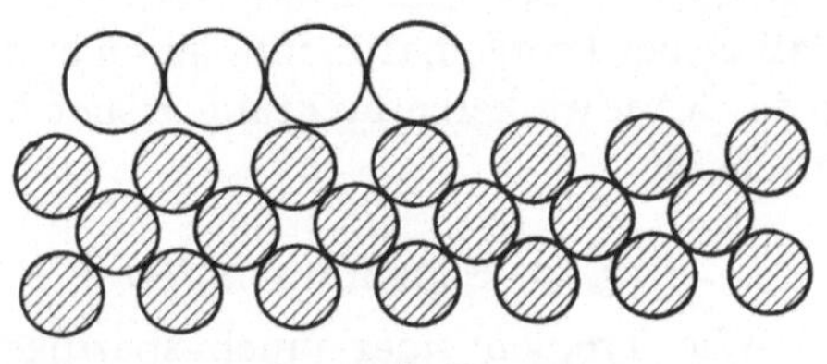

Abb. 99

der Wert dieses Verhältnisses f durch Abschätzen aus dem Verhältnis der molaren inneren Sublimationswärme S_{iM} zu der molaren inneren Verdampfungswärme λ_{iM} am Schmelzpunkt ebenso wie aus der Volumenzunahme beim Schmelzen für Argon zu 1,10, für Blei und für Silber zu 1,02 erhalten. Bei diesen Stoffen können also die Schmelzen sehr wohl mit den 100-Flächen, nicht aber mit den 111-Flächen den Randwinkel Null bilden.

Der in Abb. 82 dargestellte Zusammenhang zwischen dem Verhältnis $\zeta_{sf}/2\sigma_f$ der Adhäsions- zur Kohäsionsarbeit und dem Randwinkel wird, sofern, wie bei den Beispielen der Abb. 93 bis 95, Größe und Packung der Moleküle in beiden Zuständen gleich sind, insoweit bestätigt, als sich bei Einsetzen der Mittelwerte der in Tab. 32 angegebenen — wie gesagt durch weitergetriebene Rechnung noch einzuengenden — Inter-

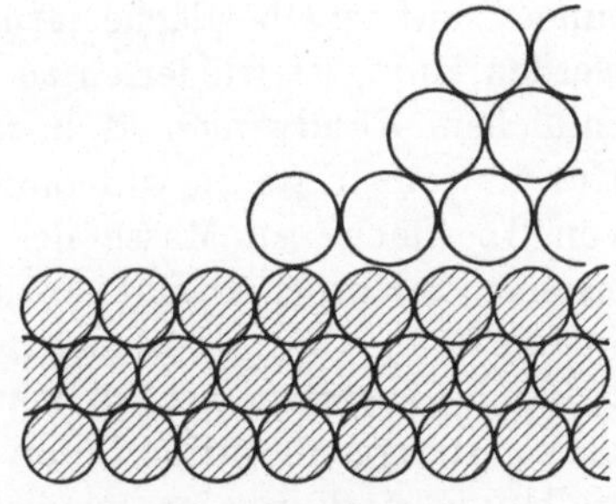

Abb. 100

valle bzw. der aus Abb. 98 zu entnehmenden Zahlen die gleiche Abhängigkeit vom Verhältnis $\varepsilon_{12}:\varepsilon_{22}$ der Bindungsenergien ergibt wie dort vom Verhältnis $\zeta_{sf}:2\sigma_f$. Sofern aber Molekülgröße oder Art der Packung in den beiden Zuständen nicht mehr übereinstimmen, kann sich, wie die Beispiele der Abb. 96, 97, 99 und 100 zeigen, ein wesentlich anderer Zusammenhang zwischen dem Verhältnis der Bindungsenergien und dem Randwinkel ergeben. Die molekulartheoretische Betrachtung führt also auch hier, ebenso wie das früher (siehe § 7) schon beim STEFANschen

Satz der Fall war, wo die Kontinuumsauffassung zu dem Wert 2 des Quotienten λ_{iM}/Σ_M führt, das Experiment aber in Übereinstimmung mit der molekulartheoretischen Betrachtung stets größere Werte ergibt[1], zu genaueren und differenzierteren Aussagen als die mit Massenpunkten anstatt mit Molekülen endlicher Ausdehnung rechnende Kontinuumsauffassung, auf Grund deren die Young-Duprésche Gleichung (120) gewonnen wurde. Diese wird also durch die molekulartheoretischen Überlegungen als Spezialfall bestätigt, zugleich aber so erweitert und ergänzt, daß sie der Problematik, mit der sie und damit die theoretische Grundlage jeder Randwinkelbetrachtung bisher behaftet war[2], nunmehr entkleidet erscheint.

§ 23. Schwimmen fester Körper in Grenzflächen

Wie Tropfen einer (auch spezifisch schwereren) Flüssigkeit (siehe § 18), so können auch (spezifisch schwerere) kleine Festkörper auf der Oberfläche von Flüssigkeiten schwimmen, sofern nur, entsprechend den in den Gln. (110) zusammengefaßten Bedingungen des Nichtspreitens, die Adhäsionsarbeit ζ_{sf} zwischen Festkörper und Flüssigkeit kleiner ist als die Kohäsionsarbeiten $2\sigma_s$ bzw. $2\sigma_f$ des Festkörpers und der Flüssigkeit, oder, mit anderen Worten, der Randwinkel zwischen beiden Stoffen größer als Null ist. Diese Erscheinung, die etwa an einer gefetteten Nadel auf Wasser oder an Insekten, die sich wie die weitverbreiteten Wasserläufer (Hydrometra, Gerris, Velia, Pirata, Gyrinus u. a. Gattungen) auf der Oberfläche natürlicher Gewässer fortbewegen, beobachtet werden kann, ist wieder so zu begreifen, daß die Oberflächenkräfte bei endlichem Randwinkel, d. h. mangelnder Benetzung, der Wirkung der Gravitationskräfte zu widerstehen vermögen, sofern nur das Verhältnis von Oberfläche zu Masse des Festkörpers hinreichend groß ist. Wird ein solcher Körper einmal ganz unter die Flüssigkeitsoberfläche gebracht, so taucht er von selbst nicht wieder auf; nimmt er aber eine an ihm haftende Gasblase mit, so vermag ihn diese, wovon in der Schwimmaufbereitung („Flotation") von Mineralien Gebrauch gemacht wird, wenn sie hinreichend groß ist, wieder hochzutragen; er bleibt dann, auch von der Blase befreit, wieder auf der Oberfläche liegen. In analoger Weise können sich Festkörper auch an der Grenzfläche zweier Flüssigkeiten verhalten.

Die Bedingungen für die Schwimmfähigkeit eines Festkörpers folgen, Nichtspreiten vorausgesetzt, allgemein daraus, daß dessen um den Auftrieb des eintauchenden Teiles vermindertes Gewicht gleich der tragenden

---

[1] Dunken, H., H. Klaproth u. K. L. Wolf: Kolloid-Z. **91**, 232 (1940); K. L. Wolf u. H. Klaproth: Z. physik. Chem., Abt. B **46**, 276 (1940); K. L. Wolf u. R. Grafe: Kolloid-Z. **98**, 257 (1942).

[2] Eichborn, J. L. v.: Kolloid-Z. **107**, 107 (1944).

Kraft der Oberflächenspannung sein muß. Die Gleichgewichtslage eines kugelförmigen Körpers auf der Oberfläche einer Flüssigkeit der Oberflächenspannung σ_f ergibt sich so, unter Verwendung der aus Abb. 101 zu entnehmenden Längen und Winkel, wenn die Dichten des Festkörpers und der Flüssigkeit mit ϱ_s bzw. ϱ_f bezeichnet werden, zu

$$2\pi R\sigma_f \sin\alpha = \frac{4\pi r^3}{3}\cdot\varrho_s - \frac{\pi}{6}\cdot\varrho_f(4r^3 \mp H(3r^2 + 3R^2 + H^2)) \quad (132\,\text{a})$$

oder unter Ersatz der Kugelzonenhöhe H durch $\sqrt{r^2 - R^2}$ zu

$$2\pi R\sigma_f \sin\alpha = \frac{4\pi r^3}{3}\cdot\varrho_s - \frac{\pi}{3}\cdot\varrho_f\left(2r^3 \mp (2r^2 + R^2)\sqrt{r^2 - R^2}\right). \quad (132\,\text{b})$$

Dabei besteht zwischen dem Berührungskreis R, dem die Durchbiegung der Flüssigkeitsoberfläche kennzeichnenden Winkel α und dem Rand-

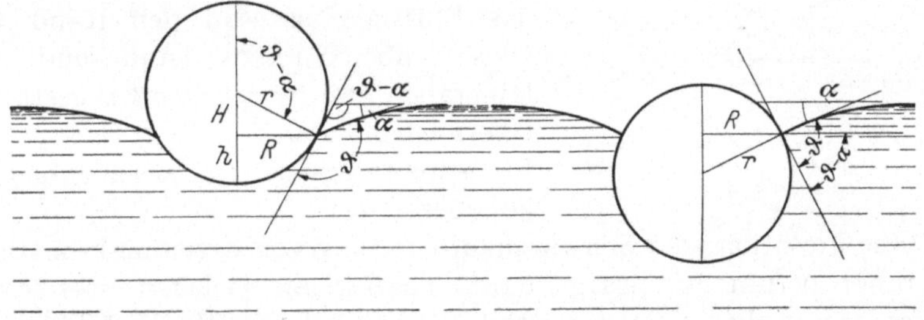

Abb. 101. Zur Erklärung der Schwimmfähigkeit kugelförmiger Festkörper auf Flüssigkeitsoberflächen

winkel ϑ die weitere Beziehung

$$R = r\cdot\sin(\vartheta - \alpha). \quad (133)$$

Mit deren Hilfe erhält man schließlich aus den Gln. (132) nach einigen Umformungen die neben den Winkeln nur noch die Eintauchtiefe h und den Kugelradius r enthaltende Beziehung

$$2\pi r\sigma_f \sin\alpha\cdot\sin(\vartheta - \alpha) = \frac{4\pi r^3}{3}\varrho_s - \frac{\pi}{3}h^2(3r - h). \quad (134)$$

Diese Gleichungen lassen erkennen, wie die Eintauchtiefe mit Größe und Gewicht der Teilchen variiert. Für gegebenen Kugelradius und gegebene Dichten kann bei Kenntnis des Randwinkels durch Auflösen nach R bzw. $h = r \mp \sqrt{r^2 - R^2}$ die Eintauchtiefe h berechnet werden. Man sieht, daß um so größere oder schwerere Teilchen schwimmfähig sind, je größer der Randwinkel ϑ ist[1] und daß kleinere bzw. leichtere

---

[1] Umgekehrt kann man mit Kügelchen bekannter Dichte und bekannten Durchmessers durch Bestimmung der Eintauchtiefe und des Eindrückwinkels α bzw. $(-\alpha)$ den Randwinkel ϑ bestimmen. Darauf wurde oben (§ 22, W. v. ENGELHARDT, l. c.) bereits hingewiesen.

Teilchen sehr wohl nach Art von Abb. 101 links mit dem größeren Teil ihres Volumens[1] aus der Oberfläche herausragen können. Problematisch bleibt in gewissem Grade die Rolle des Vordrück- und Rückzugswinkels. Sofern das Teilchen unbenetzt in die Oberfläche einsinkt, ist zunächst nur der Vordrückwinkel ins Auge zu fassen; sofern es jedoch auf der Oberfläche etwas in Schwingung gerät, kann auch der Rückzugswinkel für die Schwimmfähigkeit entscheidend werden.

Teilchen von polyedrischer Gestalt zeigen eine höhere Schwimmfähigkeit[2], die Berührungsgrenze verläuft dabei i. allg. längs geeigneter Kanten, die dem Winkel $\vartheta - \alpha$ einen gewissen Spielraum lassen. So kommt es, daß etwa ein prismatischer Körper nach Art von Abb. 102 innerhalb einer gewissen Variationsbreite für Dichte und Randwinkel schwimmfähig bleibt. Dieser Einfluß der Festkörperkanten ist auch der Grund dafür, daß in Gläsern das Flüssigkeitsniveau den Rand des Glases überschreiten kann und daß Mineralien mit unregelmäßig gestuften Oberflächen oder flockiger Gestalt der Flotation in besonderem Maße entgegenkommen.

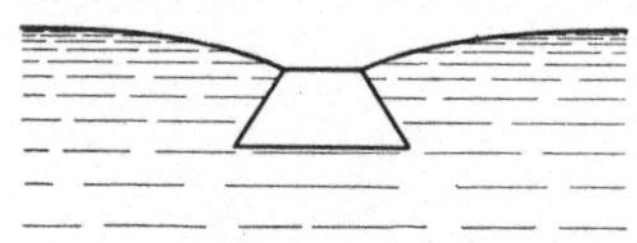

Abb. 102. Zur Schwimmfähigkeit nichtkugeliger Festkörperchen auf Flüssigkeitsoberflächen

Diese Flotation oder Schwimmaufbereitung von Erzen und sonstigen Mineralien beruht, wie gesagt, darauf, daß kleine Teilchen eines festen Stoffes, sofern dieser einen großen Randwinkel mit Wasser bildet, von Luftblasen aus ihren wäßrigen Aufschlämmungen an die Oberfläche getragen werden und dort schwimmen, während Teilchen solcher Stoffe, welche nur einen kleinen oder verschwindenden Randwinkel mit Wasser bilden, nicht flotieren. Auf diese Weise können natürlich vorkommende Gemische von Erzen oder Mineralien, nachdem sie fein zermahlen sind, grundsätzlich voneinander und von der Gangart getrennt werden. Sind die Mineralien voll benetzbar oder sind die natürlichen Unterschiede der Randwinkel gegen Wasser nicht groß genug, so kann dadurch eine Trennung bzw. eine Verbesserung der Trennschärfe erreicht werden, daß Stoffe zugegeben werden, die, indem sie sich dem zu flotierenden Stoffe anlagern, dessen Randwinkel gegen Wasser so stark erhöhen, daß er (allein) zum Schwimmen kommt. Zur Vergrößerung der Oberfläche, in der das flotierte Material sich ansammeln und aus der es abgeschäumt werden soll, gibt man bisweilen noch Stoffe zu, welche als „Schäumer" die durch die hochsteigenden, mineralbeladenen Luftblasen verursachte Schaumbildung befördern sollen. Natürlich vorkommende Stoffe, wie Fichtenöl oder Eucalyptusöl, die man lange Zeit bei der Erzflotation verwandte, enthalten oft beide Komponenten in

[1] Siehe z. B. W. H. COGBILL u. C. O. ANDERSON: J. physic. Chem. **22**, 245 (1918).
[2] COGBILL u. ANDERSON: Bureau of Mines, Techn. Pap. 262, 1923.

hinreichender Menge. Auf ihre Verwendung beschränkte sich die ursprünglich rein empirisch entwickelte Technik der Schwimmaufbereitung von Erzen lange Zeit. Erst nach dem ersten Weltkrieg begann man, in Erkenntnis des Wesens des Flotationsvorganges, einheitliche organische Stoffe, meist langkettige Kohlenwasserstoffe mit polaren Gruppen, dem aufzubereitenden Mineral–Wassergemisch beizugeben, die, wie z. B. Abkömmlinge der dithiophosphorigen Säure oder die Xanthate — auf sulfidische Erze — als Sammler wirken sollen. Gleichzeitig als Schäumer zugefügte Stoffe müssen dabei so beschaffen sein, daß sie wohl die Schaumbildung begünstigen, aber doch die Oberflächenspannung des Wassers nicht so stark wie etwa Seifen oder Saponine herabsetzen, da sonst infolge zu starker Verkleinerung des Randwinkels der Schaum an Mineral verarmt. Die Mengen an Sammler können außerordentlich klein gehalten werden, da bereits eine monomolekulare Flächenbedeckung, ja wegen der oben erwähnten Bedeutung der Kanten für die Schwimmfähigkeit, oft wohl schon allein eine solche der Kanten und Ecken die geforderte Wirkung tut. Kettenverzweigung und Kettenlänge des unpolaren Restes der Sammlerstoffe ergeben die Möglichkeit zu feineren Differenzierungen. Auf diesem Wege konnte sich die Technik der Flotation so weit vervollkommnen, daß es heute möglich ist, auch so nahe verwandte Mineralien wie Steinsalz und Sylvin in großem Maßstabe durch Flotation zu trennen.

Die Flotation pulverförmiger Stoffe ist nicht auf Wasser beschränkt. So gelingt es u. a., wie Beobachtungen im eigenen Laboratorium zeigten[1], mit Aminen als Sammlern und Siliconöl als Schäumer Alkalihalogenide in organischen Lösungsmitteln, wie Tetrachlorkohlenstoff oder Benzol, selektiv zu flotieren. Verfahren dieser Art mögen bei der präparativen Bereitung wertvoller Stoffe, etwa von Arzneistoffen, von ähnlicher Bedeutung werden wie die wäßrige Flotation für die großtechnische Mineralaufbereitung[2].

Auch in der Grenzfläche zweier Flüssigkeiten können feste Körper stabil lagern. Bei der Behandlung der Schwimmfähigkeit in solchen Grenzflächen treten an Stelle der Benetzungsspannung oder Taucharbeit

---

[1] Eingehender wird darüber in der Dissertation von E. BISCHOFF berichtet werden. Siehe auch K. L. WOLF und E. BISCHOFF: Preprints des 2. Internationalen Kongresses für Oberflächenaktivität, London 1957.

[2] Auf die in einer ausgebreiteten Literatur dargelegten Einzelheiten und Feinheiten der technischen Flotation, die vor allem auf stärkere Differenzierung und größere Trennschärfe hinzielen, kann hier nicht eingegangen werden, zumal es sich dabei meist um halbempirische und theoretisch noch problematische Vorgänge handelt. Wir begnügen uns deshalb mit dem Hinweis auf einige zusammenfassende Literatur: LUYKEN u. BIERBRAUER: Flotation, 1931; GAUDIN, Flotation, 1932; W. PETERSEN: Schwimmaufbereitung, 1936; PH. SIEDLER: Die Chemie **56**, 317 (1943); E. RUESBERG: Chemie-Ing.-Techn. **27**, 1, 1955.

$\sigma_{sf} = \sigma_s - \gamma_{sf}$ die oben (§ 20) bereits eingeführte Umtaucharbeit $\pm\sigma_{sf_1f_2} = \gamma_{sf_1} - \gamma_{sf_2}$, an Stelle der Haftarbeit ζ_{sf} die Umhaftarbeit $\zeta_{sf_1f_2} = \gamma_{sf_1} + \gamma_{f_1f_2} - \gamma_{sf_2}$ und an Stelle des Spreitungsdruckes p_{Sp} entsprechend die Größen $\gamma_{sf_1} - \gamma_{sf_2} - \gamma_{f_1f_2}$ bzw. $\gamma_{sf_2} - \gamma_{sf_1} - \gamma_{f_1f_2}$. Nur wenn keine der beiden Grenzflächenspannungen γ_{sf_1} bzw. γ_{sf_2} gegen den Festkörper größer ist als die Summe der beiden anderen, gibt es stabile Lagen des Festkörpers in der Grenzfläche unter Ausbildung endlicher Randwinkel gemäß der Beziehung

$$\cos\vartheta_{f_2} = (\gamma_{sf_1} - \gamma_{sf_2})/\gamma_{f_1f_2}. \tag{135}$$

Andernfalls wird der Festkörper, wie im Anschluß an die von DES COUDRES und FREUNDLICH[1] gegebene Theorie in § 24 im Zusammenhang mit den allgemeinen Benetzungs- und Verdrängungsvorgängen zu zeigen sein wird, falls $\gamma_{sf_1} \geq \gamma_{sf_2} + \gamma_{f_1f_2}$ ist, ganz von der Flüssigkeit 2, falls $\gamma_{sf_2} \geq \gamma_{sf_1} + \gamma_{f_1f_2}$ ist, ganz von der Flüssigkeit 1 umschlossen. Der oben behandelte Fall der Schwimmfähigkeit von Festkörpern auf freien Oberflächen folgt aus diesem allgemeineren dann, wenn man sich eine der beiden Flüssigkeiten durch Luft ersetzt denkt, wodurch die Grenzflächenspannung $\gamma_{f_1f_2}$ in die Oberflächenspannung σ_{f_2} und die Grenzflächenspannung γ_{sf_1} in die Oberflächenspannung σ_s übergeht. Daß der Festkörper in diesem Falle nicht entsprechend dem Eintauchen in die durch Luft ersetzte Flüssigkeit 2 ganz von Luft umhüllt werden kann, folgt, auch bei Absehen von der Frage der Schwere, worauf ADAM hinweist, daraus, daß der Randwinkel ϑ_{sf_2}, wie oben bereits bemerkt wurde, nicht gleich 180° werden kann.

Die Schwimmfähigkeit pulverförmiger Stoffe in Grenzflächen ist für die Stabilisierung von Schäumen und Emulsionen von Bedeutung. Bei der Flotation erhöhen die dem Schaum eingelagerten Teilchen dessen Beständigkeit, bei der Bereitung und Stabilisierung von Emulsionen erschweren sie die Wiedervereinigung einmal gebildeter Tröpfchen. Diese Schutzwirkung kommt dadurch zustande, daß bei einem Zusammenbrechen des Schaumes oder bei einer Vereinigung der Tröpfchen feste Teilchen unter Arbeitsleistung aus der Grenzfläche verdrängt werden müßten. So beobachtete PICKERING[2], daß fein verteilte basische Sulfate von Schwermetallen als Emulgatoren für Paraffinöl in Wasser wirken, indem sie die Ölkügelchen umhüllen. Rußteilchen, die mit dem Öl einen kleineren Randwinkel bilden als mit Wasser, begünstigen dagegen die Emulgierung des Wassers im Öl[3]. Verwendung von Gemischen zweier solcher antagonistisch wirkender Pulver kann, wie BRIGG[4] unter An-

---

[1] Kapillarchemie, 2. Aufl., Bd. 1, Leipzig 1930, S. 225 ff.

[2] J. chem. Soc. **1907**, 2001.

[3] BANCROFT: J. physic. Chem. **16**, 475 (1912); SCHLÄPFER: J. chem. Soc. **1918**, 522.

[4] Ind. Engng. Chem. **13**, 1008 (1921).

wendung von Gemischen von Kieselsäure und Ruß am Beispiel des Flüssigkeitspaares Wasser–Kerosen zeigte, dahin führen, daß überhaupt keine Emulgierung mehr eintritt. Die Richtung, in welcher ein fester Stoff stabilisierend wirkt, ist nach HILDEBRANDT[1] und RAMSDEN[2] dadurch bestimmt, daß die festen Teilchen jeweils mit dem größeren Teile ihres Volumens in diejenige der beiden Flüssigkeiten eingebettet werden, in welcher der Kontaktwinkel spitz ist. Die Grenzfläche krümmt sich demzufolge nach Art der Abb. 103 so, daß die Oberfläche derjenigen der beiden Flüssigkeiten, in welcher der Kontaktwinkel stumpf ist, konvex wird; sie wird also in der anderen emulgiert. Durch sekundäre Einflüsse, wie z. B. den Ionengehalt der Flüssigkeiten, wird die Erscheinung weiter differenziert[3].

Auf der Möglichkeit, feste Teilchen unter Gewinn freier Energie in die Grenzfläche von Flüssigkeiten zu bringen, beruht nach RHUMBLER[4] der Mechanismus, dessen sich schalentragende Amöben beim Gehäusebau bedienen. Die Amöbe steuert durch Änderung der Oberflächenspannung ihres Protoplasmas dessen Randwinkel gegen von diesem umschlossene, vorher aufgenommene Sandkörnchen in dem Sinne, daß diese in die Grenzschicht des Protoplasmas übergehen, wo sie mit bereits vorhandener Kittsubstanz erstarren.

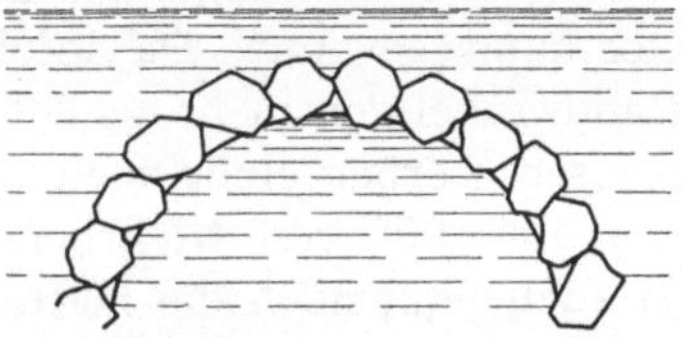

Abb. 103. Stabilisierung von Emulsionen durch pulverförmige Festkörperchen

Die Eintauchtiefe h von Teilchen, die in ebenen *Grenzflächen* nach Art von Abb. 101 oder 102 schwimmen, wird analog wie diejenige auf freien Oberflächen durch die Konkurrenz von Schwerkraft, Auftrieb und Oberflächenkraft bestimmt, dabei tritt an Stelle der Oberflächenspannung σ_f der Gln. (132) und (134) die Grenzflächenspannung $\gamma_{f_1 f_2}$ zwischen beiden Flüssigkeiten.

§ 24. Benetzung und Verdrängung

Wenn eine Flüssigkeit an einem Festkörper so wie Wasser am Finger haftet, spricht man gemeinhin von Benetzung. Danach wird ein Festkörper von einer Flüssigkeit dann benetzt, wenn entsprechend positivem Spreitungsdruck und verschwindendem Randwinkel die Taucharbeit oder Benetzungsspannung σ_{sf} der Gl. (105) größer als oder gleich der Oberflächenspannung σ_f der Flüssigkeit (siehe Gl. (109)) oder, was das gleiche besagt, wenn die Haftarbeit ζ_{sf} größer als oder gleich der Ko-

---

[1] FINKLE, DRAPER u. HILDEBRANDT: J. chem. Soc. **1923**, 2786.

[2] Noch ADAM: Physics and Chemistry of Surfaces, Oxford 1941, S. 207.

[3] MOORE: J. Amer. chem. Soc. **1919**, 940; BHATNAGAR: ebenda **1921**, 1760.

[4] Arch. Entwicklungsmechanik **7**, 239.

häsionsarbeit $2\sigma_f$ der Flüssigkeit (siehe Gl. (120)) ist. Weil indes auch bei endlichen Randwinkeln nach Gl. (120), da der Randwinkel von 180° nie erreicht wird, stets eine in positiven Werten der Haftarbeit zum Ausdruck kommende Potenz zur Haftung besteht, ist es sinnvoll, die Definition der Benetzung dahingehend zu präzisieren, daß man die spreitende Benetzung unter dem Randwinkel Null als *vollständige Benetzung* von der nicht zum aktuellen Haften führenden Tendenz zur Haftung bei endlichen Randwinkeln als der *unvollständigen Benetzung* unterscheidet. Innerhalb des durch die Spannweite aller Winkel $0° < \vartheta < 180°$ gekennzeichneten Gebietes unvollständiger Benetzung liegt insofern bei dem Falle des Randwinkels 90° eine unterscheidende Grenze, als, wie schon der Augenschein an liegenden Tropfen oder die bei dem gleichen Winkel beginnende Capillardepression lehrt, bei Winkeln oberhalb von 90° die Tendenz zur Nichtbenetzung entsprechend dem Umschlag der Benetzungsspannung σ_{sf} in den Bereich negativer Werte, die Oberhand gewinnt. Da infolgedessen Flüssigkeiten, die unter einem Randwinkel von mehr als 90° einfallen, nicht mehr in die Capillarräume poröser Körper eindringen, ist es bisweilen üblich, bei Randwinkeln von über 90° von Nichtbenetzung zu sprechen. Das erscheint indes, da auch jetzt noch die Haftarbeit positiv ist, wenn man Benetzen mit Haften verbindet, als inkonsequent. Nichtbenetzung im eigentlichen Verstande läge — auch im Sinne der die Benetzungsspannung definierenden Gl. (105) — lediglich in dem tatsächlich nicht existenten Falle des Randwinkels 180° vor.

Über die mit der Taucharbeit σ_{sf} identische flächenspezifische Benetzungsspannung wurde oben (§ 20) gesprochen. Die ihr zugehörige, durch die Beziehung

$$\Sigma_{sf} = \sigma_{sf} - T \cdot \frac{d\,\sigma_{sf}}{d\,T} \tag{107}$$

bestimmte flächenspezifische Benetzungswärme Σ_{sf} ist grundsätzlich leichter zugänglich als die Benetzungsspannung σ_{sf}, da sie calorimetrisch durch Einbringen des Festkörpers in die Flüssigkeit unmittelbar gemessen werden kann[1]. Freilich muß, da die Benetzungswärme je cm² in die Größenordnung von nur 10^{-5} cal fällt, mit sehr großer Festkörperoberfläche gearbeitet werden; für die Ausführung der Messungen werden deshalb zur Erzielung einer hinreichend großen Festkörperfläche stets fein zerteilte oder poröse Stoffe verwandt. Dadurch ist aber hinwiederum die Größe der freien — bzw. bei porösen Körpern der zugänglichen —

---

[1] Das Auftreten einer Benetzungswärme, die bei Benetzen eines Stückes um die Thermometerkugel gewickelter Baumwolle mit Wasser bequem nachzuweisen ist, wurde nach den ersten Beobachtern [LESLIE: Tillochs Philos. Mag. **14**, 801 (1802); POUILLET: Ann. Chim. Phys. **20**, 141 (1822)] auch als POUILLET-Effekt bezeichnet.

Oberfläche i. allg. nicht bekannt. Deshalb bezieht man, was bei vergleichender Betrachtung verschiedener Flüssigkeiten an dem stets gleichen festen Material oft ausreicht, anstatt auf die Flächeneinheit auf jeweils 1 g fester Substanz. Die so definierte, im folgenden kurz als Benetzungswärme Σ_B bezeichnete Wärmemenge ist, da die insgesamt entwickelte Wärmemenge der benetzten Oberfläche proportional ist[1], mit der flächenspezifischen Benetzungswärme Σ_{sf} durch die Beziehung

$$\Sigma_B = F \cdot \Sigma_{sf} \tag{136}$$

verbunden, in der F die Oberfläche je Gramm festen Stoffes meint. Sofern es gelingt, die Größe von F zu bestimmen, kann dann die calorimetrisch gefundene Benetzungswärme Σ_B in die flächenspezifische bzw., wenn auch molare Oberfläche F_m des Festkörpers bezogen werden soll, auf die für die molekular–vergleichende Betrachtung wichtigere molare Benetzungswärme Σ_{sfm} umgerechnet werden. Vorläufig müssen wir uns

Tabelle 33. *Benetzungswärmen durch organische Flüssigkeiten*

Flüssigkeit	Σ_B in cal je Gramm Kieselgel	
	calorimetrisch	ber. nach Gl. (136)
Wasser	19,0	15,1
Nitrobenzol	15,2	12,6
Benzol	12,5	12,5
Chlorbenzol	11,6	11,6
Äthylbenzol	10,6	10,6
Tetrachlorkohlenstoff .	8,6	9,6
Cyclohexan	7,0	8,4

allerdings mangels hinreichender Kenntnis der Größe der Oberflächen noch auf die Betrachtung der einfachen Benetzungswärme Σ_B beschränken. Allerdings böten die Gln. (107) und (136) die Möglichkeit, aus Messungen der Haftspannung und der am gleichen Material gemessenen Benetzungswärme die wirksame Oberfläche feinkörniger oder poröser Festkörper zu messen, sofern auch die Temperaturabhängigkeit der Haftspannung bekannt wäre. F. E. BARTELL und E. G. ALMY[2] versuchten, die durch das Fehlen von Messungen der Temperaturabhängigkeit der Haftspannung gegebenen Schwierigkeit dadurch zu umgehen, daß sie die Temperaturabhängigkeit der Haftspannung derjenigen der Oberflächenspannung der Flüssigkeit proportional oder mit anderen Worten den Rand-

---

[1] Diese an sich evidente Proportionalität ist von PARKS [Philos. Mag. J. Sci. **4**, 240 (1902)] durch Messungen der Benetzung von Pulvern mit Wasser ausdrücklich experimentell bestätigt.

[2] J. physic. Chem. **36**, 985 (1932).

winkel bzw. den Ausdruck $(p_{12} + p_1)/p_2$ der Gl. (127c) als von der Temperatur unabhängig ansetzten. Für ein Kieselsäurepräparat erhielten sie bei Untersuchungen mit einer größeren Anzahl von Flüssigkeiten eine Oberfläche von im Mittel 500 m^2 je Gramm Kieselgel. Der Vergleich der mit diesem Wert rückwärts aus den Haftspannungen berechneten mit den calorimetrisch bestimmten Benetzungswärmen Σ_B (siehe Tab. 33) ergibt neben guter Übereinstimmung bei Benzol, Äthylbenzol und Chlorbenzol bei Wasser und Nitrobenzol zu kleine, bei Tetrachlorkohlenstoff und Cyclohexan zu große Werte. Es liegt kein Grund vor, warum das Kieselgel den beiden polaren Flüssigkeiten eine größere wirksame Oberfläche bieten sollte als den unpolaren; dagegen ist anzunehmen, daß die polaren Flüssigkeiten sowohl infolge der komplexeren Temperaturabhängigkeit ihrer Oberflächenspannung (siehe § 5) wie auch infolge der Ausbildung besonderer Ordnungszustände in der fest-flüssigen Grenzfläche die bei der Berechnung gemachten Voraussetzungen hinsichtlich der Temperaturabhängigkeit der Haftspannung nicht mehr hinreichend erfüllen. Bei Tetrachlorkohlenstoff und Cyclohexan, deren Moleküle gegenüber denjenigen der anderen untersuchten Flüssigkeiten massiv und innerlich starr sind, dürfte dagegen die diesen zugängliche Oberfläche etwa dadurch, daß ihnen der Weg in engere Poren versperrt bleibt, nicht voll ausgenutzt werden können, so daß ihnen gegenüber mit einer kleineren wirksamen Oberfläche gerechnet werden muß.

Obwohl nun die Bestimmung der Benetzungswärme nur noch auf eine einfache calorimetrische Messung hinausläuft[1], sind die bisher bekannten Angaben doch fast durchweg mit einer relativ großen Unsicherheit behaftet. Der Festkörper muß gut entgast sein; erfolgt die Entgasung durch Erhitzen, so muß bei Stoffen wie Aluminiumhydroxyd darauf geachtet werden, daß keine polymorphe Umwandlung eintritt. Auch Quellung und Solvatation können die Werte verfälschen. Vor allem aber besteht immer die Gefahr, daß die Werte durch in der Flüssigkeit gelöste Verunreinigungen verfälscht werden. So können z. B. sehr kleine Mengen von Wasser, Fettsäuren oder Alkoholen die Wärmeeffekte bei Messungen an unpolaren oder schwach polaren Flüssigkeiten bis auf das Doppelte hinaufdrücken[2]. Die Moleküle dieser Stoffe werden — etwa an Ionenkristallen — bevorzugt und mit größerer Energie angelagert als diejenigen der unpolaren Flüssigkeiten, so daß sie, wenn auch nur in geringer Konzentration vorhanden, die Oberfläche des Festkörpers fast allein bedecken. Da aber für die Größe der Benetzungs-

---

[1] Zur praktischen Ausführung der calorimetrischen Bestimmung von Benetzungswärmen siehe W. D. Harkins: The Physical Chemistry of Surfaces, New York 1954, S. 525ff. und S. J. Gregg: The Surface Chemistry of Solids, London 1951, S. 241ff.

[2] Harkins u. Dahlstrom: Ind. Engng. Chem. **22**, 897 (1930).

wärme im wesentlichen nur die erste aufgelagerte Schicht entscheidend ist, wird in diesen Fällen, wie Tab. 34 und Abb. 104 bestätigen[1], eher die Benetzungswärme der Verunreinigung als diejenige der zu untersuchenden Flüssigkeit gefunden. Als völlig zuverlässig können deshalb nur Messungen angesehen werden, bei denen Freiheit von grenzflächenaktiven Zusätzen durch Messung der Oberflächenspannung und womöglich auch der Grenzflächenspannung gegen Wasser und Quecksilber garantiert ist. Solche Messungen liegen aber kaum vor, so daß alle — auch die im folgenden genannten — Zahlenangaben mit einer starken Unsicherheit behaftet sein dürften.

Die Messung der Benetzungswärme Σ_B gibt auf Grund der Proportionalität zwischen Oberfläche und entwickelter Wärmemenge die grundsätzlich wohl einfachste Methode zur Bestimmung der relativen Größen von Oberflächen fein zerteilter, poröser oder rauher Oberflächen, sofern nur die oben genannten Forderungen an die Reinheit der verwandten Stoffe erfüllt werden. Doch lassen es die zuletzt genannten Beobachtungen empfehlenswert erscheinen, solche Bestimmungen stets mit mindestens zwei Flüssigkeiten verschiedener Molekülgröße, also etwa mit Benzol und mit Tetralin auszuführen. Dabei wird man nach Möglichkeit außerdem stets solche Flüssigkeiten verwenden, deren Benetzungswärme wenigstens an einem festen Stoff mit einiger Genauigkeit schon gemessen ist, so daß diesbezügliche Vergleiche möglich sind.

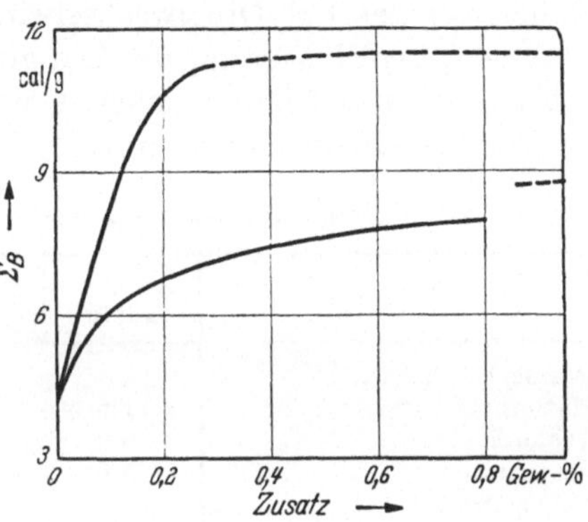

Abb. 104. Benetzungswärme von Anatas in wasser- bzw. buttersäurehaltigem Benzol

Tabelle 34. *Benetzungswärme von Äthanol-Tetrachlorkohlenstoff-Gemischen an Kieselsäuregel in cal/g*

Gewichtsprozent Alkohol	Σ_B	Gewichtsprozent Alkohol	Σ_B
0	4,7	1	10,2
0,0156	5,3	5	11,4
0,0312	6,1	50	12,1
0,125	9,8	100	13,6
0,5	9,9		

Hinsichtlich solcher Werte besteht allerdings immer noch eine verhältnismäßig große Unsicherheit. Tab. 35 gibt einige von GAUDECHON, HARKINS und GRIMM[2] gefundene Benetzungswärmen wieder. Die Größen-

---

[1] GRIMM, H. G., W. RAUDENBUSCH u. H. WOLFF: Z. angew. Chem. **41**, 104 (1928).

[2] C. R. **157**, 209 (1913); ältere Literatur siehe SCHWALBE: Ann. Physik **16**, 32 (1905).

ordnung liegt zwischen 1 und 10 cal/g. An Ton, Quarz, Titanoxyd und Kieselsäure, die mit polaren Flüssigkeiten in Pol-Dipolwechselwirkung treten können, ist deutlich der Unterschied zwischen Molekülen mit offenliegender und damit leicht zugänglicher polarer Gruppe (Beispiel Alkohole), solchen mit schwer zugänglicher polarer Gruppe (Äther) und dipolfreien Molekülen (Schwefelkohlenstoff) festzustellen. Gegenüber Kohle, bei der Pol–Dipolwechselwirkung ausscheidet, ist die Differenzierung wesentlich geringer[1]. Die gleichen grundsätzlichen Befunde ergeben sich, unbeschadet teilweise starker Abweichungen in den Einzelwerten, aus Beobachtungen von L. GURWITSCH[2].

Tabelle 35. *Benetzungswärmen in cal/g bei 12 bis 13° C.*

Flüssigkeit	Zucker-kohle	Ton	Quarz	Anatas	Kieselgel
Wasser	4	12,6	15,3	11,5	
Methanol	11,5	11,0	15,3		
Äthanol	6,9	10,8	14,7		13,6
Propanol	5,6	10,2	13,5		
Ameisensäure	12	12	14,5		
Essigsäure	6	9,2	13,5		
Buttersäure	6	7,8	13,5	8,8	
Aceton	4	8	13,5		
Chloroform	2	9	8		
Diäthyläther	1	6	8,5		
Benzol	4	6	8	4	
Tetrachlorkohlenstoff	1,5	2	8		4,7
Schwefelkohlenstoff	4	2	3,5		
Hexan	0,5	1	3		

Zahlenwerte für einige flächenspezifische Benetzungswärmen gibt auf Grund von Angaben von HARKINS[3] Tab. 36. Auch diese Werte lassen die stärkere Wirkung der polaren Flüssigkeiten hervortreten. Für Wasser an Graphit werden 175, für Methanol an Holzkohle[4] 449 erg/cm² gefunden. Aus den Werten der Tab. 36 ergibt sich das für die Vorbereitung calorimetrischer Bestimmungen wichtige Resultat, daß die Wärmemenge von 1 cal die Benetzung einer Fläche von 10 bis 20 m² erfordert.

Ein besonderer Fall der Benetzungswärme liegt nach Beobachtungen von JUNCK[5] und SCHWALBE[6] bei Wasser zwischen 0 und 4° C insofern vor, als hier negative Werte der Benetzungswärme gefunden werden.

---

[1] Das bestätigen auch Messungen von ANDRESS u. BERL [Z. physik. Chem. **122**, 81 (1926)] an Aktivkohle.

[2] Kolloid-Z. **32**, 80 (1923); siehe ferner die Messungen der Benetzungswärme von Silicagel nach H. H. GRIMM, W. RAUDENBUSCH u. H. WOLFF [Z. angew. Chem. **41**, 104 (1928)].

[3] HARKINS, W. D., u. G. E. BOYD: J. Amer. chem. Soc. **64**, 1190 (1942).

[4] BANGHAM, D. H., u. R. I. RAZOUK: Proc. Roy. Soc. **166**, 572 (1938).

[5] Pogg. Ann. **125**, 292 (1865).   [6] Ann. Physik **16**, 32 (1905).

Es wäre im Hinblick auf den früher (§ 6, Gl. (27)) gegebenen Zusammenhang der der Benetzungswärme analogen gesamten Oberflächenenergie mit dem Ausdehnungskoeffizienten von Interesse, diese Befunde, die nach neueren Messungen[1] angezweifelt werden können, zu überprüfen.

Tabelle 36. *Flächenspezifische Benetzungswärmen in erg/cm²*

Flüssigkeit	Barium-sulfat	Kiesel-säure	Anatas
Wasser	490	600	520
Äthanol		520	500
Tetrachlorkohlenstoff . .	220		240
Benzol	140	150	150

Grundsätzlich ist darauf zu achten, daß die flächenspezifische Benetzungswärme gleich der Differenz der gesamten Oberflächenenergie Σ_s des festen Stoffes gegen den stoffleeren Raum und der gesamten Grenzflächenenergie Γ_{sf} des benetzten Festkörpers ist. Dieser Bedingung dürften calorimetrische Bestimmungen, bei denen der entgaste Festkörper, ohne vorher mehr mit den Dämpfen anderer Stoffe in Berührung zu kommen, in die Flüssigkeit versenkt wird, entsprechen. Wird die Benetzungswärme dagegen nach Gl. (107) aus Messungen der Benetzungsspannung berechnet, so kann dadurch, daß anstatt der Oberflächenspannung σ_s des Festkörpers gegen den stoffleeren Raum dessen Grenzflächenspannung γ_{sD} gegen den Dampf der benetzenden Flüssigkeit eingeht, wie das bei Randwinkelmessungen leicht der Fall ist, ein merklich verschiedenes Resultat erhalten werden, indem die dem Oberflächendruck (siehe § 14) gleiche Differenz $\sigma_s - \gamma_{sD}$ merklich ins Gewicht fällt[2].

Soweit nur die erste den Festkörper berührende Schicht der Flüssigkeit die Benetzungswärme bestimmt, kann diese mit der Adsorptionswärme des Dampfes der gleichen Flüssigkeit am nämlichen Festkörper gleichgesetzt werden. Auf diesen Zusammenhang mit der (integralen und differentialen) Adsorptionswärme wird bei der Betrachtung des speziellen Phänomens der Dampfadsorption einzugehen sein. Man hat ferner in der Zeit, als unter dem Eindruck der VAN DER WAALSschen Zustandsgleichungen und vor der Entwicklung der Theorie der zwischenmolekularen Kräfte die oben erwähnten (§ 5) Betrachtungen über den Zusammenhang zwischen Oberflächenspannung und Binnendruck einen breiten Platz einnahmen, auch die Benetzungswärme weitgehend unter dem Gesichtspunkt des Binnendrucks und der entsprechenden Kom-

---

[1] PATRICK, G., u. F. V. GRIMM: J. Amer. chem. Soc. **43**, 2144 (1921).

[2] BANGHAM u. RAZOUK: Proc. Roy. Soc. **166**, 572 (1938); RAZOUK: Thesis. Kairo 1939.

pressionen an der Grenzfläche betrachtet. Wegen dieser in mancher Hinsicht problematischen Bemühungen muß der Hinweis auf die ältere Literatur[1] genügen.

Bei der Konkurrenz mehrerer Flüssigkeiten um eine zu benetzende Oberfläche wird die jeweils stärkst benetzende die anderen ganz oder teilweise verdrängen. Die gleiche Bedeutung, wie der Benetzungsspannung oder flächenspezifischen Taucharbeit σ_{sf} für die Benetzung, kommt der durch Gl. (105a) definierten flächenspezifischen Umtauch-, Umnetz- oder Verdrängungsarbeit $\sigma_{sf_1f_2}$ für den Vorgang der Umbenetzung oder *Verdrängung* zu. Wird ein fester Körper in eine durch den Index 1 gekennzeichnete Flüssigkeit eingetaucht, so wird dabei je Flächeneinheit Arbeit vom Betrage $(\sigma_s - \gamma_{sf_1}) = \sigma_{sf_1}$ gewonnen; wird der gleiche Körper aus dieser so in eine Flüssigkeit 2 gebracht, daß vollkommene Umbenetzung stattfindet, so wird dabei insgesamt flächenspezifische Arbeit vom Betrage $(\sigma_{sf_1} - \sigma_{sf_2}) = \sigma_{sf_1f_2}$ umgesetzt. Ist der Körper — etwa nach Art der Pulverteilchen in Abb. 103 — in beiden sich in gemeinsamer Grenzfläche berührenden Flüssigkeiten frei beweglich, so wird er sich also, sofern nicht der oben schon behandelte Fall der Schwimmfähigkeit in der Grenzfläche, in dem keine der drei beteiligten Grenzflächenspannungen γ_{sf_1}, γ_{sf_2} und $\gamma_{f_1f_2}$ größer sein darf als die Summe der beiden anderen, vorliegt, ganz in diejenige von beiden Flüssigkeiten begeben, welche die kleinere Grenzflächenspannung gegen ihn hat; bei der einfachen Benetzung würde diese auf ihm spreiten.

Im einzelnen sieht man das besser wie folgt: Der Festkörper befinde sich in einer Gleichgewichtslage mit dem Randwinkel ϑ_1 (nach Abb. 90) in der Grenzfläche. Denkt man sich nun die Grenzflächenspannung γ_{sf_2} stetig vergrößert, so nimmt der Randwinkel ϑ_1 fortlaufend ab. Sobald dabei der Wert von Null Grad erreicht wird, ist, da jetzt nach Gl. (135) $\gamma_{sf_1} = \gamma_{sf_2} + \gamma_{f_1f_2}$ geworden ist, Gleichgewicht in der Grenzfläche nicht mehr möglich; der feste Körper geht unter Gewinn von Arbeit in die Flüssigkeit mit der kleineren Grenzflächenspannung über. In entsprechender Weise verdrängt bei unbeweglichem Festkörper — etwa in Capillaren — die Flüssigkeit mit der kleineren Grenzflächenspannung diejenige mit der größeren. Aus diesem Grunde ist die vollständige Umbenetzung poröser Körper durch Flüssigkeiten mit größerer Grenzflächenspannung oft nur über Umwege zu erreichen.

Dieser vollständigen Verdrängung korrespondiert im Falle endlichen Randwinkels ϑ_1 eine partielle. Da nämlich bei endlichem Randwinkel auch die Flüssigkeit mit dem spitzen Randwinkel nach Art von Abb. 101 oder 102 nur einen, wenn auch größeren Teil der Oberfläche des Festkörpers bedeckt, so wird, falls der Körper vorher ganz mit einer der beiden Flüssigkeiten bedeckt war und aus dieser an die Grenzfläche

---

[1] Siehe hierzu etwa FREUNDLICH: Kapillarchemie, Bd. 1, Leipzig 1930, S. 237 ff.

kommt, auch hier eine die richtige Verteilung der Grenzflächen herstellende, jetzt aber nur partielle Verdrängung stattfinden. Solche partielle Verdrängung ist es, auf welche oben (§ 23) schon die Einsinnigkeit der Stabilisierung von Emulsionen und die dadurch gegebenen Möglichkeiten des Umemulgierens zurückgeführt wurden. In von capillaren Hohlräumen durchsetzten Körpern, etwa in dicht gepackten Pulvern, kann die Verdrängung aber auch in diesem Falle vollständig werden; der Meniscus ist jeweils konkav gegen die Flüssigkeit mit dem stumpfen Randwinkel; diese wird verdrängt[1].

In größerem Umfang hat F. B. HOFMANN[2] die gegenseitige Verdrängung von Wasser und organischen Flüssigkeiten, wie Äther, Chloroform, Benzol, Paraffinöl u. dgl. an fein zerteilten festen Stoffen untersucht. Die theoretischen Erwartungen sind durch diese Beobachtungen durchweg bestätigt. Dabei erweisen sich Stoffe wie Gips und Glas als hydrophil; Metallsulfide, Metalloxyde und Metallhalogenide bevorzugen entweder die organische Flüssigkeit oder die Grenzfläche zwischen dieser und dem Wasser. Von Kohle wird Wasser durch Schwefelkohlenstoff mit einer Umnetzspannung von 35, durch Butylacetat mit einer solchen von 11 dyn/cm verdrängt. Als erschwerend erweist sich bei Versuchen dieser Art der Umstand, daß für die Einstellung der endgültigen Gleichgewichte oft lange Zeiten gebraucht werden und daß Art und Dauer der Vorgänge weitgehend von der Vorbehandlung abhängen, wie man leicht an dem Verhalten von Reagensgläsern gegenüber Wasser feststellt, wenn diese verschieden lang mit flüssigem Kohlenwasserstoff in Berührung waren. Besonders stark machen sich Verdrängungsvorgänge bei von capillaren Hohlräumen durchsetzten Stoffen, wie Aktivkohle, Bimsstein, dicht gepackten Pulvern und so vor allem auch beim Ackerboden bemerkbar.

Die Vorgänge des Benetzens, Nichtbenetzens und des Verdrängens sind in weiten Bereichen der Natur und der Technik von großer Bedeutung. Früchte und andere Teile vieler Pflanzen sind durch einen dünnen Überzug mit wachsartigen, von der Pflanze selbst erzeugten Stoffen, die einen Randwinkel von mehr als 90° gegen Wasser bedingen, vor Benetzung geschützt. Wäßrige Pflanzenschutzmittel bedürfen daher, falls sie nicht selbst schon in diesem Sinne wirken, eines zusätzlichen Stoffes („Netzmittels"), der den Randwinkel hinreichend herabsetzt. Haare und Federn von Tieren sind ebenfalls meist durch wachs- oder fettähnliche Stoffe vor der Benetzung durch Wasser geschützt. Wasch- und Desinfektionsmittel bedürfen daher ebenfalls einer gegebenenfalls zusätzlich zu erzeugenden Netzwirkung. Dabei ist nach MARTIN und

---

[1] WASHBURN: Physic. Rev. **17**, 273 (1921).
[2] Z. physik. Chem. **83**, 385 (1913).

Evans[1] für die einsetzende Benetzung der Vorrückwinkel, für die Menge der Flüssigkeit, die nach Abfluß des Überschusses längere Zeit zurückgehalten wird, der Rückzugswinkel verantwortlich.

Die Nichtbenetzbarkeit von natürlichen und künstlichen Geweben wird ebenfalls durch oberflächliche Behandlung mit solchen Stoffen erreicht, welche den Randwinkel gegen Wasser auf über 90° erhöhen. Ähnlich wie es nicht durch ein engmaschiges Metallsieb, das einen dünnen Paraffinüberzug trägt, hindurchlaufen kann, wird in diesem Fall, den Abb. 105 am Querschnitt eines Fadengewebes illustriert, das Wasser an der Außenseite des Gewebes zurückgehalten; es bedürfte großer Drucke, es durch die engsten Zwischenräume zwischen den einzelnen Fäden hindurchzupressen, da dort die Meniscenkrümmung bei kleinem Fadenabstand sehr groß wird. Allerdings darf dann auch

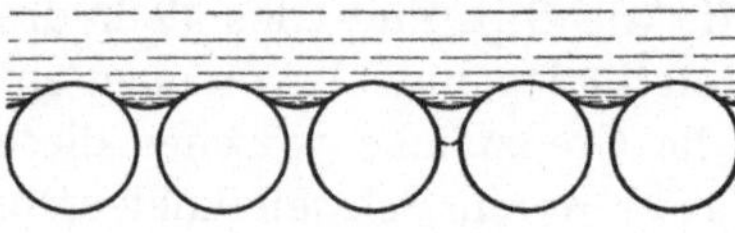

Abb. 105. Nichtdurchlässigkeit von Geweben

die Oberflächenspannung des Wassers weder durch das Gewebe noch durch das Imprägniermittel herabgesetzt werden.

Wesentlich auf Vorgängen des Benetzens und Verdrängens beruht das Kleben, und hier wieder vor allem das Löten. Hauptbedingung ist dabei, daß das flüssige oder geschmolzene Bindemittel auf den beiden zu verbindenden Oberflächen spreitet, d. h. mit ihnen den Randwinkel Null bildet oder, m. a. W., daß die Adhäsionsarbeit des Bindemittels zu beiden Festkörpern größer ist als seine Kohäsionsarbeit. Diese Bedingung ist beim Löten deshalb nur schwer zu erfüllen, weil das geschmolzene Lot, wie alle flüssigen Metalle, schon selbst eine hohe Oberflächenspannung und damit eine große Kohäsion besitzt. Infolgedessen muß die Oberflächenspannung der zu verbindenden Metalle möglichst groß gehalten werden und darf auf keinen Fall durch Adsorptionsschichten oder Oxydschichten erniedrigt sein. Die meiste Sorgfalt beim Löten ist deshalb darauf zu verwenden, daß die festen Oberflächen in reinstem Zustand zum Löten kommen. Diesem Zwecke dient neben gewissen mechanischen Reinigungen ein dem Lot beigegebenes Flußmittel, das die Aufgabe hat, die Oberfläche zu reinigen, d. h. etwa vorhandene Adsorptionsschichten zu verdrängen, Oxydschichten zu reduzieren und die so gereinigte Oberfläche bis zum eigentlichen Lötvorgang vor neuer Verderbnis zu schützen. Das Flußmittel muß also mit den festen Metallen den Randwinkel Null bilden. Das Lot, das ebenfalls den Randwinkel Null mit den Metallen bildet, muß dann seinerseits das Flußmittel verdrängen; seine Benetzungsspannung muß also diejenige des Flußmittels übertreffen. Solcher Vergrößerung der Benetzungsspannung und

---

[1] J. Pomol. horticult. Sci. **13**, 261 (1935); siehe jedoch K. Schultze: Kolloid-Z. **90**, 268 (1940).

des Spreitungsdruckes dient z. B. der Zusatz von Blei zu Zinnlot[1]. Als reduzierenden Bestandteil enthalten die gewöhnlichen Flußmittel der Weichlote (meist Zinkchlorid) Spuren von unterchloriger Säure. In anderen Fällen dienen als Flußmittel organische Stoffe, wie z. B. Kolophonium, deren Gehalt an schwachen Säuren (Abietinsäure, Lävulinsäure) ausreicht, sowohl zu reduzieren wie auch die Spreitung auf dem Metall zu bedingen oder zu verstärken. Beim Hartlöten dienen, soweit nicht einfach in reduzierender Atmosphäre gearbeitet wird, als Flußmittel Borate oder Alkali- und Erdalkalihalogenide. Die Schwierigkeiten, die sich dem Löten von Aluminium lange Zeit entgegenzustellen schienen, waren nicht grundsätzlicher Art; das Löten geschieht hier nach den gleichen Prinzipien, schwieriger ist nur die Entfernung und Verhütung der Oxydation.

Auf die Rolle der Verdrängung und Benetzung bei den Ackerböden wurde oben bereits hingewiesen. Eine entscheidende Bedeutung kommt ihnen ferner bei der Förderung mineralischer Öle zu, bei der das capillar verteilte Öl durch Wasser verdrängt werden muß. Auf die Nutzbarmachung der Möglichkeit gegenseitiger Verdrängung von Wasser und Protoplasma von dem für den Gehäusebau vorgesehenen festen Material durch Amöben wurde oben bereits hingewiesen.

G. Hinweis auf die speziellen Phänomene

§ 25. Die Phänomene im besonderen

Mit der Behandlung der Erscheinungen des Benetzens und Verdrängens ist der allgemeine Teil unserer Betrachtungen über die Physik und Chemie der Grenzflächen abgeschlossen. Er galt vorzüglich dem in der Tropfbarkeit der Flüssigkeiten fast greifbar zum Ausdruck kommenden Phänomen, daß flüssige Stoffmengen unter dem Einfluß der stets vorhandenen zwischenmolekularen Kräfte bestrebt sind, die unter gegebenen Umständen jeweils kleinstmögliche Oberfläche bzw. Grenzfläche auszubilden, und den daraus folgenden allgemeinen Erscheinungsformen und Verhaltensweisen des Stoffes. Damit sind die Grundlagen bereitet zur Behandlung der vielen speziellen physikalisch-chemischen Erscheinungen an Grenzflächen. Ihr dient der folgende, spezielle Teil dieses Werkes. Ihn vorbereitend geben wir abschließend einen kurzen Überblick über die wichtigsten dieser besonderen Phänomene.

Unter den Erscheinungen, die aus der allgemeinen Betrachtung als speziellerer Natur auszuschließen waren, sind zunächst die vielfältigen Arten von eben- oder krummflächigen Lamellenkörpern zu nennen, die — als oft nur metastabile Oberflächengestaltungen kleiner potentieller Energie — dann entstehen, wenn man, damit Randbedingungen spezieller

---

[1] Siehe A. LATIN: Trans. Faraday Soc. **34**, 1384 (1938).

Art vorgebend, Gerüstkörper, also etwa Drahtgestelle, gegebener Symmetrie in eine geeignete Flüssigkeit, z. B. eine Seifenlösung, eintaucht und vorsichtig wieder herauszieht, so daß sich ein von den Kanten des Gerüstes ausgehendes geschlossenes System von Lamellen bilden kann[1]. Die Zahl der auf diese Weise erzeugbaren Formen ist naturgemäß unbegrenzt groß. Beachtung verdienen unter ihnen vor allem diejenigen, die an Gerüstkörpern hoher Symmetrie, also etwa an Tetraedern, Würfeln, Oktaedern, Pentagondodekaedern, Prismen, Antiprismen u. dgl. beobachtet werden. Dabei erhält man an dem nämlichen Gerüst u. U. je nach der Art der Bereitung verschiedene Lamellenkörper, immer aber solche, die einer Energiemulde zugeordnet und mathematisch als Untergruppen der Symmetriegruppe des erzeugenden Gerüstes zu verstehen sind. So beobachtet man z. B. bei Verwendung von Oktaedern entsprechend dem Bestehen einer tetraedrischen Untergruppe[2] des Oktaeders neben Lamellenkörpern allgemein-oktaedrischer solche tetraedrischer Symmetrie. Beachtet man, daß diese Körper immer energetisch ausgezeichnet sind, so ergibt sich die Möglichkeit der Übertragung der beobachteten Formen auf die Bindungsverhältnisse in Molekülen. Bei vorgegebenem Tetraedergerüst bildet sich z. B. im Schnittpunkt der sechs an den Tetraederkanten ansetzenden ebenen Lamellen der Tetraedermittelpunkt gleichsam als Koordinationszentrum ab, von dem aus in gleicher Weise, wie wir es bei der Darstellung der Bindungen in Molekülen mit vierwertigem Koordinationszentrum darzustellen gewohnt sind, die vier Schnittlinien der Lamellenebenen zu den Tetraederecken verlaufen. In analoger Weise geben trigonale Prismen und Antiprismen Abbilder der Bindungsverhältnisse bei cis- bzw. trans-Lage der Substitutenten in Molekülen vom Typus X_3ZZX_3 des Äthans. Daß auf diese Weise auch neuartige Aspekte zutage treten können, möge am Beispiel der Verbindungen von der Art des Cyclobutans gezeigt werden, die man hinsichtlich ihrer Symmetrie zunächst der einfachen Diedergruppe $\mathfrak{D}_4$ zuzuschreiben geneigt ist. Taucht man aber ein Würfelgestell in eine Seifenlösung ein, so bildet sich leicht ein Lamellenkörper aus, bei dem von einer frei in der Mitte zwischen zwei einander gegenüberliegenden Würfelflächen gehaltenen kleineren quadratischen Lamelle ausgehend acht Schnittlinien von zwölf weiteren, an den Würfelkanten ansetzenden Lamellen sich zu den acht Würfelecken erstrecken. Dieser vom Würfel abzuleitende Körper der Symmetriegruppe[3] $\mathfrak{D}_{D4}$ gibt aber ein getreues

---

[1] Im Gang befindliche, gemeinsam mit E. BISCHOFF durchgeführte Untersuchungen hierüber sollen weiter ausgedehnt werden.

[2] Über Symmetrien und Untergruppen der regelmäßigen Körper und über die sie bezeichnenden Symbole siehe K. L. WOLF u. R. WOLFF: Symmetrie, Bd. 1 und 2, Köln 1956.

[3] Siehe WOLF-WOLFF, l. c., Tafelband, S. 59 und 60, Nr. 80.

Abbild von Molekülen der Art etwa des Octamethylcyclobutans, dessen Symmetrie damit also offenbar nicht vom einfachen vierzähligen Dieder, sondern vom Würfel abzuleiten ist. So aufschlußreich derlei Beobachtungen im Hinblick sowohl auf Fragen der Molekülsymmetrie wie auch und vor allem im Hinblick auf vielerlei raumgeometrische Fragen auch sein mögen, so müssen wir uns, da sie nicht unmittelbar zu weiteren Erscheinungen aus dem Bereich der Physik und Chemie der Grenzflächen führen, mit diesem Hinweis begnügen, wohl wissend, daß auch hier noch interessante Probleme verborgen liegen.

Von den das Thema unserer Betrachtung enger berührenden besonderen Phänomenen sei zunächst das im Anschluß an die Spreitungserscheinungen auf Flüssigkeiten und Festkörpern in den §§ 17 und 21 bereits erwähnte Auftreten von Oberflächenlösungen und von zusammenhängenden Schichten monomolekularer oder polymolekularer Dicke auf artfremder flüssiger oder fester Unterlage genannt. Die Untersuchung ihrer Eigenschaften und des besonderen Verhaltens der Stoffe in solchen Zuständen ist in den letzten Jahrzehnten Gegenstand eines ausgedehnten Spezialgebietes der Physik und Chemie der Grenzflächenforschung mit eigener Methodik und Problematik geworden. Dieses erfährt entsprechend in dem folgenden speziellen Teil eine zusammenhängende Darstellung.

Die Existenz von Oberflächenfilmen und -lösungen führt unmittelbar zu den meist unter dem Begriff der Adsorption zusammengefaßten Erscheinungen der Anlagerung und Anreicherung von Molekülen aus dem Dampfraum oder aus Lösungen an artfremden Grenzflächen, wobei u. a. porösen Körpern von der Art des Bimssteins oder der Kohlen eine ausgezeichnete Bedeutung zukommt. Die diesbezüglichen Erscheinungen und Vorgänge werden zusammen mit verwandten Vorgängen beim Wachsen von Kristallen aus Dampf, Schmelze und Lösung im speziellen Teil ebenfalls zusammenhängend behandelt.

Das Auftreten der besonderen Zustände des Stoffes in dem zweidimensionalen Raum der Oberflächenfilme, Oberflächen- bzw. Grenzflächenlösungen und Adsorptionsschichten führt folgerichtig weiter zur Betrachtung der hier bestehenden Besonderungen im Stoff- und Energietransport. Fragen der Diffusion, der Viscosität und der Wärmeleitung werden also unter diesem Gesichtspunkt ebenso eine besondere Behandlung erfahren wie solche des Transportes von Stoff und Energie durch Membranen. Dagegen wird das zu wesentlichen Teilen ebenfalls in diesen Zusammenhang gehörende Phänomen der heterogenen Katalyse als ein hochentwickeltes und in vieler Hinsicht noch immer nur empirisch begründetes Spezialgebiet chemischer Forschung und Methodik nur insoweit in die Betrachtung einbezogen werden können, wie das zum Verständnis seiner Einordnung in den Zusammenhang der Grenzflächenphänomene erforderlich ist.

In eigenartiger Weise werden die Erscheinungen und Vorgänge an Grenzflächen dann modifiziert, wenn (freie oder gebundene) Ladungen Anlaß zur Ausbildung von Oberflächenpotentialen oder von elektrischen Doppelschichten geben. Hierher gehört neben der Frage der Kontaktpotentiale der ganze Komplex der elektrokinetischen Erscheinungen, die methodisch gesondert als Kataphorese, Elektroosmose, Bewegungsströme und Strömungsströme betrachtet werden. Hinzu kommt die Erscheinung der Elektrocapillarität. Auch diese speziellen Probleme werden ihre zusammenfassende Darstellung erst in dem speziellen Teil finden.

Den elektrischen Phänomenen schließen sich, da sie letztlich ihrerseits wieder auf die elektrische Wechselwirkung zwischen den Molekülen zurückzuführen sind, die mechanischen Vorgänge in Ober- und Grenzflächen an. Dabei haben wir in erster Linie an die Erscheinung der mechanischen Reibung zwischen Festkörpern, den mit ihr verbundenen Energie- und Materialverschleiß und ihre Beeinflussung durch Schmierung zu denken. Hinzu kommen, bis zu einem gewissen Grade mit ihnen verwandt, Fragen der Sedimentation feinkörniger Stoffe, wie z. B. Schüttvolumina, Absetzvolumina, Flotation, Sedimentationsgeschwindigkeit und deren Beeinflussung durch grenzflächenaktive Stoffe und die Erscheinung der Thixotropie. Zusammen mit den Fragen der Mahl- und Ritzhärte und der mechanischen Zerkleinerung fester Stoffe werden auch diese speziellen Probleme in Teil 2 behandelt.

Die stärksten Veränderungen erfahren Eigenschaften und Verhalten der Stoffe im Zustand feinster, aber noch übermolekularer, d. h. kolloidaler Zerkleinerung. Die Behandlung dieses besonderen Zustandes der Stoffe ist Gegenstand eines großen und vielfältigen Spezialgebietes der physikalischen Chemie geworden, das zu seiner wissenschaftlichen Darstellung sich des Gesamtgutes unserer Kenntnisse über die Physik und Chemie der Grenzflächen bedienen muß. Eine auch nur einigermaßen einen Überblick gebende Behandlung desselben würde den Rahmen eines Buches über die allgemeine Physik und Chemie der Grenzflächen ebenso sprengen wie eine solche der heterogenen Katalyse. Auf sie muß also verzichtet werden. Dagegen ist es notwendig und auch möglich, diejenigen speziellen Erscheinungen zusammenfassend darzustellen, welche im Hinblick auf die Methodik und Systematik der weithin immer noch empirisch begründeten Kolloidchemie als bedeutsam erscheinen und bei einer wissenschaftlich-theoretischen Grundlegung derselben nicht entbehrt werden können.

Auf Grenzflächenvorgängen beruht schließlich ein großer Teil der physikalischen und chemischen Vorgänge im lebenden Organismus. Diese zusammenhängend darzustellen, ist nicht Sache einer physikalischchemisch orientierten Betrachtung. Dagegen wird, nachdem schon im allgemeinen Teil gelegentliche Hinweise möglich waren, im speziellen Teil bei der notwendigen Auswahl des Stoffes die Bedeutung einzelner Grenzflächenvorgänge für den lebenden Organismus oder seine Ablagerungen oft das Ausmaß von deren knapperen oder ausführlicheren Berücksichtigung mit bestimmen, so daß das Buch trotz seiner physikalisch-chemischen Zielsetzung zugleich eine Art Propädeutik für die immer noch ausstehende systematische Behandlung der Grenzflächenerscheinungen im Bereich des Lebendigen sein könnte.

Namen- und Sachverzeichnis

GORODETZKAJA, A. 202
GOSSARD 180
GOUY, G. J. 97
GRADENWITZ 97
Gräser 191
GRAFE, R. 39, 65, 67, 69, 134, 228
Graphit 238
s'GRAVESANDE 9
GREGG, S. J. 203, 236
GREGORICH, F. 34
Grenzfläche, Begriff der 1 ff., 6, 155, 243
Grenzflächenenergie, molare gesamte 171, 189
—, spezifische gesamte 170 f., 189, 239
Grenzflächenerscheinungen zwischen gesättigten Flüssigkeiten 180 ff.
Grenzflächenspannung, Begriff der 155, 161 f.
—, Druckabhängigkeit der 170 f.
—, dynamische 164, 167, 169
—, fest-gasförmig 155 ff.
—, flüssig-fest 185 ff., 219
—, flüssig-flüssig 159 ff.
—, flüssig-gasförmig 155 ff.
—, Messung der 98, 158, 160 f., 185 ff.
—, molare 167
—, negative 162, 164, 188
—, Schmelze gegen Kristall 14, 125
—, Temperaturabhängigkeit der 165, 167 ff., 189
—, Zahlenwerte 162 f., 165
GRIMM, F. V. 239
—, H. G. 237 f.
GRINNELL 94
GRUNMACH 95, 112
Gruppentheorie 244
GUGGENHEIM, E. A. 13, 49
GUNTZ 133
GURMAY, C. 122
GURWITSCH, L. 238
GUYE, CH. E. 39, 104

Härte 22, 132, 152 f.
Hafnium 123
Haftarbeit siehe Adhäsionsarbeit
Haftspannung siehe Benetzungsspannung
Hagel 2
HAGEN, G. v. 99
Halbkugel 8, 79 ff., 89, 93, 107
HALL, P. 100
HALLER 212

Halogenalkyle 165 f., 173, 219
HARDING, W. 154
HARDY, W. B. 174, 176 f., 193
HARKINS, W. D. 19, 69, 92, 103 f., 107 ff., 117, 157, 160, 164 f., 169 f., 172, 174, 185, 210 f., 221, 236 ff.
HARTLEY 211
HARTRIDGE 112, 160
HASSAN, M. E. 171
HATCH 207
Hauchbilder 221 ff.
HAUL, R. 67, 69, 131, 133 ff., 222
HAUSER, E. A. 97, 105, 160, 171
HAUY, R. 10, 127
HAWKSBYE 9
HEISS, H. 222
Helium 18, 67
HELMHOLTZ, H. v. 14, 76, 98
HENDUS 151
HENGLEIN, F. A. 17
Heptan 21, 38, 67, 162 f., 220
Heptanol 181, 183
Heptin 165, 172
Heptylaldehyd 165, 172
HERINGTON, K. D 92
HERRING, C. 122, 126
HERSTEDT 211
HERZFELD, K. F. 76
Hexadecan 160
Hexagonales Gitter 67, 135
Hexamethylentetramin 137, 139
Hexan 21, 38, 67, 162 f., 165, 169, 180, 183, 218, 220, 238
Hexanol 21, 38, 163, 173
Hexylacetat 163
HEYDWEILER, A. 98
HILDEBRANDT, J. H. 218, 233
HINUBER 221
HISS, R. 115, 118
HOCK, J. 27
HOFFMANN, U. 154
HOGNESS 28, 87
Homologe Reihen 34, 166 f., 173
HONIGMANN, B. 137
HOOK, R. VAN 122
HOOKE, ROBERT 9
HOPKINS 151
HOUGH, F. W. 158
HUANG 126, 131
HUECKEL, W. 40
HUELSHOFF 12, 64
HUETTIG, G. 126, 131